여행은 꿈꾸는 순간, 시작된다

리얼
타이베이

여행 정보 기준

이 책은 2024년 10월까지 수집한 정보를 바탕으로 만들었습니다.
정확한 정보를 싣고자 노력했지만, 여행 가이드북의 특성상 책에서 소개한 정보는
현지 사정에 따라 수시로 변경될 수 있습니다.
변경된 정보는 개정판에 반영해 더욱 실용적인 가이드북을 만들겠습니다.

한빛라이프 여행팀 ask_life@hanbit.co.kr

리얼 타이베이

초판 발행 2023년 3월 3일
개정1판 2쇄 2024년 10월 18일

지은이 김홍래 / **펴낸이** 김태헌
총괄 임규근 / **책임편집** 고현진 / **편집** 정은영
디자인 천승훈 / **지도·일러스트** 조민경
영업 문윤식, 신희용, 조유미 / **마케팅** 신우섭, 손희정, 박수미, 송수현 / **제작** 박성우, 김정우 / **전자책** 김선아

펴낸곳 한빛라이프 / **주소** 서울시 서대문구 연희로2길 62 한빛빌딩
전화 02-336-7129 / **팩스** 02-325-6300
등록 2013년 11월 14일 제25100-2017-000059호
ISBN 979-11-93080-26-9 14980, 979-11-85933-52-8 14980(세트)

한빛라이프는 한빛미디어(주)의 실용 브랜드로 우리의 일상을 환히 비추는 책을 펴냅니다.

이 책에 대한 의견이나 오탈자 및 잘못된 내용은 출판사 홈페이지나 아래 이메일로 알려주십시오.
파본은 구매처에서 교환하실 수 있습니다. 책값은 뒤표지에 표시되어 있습니다.
한빛미디어 홈페이지 www.hanbit.co.kr / 이메일 ask_life@hanbit.co.kr
블로그 blog.naver.com/real_guide_ / 인스타그램 @real_guide_

지금 하지 않으면 할 수 없는 일이 있습니다.
책으로 펴내고 싶은 아이디어나 원고를 메일(writer@hanbit.co.kr)로 보내주세요.
한빛라이프는 여러분의 소중한 경험과 지식을 기다리고 있습니다.

타이베이를 가장 멋지게 여행하는 방법

리얼
타이베이

김홍래 지음

HB 한빛라이프

몇 번을 여행해도
금세 그리워지는 도시

어릴 적 의미 없는 질문으로 선생님께 핀잔을 들었던 기억이 너무도 많다. 어항 속 공기방울을 마시면 숨을 쉴 수 있는지, 빛을 사각형 거울 안에 가두면 그 빛은 영원히 반사가 될지, 긴 겨울잠에서 깬 곰은 얼마나 많은 꿈을 기억하고 있을지….

그 엉뚱한 공상은 철이 들고, 나이가 늘면서 점점 세상을 향한 호기심으로 변해갔다. 고향땅의 안락함보다 낯섦의 감각이 못 견디게 그리워졌을 때, 직장을 그만두고 세상을 여행하기 시작했다. 그리고 도쿄, 상하이, 뉴욕 등 둘째가라면 서러울 멋진 도시를 거쳐 타이베이를 만났을 때, 더 이상 다른 도시로 떠나지 못했다. 낯선 이방인에게도 먼저 손을 내미는 따스함, 빌딩숲 바로 옆에서 살아 숨 쉬는 대자연, 무엇보다 고향음식을 그리워하지 않아도 될 정도로 먹거리에 대한 갈증을 완벽히 해소해준 유일한 도시였으니 말이다.

타이베이는 매일매일이 새로웠다. 낯선 거리를 걷기 시작하면 신발이 다 닳도록 헤매야 직성이 풀리는 성격 탓에 큰길 옆 골목 사이사이를 휘저었고, 그 지역이 얼마나 거대하든 모든 곳을 완전히 파악할 때까지 끊임없이 여행했다. 모락모락 증기를 뿜어내는 솥 안에 든 만두의 육즙, 기름을 살짝 머금은 고기의 양념 맛이 너무도 궁금하여 테이블을 한가득 채우고서야 호기심을 해결했던 그 숱한 날들의 기록, 그렇게 몇 년의 시간을 모아서 쓴 책이 바로 『리얼 타이베이』다. 처음부터 끝까지 한 발 한 발 직접 걸었고, 단 하나의 요리도 빠짐없이 한 사람의 오감으로 낱낱이 기록했음을 약속한다. 그리고 이 책을 통해 몇 번을 여행해도 금세 그리워지는 타이베이의 매력이 독자들에게도 그대로 전해지기를 바란다.

——— **Special thanks to** ———

책이 세상에 나올 수 있도록 물심양면 지원해주신 임규근 이사님, 몇 번의 시행착오를 겪으며 밤낮없이 열정을 다해주신 고현진 팀장님 그리고 모든 한빛 관계자분들에게 감사의 인사를 드린다. 버팀목처럼 늘 큰 힘이 되어주시는 부모님과 형님, 언제나 보고 싶은 고향 친구들과 선후배님들, 아낌없는 응원을 보내주는 전 직장 동료들, 자기 일처럼 도움을 아끼지 않았던 타이베이의 지인들, 열정 넘치는 여행 인플루언서 허브허브 그리고 나의 영원한 벗 리옌과 함께 탈고의 기쁨을 나누고 싶다.

김홍래 신의 직장이라 불리는 공기업에 입사하며 꿈을 이루었으나, '인생은 여행이다'라는 모토를 좇아 30대 후반에 직장을 그만두고 전 세계 곳곳을 여행하기 시작했다. 그렇게 1년의 시간이 흘러 타이베이를 만났을 때, 처음으로 정착해서 살고 싶다는 생각이 들었고 6년 동안 타이베이에 머물며 글을 쓰고 사진을 찍었다. 현재는 제주도에서 여행 크리에이터 및 '13월의동화' 대표로 활동하며 사진작가(작가명 김진)로서 영향력을 키워가고 있다.

인스타그램 @JinAlive **네이버까페** cafe.naver.com/ailoveap

〈리얼 타이베이〉를 소개합니다

PART 01, 02
미리 떠나는 여행

여행 계획을 세우기 전에 가볍게 읽을 수 있는 타이베이 기본 정보와 취향저격 테마 정보를 알차게 모았습니다. 어떤 곳을 갈지, 무엇을 먹고 살지 미리 알아봅니다.

PART 03, 04
진짜 타이베이 여행을 즐기는 시간

타이베이 시내를 12개 지역으로 나누고 각 지역을 효율적으로 둘러볼 수 있는 방법을 핵심만 뽑아 알기 쉽게 설명합니다. 당일치기로 다녀올 수 있는 근교 명소까지 완벽하게 정리되어 있으니 원하는 곳만 골라 선택하세요.

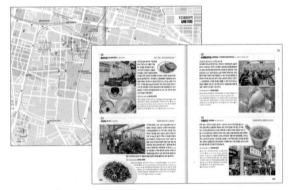

PART 05
여행 준비하기

여행 캘린더 D-DAY에 맞춰 그대로 따라하면 여행 준비는 끝입니다. 처음 타이베이 여행을 떠나는 사람들을 위해 꼭 필요한 팁도 모아 담았습니다.

〈리얼 타이베이〉
지도 활용법

구글 맵스 QR 코드

각 지도에 있는 QR코드를 스캔하면 책에 소개한 스폿 리스트가 담긴 구글 지도를 스마트폰에서 볼 수 있습니다. '지도 앱으로 보기'를 선택하고 구글 맵스 앱으로 연결하면 거리 탐색, 경로 찾기 등을 더욱 편하게 이용할 수 있습니다. 앱을 닫은 후에 지도를 다시 보려면 구글 맵스 애플리케이션 하단의 '저장됨' – '지도'로 이동해 원하는 지도명을 선택하면 됩니다.

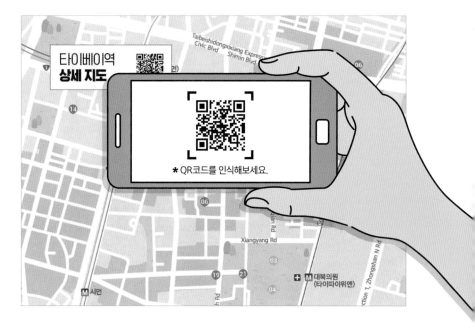

소개한 스폿 검색

이 책에 소개한 각각의 스폿을 검색하려면 스폿별 정보 마지막에 있는 검색어를 활용하면 됩니다. 검색어에 알파벳 혹은 한글과 한자가 혼합된 경우 한글 혹은 알파벳만 입력해 검색해 검색한 후, 한자를 비교해 같은 것을 선택하세요. 한글이나 알파벳으로 업체명을 검색할 수 없는 경우 알파벳과 숫자로 이루어진 위치 코드가 적혀 있습니다. 이 코드에 지도를 타이베이로 이동한 다음, 이 코드를 검색하면 해당 위치로 바로 이동 가능합니다. 그 자리에 원어로 적힌 스폿명을 선택하면 업체 정보를 볼 수 있습니다.

🔎 193쪽 강산양육
타이베이를 검색해 지도를 타이베이로 이동 → '3G3R+JV'로 검색(혹은 '타이베이 3G3R+JV'로 검색) → 그 자리에 위치한 '岡山羊肉' 선택

목차
CONTENTS

PART 01

한눈에 보는
타이베이

PART 02

한 걸음 더,
테마로 즐기는 타이베이

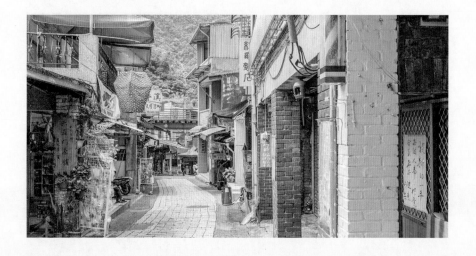

PART 03

진짜 타이베이를
만나는 시간

PART 04

취향저격
타이베이 근교 여행

PART 05

즐겁고 설레는
여행 준비

한눈에 보는 타이베이

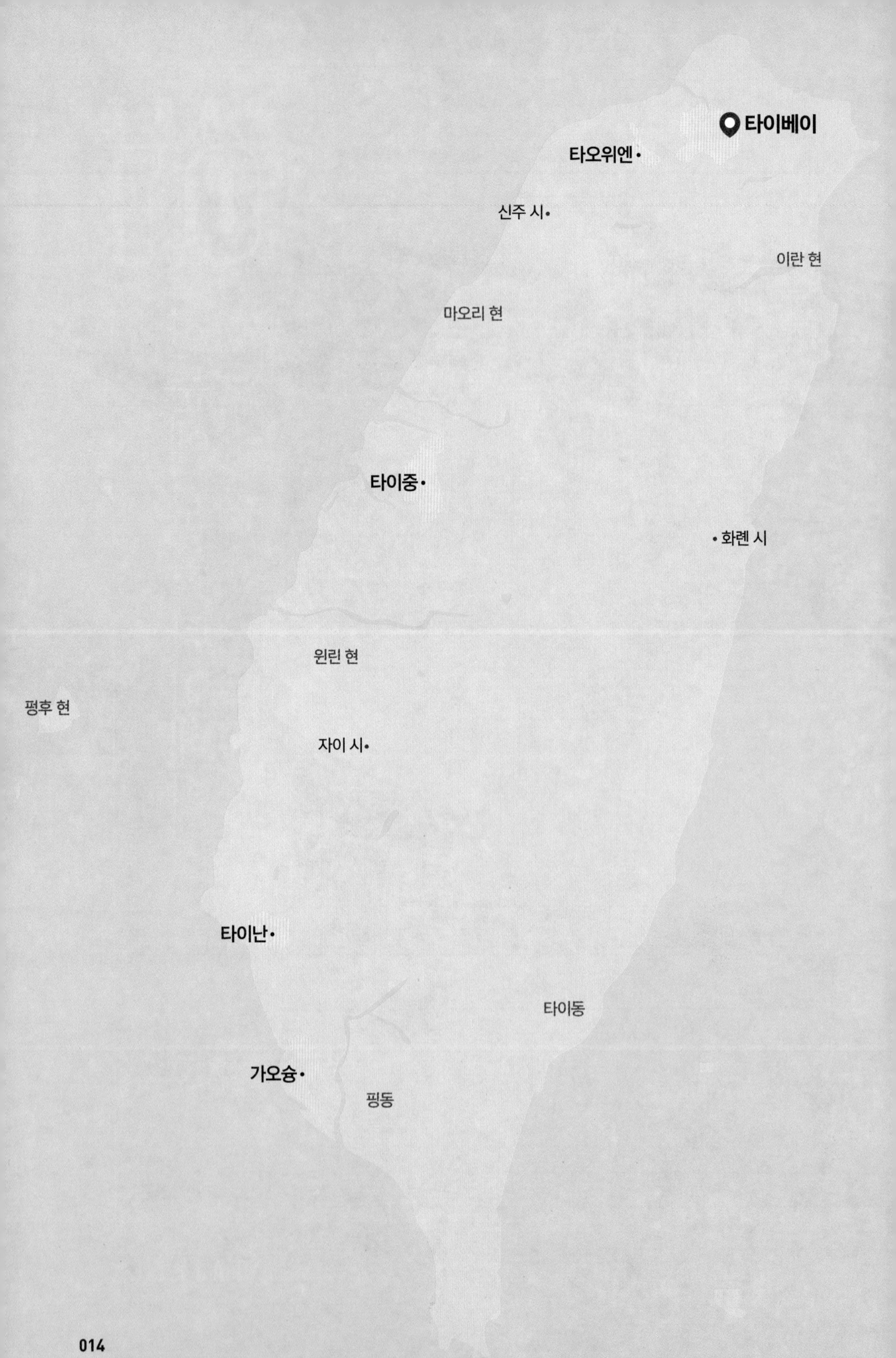

타오위엔·

신주 시·

이란 현

마오리 현

타이중·

·화롄 시

윈린 현

평후 현

자이 시·

타이난·

타이동

가오슝·

핑동

지도로 먼저 떠나는 여행
타이베이 미리보기

한국에서 비행기로 2시간 30분. 중국과 일본의 문화가 융합된 재미있는 도시 타이베이는
타이완의 수도이자 경제, 교통의 중심지로 매해 100만 명이 넘는 여행자가 모여드는 인기 여행도시다.
조금 범위를 넓히면 〈센과 치히로의 행방불명〉 배경으로 유명한 지우펀,
눈으로 보고도 믿을 수 없는 기암괴석의 고장 예류 등 도시마다 색다른 여행을 즐길 수 있다.

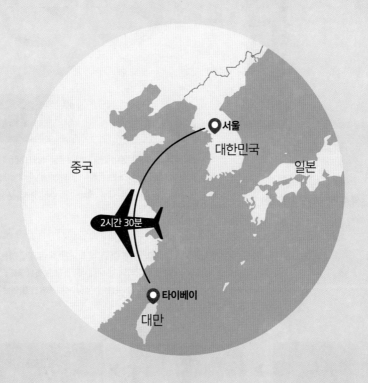

알아두면 편리한
타이베이 기본 정보

타이베이를 여행할 때 알아두면 좋은 기본 정보를 정리했다.

타이베이

타이완의 수도로 台北, 臺北 두 가지 한자를 혼용해 사용한다. 영어 발음으로는 타이페이, 중국어 발음으로는 타이베이라 한다.

시차

시차는 1시간. 한국이 오전 9시일 때 타이베이는 오전 8시

통화

신타이비(新臺幣), 영어로는 뉴타이완달러(NTD)라 하며, 표기는 NT$, 기본 단위는 원(元)이며 위안(yuan)이라 읽는다. 주화는 1, 5, 10, 20, 50위안, 지폐는 100, 200, 500, 1,000위안이 쓰인다.

환율

NT$1 = 약 45원(2024년 2월 기준)

환전

한국에서 달러로 환전한 후 타이베이 공항에 도착해 타이완달러로 환전하는 것이 유리하다. 비자·마스터카드가 있다면 타이베이 내 국태세화은행(國泰世華銀行) 현금지급기에서 수수료 없이 바로 타이완달러를 찾을 수 있다(국태세화은행 현금지급기는 모든 지하철역에 설치되어 있다).

비자

여권만 소지하면 무비자로 90일간 체류할 수 있다. 입국 시 여권의 유효기간이 6개월 이상 남아 있어야 하며 왕복 항공권, 또는 다른 국가로 이동하는 항공권이 있어야 한다.

비행시간

인천공항에서 약 2시간 40분

국제전화

전압

110V/60Hz를 사용하므로 변환플러그가 꼭 필요하다. 타이베이 내에서 변환플러그를 구매하기 쉽지 않으니 국내에서 준비하는 것이 좋다.

❶ **대한민국에서 타이완으로 전화할 때**
국가번호 +886

❷ **타이완에서 대한민국으로 전화할 때**
국가번호 +82

❸ **타이베이 지역번호(02)**

주 타이베이 대한민국 대표부
- No. 333, Section 1, Keelung Rd, Xinyi District, Taipei City, 110
- 09:00~12:00, 14:00~16:00(토·일 휴일)
- +886-2-2758-8320~5
  긴급연락처(사건사고 등 긴급상황 발생 시, 24시간): +886-912-069-230

영사콜센터(서울/24시간)
- +82-2-3210-0404
- overseas.mofa.go.kr

기후

연평균 23℃의 아열대성 기후에 온난다습하다. 몇 시간 비가 내리면 다시 맑아지며, 잠깐 동안 소나기가 쏟아지는 스콜이 나타나기도 한다.

주소체계

큰길은 로路(루, Road), 큰길 옆 샛길은 단段(똰, Section), 폭이 좁은 길은 가街(제, Street), 폭이 좁은 골목은 항巷(씨앙, Lane), 골목 안 골목은 농弄(롱, Alley)으로 구분한다.

알기 쉽게
숫자로 살펴보는 타이베이

무심코 지나치기 쉬운 정보를 숫자로 표기했다. 흥미로운 타이완의 이모저모를 살펴보자.

중화민국 개국 1912년

1911년 신해혁명 이후 쑨원(孫文)이 중화민국을
수립한 후 민국(民國)이라는 독자적인 연호를
쓰고 있다. 2024년은 민국 113년이다.

ex 2024-1911＝민국 113년

인구 2,394만 명

2024년 기준 대만 인구.
대한민국 인구의 약 46%에 해당한다.

원주민 수 57만 명

타이완에 원래 살고 있던 원주민은
전체 인구의 2.4%를 차지한다.
타이완 정부에서 공인한 원주민은
총 16개 민족인데, 현재도 원주민에
대한 연구를 지속하고 있으므로
원주민 수는 더 늘어날 수 있다고 한다.

면적 36,197㎢

대한민국 면적의 약 36%에 해당한다.

불교사원 109개

한국의 불교와는 사뭇 다르게 여러 신을
모시는 타이완식 불교사원의 숫자다.

타이베이 101 타워 높이 508m

타이완의 랜드마크로 빌딩 중턱에 구름이 걸리기도
할 만큼 높다. 2010년까지 세계에서 가장 높은
건물이었지만 현재는 10위권에 머물고 있다.
삼성물산에서 시공한 건물이라 친근함이 느껴진다.

국토에서 산지가 차지하는 비율 64%

대한민국(70%)과 산지 점유율이 비슷하다.

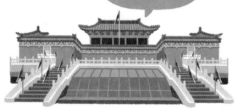

국립고궁박물원의 유물 698,736점

국립고궁박물원에는 장제스 타이완 초대 총통이 중국에서 타이완으
로 넘어올 때 가지고 온 엄청난 수의 유물이 있다. 유물이 너무 많아서
주요 작품들은 몇 개월 단위로 교체 전시를 할 정도. 현재도 지속적
으로 유물을 모으고 있어 언젠가 100만 점을 돌파할지도 모른다는
얘기도 나오고 있다.

도교사원 174개

민간 신앙을 기반으로 하는 도교는
타이완의 독특한 종교이다.

여행하기 전 꼭 참고해야 할
타이베이 여행 캘린더

타이완에도 사계절은 존재한다. 봄과 가을이 여행하기 가장 좋지만
여름에는 열대 과일이 싸고 맛있고 겨울에는 비가 적게 내리는 장점이 있다.

◆ 타이베이 여행 적기 ◆

일반적으로 10~2월에 여행을 가는 것이 가장 좋다. 강수량이 상대적으로 적고 우리나라의 가
을 날씨와 비슷해서 편하게 여행을 즐길 수 있다. 6~9월은 가급적 피하는 것을 추천한다.
타이완은 아열대 기후에 속하기 때문에 여름은 정말 습하고 덥다. 게다가 언제 갑자
기 내릴지 모르는 비와 사투를 벌여야 하고, 태풍도 수시로 드나든다.
참고로, 타이베이 여행을 할 때 꼭 챙겨야 하는 준비물은 선크림과 우산(우비)이다.
계절 상관없이 준비하자.

타이베이의 평균 기온과 강수량

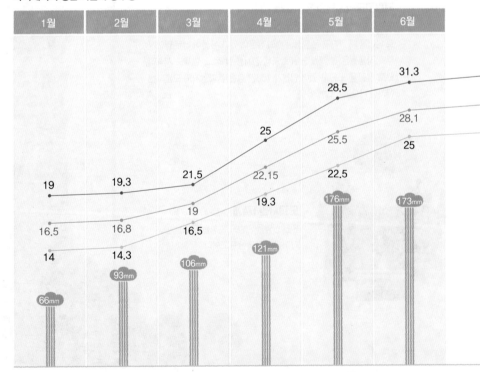

봄
3~5월

맑은 날은 제법 덥고 흐린 날은 으스스할 정도로 춥다. 반팔 티셔츠에 카디건이나 긴팔 티셔츠는 기본으로 챙기고, 가끔 추울 때도 있으므로 간절기용 점퍼를 추가하는 것이 좋다.

여름
6~8월

엄청 습하고 더운 날씨. 기능성 반팔 티셔츠 등 최대한 시원한 옷을 챙기자. 단, 5~6월 초까지는 쌀쌀한 날도 있고, 태풍도 많이 발생하므로 얇은 바람막이 점퍼 하나는 준비하는 것이 좋다.

가을
9~11월

10월까지는 여름이라고 해도 될 정도로 덥기 때문에 반팔 티셔츠와 바람막이 점퍼를 기본으로 챙긴다. 11월부터는 아침저녁으로 쌀쌀하고 흐린 날에는 기온이 떨어지는 경우도 있으므로 긴팔 티셔츠, 카디건, 점퍼 등은 필수다.

겨울
12~2월

우리나라 봄, 가을 정도의 날씨. 다만, 습도가 높은 편이라 실제 기온보다 더 춥게 느껴진다. 게다가 실내에 히터가 없기 때문에 얇은 패딩 점퍼나 도톰한 재킷을 기본적으로 준비하는 것이 좋다.

온도 단위: 섭씨

7월	8월	9월	10월	11월	12월

33.3
32.7
30.7
30
29.5
27.7
27.3
26.7
26.3
24.7
24
24.7
22
20.3
21.5
19
17.8
15.3

170mm
180mm
128mm
123mm
88mm
67mm

알면 알수록 독특한 나라
타이완 문화 키워드

다양성이 공존하는 타이완의 독특한 문화를 이해하면 여행이 한층 더 즐거워진다.

타이완에서는 영수증이 복권?

타이완에서는 계산하고 나서 꼭 영수증을 챙겨야 한다. 물건을 사고 건네받는 영수증이 우리 돈으로 무려 4억에 달하는 당첨금을 탈 수 있는 복권이기 때문. 두 달에 한 번씩 추첨을 하니까 여행 일정에 당첨 확인을 하는 달이 포함되어 있다면 어디서 무엇을 사든 영수증은 꼭 챙길 것!

타이완에는 귀신의 달이 있다

타이완에서는 음력 7월이 되면 귀신들을 위한 크고 작은 행사가 전국적으로 열린다. 7월 초하루가 되면 귀신들이 세상 밖으로 나오는데, 7월 15일(중원절)에 그 기운이 가장 커진다고 한다. 이후 조금씩 기운이 사그라들면서 7월 30일에 자신들의 세상으로 돌아간다고 한다. 그래서 귀신들이 활동하는 음력 7월 한 달 동안은 혼례, 출산, 이사 등 주요 행사를 거의 하지 않는다고 한다.

타이완의 빠이빠이 문화

타이완에서는 인사말 '빠이빠이'가 제사 혹은 기도를 의미한다. 명절, 경조사, 귀신의 달(중원제), 특별한 날 등등 다양한 이유로 빠이빠이를 지내는데, 조상에 대한 공경, 모든 일의 평안과 사업 등의 번영을 기원하는 것이다. 단순한 제사가 아니라 민간 신앙에서 비롯된 무속 의식까지 포함하고 있는 것이 특징이다. 우리나라의 제사, 고사, 굿 등을 합쳐놓은 종교 문화라 할 수 있다.

다양성이 공존하는 타이완 문화

타이완은 오랜 기간 아시아의 대륙 문화와 서양 문화가 만나는 교차점이었다. 중국 남부 한족 문화와 토착민 문화를 기반으로 하지만, 근대를 거치면서 유럽과 미국 문화의 영향을 받았고 일본의 식민 통치를 받는 동안에는 일본 문화와 융합되기도 했다. 제2차 세계대전 후에는 전통 유교 문화를 한층 강화하고 문자도 예전의 복잡한 한자를 그대로 사용하는 등 중국 본토의 사회주의 문화에 대항하는 움직임도 보여주었다. 한마디로 복잡미묘한 문화.

보물의 왕국 타이완

타이베이에 있는 국립고궁박물원에는 중국 본토에서 가져온 국보급 보물과 서화 미술품이 무려 62만 점이나 전시되어 있다. 원래 베이징에 있었던 것을 국민당 정부가 타이완으로 올 때 옮긴 것으로, 만리장성 빼고는 모두 가져왔다는 우스갯소리가 있을 정도로 규모가 엄청나다. 보물이 너무 많아서 시즌마다 돌아가면서 전시하기 때문에 연간회원권을 사서 품목이 바뀔 때마다 관람하는 사람이 있을 정도.

타이완의 정치가 치열한 이유

타이완 인구의 98%를 차지하는 한족은 두 그룹으로 구분한다. 국공내전(1946~1949)에서 패한 장제스와 함께 타이완으로 건너온 외성인(外省人), 그 이전부터 타이완에서 살고 있었던 본성인(本省人)이다. 보편적으로 본성인은 일본을 좋아하고 외성인은 일본을 싫어하며, 본성인은 타이완을 고국으로 여기지만 외성인은 중국대륙을 고국으로 여긴다. 또한 인구는 본성인이 많지만 자금력은 외성인이 강하며, 본성인은 민진당으로 외성인은 국민당으로 결집한다. 같은 한족이지만 극히 다른 색깔의 두 그룹이 부딪히며 정치를 하는 곳이 바로 타이완이다.

오토바이 천국 타이완

타이베이의 집값은 서울 중심지를 뛰어넘을 정도로 높다. 따라서 1시간 거리의 교외에서 출퇴근하는 사람이 많은데 연비 좋고 주차 편리한 오토바이를 대체할 만한 교통수단이 없다(타이완의 주차 요금은 서울과 큰 차이가 없다). 겨울에 눈이 내리거나 노면이 얼어붙는 일이 없으니 언제든 안전하게 탈 수 있다. 작은 스쿠터조차 125cc 이상으로 빠르고 힘이 좋다.

타이완 속 일본 문화

일제강점기(1895~1945)가 시작되고 철도, 도로, 학교, 관공서 등 다방면의 발전이 이뤄졌다. 상대적으로 일본인을 우위에 두는 불공평한 정책이 많았지만 저항이 극심했던 우리나라에 비해 타이완에서는 그다지 저항이 없었으니 감정의 골도 상대적으로 얕다(당시 타이완은 명나라에서 청나라, 다시 일제강점기로 넘어가며 주권의식이 약했다). 외성인(장제스)이 집권한 후로 본성인에 대한 차별은 일제강점기보다 훨씬 심해졌고 본성인들 사이에서는 일본 통치 시기를 그리워하는 현상이 일어나게 된다. 다만, 본성인이 전체 인구 중 80~85%를 차지해 타이완 전체가 일본을 좋아하는 것처럼 보일 수 있으나, 외성인은 일본에 대한 감정의 골이 한국만큼이나 깊다.

연대기로 알아보는
타이완 역사 키워드

타이완을 직관적으로 이해할 수 있도록 전 근현대사의 흐름을 추려보았다.

1661~1683년
정씨왕조 鄭氏王朝

17세기 무렵 청나라가 명나라를 무너뜨리고 중원을 점령하게 된다. 당시 푸젠성(福建省, 복건성)에서 장관급으로 있던 정성공(鄭成功)은 반청복명(反淸復明, 청을 몰아내고 명을 세우다)을 위해 타이완으로 건너온다. 당시 타이난(타이완의 옛 수도)에 주둔하던 네덜란드군을 몰아내고 본거지로 삼지만 3대째에 이르러 결국 청나라에 굴복하고 정성공은 연평무왕(延平武王)이라 불리며 정씨왕조로 기록된다.

1895~1945년
일제강점기

청일전쟁에서 승리한 일본은 시모노세키조약(1895년)을 통해 타이완을 할양받는다. 수도를 타이난에서 타이베이로 옮기고 교통(도로와 기차), 학교, 의료시설 등을 세우며 도시 발전을 이뤄갔다. 반면 창씨개명, 황민화정책 등 본격적인 동화정책을 펴면서 타이완인에게 불공평한 법률을 제정하기 시작했는데, 부(富)가 보장된 광산 산업(진과스 외)은 일본인만 운영할 수 있도록 한 것도 그중 하나다(타이완광업규칙 제정). 1945년 일본이 패망하고서야 50년의 긴 강점기가 끝난다.

명나라 부흥 운동을 펼치며 타이완을
수복한 명장 정성공

1683~1895년
청조시대

명목상으로는 청나라 관할이었으나 직접 관리하지는 않았다. 1700년대 후반에 들어 지리적으로 가까운 푸젠성에서 타이완으로 넘어가는 한족(汉族)이 늘어나자 이민 금지 정책을 펴기도 했으며, 청불전쟁(1884~1885) 시기에는 타이완을 성(省)으로 승격하고 지방장관을 파견해 실질적으로 지배하려 했지만 큰 효과를 거두지 못했다.

TIP
청나라를 멸망시킨 신해혁명

국민당의 창립자인 쑨원(孫文, 손문)은 1911년 청나라를 무너뜨리고 민족, 민권, 민생의 삼민주의를 기반으로, 난징(南京, 남경)을 수도로 한 중화민국을 수립한다. 쑨원은 이후 얼마 지나지 않아 병으로 죽고, 장제스가 그 뒤를 잇는다.

양안관계(兩岸關係)

중화인민공화국(중국)과 중화민국(타이완)으로 분열된 두 국가는 타이완 해협을 사이에 두고 있어 양안(兩岸)이라 일컫는다. 경제력이 급부상한 중국은 타이완을 국제적으로 고립시켰는데, 대표적 사건이 당시 유엔의 상임이사국으로 있던 타이완을 탈퇴시킨 일이다. 물론 현재까지도 타이완의 국기를 사용 못 하도록 국제적 영향력을 행사하고 있는데, 이것은 중국에서 염원하는 '하나의 중국'을 이루고자 함이다. 국민당의 궁극적 목표가 고토수복이니 근본적으로는 중국의 생각과 다르지 않다고 할 수 있다. 통일의 주체가 공산당이냐 국민당이냐의 차이가 있을 뿐이다. 반면 민진당(타이완 여당)은 온전한 독립국가를 원하고 있어, 중국과 마찰이 잦으며 다방면에서 경제교류가 단절되기도 했다. 그럼에도 차이잉원(민진당)이 2020년 재임에 승리했다는 점은 괄목할 만하다.

1927~1949년
국공내전 國共內戰

청나라가 무너진 후 중국공산당과 국민당 사이에 이념 대립이 시작되며 내전으로 이어진다.
1949년 일본의 침략을 막아내느라 세력이 약해진 국민당(장제스)은 중국공산당의 수장 마오쩌둥에게 패한 뒤 타이완으로 피신한다.

1949년~현재
국민당의 집권, 그리고 정권의 변화

국공내전(1927~1949)에서 마오쩌둥(毛澤東, 모택동)에게 패한 뒤, 일본이 떠나고 무주공산이었던 타이완으로 건너온다. 초대 총통 장제스와 아들 장징궈(蔣經國, 장경국)는 정권을 잡고 총통을 연임하며 국민당 세력을 굳건히 했지만, 2000년에 최초 민진당(민주진보당) 소속 천수이벤(陳水扁, 진수편)이 총통으로 당선된다. 현재는 14대, 15대 총통이었던 민진당 차이잉원(蔡英文)을 지나, 같은 당의 라이칭더(賴清德)가 16대 총통 선거에서 당선되었다.

중화민국의 제1~5대 총통을 역임한 장제스

우리나라와의 관계

1948년 중화민국과 국교를 수립했지만, 1992년 중국과 국교를 맺으며 타이완과 단교했다. 그로 인해 타이완 내에서 반한 감정이 크게 조성됐지만 현재는 찾아보기 힘들다. 드라마도, 영화도, 거리의 음악도 한국의 문화로 채워지고 있으며, 특히 젊은 층은 한국을 동경한다고 해도 과언이 아닐 정도. 간혹 60세 이상의 노년층에서 반한의 모습을 보이기도 하지만 매우 드문 일이니 염려할 필요가 없다.

넘치는 정보 속에서 고르고 고른
자주 하는 질문 10가지

정보가 넘치는 시대를 살고 있지만 정작 필요한 것을 찾기는 의외로 어렵다.
여행자가 가장 궁금해 하는 10가지 내용을 살펴보자.

01
공항에서 시내로 들어갈 때 공항버스를 탈까? 공항철도를 탈까?

공항에 도착해서 가장 먼저 고민해야 할 것은 시내로 들어가는 교통편을 정하는 일이다. 공항철도 타이베이역 도착 기준으로 공항철도는 35~50분이 소요되고, 공항버스는 교통 상황에 따라 다르지만 45~65분 정도 걸린다. 소요시간으로 보면 공항철도가 유리한 것 같지만, 꼭 그렇다고 할 수는 없다. 공항버스는 MRT 타이베이역 앞까지 가지만, 공항철도는 하차 후 MRT 타이베이역까지 도보로 10분 정도 이동해야 하기 때문. 그러니 가성비를 생각한다면 공항버스를, 철도의 쾌적함을 원한다면 공항철도를 고려해보자.

02
타이완의 불교, 도교 사원 쉽게 구분하기

타이완에는 수많은 불교 사원과 도교 사원이 있다. 그런데 건축 양식이 비슷해 불교인지, 도교인지 외관상으로는 구분하기가 쉽지 않다. 그럴 때는 사원의 명칭을 확인하면 쉽게 알 수 있다. 이름이 궁(宮)으로 끝나면 도교 사원, 사(寺)로 끝나면 불교 사원이다. 예를 들어 행천궁(行天宮)이면 도교 사원, 용산사(龍山寺)라면 불교 사원으로 생각하면 된다.

03
이지카드 꼭 사야 할까?

신용카드가 거의 통용되지 않는 타이완에서 이지카드(easy card)는 만능 카드와 같다. 백화점 내 푸드코트, 편의점, 버스, 택시(일부), 지하철, 유바이크 등 모두 이용할 수 있으며, 지하철과 버스를 환승할 때 교통비가 할인되는 것도 장점이다. NT$100(약 4,000원)의 카드 구매 비용이 들긴 하지만 적극 추천한다.

04
타이베이는 3일이면 다 본다고? NO!

타이베이는 홍콩이나 도쿄, 뉴욕 등처럼 거리나 건물에서 직관적 매력을 느낄 수 있는 여행지는 아니다. 따라서 수박 겉핥기식 여행이라면 실망할 수 있다. 타이베이의 참 매력은 첨단 도시 부럽지 않은 편의성과 교통편을 갖추었음에도 예스러운 멋을 간직하고 있다는 것이다. 서둘러 다른 곳으로 이동하기보단 온전히 한 곳 한 곳을 느끼는 여행이 어울리는 곳이다.

05

타이베이는 항상 여름이다?

아열대성 기후이긴 하지만 타이베이에도 4계절이 있고 한겨울에는 산 정상에 눈이 쌓이기도 한다. 12~2월 칼바람이 부는 날은 뼛속까지 시릴 정도다. 식당이든 호텔이든 몸을 녹일 만한 시설(온풍기, 전기장판 등)이 없으니 내의와 잠옷은 꼭 준비하자. 외투는 초겨울용으로도 충분하다.

06

치안이 걱정이에요

타이베이의 치안 수준은 한국과 크게 차이가 없다. 특히 술을 즐기지 않아 취객도 많지 않은 편이며 밤에도 크게 요란하지 않다. 다만, 야시장(특히 스린야시장) 등에서 소매치기 사건이 종종 발생하니 사람이 많은 관광지에서는 귀중품을 주의하자.

08

타이완에서 국제운전면허증을 쓸 수 있을까?

타이완은 제네바협정국이 아니지만, 2022년 2월 17일부터 한국과 타이완의 상호 인정 양해각서에 따라 한국의 국제운전면허증(International Driving Permit)으로 운전할 수 있게 되었다. 다만, 국제운전면허증을 필히 소지해야 하니 운전면허시험장, 경찰서, 인천국제공항(경찰 치안 센터)에서 발급받자.

07

타이완 유심칩 어디서 살까?

한국의 통신사와 마찬가지로 3대 통신사라면 품질에 큰 차이가 없으니 어느 곳을 이용해도 좋다. 3일간 데이터를 무제한으로 쓸 수 있는 유심칩은 가격이 NT$300(약 12,000원)이다. 시내에는 3일짜리 유심칩이 없는 곳도 많으니 가급적 공항에서 구입하자(여권이나 신분증 필요).

- **쭝화통씬** 中華電信/Chuanghwa Telecom
- **타이완따거따** 台灣大哥大/TaiwanMobile
- **위엔촨** 遠傳/FarEsatTone

09

타이완의 물가

현지인이 즐기는 음식은 가격이 저렴한 편이지만 여행객이 즐기는 음식 가격은 한국과 비슷하다. 숙박료는 홍콩 못지않게 높은 편이지만 관광지 입장료와 교통비가 저렴해 경제적인 여행이 가능하다. 평균적으로 항공편, 숙박비, 선물 구입비를 제외하고 하루에 1인당 한화 5만 원이면 적당하고 10만 원이면 풍족하다.

10

대중교통 이용 시 음식물은 절대 금지!

버스나 지하철을 탈 때 절대로 음식물을 먹으면 안 된다. 특히, 지하철은 개찰구를 통과하면서부터 적용된다. 이후에는 껌도 씹으면 안 되고 물도 마시면 안 된다(물이나 음료 등을 소지하고 탈 수는 있다). 만일 이를 어기면 우리 돈으로 최대 30만 원 정도의 벌금을 내야 한다.

첫 타이베이 여행자를 위한
추천 여행 코스

#중정기념당 #융캉제
#타이베이101타워 #키키레스토랑

DAY 01

①
타이베이 핵심
3박 4일 코스

타이베이 시내여행 이틀, 근교여행 하루가
포함된 기본 3박 4일 코스. 타이베이를
처음 여행하는 사람들을 위해 꼭 가봐야 할
대표 명소와 맛집 위주로 구성했다.

타오위안 공항 도착, 입국 수속 11:30

공항버스 60분

13:00 **숙소 도착, 짐 정리**

도보 5분

13:45 **점심(팀호완)** P.106

타이베이역, MRT 10분
중정기념당역 5번 출구

중정기념당 P.198 14:40

도보 15분

15:55 **융캉제** P.194

동문역, MRT 20분
타이베이101역 2번 출구

사사남촌 P.222 17:25

도보 5분

18:00 **타이베이 101타워** P.220

도보 15분

19:15 **저녁(키키레스토랑)** P.227

코스 일러두기

❶ 코스 동선은 가급적 중복되지 않게 구성했으니, 취
향에 맞게 다른 코스와 조합하여 다녀도 좋다.

❷ 라오메이 해변(3~4월), 양명산 죽자호(3~6월), 푸롱
의 바이크여행, 지룽항의 화평도 공원 등 계절별로
특화된 여행지나 교통이 불편한 명소는 코스 가이드
에서 제외했다.

❸ 대중교통을 편하게 이용하려면 버스트랙커(Bus
Tracker TaiPei) 앱을 참고하는 것이 좋다. P.403

❹ 항공편은 인천 출발 09:45, 타이베이 출발 15:30으
로, 숙소 위치는 교통이 가장 편리한 타이베이역 주
변을 기준으로 했다.

TIP
저녁식사 후 상산(야경), 웨이브(클럽), 라
오허제야시장(간식) 등 취향에 따라 코
스를 이어가도 좋다. 도보 혹은 택시 기
본요금으로 이동할 수 있는 곳들이다.

DAY 02
#국립고궁박물원 #베이터우온천
#단수이 #빠리라오제 #스린야시장
#미라마관람차야경

08:00 타이베이역
MRT 20분
스린역 1번 출구
紅30, 255번 버스 30분

09:00 국립고궁박물원 P.274
택시 30분

12:50 점심(만객옥) P.289
도보 5분

13:55 지열곡 P.287
도보 7분

**14:20 베이터우 온천박물관,
타이베이시립도서관** P.286, 287
도보 8분

15:30 신베이터우역
MRT 25분
단수이역

15:55 단수이, 빠리 라오제 P.292
단수이역, MRT 30분
검담역 1번 출구

18:50 저녁(스린야시장) P.280
검담역 1번 출구
무료셔틀버스 20분

21:00 미라마관람차 P.277

DAY 03
#타이베이근교여행
#예스진지투어

08:00 아침(부항두장) P.107
도보 20분

09:00 일선공원 P.102
도보 10분
타이베이역 투어 집합 장소

10:00 예스진지 투어 P.316
투어버스로 이동

19:30 타이베이역
MRT 2분
중산역 4번 출구

19:40 저녁(마랄화과 중산점) P.154

DAY 04
#용산사 #임가화원
#시먼 #국광버스 #귀국

07:30 아침(주기육죽) P.139
도보 4분

08:10 용산사 P.126
용산사역, MRT 17분
부중역 1번 출구

09:10 임가화원 P.133
부중역, MRT 20분
시먼역 6번 출구

11:20 점심(진천미) P.136
시먼역, MRT 5분
타이베이역 M3 출구
도보 3분

12:20 국광버스터미널
공항버스 70분

13:30 타오위안 공항

타이베이역 M1 출구가 더 가
깝지만, M3 출구에 에스컬
레이터가 있어 더 편하다.

② 타이베이 핵심 4박 5일 코스

타이베이 시내와 근교를 구석구석 둘러보는 진짜 자유여행.
대중교통으로만 다니기 때문에 여행 난이도는 높은 편이다.
편안한 여행을 원한다면 핵심 3박 4일 코스와 테마 코스를 참고하자.

DAY 01 #중정기념당 #융캉제 #타이베이101타워 #키키레스토랑

(11:30) **타오위안 공항 도착, 입국 수속**

공항버스 60분

(13:00) **숙소 도착, 짐 정리**

도보 5분

(13:45) **점심(팀호완)** P.106

타이베이역, MRT 10분
중정기념당역 5번 출구

(14:40) **중정기념당** P.198

도보 15분

융캉제 P.194 (15:55)

동문역, MRT 20분
타이베이101역 2번 출구

(17:25) **사사남촌** P.222

도보 5분

(18:00) **타이베이 101타워** P.220

도보 15분

(19:15) **저녁(키키레스토랑)** P.227

TIP
저녁식사 후 상산(야경), 웨이브(클럽), 라오허제야시장(간식) 등 취향에 따라 코스를 이어가도 좋다. 도보 혹은 택시 기본요금으로 이동할 수 있는 곳이다.

DAY 02 #핑시선투어 #마오콩

(07:30) **아침(유가반단)** P.116

도보 6분

TIP
유가반단은 좌석이 없으니 포장 후 기차에서 즐기자.

(08:00) **타이베이역**

기차(TRA) 65분
허우통역

(09:20) **허우통** P.340

핑시선 20분
스펀역

(10:30) **스펀** P.342

핑시선 15분
핑시역

(11:50) **점심(핑시, 철도열장)** P.346

핑시선 5분
징통역

징통 P.347 (13:00)

795번 버스 70분
무자역
MRT 5분
동물원역 1번 출구

(15:00) **타이베이시립동물원** P.308

도보 7분
마오콩 곤돌라 30분

(17:50) **마오콩역**

도보 10분

(18:00) **저녁(용문객잔)** P.311

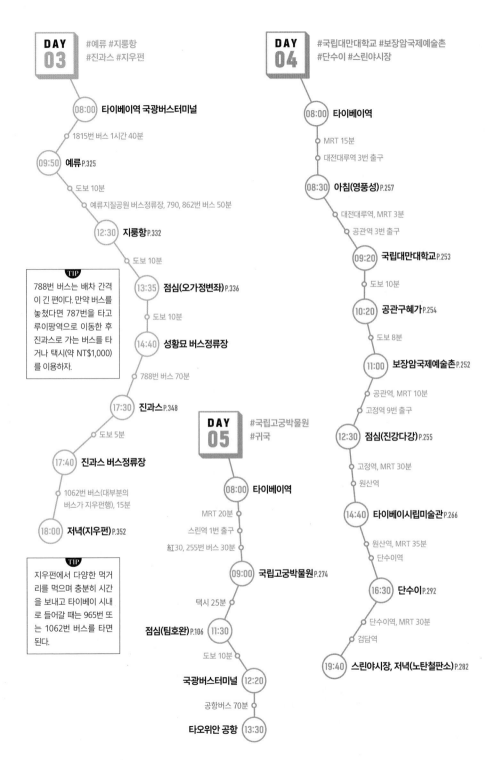

DAY 03
#예류 #지룽항
#진과스 #지우펀

(08:00) **타이베이역 국광버스터미널**

1815번 버스 1시간 40분

(09:50) **예류** P.325

도보 10분

예류지질공원 버스정류장, 790, 862번 버스 50분

(12:30) **지룽항** P.332

도보 10분

TIP
788번 버스는 배차 간격
이 긴 편이다. 만약 버스를
놓쳤다면 787번을 타고
루이팡역으로 이동한 후
진과스로 가는 버스를 타
거나 택시(약 NT$1,000)
를 이용하자.

(13:35) **점심(오가정변좌)** P.336

도보 10분

(14:40) **성황묘 버스정류장**

788번 버스 70분

(17:30) **진과스** P.348

도보 5분

(17:40) **진과스 버스정류장**

1062번 버스(대부분의
버스가 지우펀행), 15분

(18:00) **저녁(지우펀)** P.352

TIP
지우펀에서 다양한 먹거
리를 먹으며 충분히 시간
을 보내고 타이베이 시내
로 들어갈 때는 965번 또
는 1062번 버스를 타면
된다.

DAY 05
#국립고궁박물원
#귀국

(08:00) **타이베이역**

MRT 20분

스린역 1번 출구

紅30, 255번 버스 30분

(09:00) **국립고궁박물원** P.274

택시 25분

(11:30) 점심(팀호완) P.106

도보 10분

(12:20) **국광버스터미널**

공항버스 70분

(13:30) **타오위안 공항**

DAY 04
#국립대만대학교 #보장암국제예술촌
#단수이 #스린야시장

(08:00) **타이베이역**

MRT 15분

대전대루역 3번 출구

(08:30) **아침(영풍성)** P.257

대전대루역, MRT 3분

공관역 3번 출구

(09:20) **국립대만대학교** P.253

도보 10분

(10:20) **공관구혜가** P.254

도보 8분

(11:00) **보장암국제예술촌** P.252

공관역, MRT 10분

고정역 9번 출구

(12:30) **점심(진강다강)** P.255

고정역, MRT 30분

원산역

(14:40) **타이베이시립미술관** P.266

원산역, MRT 35분

단수이역

(16:30) **단수이** P.292

단수이역, MRT 30분

검담역

(19:40) **스린야시장, 저녁(노탄철판소)** P.282

③

여유롭게 즐기는
3박 4일 커플 여행 코스

비슷한 일정으로 관광을 하다 보면 여행지에서
한국인을 더 많이 만나는 경우도 있다. 커플 여행은 오붓한
시간을 보낼 수 있도록 비교적 한적한 코스로 구성했다.

DAY 02
#낭만기차여행 #징통
#스펀 #허우통 #지우펀

09:30 타이베이역

ㅇ 타이베이역, MRT 40분
ㅇ 무자역 버스정류장, 756번 버스 40분
ㅇ 징통 버스정류장

11:20 징통 P.347

ㅇ 핑시선 20분
ㅇ 스펀역

12:40 스펀, 점심(류가소고계시포반) P.343

ㅇ 핑시선 20분
ㅇ 허우통역

허우통 P.340 **14:40**

ㅇ 핑시선 7분

15:50 루이팡역

ㅇ 루이팡역 버스정류장, 788, 965번 버스 15분
ㅇ 지우펀 버스정류장

16:40 지우펀, 저녁 P.352

> **TIP**
> 지우펀에서 다양한 먹거리를 먹으며 충분히
> 시간을 보내고 타이베이 시내로 들어갈 때는
> 965번 또는 1062번 버스를 타면 된다.

DAY 01
#단수이 #양명산
#옥정상더탑

11:30 타오위안 공항 도착, 입국 수속

ㅇ 공항버스 60분

13:00 숙소 도착, 짐 정리

ㅇ 도보 5분

13:45 점심(팀호완) P.106

ㅇ 타이베이역, MRT 40분
ㅇ 단수이역

15:30 단수이, 빠리라오제 P.292

ㅇ 단수이역, MRT 25분

18:30 명덕역

ㅇ 택시 20분

18:50 저녁(옥정상 더 탑) P.368

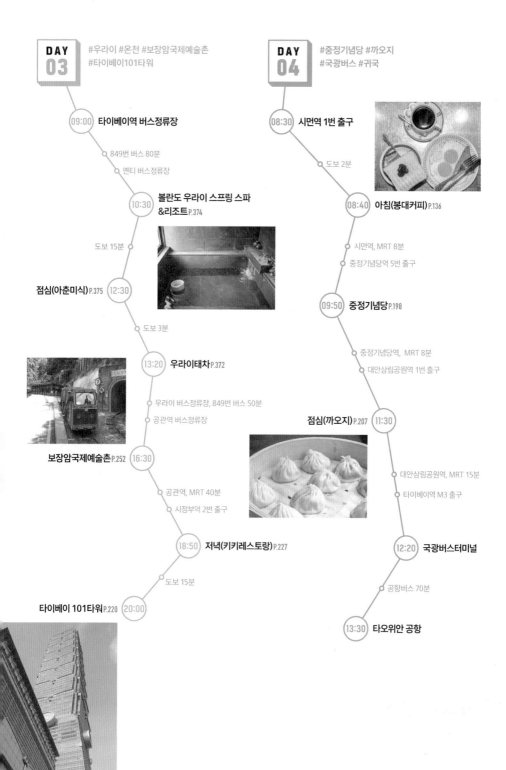

DAY 03
#우라이 #온천 #보장암국제예술촌
#타이베이101타워

09:00 타이베이역 버스정류장

849번 버스 80분
엔티 버스정류장

10:30 볼란도 우라이 스프링 스파
&리조트 P.374

도보 15분

12:30 점심(아춘미식) P.375

도보 3분

13:20 우라이태차 P.372

우라이 버스정류장, 849번 버스 50분
공관역 버스정류장

16:30 보장암국제예술촌 P.252

공관역, MRT 40분
시정부역 2번 출구

18:50 저녁(키키레스토랑) P.227

도보 15분

20:00 타이베이 101타워 P.220

DAY 04
#중정기념당 #까오지
#국광버스 #귀국

08:30 시먼역 1번 출구

도보 2분

08:40 아침(봉대커피) P.136

시먼역, MRT 8분
중정기념당역 5번 출구

09:50 중정기념당 P.198

중정기념당역, MRT 8분
대안삼림공원역 1번 출구

11:30 점심(까오지) P.207

대안삼림공원역, MRT 15분
타이베이역 M3 출구

12:20 국광버스터미널

공항버스 70분

13:30 타오위안 공항

4

아이와 함께하는
3박 4일 가족 여행 코스

타이베이의 역사와 문화를 즐길 수 있는 볼거리를 많이 담아서
근교 명소는 일정에 넣지 않았다. 아이들이 지루해 한다면
하루는 예스진지 투어를 신청해서 편하게 근교 여행을 다녀오자.

DAY 02
#국립고궁박물원 #시먼홍루
#중정기념당 #타이베이 101타워

09:00 타이베이역

MRT 20분, 스린역 1번 출구

紅30, 255번 버스 30분

10:00 국립고궁박물원 P.274

DAY 01
#임안태고조
#타이베이시립미술관
#공자묘 #하마스시

택시 30분

점심(진천미) P.136 **13:00**

도보 10분

14:10 시먼홍루 P.128

11:30 타오위안 공항 도착, 입국 수속

공항버스 60분

13:00 숙소 도착, 짐 정리

도보 5분

시먼역, MRT 8분

중정기념당역 2번 출구

우정박물관 P.200 **15:50**

13:50 점심(유산동우육면) P.106

타이베이역, MRT 15분

원산역

도보 8분

15:20 임안태고조 P.267

16:45 중정기념당 P.198

도보 10분

중정기념당역, MRT 12분

타이베이101역

타이베이시립미술관 P.266 **16:30**

18:20 저녁(해저로) P.229

도보 15분

도보 4분

17:40 타이베이공자묘, 대룡동보안궁 P.269

20:30 타이베이 101타워 P.220

원산역, MRT 5분

민권서로역 9번 출구

19:00 저녁(하마스시) P.187

DAY 03 #동물원 #마오콩 #마사지 #수진박물관

타이베이역 09:00

MRT 40분
동물원역 1번 출구

09:45 타이베이시립동물원 P.308

마오콩 곤돌라 30분
마오콩역
도보 10분

12:40 점심(용문객잔) P.311

도보 3분

장수보도 P.310 13:20

택시 20분
동물원역, MRT 30분
송강남경역 1번 출구

천리행 P.185 15:30

도보 15분

수진박물관 P.184 16:40

택시 15분

저녁(키키레스토랑) P.227 18:00

DAY 04 #중화민국총통부 #국립대만박물관 #팀호완 #딤섬 #귀국

08:30 타이베이역, 짐 보관

도보 15분

09:00 중화민국총통부 P.103

도보 6분

10:10 국립대만박물관 P.101

도보 9분

점심(팀호완) P.106 11:30

도보 10분

12:20 국광버스터미널

공항버스 70분

13:30 타오위안 공항

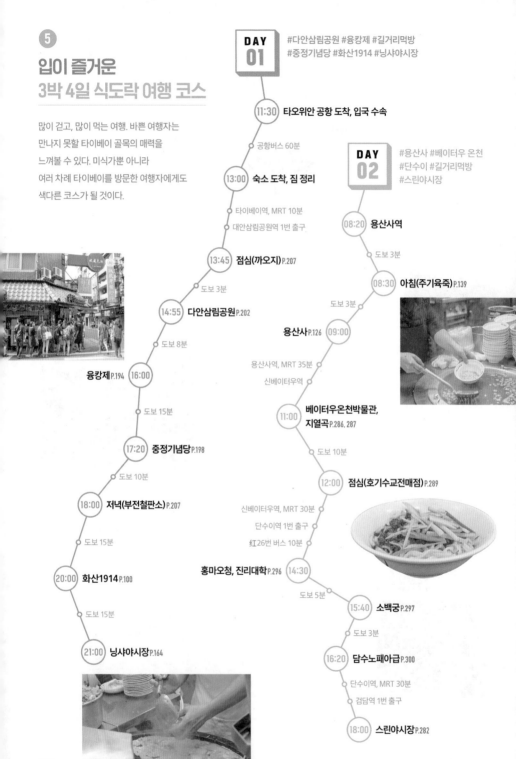

⑤

입이 즐거운
3박 4일 식도락 여행 코스

많이 걷고, 많이 먹는 여행. 바쁜 여행자는
만나지 못할 타이베이 골목의 매력을
느껴볼 수 있다. 미식가뿐 아니라
여러 차례 타이베이를 방문한 여행자에게도
색다른 코스가 될 것이다.

DAY 01
#다안삼림공원 #용캉제 #길거리먹방
#중정기념당 #화산1914 #닝샤야시장

11:30 타오위안 공항 도착, 입국 수속

공항버스 60분

13:00 숙소 도착, 짐 정리

타이베이역, MRT 10분
대안삼림공원역 1번 출구

13:45 점심(까오지) P.207

도보 3분

14:55 다안삼림공원 P.202

도보 8분

16:00 융캉제 P.194

도보 15분

17:20 중정기념당 P.198

도보 10분

18:00 저녁(부전철판소) P.207

도보 15분

20:00 화산1914 P.100

도보 15분

21:00 닝샤야시장 P.164

DAY 02
#용산사 #베이터우 온천
#단수이 #길거리먹방
#스린야시장

08:20 용산사역

도보 3분

08:30 아침(주기육죽) P.139

도보 3분

09:00 용산사 P.126

용산사역, MRT 35분
신베이터우역

11:00 베이터우온천박물관,
지열곡 P.286, 287

도보 10분

12:00 점심(호기수교전매점) P.289

신베이터우역, MRT 30분
단수이역 1번 출구
紅26번 버스 10분

14:30 홍마오청, 진리대학 P.296

도보 5분

15:40 소백궁 P.297

도보 3분

16:20 담수노패아급 P.300

단수이역, MRT 30분
검담역 1번 출구

18:00 스린야시장 P.282

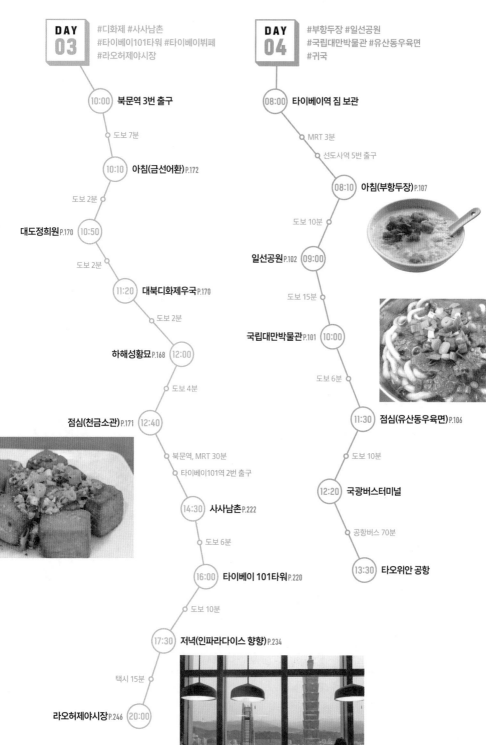

#디화제 #사사남촌
#타이베이101타워 #타이베이뷔페
#라오허제야시장

#부항두장 #일선공원
#국립대만박물관 #유산동우육면
#귀국

10:00 북문역 3번 출구

도보 7분

10:10 아침(금선어환) P.172

도보 2분

대도정희원 P.170 10:50

도보 2분

11:20 대북디화제우국 P.170

도보 2분

하해성황묘 P.168 12:00

도보 4분

점심(천금소관) P.171 12:40

북문역, MRT 30분

타이베이101역 2번 출구

14:30 사사남촌 P.222

도보 6분

16:00 타이베이 101타워 P.220

도보 10분

17:30 저녁(인파라다이스 향향) P.234

택시 15분

라오허제야시장 P.246 20:00

08:00 타이베이역 짐 보관

MRT 3분

선도사역 5번 출구

08:10 아침(부항두장) P.107

도보 10분

일선공원 P.102 09:00

도보 15분

국립대만박물관 P.101 10:00

도보 6분

11:30 점심(유산동우육면) P.106

도보 10분

12:20 국광버스터미널

공항버스 70분

13:30 타오위안 공항

한 걸음 더, 테마로 즐기는 타이베이

모두가 만족하는
타이베이 인기 여행지 10

01
타이베이 101타워

고대 동전(錢幣) 디자인이 들어간 역사다리꼴 형태의 건축물 8개를 탑처럼 쌓아 올린 건물이다. 전체적으로 정(鼎)의 모양을 이루고 있는 중화풍의 디자인이 특이하다. 타이베이의 랜드마크. P.220

02
화산1914

과거 허름한 양조장이었던 건물이 시대의 변화에 맞춰 트렌디한 숍이 즐비한 문화공간으로 거듭났다. 타이베이의 문화 수준을 엿볼 수 있는 곳이다. P.100

03
임가화원

청조시대 중국에서 타이완으로 넘어온 임씨네가 건축한 정원이다. 타이베이에서 가장 큰 규모를 자랑하는 가옥이자 원형이 잘 보존돼 있는 곳이다. 건물 하나하나가 운치있다. P.133

04
중정기념당

타이완 초대 총통 장제스를 기리는 곳으로 매 정시에 열리는 위병 교대식이 유명하다. 대리석으로 세운 기념당 외에도 기와를 올린 국가희극원과 음악원, 그리고 넓게 펼쳐진 자유광장도 볼거리로 꼽힌다. P.198

> 타이베이를 대표하는 관광지,
> 일정이 짧더라도 이곳만큼은 꼭 들러보자.

05
보장암국제예술촌

작은 산 위에 옹기종기 모여 있는 무채색 마을, 달동네라는 아픈 과거를 벗고 예술공간으로 탈바꿈했다. 문화예술에 관심 있는 여행자라면 놓치지 말자. P.252

06
타이베이시립미술관

단돈 NT$30(한화 1,200원)이면 타이베이 예술의 정수를 만날 수 있는 곳이다. 사합원 방식에 현대적 미(美)를 가미한 감각적인 건축물을 보는 것만으로도 방문할 가치가 있다. P.266

07
임안태고조

중국 복건성(福建城)에서 직접 건축 재료를 공수해 약 40년에 걸쳐 완공한 곳으로 타이베이에서 가장 오래된 중화풍 정원이다. 평온하고 온화한 분위기가 압권이다. P.267

08
국립고궁박물원

중국의 역대 왕조를 통틀어 정점이라 할 만한 것이 모두 전시돼 있다. 특히 육형석, 취옥백채, 조감람핵주, 상아투화운룡문투구 등 매력적인 기물류가 으뜸으로 꼽히는데, 인간이 제작했다고는 믿지 못할 정도다. P.274

09
홍마오청

네덜란드에서 건축한 안토니오 요새(Fort Antonio)로 그들의 강렬한 붉은색 머리로 인해 '붉은 머리의 성' 즉, 홍모성(紅毛城)으로 불리는 곳이다. 17세기 유럽풍의 실내외 건축 디자인을 살펴볼 수 있다. P.296

10
마오콩

투명한 크리스털 캐빈(Crystal Cabin)에서 굽이진 산등성이를 유람하고, 장수보도에서 가볍게 산책을 즐긴 후 노을빛이 물드는 시간에 산자락의 레스토랑에서 식사를 즐길 수 있는 곳이다. P.306

특별한 매력이 있는 곳
타이베이 근교 여행지 8

01
예류지질공원

자연이 2500만 년 동안 빚어온 기암괴석 공원이다. 외계 행성에 방문한 것처럼 경이로움으로 가득하다. P.327

02
라오메이 해변

하늘과 바다 사이 초록색으로 뒤덮인 바위들이 한 폭의 그림을 만든다. 3~4월이 가장 아름답다. P.319

03
화평도공원

17세기 네덜란드에서 건축한 노르트홀란트(Noord Holland) 요새가 있던 곳이다. 주위 자연의 아름다움과 함께 열대어를 만날 수 있는 안전한 바다 수영장 람해수지(藍海水池)가 특별하다. P.333

04
스펀

주택가 사이를 아슬아슬하게 달리는 철길이 매우 이색적인 곳이다. 천등을 하늘에 띄워 소원을 비는 명소로 유명하다. P.342

> 3박 4일 일정으로는 부족하니
> 꼭 가고 싶은 곳 위주로 여행하자.

지우펀

산자락에 형성된 아늑한 마을이다. 저녁이 되면 계단길을 따라 홍등이 하나둘 불을 밝히면 지우펀의 감성이 피어오른다. P.352

경천강

'강'이라는 이름 때문에 연못이나 호수로 착각하는 여행객이 많지만 해발 770m 산 정상의 초원이다. 주위에 펼쳐진 산세가 한 폭의 그림처럼 아름답다. P.367

우라이

타이완 원주민이 사는 온천의 명소이자 미니열차, 케이블카 등 즐길거리도 많고 우라이에서만 맛볼 수 있는 미식도 가득하다. P.370

타이루거 협곡

타이완 10경으로 손꼽히는 타이루거 협곡은 대자연의 신비로운 풍경과 멋진 계곡 트레킹을 즐길 수 있는 당일 투어 명소로 인기가 높다. P.378

타이베이 여행의 꽃
야시장 선택 가이드

타이베이에는 크고 작은 야시장이 많다. 모두 가볼 수는 없으니
대표 야시장 4군데를 비교하며 나만의 여행 일정을 만들어보자.

타이베이 4대 야시장 한눈에 보기

	화시제야시장	닝샤야시장	라오허제야시장	스린야시장
특징	보양 음식/골동품	먹거리	먹거리	먹거리/쇼핑
교통	MRT 용산사역(龍山寺站) 1번 출구에서 도보 2분	MRT 중산역(中山站) 5번 출구에서 도보 20분/택시 기본요금	MRT 송산역(松山站) 5번 출구에서 도보 1분	MRT 검담역(劍潭站)에서 도보 5분
추천 시간	12:00~20:00	18:00~24:00	18:00~24:00	18:00~24:00
대표 먹거리	타이완 전통음식(루로우판 외)	굴전(蚵仔煎), 타로 볼(taro ball)	호초병(胡椒餅), 약돈배골(藥燉排骨)	지파이(雞排), 화염투자우(火焰骰子牛)
주의사항	취객 및 치한(늦은 밤)			소매치기
여행자별 추천	용산사에서 매우 가까워 관광과 연계하기 좋다.	현지인이 꼽는 최고의 야시장이 궁금하다면 반드시 가자.	스린야시장을 제외하면 가장 크고 풍성한 야시장으로 이국적인 분위기가 좋다.	단 한 곳의 야시장만 갈 거라면 스린야시장으로 가자(야시장에서 즐길 수 있는 모든 게 있다).

화시제야시장
华西街夜市

보양 음식으로 유명하며 골동품 같아 보이는 물건을 판매하는 곳이 많다. 저렴한 마사지 숍도 여러 곳 있어 즐길거리가 많지만 저녁 시간을 만끽하기에는 그다지 좋은 곳은 아니다. 그러니 용산사 방문과 연계해 가급적 이른 시간에 둘러보자. 지하철역에서 가까워 바쁜 여행자가 들르기에 가장 좋은 야시장이다. P.146

닝샤야시장
寧夏夜市

타이베이 시민이 즐겨 찾는 야시장으로 꼽을 만큼 전통 맛집이 많다. 중산역, 디화제에서 가깝고 쇼핑 구역 없이 먹거리 부스만 줄줄이 들어선 곳이라 길을 헤맬 일도 없다. 오로지 먹으러 가는 야시장이다. P.164

라오허제야시장
饒河街夜市

자전거 코스 베스트 3의 '지롱허(基隆河) 코스'와 함께 여행할 수 있는 야시장이다. 스린 야시장 못지않게 다양한 먹거리가 있으며 유행 따라 변화도 빨라 젊은 층이 많이 찾는다. 주위에 연계할 관광지는 부족하지만 교통이 편리해서 여행 중 단 하나의 야시장만 방문한다면 스린야시장과 함께 가장 먼저 추천할 만한 곳이다. P.246

스린야시장
士林夜市

타이베이에서 규모가 가장 클 뿐 아니라, 쇼핑과 먹거리를 함께 즐길 수 있어 관광객에게 딱 알맞은 야시장이다. 노점에서 판매하는 먹거리는 모두 갖추고 있다 해도 과언이 아니며 빼놓지 않고 방문하는 단수이와 연계하기도 좋다. 관광객보다 현지인이 많은 야시장을 돌아보고 싶다면 라오허제야시장으로 가면 된다. P.280

재미있는 골목길 산책
타이베이 라오제

오래된 거리를 뜻하는 라오제는 타이베이의 과거를 엿볼 수 있는 매력적인 곳이다.
오래된 상점에서 독특한 물건을 구경하는 재미가 쏠쏠하다.

타이베이 라오제 양대산맥 비교

	디화제	푸진제
특징	먹거리/쇼핑	카페
교통	MRT 북문역(北門站) 3번 출구에서 도보 7분	MRT 송산공항역(松山機場站) 3번 출구에서 도보 10분
추천 시간	09:00~24:00(밤에는 bar)	11:00~19:00
볼거리	100년이 넘은 가옥으로 구성된 거리 풍경	가로수길 그리고 동서양이 혼합된 현대적 가옥
여행자별 추천	예스러움을 좋아하는 여행자	아늑한 장소를 좋아하는 여행자

디화제 迪化街

100년 넘은 가옥으로 이뤄진 오래된 옛길을 걸을 수 있는 곳이다. 예전에는 한약재를 팔던 곳으로 명성을 떨쳤지만, 문화특구로 지정되고 트렌디한 상점이 들어서면서 젊은 층을 불러들이고 있다. 남들이 모르는 핫플레이스를 찾고 싶다면 디화제보다 좋은 곳이 없다. P.168

푸진제 富錦街

타이완에 주둔한 미군 주거지였던 곳으로 동서양의 감성이 잘 어우러진 구역이다. 디화제가 시끌벅적한 시장이라면 푸진제는 부촌 느낌에 가깝다. 아늑하면서도 조용한 거리를 거닐고 싶다면 푸진제로 가자. P.240

문화를 만나는 것만큼 값진 여행도 없다
타이베이 박물관 베스트 4

01

국립고궁박물원
國立故宮博物院

세계 4대 박물관으로 꼽히는 곳
으로 조각예술의 절정을 느낄 수
있는 기물(器物)류가 많아 관람
자체가 흥미롭다. 세상에 단 하나
뿐인 진짜 보물(?)을 만날 수 있는
곳이다. P.274

02

타이베이시립미술관
臺北市立美術館

서예, 그림, 사진, 공간 등의 조형
예술에 복합 장르까지, 유명한 타
이완 아티스트의 작품을 만날 수
있는 곳이다. 전시를 몇 개월 단
위로 교체하므로 갈 때마다 새
롭다는 것이 큰 장점이며 입장료
(NT$30)도 저렴한 편이다. 전통
적 사합원 방식에 현대적 미를 접
목한 건축물을 보는 것만으로도
가치가 있다. P.266

> "
타이베이의 박물관은 '보물의 나라'로 불릴 만큼 다양한 유물이 전시돼 있다.
종일 둘러봐도 지겹지 않은 다양한 박물관을 탐험해보자.
"

 03

국립대만박물관
國立臺灣博物館

원주민 등 타이완 역사와 관련한 유물을 기반으로 화폐, 생물, 공룡화석 등 다양한 테마로 유물을 전시하고 있다. 본관과 별관으로 나뉘어 있으며 볼거리가 생각보다 많다. P.101

 04

우정박물관
郵政博物館

교육 목적의 박물관이지만 흥미로운 볼거리가 많다. 5층에서는 전 세계의 우표를 만날 수 있으며 2층에서는 대형 인화된 세계 최초의 우표도 감상할 수 있다. P.200

마음을 정화하는 여행
타이베이 문화 산책

임가화원 林家花園

청조시대에 만든 중화풍 정원으로 상하이의 예원, 베이징의 이화원에 비해 규모는 작지만 오밀조밀 아담하게 꾸민 정원이 운치를 더한다. 한 바퀴 도는 데 30~40분 걸린다. P.133

용산사 龍山寺

다양한 신을 모시는 타이완의 자유분방한 종교문화를 느낄 수 있는 곳이다. 복건성에서 옮겨온 관세음보살 분령으로 세운 타이베이 최초의 불교사원이다. P.126

> "
> 복잡한 도심에서 벗어나 유유자적 여유를 만끽하는 힐링 여행.
> 타이베이에서 멋스러운 산책을 즐길 수 있는 네 곳을 소개한다.
> "

화산1914 華山1914

쇼핑, 식사, 관람 등 다양한 문화생활을 즐길 수 있는 곳으로 주말에는 가족 나들이객이 많이 찾는다. 타이완의 문화 수준을 엿볼 수 있으며 젊음, 예술, 열정이라는 단어가 머릿속에 툭 떠오르는 곳이다. P.100

보장암국제예술촌 寶藏巖國際藝術村

산자락에 지어진 무채색 시멘트 집에 예술가들이 하나둘 자리 잡으며 빈민촌에서 예술촌으로 탈바꿈한 곳이다. 마을 전체가 예술전시관이라 골목길을 걷는 것만으로도 설렌다. P.252

하루의 피로를 말끔히
타이베이 마사지 베스트 3

가성비 좋은 타이베이 안마를 경험해보자.
미식 여행, 도시 탐험을 잠시 멈추고 호사를 누릴 시간이다.

가성비 좋은 마사지 숍을 찾는다면
천리행 千里行

가성비 좋은 마사지숍을 찾는다
면 천리행이 답이다. 멋진 인테리
어, 좋은 서비스, 최고 수준의 안
마에 가격까지 합리적이기 때문.
일행끼리 편하게 안마를 받을 수 있는 2~3인 룸 시설도
구비돼 있다. P.185

따뜻한 체온이 전해지는 숍
육본목양생관 六本木養生館

육본목은 규모는 작지만 분점
없이 운영해 관리가 철저하다.
30년 경력의 마사지 기술로 온몸
의 피로를 씻어주고, 친절한 서
비스 정신으로 마음을 안정시켜줘 힐링을 위한 마사지
로 제격이다. P.225

저렴하고 편안하게
족강족체양생관 足強足體養生館

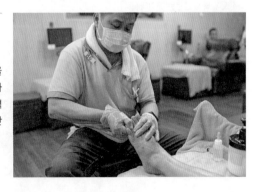

타이베이의 마사지사는 비슷한 경로로 기술과 자격을
부여받기에 수준 높은 마사지사 고용은 마사지 숍의 가
장 큰 숙제. 족강족체양생관은 분점을 늘리기보다 인력
관리에 중점을 두는 곳이므로 체인점이지만 신뢰가 간
다. 저렴한 가격에 부담 없이 즐기는 마사지로 좋다. P.105

안 보면 후회할
타이베이 야경 베스트 3

━━━━━ ◆ ━━━━━

흔히 볼 수 있는 야경이 아니다. 여행의 마지막 밤을 장식할 수 있는
특별한 매력의 타이베이 야경 명소 세 곳을 소개한다.

화려한 시내 야경
양명산

양명산 중턱에 위치한 레스토랑 옥정상(더 탑)과
초산야미면에서 최고의 야경을 즐길 수 있다. 화려
하고 도시적인 분위기를 만끽하고 싶은 여행자라
면 들러보자.
옥정상(더 탑), 초산야미면 P.368

최고의 야경 명소
상산

걸어서 계단을 오를 때는 힘들지만 고생한 만큼 선
물을 듬뿍 주는 곳이다. 무료로 볼 수 있는 타이베
이 최고의 야경 명소다. P.221

차밭 정상에서 즐기는 시내 야경
마오콩

차밭 위 레스토랑에서 타이베이 시내를 조망하는
야경 명소다. 노을이 물드는 시간에는 운치를 더한
다. 아늑하고 조용한 분위기를 좋아하는 여행자에
게 어울린다. P.306

특별한 하루를 보낼 수 있는 곳
타이베이 온천

연인끼리 방문하기 좋은
볼란도 우라이 스프링 스파 & 리조트

볼란도는 고급스러움으로 대변되는 릴레&샤토(Relais & Chateaux, 1954년 프랑스)협회에 등재된 유니크한 호텔로 타이완을 대표하는 온천 호텔이다. 객실마다 온천탕을 구비한 건 물론이고 점심, 저녁, 야식, 아침 식사까지 고급 호텔식으로 무료 제공하므로 호텔에서 하루 종일 머물러도 지루할 틈이 없다. 유명한 청동 조각 예술가 오종림(吳宗霖)의 작품으로 채워진 실내, 매 시각 소리와 진동을 주제로 펼쳐지는 야외 공연, 투숙객을 위한 원주민 공연(매주 수요일)에 호텔 옆으로 흐르는 강마저 볼란도의 일부가 돼 안락함의 극치를 만끽할 수 있다. 객실 창을 열면 보이는 에메랄드빛 강 옆으로 몸을 따듯이 녹일 온천수가 있으니 더 이상 부러울 게 없다. 연인끼리 특별한 하룻밤을 보낼 온천 호텔을 찾는다면 볼란도는 더할 나위 없다. P.374

🏠 www.volandospringpark.com/kr

> 66
>
> 도시 여행에 지쳤다면 잠시 근교로 눈을 돌려보자. 일본 온천과는 또 다른 매력이 있는
> 타이베이 온천에서 멋진 하루를 보낼 수 있다.
>
> 99

가족과 함께하면 더 좋은
티엔라이 리조트 & 스파

경극 배우로 유명했던 고정추(顧正秋)와 재정청장이자 대
만은행 이사장을 역임한 임현군(任顯群)이 결혼 후 주위의
시샘을 피해 정착한 곳이 바로 이곳 티엔라이 리조트다(과
거 금산농장). 산으로 둘러싸여 있어 새소리만 들리는 무릉
도원에서 즐기는 노천 온천의 아늑함은 신선이 된 착각에
빠지게 한다. 거대한 규모의 풀장도 있어 아이가 있는 가족
이 방문하기에 좋다. 노천 온천을 즐기려면 수영모와 수영
복이 필요하다. 테마별로 꾸며놓은 객실도 깨끗하다. P.369

🏠 www.tienlai.com.tw

사모산 온천구

황지(皇池, 황츠), 천탕(川湯, 촨탕), 산지림(山之林, 산쯔린)
등 현지인에게 사랑받는 온천이 모여 있는 구역이다. 엄밀
히 말하면 사모산의 황계령에 속하는 온천이지만, 이 역시
베이터우구(北投區)에 속하기에 베이터우(北投) 온천으로
분류하기도 한다. 혼란을 방지하기 위한 덧붙이면, 베이
터우는 호텔식 온천이 모여 있는 신베이터우를 포함하여,
양명산 일대까지 포함하는 거대한 행정구이다. 사모산 온
천의 특징이라면, 신베이터우의 호텔식 숙박 온천과는 다
르게 주변 자연 경관을 보며 노천 온천을 즐기는 곳이다. 청
황천, 백황천, 철황천 등의 원류가 들어오며, 실제 호텔식
온천이 밀집된 신베이터우보다 상류수에 속하니 온천수의
효능은 의심할 것이 없다. 또한 온천에서 운영하는 레스토
랑에서 식사를 하면 온천비가 무료니 가성비까지 갖췄다.
24시간 운영하는 곳이자, 지하철로 오갈 수 있는 접근성 또
한 사모산 온천을 꼭 방문해야 하는 또 한 가지의 이유다.

P.290

화려한 볼거리가 있는 이벤트의 향연
타이베이 대표 축제

◆

신기하고 재미있는 타이베이의 다양한 축제를 모았다.
일정이 맞는다면 꼭 보러가자!

101타워에서 펼쳐지는 화려한 불꽃 쇼
신년 불꽃 축제

1월 1일 자정 타이베이 랜드마크 101타워에서 약 5분
간 화려한 불꽃놀이가 펼쳐진다. 다양한 이벤트가 열리
는 타이베이시청 앞 광장도 좋지만 사람들이 너무 많다.
조금이라도 여유 있게 보고 싶다면 101타워 도로 건너편
주차장(詮營停車信義101場) 부지를 추천한다(구글맵
검색어: Ying Quan Parking).

🕐 1월 1일 📍 101타워

동심을 불러오는 등불 축제
타이완 등불 축제

옛 고전 속에 나오는 인물과 유명 캐릭터를 등으로 만들
어 전시하는데, 30분마다 움직이는 거대한 메인 등이 압
권이다(당해 선정된 메인 축제 장소에서 볼 수 있다). 규
모는 작지만 타이베이 시내 곳곳에서도 다양한 등을 만
나볼 수 있다.

🕐 원소절(음력 1월 15일부터 약 보름간)
📍 장소는 매해 지역별로 선정

소원을 이뤄주는 천등 행사

핑시 천등제

수백 개의 천등이 일제히 하늘로 날아오르는 광경은 평생토록 잊지 못할 감동을 전달한다. 좁은 길을 따라 수많은 인파가 붐비는 축제지만 그 아름다움으로 따지자면 불편함을 감내할 가치는 충분하다.

🕐 원소절(음력 1월 15일. 핑시와 스펀에서 매주 한 번씩 2회 열리기도 한다) 📍 핑시(平溪), 스펀(十分)

꽃향기를 만끽하는 봄나들이

양명산 꽃축제

봄철 양명산은 다채로운 꽃으로 온 산이 뒤덮인다. 그 중에서 죽자호(竹子湖)에서 열리는 칼라 축제와 수국 축제가 가장 볼만하다. 칼라는 3~4월에 만개하고, 수국은 5~6월에 만개한다. 공공기관에서 주관하는 행사가 아니라 개인이 운영하는 꽃밭을 들어가 감상하는 방식이며 입장료에는 관람료와 꽃 한 송이 가격이 포함되어 있다.

🕐 3월 중순~6월 말 📍 양명산 🪙 NT$100

모래를 예술로 바꾸다

푸롱 국제 모래조각 예술제

황금색으로 유명한 푸롱 해변의 모래는 보드라운 석영사(石英沙)로, 가소성이 높고 점착성도 좋아 모래조각을 하기에는 최적의 조건으로 꼽힌다. 2008년부터 개최된 모래조각 예술제는 타이완 모래조각가뿐 아니라 한국을 비롯한 세계 각지의 아티스트들과 함께 환상적인 조각 예술을 선보인다. 건축물, 유명 인사, 유명 캐릭터를 비롯한 다양한 창의적인 작품을 감상할 수 있다.

🕐 4~9월 중(매해 기간 변동) 📍 푸롱 해변 🪙 NT$100

환상적인 크리스마스 축제

신베이시 크리스마스 랜드 축제

2011년부터 신베이시 정부와 타이베이시 정부가 연계한 크리스마스 축제로 아이들을 위한 놀이기구가 들어서고 콘서트가 개최된다. 무엇보다 프로젝트 레이저 조명으로 건축물을 비추며 화려한 크리스마스 분위기를 연출하는 광경은 압권이다. 아름다운 조명 아래 낭만적인 저녁시간을 보내고 싶은 여행자에게 적극 추천한다.

🕐 11월 16일~1월 1일(매해 기간 변동) 📍 신베이시 정부(新北市政府) 앞

타이베이에서 즐기는 자전거 여행

자전거 코스 베스트 3

시원한 바람이 온몸을 훑고 지나가는 강변 위의 드라이브, 넓은 아스팔트 위를 질주하는 진짜 자유 여행. 타이베이에는 멋진 풍경을 자랑하는 자전거 도로가 많다. 공공 자전거 유바이크를 빌려 반나절 정도의 일정으로 신나게 달려보자.

단수이허(淡水河) 코스

> 관도역(關渡站) → 10분 → 관도궁(關渡宮) → 50분
> → 단수이역(淡水站)

관도궁과 연계하여 단수이까지 달리는 코스로 아름다운 풍경을 즐길 수 있다. 바로 옆에서 기차가 달리는, 영화에서나 봤을 법한 풍경도 연출된다. 단수이 여행과 연계하려면 오전에 출발하는 것이 좋다.

지룽허(基隆河) 코스

> 원산역(員山站) → 30분 → 미라마관람차(美麗華摩
> 天輪) → 30분 → 라오허제야시장(饒河街觀光夜市)

원산역에서 출발하여 지룽허를 따라 강변을 달리는 최고의 자전거 코스. 원산대반점, 지룽허, 101타워 등 타이베이 랜드마크를 두루두루 볼 수 있다. 늦은 오후에 자전거 여행을 시작한다면 저녁에 라오허제야시장을 둘러보는 완벽한 일정을 만들 수 있다.

신디엔씨(新店溪) 코스

> 대도정마두(大稻埕碼頭) → 60분 → 자래수원구(自
> 來水園區)

시원하게 강변을 달리는 코스. 101타워의 전경을 즐길 수 있고 주변에 공원이 많아 쉴 곳도 풍부하다. 오전에 디화제를 여행하고 대도정마두에서 자전거로 자래수원구까지 이동한 후 보장암국제예술촌 및 대만국립대학을 둘러보는 일정을 추천한다.

> 발길 닿는 대로 있는 그대로의 풍경을 고스란히 담을 수 있는 자유로운 여행.
> 타이베이에서 가장 인기 있는 강변 자전거 코스 세 곳을 소개한다.

타이베이의 공공자전거 유바이크

서울에 따릉이가 있다면 타이베이에는 유바이크가 있다. 기본적인 시스템만 알면 언제 어디서든 편리하게 탈 수 있어 현지인뿐만 아니라 여행자들에게도 인기가 높다. 유바이크 앱을 다운받으면 더욱 편하게 이용할 수 있다.

유바이크 정류장 찾기

앱스토어나 구글 플레이 스토어에서 유바이크 앱(YouBike 微笑單車 2.0 官方版) 다운 후 정류장 위치를 확인한다.

요금

최초 대여 4시간까지는 30분당 NT$10, 4시간부터 8시간까지는 30분당 NT$20, 8시간 이상 30분당 NT$40.

주의사항

• 이용 시간이 길어질수록 요금이 비싸지니, 사용이 끝나면 반납 후 필요할 때 다시 빌리는 것이 좋다. 반납 후 15분간은 다시 빌릴 수 없다.
• 노상에 주차할 경우 반드시 자전거에 있는 잠금장치를 사용하자.
• 중샤오신셩역 내에(5번 출구 쪽)에 유바이크 서비스 센터(10:00~19:00 운영, 14:00~15:00 브레이크 타임, 일요일 휴무)가 있다. 회원가입, 도난, 분실 등 유바이크에 관련한 모든 부분에서 도움받을 수 있다(중국어, 영어).
📞 02-8978-8822

유바이크 대여

YouBike2.0으로 업그레이드됨에 따라 과거의 키오스크는 사라지고, 유바이크 앱과 자전거 거치대 위의 센서 존에서 모든 것을 처리할 수 있어 더욱 편리해졌다.

준비물
• 현지 핸드폰 번호(유심), 이지카드 P.026

회원 가입
① 유바이크 앱을 다운로드한다(YouBike 微笑單車 2.0 官方版: YouBike만 입력한 뒤 해당 앱을 찾자).
② 앱을 연 뒤 메뉴에서 'Login / Register'를 선택한다. 화면 하단에 'Sign up'을 선택, 안내사항을 확인한 뒤 'Accept'를 클릭한다.
 * 현지 전화번호가 없는 여행자는 'Single Rental' 메뉴를 통해 회원 가입 없이 이용할 수 있다. 신용카드 번호를 입력해야 하며 NT$3,000의 보증금이 지불된다. 보증금은 유바이크 이용이 종료되면 며칠 후 환불된다.
③ 지역(taipei city) 및 타이완 전화번호(현지에서 유심칩을 구매하면 현지 전화번호를 받을 수 있다), 생일, 비밀번호, 이메일 등의 정보를 입력하는 창이 뜨는데, 이 중 유바이크에서 제공하는 보험 가입을 원치 않는 여행자는 'ID card'라 쓰인 곳에서 'no need'를 선택하면 된다. 다 작성했다면 다음으로 넘어가자.
④ 이지카드 번호(이지카드 뒷면에 있는 10자리의 고유 식별 번호)를 등록하면 회원 가입이 끝난다.

이용 및 반납
① 이용 시 유바이크 거치대의 센서 존(Sensor Zone)에서 오른쪽 초록 버튼을 누른 뒤 이지 카드를 대면 된다.
② 반납 시 유바이크를 거치대에 주차한 뒤 센서 존 위에 이지카드를 대면 된다. 센서 존 화면에서 금액이 차감되었다면 잘 반납된 것이다.

타이베이에서 꼭 맛봐야 할
야시장 간식 베스트 8

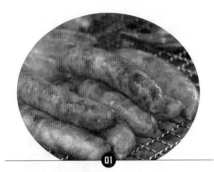

타이완 소시지
샹창 香腸

소시지처럼 생겼지만 맛은 전혀 다르다. 오도독한 식감에 구수하면서도 달콤한 뒷맛이 매력적이다.

닭고기 튀김
지파이 雞排

닭고기를 두드려 얇고 넓적하게 펴서 튀겨낸 요리. 한입 한입 베어 먹기 좋다. 양이 많아 한 개만 사도 두 명이 나눠 먹을 수 있다.

과일사탕
탕후루 糖葫蘆

빙탕(冰糖, 얼음 설탕)으로 과일을 감싼 먹거리다. 입안에서 빙탕이 깨지면서 과일과 어우러지는 식감이 그만이다. 부드러운 딸기를 추천한다.

소고기구이
화염투자우 火焰骰子牛

사각형으로 썰어둔 소고기를 즉석에서 구워낸 먹거리다. 큐브스테이크로 불리며 어느 야시장에서든 쉽게 만날 수 있다.

> 66
>
> 타이베이 야시장에서 만날 수 있는 맛있는 간식들은 타이베이 여행의 백미다.
> 오감을 만족시킬 다양한 간식을 경험해보자.
>
> 99

05

왕자 치즈감자
왕자기사마령서 王子起士馬鈴薯

옥수수콩, 으깬 감자에 치즈를 가득 올린 먹거리다. 치즈의 고소함과 감자의 부드러움이 감미롭다.

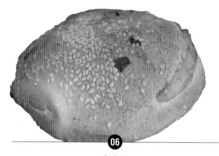

06

후추빵
후자오빙 胡椒餅

꾸덕한 빵 안에 돼지고기, 파 등을 넣어 다진 소(餡)가 들어 있다. 고기향 가득한 육즙과 강한 후추향이 입맛을 돋운다.

07

타이완 햄버거
꽈빠오 刈包

식감 좋은 빵 위에 절임채소와 간장에 조린 비계 섞인 오겹살을 올린 먹거리다. 부드럽고 씹는 맛이 좋은데, 고수가 많이 들어가서 호불호가 갈릴 수 있다.

08

빙수의 왕
망고빙수 芒果冰沙

보들보들한 빙수 위에 올린 망고, 맛도 비주얼도 끝내준다. 시내 곳곳에 유명한 빙수 맛집이 많으니 여행 중에 맘껏 즐겨보자.

먹거리 천국 타이완에서 꼭 먹어봐야 할
베스트 요리 & 맛집

✕ 타이완요리

루러우판 魯肉飯

흰밥 위에 올린 양념 고기를 밥과 함께 비벼 먹는 타이완의 국민 요리. 고기 맛은 한국의 장조림과 비슷하다.

👍 보슬한 밥 위에 올린 조림이 맛있는 천천리(天天利) P.135
현지인이 제일로 꼽는 금봉노육반(金峰魯肉飯) P.207

커자이젠 蚵仔煎

싱싱한 굴을 넣어 부쳐낸 전 요리. 타이완 현지어로는 오아젠이라 불린다. 달착지근한 소스와 부드러운 전분의 조화가 일품이다.

👍 두툼한 굴전이 끝내주는 뇌계단가자전(賴雞蛋蚵仔煎) P.165
시먼딩 국민 맛집 천천리(天天利) P.135

우육면 牛肉麵

두툼한 소고기를 올린 국수. 타이완의 소울푸드를 딱 한 가지 꼽으라면 우육면이다.

👍 쫄깃한 면발이 인상적인 우점우육면(牛店牛肉麵) P.135
호불호 없는 무난한 맛의 유산동우육면(劉山東牛肉麵) P.106

러우저우 肉粥

탕 안에 밥알이 들어 있는 모양새는 숭늉처럼 보이지만 진한 고기 향에 짭짤한 맛이 좋은 타이완식 죽이다. 누구에게나 입맛에 잘 맞아 든든한 아침으로 제격이다.

👍 타이베이의 아침을 여는 주기육죽(周記肉粥) P.139

> 타이완에는 다양한 문화만큼 다양한 요리가 있다. 우리나라 여행자 입맛에도 딱 맞는
> 타이완 인기 요리를 맛집과 함께 소개한다.

✕ 사천요리

훠궈 火鍋

한국에도 훠궈 요리점이 많이 들어서고 있지만 가성비로는 타이완과 비교할 수 없다. 고급 재료가 잔뜩 들어간 진한 훠궈탕에 다양한 식재료가 곁들여져 꼭 먹어봐야 할 요리다.

👍 가성비 끝판왕 석이과(石二鍋) P.204
화끈한 훠궈의 진수 노사천(老四川) P.187
타이완 훠궈의 대표 브랜드
마랄화과(麻辣火鍋) P.154

밥도둑 사천요리 3종 세트

1 창잉터우 蒼蠅頭

파, 고추, 고기 등을 후추와 함께 볶은 타이완의 대표적인 가정 요리로, 여행자들은 보통 파볶음 또는 부추꽃볶음이라 부른다. 평범해 보이는 비주얼이지만, 아삭거리는 식감과 단짠의 절묘한 조화로 끊임없이 밥을 부른다.

2 라오피녠러우 老皮嫩肉

깍둑썰기로 자른 연두부를 계란과 함께 튀겨낸 사천식 퓨전 요리. 푸딩처럼 부드러운 식감이 일품인 라오피녠러우는 노릇노릇한 색깔 때문에 황금두부라고도 하는데, 창잉터우와 함께 먹으면 환상의 궁합을 보여준다.

3 마파두부 麻婆豆腐

사천요리의 대명사. 우리나라 중국집에서도 흔하게 볼 수 있는 요리지만, 타이완의 마파두부는 맛의 깊이가 다르다. 창잉터우와 함께 밥도둑 양대 산맥.

👍 타이베이에서 꼭 한 번은 들러야 할 맛집 키키레스토랑(KiKi餐廳) P.227
가성비 좋은 사천요리 맛집 천금소관(天金小館) P.171

✕ 상하이·베이징요리

동파육 东坡肉

두툼한 돼지고기 오겹살이 입안에서 사르르 녹아내리는 식감에 탄성이 터진다. 한국에서 맛본 동파육과는 다른 요리처럼 느낄 수준이니 타이완에서 꼭 맛보자.

👍 동파육으로는 적수가 없는 상하이요리 맛집 **까오지(高記)** P.207

샤오룽바오 小籠包

진득한 고기육즙이 일품인 샤오룽바오의 특별한 맛은 먹어보지 않고는 설명하기 어렵다. 본고장 상하이의 맛집과 비교해도 될 만큼 수준이 높다.

👍 본고장의 맛 그대로 **항주소룽탕포(杭州小籠湯包)** P.205
세계적인 명성의 맛집 **딘타이펑(鼎泰豐)** P.204

궈티에 鍋貼

길쭉하게 모양을 낸 후 바닥을 지진 중국식 만두로 바삭함과 부드러움의 조화가 일품이다.

👍 궈티에 최고의 맛집 **찬미향면식관(饌味香麵食館)** P.109
언제든 편하게 이용할 수 있는 체인점 **팔방운집(八方雲集)** P.159

베이징카오야

중국 황실요리로 유명한 베이징카오야(北京烤鴨, 북경오리)의 명성은 널리 알려져 있다. 타이완의 베이징카오야는 본고장 베이징에서 먹는 것만큼이나 수준 높다. 난해한 조리법답게 먹다 보면 어느새 그 맛에 중독되는 매력적인 요리다.

👍 정통 북경오리를 선보이는 **부순루(富順樓)** P.233
낭만적인 저녁 식사를 하고 싶다면 **옌 타이베이(YEN Taipei)** P.230

🍴 기타 요리

양고기

한국에서는 소고기보다 비싼 양고기지만 타이완에서는 돼
지고기보다 저렴하니 많이 먹는 것이 남는 것이다.

👍 가성비 좋은 맛있는 양꼬치 진미관(秦味館) P.228
저렴한 양고기 맛집 금림삼형제약돈배골(金林三兄第藥燉排骨) P.248
맥주 한잔하기 좋은 양고기 요리점 강산양육(岡山羊肉) P.191

거위요리

타이완의 건강식 중 하나인 거위는 필수아미노산이 풍부
해 성장기 아이들에게 좋고 노인의 기력회복에 좋다고 알
려져 있다.

👍 줄 서는 거위고기 맛집 아청아육(阿城鵝肉) P.186
가볍게 즐기는 거위요리점 압육편(鴨肉扁) P.138

족발

간장 베이스의 특제소스로 조린 족발
은 입안에서 살살 녹아내린다. 흐물흐
물한 고기의 부드러움은 족발의 신세
계를 느끼게 한다.

👍 따라올 곳이 없는 족발요리 맛집
부패왕저각(富霸王豬腳) P.186

철판요리

일본에서 유래했지만 한국의 자장면
처럼 타이완식으로 조리하는 요리가
되었다. 식재료가 지글지글 익어가는
것을 보는 것도 즐겁다.

👍 숨은 철판요리 맛집 부전철판소(富田
鐵板燒) P.207
고급 철판요리 하모니(夏慕尼) P.157
믿고 가는 타이완 대표 브랜드 개림철판소
(凱林鐵板燒) P.230

초밥

타이완의 초밥은 대체로 가성비가 좋
고 수준도 높다. 특히 타이완식으로
맞춘 삼미식당의 초밥은 본고장에서
도 느낄 수 없는 독특한 매력이 있다.

👍 연어초밥의 성지 삼미식당(三味食堂) P.134
회전초밥 최강자 쿠라스시(くら寿司) P.108
수산물시장에서 바로 즐기는 신선한 초밥
상인수산(上引水產) P.240

든든한 아침으로 하루 일정을 시작하는
아침 식당 베스트 5

대구면선 大狗麵線 7시 오픈

우리가 흔히 곱창국수라고 부르는 가늘고 얇은 면요리 대창면선을 먹을 수 있는 곳. 구수하고 식감 좋은 대창이 간간이 씹히는 맛이 좋으며, 매운 수제 고추장 랄교(辣椒, 라지아오)를 첨가하면 얼큰하게 즐길 수 있다. P.111

주기육죽 周記肉粥 6시 오픈

타이완식 죽 러우저우(肉粥)의 진수를 맛볼 수 있는 곳이다. 숭늉처럼 생겼지만 오묘한 맛이 녹아 있다. 튀김고기 홍소육(紅燒肉)을 꼭 곁들여 먹자. P.139

봉대커피 蜂大咖啡 8시 오픈

다방(?)처럼 보이는 허름한 커피점이지만 커피의 깊은 맛은 타이베이 최고라 해도 손색없다. 아침에 가면 토스트와 커피가 함께 나오는 가성비 좋은 조찬을 즐길 수 있다. P.136

> 66
>
> 타이베이 식당은 대부분 오전 11시에 문을 열어서 아침 식사를 할 곳이 많지 않다.
> 아침 일찍 제대로 된 한 끼를 먹을 수 있는 가게를 소개한다.
>
> 99

부항두장 阜杭豆漿 5시 30분 오픈

타이완의 아침을 여는 곳, 이른 시간에 가도 길게 줄을 선다. 튀김빵 유조(油條)와 두유맛이 나는 달큼한 두장(豆漿)이 일품이다. P.107

유산동우육면 劉山東牛肉麵 8시 오픈

오전 8시에 문을 여는 우육면 맛집. 여행 일정이 촉박해 우육면을 맛보기 어려운 여행자에게 안성맞춤이다. P.106

TIP
샌드위치 산밍쯔 三明治

타이완의 아침은 샌드위치로 시작한다 해도 과언이 아닐 만큼 샌드위치는 타이완에서 많이 찾는 아침 먹거리다. 잼이 들어간 기본 샌드위치부터 돼지갈비가 들어간 타이완식 샌드위치까지 종류가 다양하고 저렴하다. 아침 일찍 문을 여는 작은 점포가 보인다면 샌드위치를 파는 곳이라 여기면 된다. 동네마다 서너 개씩 있으니 숙소 주변에서 즐겨보자.

하루에 한 번은 꼭 들러야 할
음료 전문점 베스트 8

85도씨 85 Cafe

세계로 뻗어나가는 타이완 커피의 대표 브랜드, 85도씨에서 마시는 커피가 제일 맛있다는 그들의 말이 맞는지 직접 확인해보자. 소금커피로 불리는 초패가배(招牌咖啡)가 유명하다. P.142

루이사커피 Louisa Coffee

미니멀리즘을 추구하는 심플한 커피 브랜드. 품질 좋은 원두는 물론 샌드위치 등 가성비 좋은 사이드 메뉴가 많다. P.160

차탕회 茶湯會

중화권에서는 차가운 음료를 별로 좋아하지 않지만 타이완은 다르다. 차탕회는 냉차(冷茶) 연구에 몰두해온 테이크아웃 전문점이다. 명차 철관음을 섞은 우유 음료 관음나철(觀音拿鐵)이 유명하다. P.209

카마카페 Cama Cafe

상점 앞에서 로스팅하는 구수한 커피향이 발걸음을 옮기게 하는 곳이다. 저렴해서 더욱 좋다. P.258

“
날씨가 더운 타이베이에서는 시원한 음료수가 필수.
맛과 가격 모두 만족하는 맛있는 음료수 맛집을 소개한다.
”

커부커 KEBUKE

홍차의 감미로움을 절정으로 끌어낸 홍차 베이스의 음료점. 끈적임이 없어 갈증 해소에 그만이다. P.141

코코도가 CoCo 都可

1997년에 오픈한 타이완 테이크아웃 전문점의 터줏대감, 셀 수 없이 많은 종류의 음료가 있지만 토란이 우유 속에 녹아 있는 우두우내(芋頭牛奶)가 특별한 곳이다. P.141

락법 樂法

사과를 베이스로 한 혼합 음료 전문점. 과일의 신선한 맛이 라테와 섞여 달콤하고 감미롭다. 빈과초매(蘋果草莓; 사과+딸기)를 추천한다. P.115

50람 50嵐

메뉴 종류가 무척 많은 테이크아웃 전문점으로 코코도가와 비슷하다. 50람의 황금오룽내차(黃金烏龍奶茶)의 맛과 가성비는 따라올 곳이 없다. P.209

낭만적인 나이트라이프를 즐길 수 있는
주점 베스트 8

시원한 맥주가 생각나는 날, 추천 맥주 주점

금색삼맥 金色三麥

벌꿀이 첨가된 맥주 봉밀비주(蜂蜜啤
酒)로 World Beer Cup에서 금상을 받은 곳이다. 유럽풍
공간에서 다양한 맥주를 즐길 수 있다. **P.114**

미켈러바 MaoKong Gondola

세계 3위 브루어리에 선정된 곳으로
23종의 수제 맥주를 맛볼 수 있다. 역사가 깊은 디화제의
백년 가옥에 자리하고 있어 분위기도 그만이다. **P.173**

아름다운 타이베이의 밤, 추천 칵테일 주점

안위제소주관 安慰劑小酒館

홍등을 밝혀둬 분위기가 감미로운 곳,
다양한 이름을 가진 특제 칵테일이 매력적이다. **P.231**

복래허 福來許

190종의 진(gin)을 보유하고 있는 진토닉의 성지로, 4층
건물의 각 층을 테마별로 꾸며 더 매력적인 곳이다. **P.174**

> 시원한 맥주 한잔이 생각나거나 분위기 좋은 곳에서 칵테일을 마시고 싶을 때,
> 편안하게 즐길 수 있는 타이베이 인기 주점.

꼭 한 번은 경험해야 할 타이완식 주점

대만마두 大彎碼頭

타이완식 주점 러차오 중 가장 깔끔한
요리를 선보이는 곳. 러차오 중 매우 드물게 소주를 판매
한다. P.230

대도18호 大道18號

애주가라면 놓치면 아쉬운 주점 거리
시민대도4단(市民大道四段)에 위치해 있다. 낡은 원목 인
테리어가 타이완 분위기를 물씬 풍긴다. P.231

꼬치에 술 한잔하고 싶을 때 추천하는 일식 주점

타철정 49번지 打鐵町 49番地

아담한 공간에 빈티지한 인테리
어까지 선술집 감성으로 충만한
곳이다. 꼬치도 맛있다. P.157

암관소 岩串燒

닭고기에 치즈와 명태알을 얹은 명태
자계육관(明太子雞肉串)이 맛있는 곳이다. 부드럽고 짭
짤하면서도 달콤한 맛이 일품이다. P.235

타이베이 편의점에서 꼭 먹어야 할
편의점 음식 베스트 10

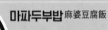

팔보죽 八寶粥

강낭콩(花豆), 귀리(燕麥), 땅콩(花生), 용안(桂圓) 등 건강에 좋은 곡물이 가득 들어 있다. 차갑게 바로 먹을 수 있어 간편한 아침 식사로 그만이다.

마파두부밥 麻婆豆腐飯

가장 대중적인 사천요리 중 하나로 네모반듯하게 썬 부드러운 두부와 매콤한 소스의 풍미가 좋다. 웬만한 식당에서 먹는 마파두부를 능가하니 꼭 맛보길 추천한다(도시락은 2단으로 1단에는 흰 쌀밥이 있고 2단에 마파두부가 있어 취향에 따라 비벼 먹거나 반찬으로 먹을 수 있다).

만한대찬 滿漢大餐

큼직하게 썬 소고기를 올린 컵라면, 가히 우육면이라 불러도 손색없다. 면발은 쫄깃하고 국물은 진하다. 제법 매콤해서 한국인 입맛에도 잘 맞는다.

피단수육죽 皮蛋瘦肉粥

살코기와 절인 오리알 피단(皮蛋)을 넣은 고소한 죽으로 아침 식사로 그만이다. 쿰쿰한 향이 나는 피단이 입에 맞지 않으면 건져내고 먹자.

차엽단 茶葉蛋

간장을 베이스로 오향과 찻잎 등을 넣고 숙성시킨 계란이다. 간혹 오래 숙성시켜 쿰쿰하다 싶을 정도의 계란도 있지만, 편의점 차엽단은 맛이 옅은 편이니 맘 편히 맛보자.

> "
> 친숙해서 더 편하고 맛있는 타이베이 편의점.
> 우리나라에서 맛보기 힘든 독특한 편의점 음식을 즐겨보자.
> "

관동자 關東煮

우리나라의 어묵을 타이완에서는 관동자라 한다. 개당 가격은 NT$15~30이며 26종의 관동자를 판매하고 있다.

순췌갈 純萃喝

원통으로 반듯하게 생긴 모양새 때문에 일명 화장품밀크티로 불리는 음료다. 종류가 다양해 기호에 맞게 즐길 수 있다(통의 색이 진할수록 맛도 진하다).

분해차 分解茶

갈증 해소와 지방 분해에 탁월한 여주(山苦瓜)가 주원료이니 기름진 음식을 먹은 후에 마셔보자. 진한 차맛도 좋다.

백랑가배 伯朗咖啡 MR.BROWN

고급 아라비카 원두를 사용해 특유의 신맛이 느껴지는 커피다. 끈적거림 없이 깨끗한 뒷맛이 일품이다.

빠오즈 包子

고기, 야채 등 다양한 소를 넣고 쪄낸 빵으로 한국에서 겨울에 즐겨 먹는 야채 찐빵과 비슷하다. 완자 형태의 소가 독특하며 꾸덕하게 씹히다가도 부드럽게 녹아내리는 고소한 빵맛이 감탄스러울 정도. 고기완자가 들어 있는 선육포(鮮肉包), 홍콩식 바비큐가 들어 있는 향식차소포(港式叉燒包)가 대표적이다.

알고 먹으면 더 맛있는
타이베이 과일 베스트 6

◆

아열대 기후인 타이완에는 우리나라에서 맛볼 수 없는 다양한 과일이 있다.
〈원피스〉에 나오는 악마의 열매처럼 신기하고 다채로운 과일을 살펴보자.

련무 蓮霧

제철: 겨울철

사각거리는 식감에 청량한 단맛이 일품이며, 수분이 많아 갈증 해소에도 좋다. 편의점이나 마트에서 파는 것은 스펀지를 씹는 듯 아무 맛도 안 날 수 있으니 꼭 과일가게에서 사자. 서로 다른 과일인 것처럼 맛 차이가 크다.

망고 Mango

제철: 4월 말~8월

타이완에서 망고는 애플망고를 가장 질 높은 품종으로 꼽는다. 단맛과 과즙이 다른 망고에 비해 월등하기 때문. 값이 싸지 않지만 제철인 한여름에는 개당 한화 1,000~2,000원에 구입할 수 있다. 과도가 없을 때는 손으로 껍질을 걸 따라 벗겨내면 된다.

파파야 Papaya

제철: 8~10월

아메리카 대륙을 처음 발견한 콜럼버스가 '천사의 열매'라 극찬했던 과일이다. 주황빛에 잘 익은 감처럼 물렁물렁하며, 단맛보다는 곶감의 뒷맛처럼 독특한 향이 인상적이다. 소화 기능에 좋은 과일로 용과처럼 음료에 섞어 먹으며 요리 재료로도 애용된다.

두리안 Durian

제철: 여름철

타이완에서는 리우리엔(榴槤)으로 불리는 열대과일로 맛으로는 과일의 왕, 고약한 냄새 때문에 악마의 과일이라 불린다. 식감은 부드럽고 달콤함은 상상을 초월하지만 독특한 냄새를 풍겨서 반입을 금지하는 호텔이 많은데 다행히 먹을 땐 냄새를 못 느낀다. 제철에는 한 통에 한화 2~3만 원에 살 수 있다(야시장에선 조각으로 판매하기도 한다).

용과 龍果

제철: 6~12월

선인장 열매로, 용이 입에 문 여의주처럼 보인다 하여 드래곤프루트라 불린다. 키위처럼 씨앗이 촘촘히 박혀 있어 신맛이 날 것 같지만 단맛이 나며 칼륨, 인, 비타민C 등 몸에 좋은 성분이 많아 건강식품으로 애용된다. 주로 갈아 마시거나 음료에 섞어 먹는다.

번여지 番荔枝

제철: 겨울철

석가의 머리를 닮았다 하여 석가(釋迦)라고도 부른다. 모양만 보면 파인애플만큼 단단할 것 같지만 속은 물렁하다. 손으로 석가 머리를 하나씩 벗겨내며 먹을 수 있을 정도. 여름철과 겨울철에 만날 수 있는데, 여름엔 값이 싸지만 단맛이 덜하고 겨울엔 값이 비싸지만 맛있다. 단맛과 과즙이 풍부하고 서걱서걱한 배, 말랑한 감, 부드러운 홍시의 식감까지 두루 느낄 수 있다. 한알 한알 솟아 있는 석가 머리가 클수록, 물렁할수록 잘 익은 것이다.

...... **TIP** ......
과도가 없어도 과일을 즐길 수 있다?

· 소개한 과일 중 류렌을 제외하면 과도 없이도 쉽게 먹을 수 있다.
· 시먼역에 있는 연길수과행 P.144에서는 과일을 사면 서비스로 깎아 준다(양이 많으면 약간의 비용을 받는다).

안 사면 후회하는 타이베이 인기 상품
특별한 쇼핑 리스트 8

오르골

매끈한 목재판 위 깜찍한 캐릭터가 춤추듯 움직이고 감미로운 음악이 흘러나온다. 품질도 우수하다.

🛍 타이베이역/우드풀라이프 P.117

NT$300~

스타벅스 머그잔

타이베이의 명소를 예쁘게 그려놓은 머그잔. 오직 타이완에서만 구입할 수 있다.

🛍 타이베이의 모든 스타벅스 매장(단수이점에 종류가 많음)

NT$250~

스마트폰 케이스

타이완 예술작가의 작품을 입혀 그림이 예쁘고 품질이 뛰어나다. 가격이 높은 만큼 희소성도 높다.

🛍 중산역/모범 P.162

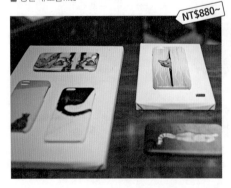

NT$880~

신발

여성 슈즈 전문점으로 모든 종류의 스타일을 갖추고 있다. 가격도 저렴해 부담이 적다.

🛍 동취·신의취/아마이 P.237

NT$1,280~

> 다양한 문화가 혼재된 타이완에는 독특하고 매력적인 상품이 많다.
> 대중적으로도 인기 있는 다양한 쇼핑 리스트를 만나보자.

의류

타이완의 스트리트 패션을 주도하는 편집숍이다. 타이완 감성의 귀여운 캐릭터 티셔츠를 찾는다면 추천한다.

🛍 동취·신의취/스테이리얼 P.237

NT$1,280~

다목적 수제잡화

수공예로 만든 수저부터 플라스틱을 꿰어 만든 장바구니까지 갖춘, 그야말로 옛날 백화점이다. 기념이 될 만한 저렴한 제품이 많다.

🛍 디화제/고건통점 P.177

 NT$100~

엽서

골동품 가게에 있을 것 같은 희귀한 엽서, 해외 엽서, 작품성 있는 그림엽서 등 매력적인 상품이 많다.

🛍 푸진제/아사문창 P.244

NT$40~

팬시용품

조용히 개성을 드러내는 소일자의 감성을 담은 학용품, 엽서, 에코백 등 다양한 팬시용품을 만날 수 있다.

🛍 타이베이역/소일자 P.114

NT$25~

사는 재미가 남다른 쇼핑의 천국
타이베이 드럭스토어 인기 상품

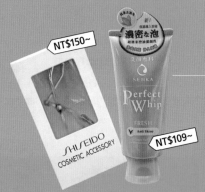

NT$150~

NT$109~

시세이도 퍼펙트휩＆뷰어

한국보다 저렴한 가격으로 판매하고 있어
타이베이 기념품으로 인기가 많다.

NT$299~

마이뷰티다이어리팩 흑진주팩

피부를 맑고 부드럽게 해주는 흑진주
성분을 함유한 마스크팩, 한국보다 가격이
저렴할 뿐만 아니라 구하기도 쉽다.

NT$40~

달리치약 DARLIE

흑인 모델을 기용해 치약의 미백 효과를
광고하고 있다. 양치 후 시큼함이 덜하고,
톡 쏘는 개운함이 좋다.

NT$125~

타이거 밤 Tiger Balm

먹는 것 빼고는 두루 사용할 수 있는
만병통치약이다. 진통, 소염, 두통,
벌레 물린데, 심지어 목감기에도 사용한다.
바르면 화~한 느낌에 금세 개운해진다.
레드와 화이트로 구분하는데, 레드가 강하고
화이트가 연하다.

> 강시미, 토모즈, 왓슨스 등 타이베이의 드럭스토어에는 우리나라보다
> 저렴하게 판매하는 상품이 많다. 과소비하지 않도록 주의하자.

NT$63~

백화유&녹유정 白花油&綠油精

타이거 밤과 같은 바르는 파스식 만병통치약이지만,
고체가 아니라 투명한 용액이다. 휴대가 간편하고
바르기도 편하다. 용도는 타이거 밤처럼 다목적이다.
백화유에 비해 녹유정의 파스향이 연하다.

NT$95~

NT$85~

웅보패 熊寶貝

귀여운 곰돌이 캐릭터가 그려진 타이완 대표
방향제로 가격대비 지속시간이 길고 향이
좋아 인기가 많다. 스프레이 형태의 탈취제,
섬유유연제 등 다양한 상품을 선보인다.

NT$51~

닥터Q DR.Q

과일향 가득한 젤리로 입안에서 녹아내리는
식감이 좋다. 한번 먹으면 계속 먹게 되는
중독성 강한 맛.

NT$180~

3시 15분 밀크티 3點一刻奶茶

밀크티의 고장 타이완에서 선보인 티백식 밀크티,
가격 대비 맛이 진하다.

타이베이 여행 기념으로 지인에게 어떤 선물을 줘야 할지 고민할 필요가 없다.
누구나 좋아하는 타이베이 최고의 선물 리스트.

······ TIP ······
모르면 손해 보는 타이베이 쇼핑팁

1 영수증 복권

타이베이에서 물건을 사고 받은 영수증은 자동으로 복권에 응모된다. 홀수 달(연 6회)에 발표하니 꼭 모아두자. 최고 당첨금은 한화 억대이다.

2 쇼핑매장에서 할인 표기

① **買一送一** 하나 사면 하나 더 드려요(1+1).
② **加1元多1件** 1원을 추가하면 하나 더 드려요.
③ **2件共100元** 2개 합쳐서 100원입니다.
④ **2件6折** 2개 구입 시 40% 할인됩니다.

"절(折, 쩌)"은 할인하다'라는 뜻이다. 유의할 점은 6折는 60% 할인된다는 뜻이 아니라, '60%만큼 돈을 받는다'라는 뜻이다. 즉, 9折라는 것은 90%만큼 돈을 받는 것이니 숫자가 낮을수록 할인율이 높다.

3 타이완 택스리펀

101타워, 까르푸, 드럭스토어(왓슨스 외) 등에서 NT$2,000 이상 물건을 사면 소비세 5%를 감면해주는 제도로 당일 구입한 물건에 한해 신청할 수 있다(단, 소비세 5%의 14%에 해당하는 수수료 공제).

· 쇼핑 매장 내 택스 리펀, 혹은 퇴세(退稅, 퉤이쉐이), 한국어로는 세금 환급이라 명시된 곳을 찾아 구입 영수증과 여권을 제시하면 택스 리펀을 신청할 수 있다. 바로 환급해 주는 매장도 있지만 대부분 매장은 '외국인 여행객 제품 구입에 대한 세금 환급 신청서'를 발급해준다.

* 공항 내 안내 표지판에서 '海關申報/退稅'를 확인.

펑리수 鳳梨酥

일명 파인애플 케이크로 불린다. 타이베이에서는 결혼식 등 경사가 있을 때는 펑리수를 준비하는데, 펑리(鳳梨, 파인애플)의 타이완식 발음이 왕라이(旺來)로 길(吉)하다는 의미가 있기 때문이다. 쿠키처럼 바삭한 빵 속에 파인애플 과육의 식감 또한 절묘하니 선물용으로 딱이다.

가덕봉리소 기준 6개입 NT$192~

🛍 **추천 구입 장소**

동취·신의취: 가덕봉리소 P.236 부중역: 소반베이커리 P.133

누가크래커 牛軋餅

타이완 명물 과자로 바삭한 크래커와 쫀득한 누가의 단맛이 잘 어울린다. 미미크래커가 맛도 좋고 가격도 저렴하지만, 낱개 포장이 아니고 보관에도 어려움이 있으므로 격식을 따지지 않는 가까운 지인에게 보낼 선물로 적합하다.

미미크래커 기준 16개입 NT$200~

🛍 **추천 구입 장소**

중정취: 미미크래커 P.212 지우펀: 구분유기원미우알병 P.355

금문고량주 金門高粱酒

타이완 금문현(金門縣)에서 제조하는 고량주로 시원하고 개운한 목넘김에 뒷맛도 달콤하다. 58도짜리를 많이 구입하지만 더 고급술을 원한다면 홍룡가양(鴻龙佳釀)이나 56도 진년금문고량주(56度陳年金門高粱酒)를 선택하자. 중국 8대 명주와 견주어도 손색없는 금문고량주의 대표술이다.

58도 금문고량주(0.75L) NT$540~/58도 홍룡가양(0.6L) NT$925/56도 진년금문고량주(0.6L) NT$2,625

🛍 **추천 구입 장소** 중정취: 금문주창 P.212

전통차 傳統茶

타이완에는 역사가 100년이 넘는 명품 차 기업이 많은 만큼 차는 빼놓을 수 없는 쇼핑 리스트다. 품질 좋고 가격 저렴하니 이보다 수지맞는 일이 없을 것이다. 우롱차(烏龍茶)와 철관음(鐵觀音)을 추천한다. 매장에서 직접 마셔보고 구입할 수 있다.

왕덕전다장 기준 NT$580~

🛍 **추천 구입 장소**

중산역: 왕덕전다장 P.161 중정취: 천인명차 P.213

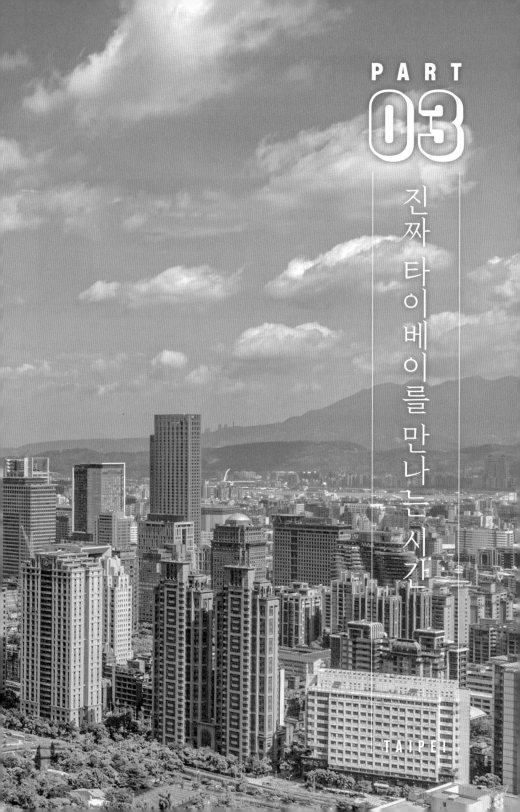

PART

03

진짜 타이베이를 만나는 시간

TAIPEI

공항에서 타이베이 시내로 가는 방법

타이베이에는 타오위안 공항과 쑹산 공항 두 곳이 있다. 타오위안 공항은 타이베이 시내에서 서쪽으로
약 40km 떨어져 있지만, 공항버스와 공항철도가 잘 갖추어져 있어 편리하게 시내까지 이동할 수 있다.
쑹산 공항은 타이베이 시내에 있고 MRT역과도 바로 연결되어 있어 쉽게 중심가까지 갈 수 있다.

타오위안 공항에서 시내로

1 공항버스

공항에 도착해 입국장 밖으로 나와서 'Bus to city' 표지판
을 따라 가면 티켓 부스가 나온다. 목적지에 따라 다양한
버스가 있는데, 국광버스(國光客運)라는 이름으로 유명한
1819번 공항버스를 가장 많이 이용한다. 국광버스는 운행
편수도 많고 타이베이 교통의 중심지인 타이베이역까지
1시간 만에 갈 수 있기 때문에 숙소가 타이베이역 주변이
라면 편리하게 이용할 수 있다. 타오위안 공항에서 타이베
이역으로 가는 버스는 첫차 04:30, 막차 02:100이며 약 40
분~1시간 20분 간격으로 운행된다. 공항철도 운영이 끝난
심야 시간대에는 20분 간격으로 운행된다.

🚶 공항 제2터미널 버스정류장(1층) → 1819번, 약 50분 소요, 편도
NT$135 → 타이베이역 🏠 www.taiwanbus.tw

2 공항철도

2017년 3월에 개통한 공항철도는 시내까지 가장 빠르게 갈 수 있는 교통수단이다. 타오위안 공항터미널 1, 2와 타이베이역을 연결하는데, 공항에서 타이베이역까지 보라색 급행열차는 39분, 파란색 일반열차는 52분 걸린다. 공항버스에 비해 가격이 조금 더 비싸지만 운행 편수가 많고 쾌적하게 이용할 수 있어 여행자들에게 인기가 높다. 공항 제2터미널 기준 타이베이역으로 가는 첫차는 05:55, 막차가 23:35이며 배차 간격은 15분이다. 보통 시간당 8편 정도 운행하는데, 그중 4편이 급행이니 시간만 잘 맞추면 빠르게 시내로 이동할 수 있다.

🚶 공항 제2터미널역(지하 1층)→공항철도 급행, 39분 소요, 편도 NT$150→타이베이역 🏠 www.tymetro.com.tw

3 택시

공항 택시는 24시간 운행을 하기 때문에 언제든지 편리하게 이용할 수 있다. 문제는 타이베이 시내까지 40km나 떨어져 있어 요금이 많이 나온다는 것. 타이베이역까지의 택시 요금은 주간 NT$1,300, 야간 NT$1,500 정도로 공항버스나 철도의 거의 10배 수준이다. 하지만, 버스나 철도가 운행하지 않는 늦은 시간에 공항에 도착한다면 어쩔 수 없는 선택지가 된다. 택시 승강장은 공항 입국장 밖으로 나가면 쉽게 찾을 수 있다.

4 공항 픽업

프라이빗 차량을 이용해서 공항에서 시내까지 편하게 갈 수 있는 픽업 서비스. 마이리얼트립, 클룩, KKday 등에서 미리 예약을 하고 가면, 현지에 도착했을 때 곧바로 서비스를 이용할 수 있다. 소형 승용차에서 미니밴까지 차량은 인원수에 맞게 고를 수 있고 시간에 구애받지 않고 언제든 편하게 원하는 목적지까지 갈 수 있다는 것이 가장 큰 장점이다. 요금은 4인승 소형 승용차 기준으로 4~5만 원 선이다.

· 마이리얼트립 🏠 www.myrealtrip.com
· 클룩 🏠 www.klook.com/ko
· KKday 🏠 www.kkday.com/ko

쑹산 공항에서 시내로

쑹산 공항은 시내에 있으므로 MRT를 이용하면 편리하게 갈 수 있다. 입국장 밖으로 나와 MRT 표지판을 따라 지하로 내려가면 바로 역이 보이는데, 자동발매기에서 1회용 승차권을 사거나 이지카드를 구입한 후 이용하면 된다. 공항에서 타이베이역까지는 5.5km밖에 안 되므로 짐이 많거나 일행이 여럿이라면 택시를 이용해도 괜찮다.

🚶 쑹산역→쑹산신뎬선 이용, 중산역에서 환승, 단수이신이선 이용, 요금 NT$25, 약 15분 소요→타이베이역

타이베이 대중교통

타이베이에는 MRT(전철)를 비롯해 버스와 택시 그리고 서울자전거 따릉이와 비슷한 유바이크 등 다양한 대중교통 수단이 있다. 여행자들은 MRT를 많이 이용하지만, 상황에 따라 버스나 택시 등도 함께 활용하면 더욱 편하게 다닐 수 있다. 저렴하고 쾌적한 여행자의 발, 타이베이 대중교통에 대해 알아본다.

MRT

타이베이의 전철·지하철을 뜻하며, MRT(Mass Rapid Transit)라고 부른다. 현재 6개의 노선이 있는데, 단수이, 중정기념관, 시먼딩, 타이베이 101타워, 스린야시장 등 시내 대부분의 주요 명소를 경유하고 요금도 저렴해서 많은 여행자들이 이용한다. 요금은 기본 NT$20에서 거리에 따라 추가되는 시스템이며 한 번만 이용할 경우에는 1회용 티켓(토큰)을 구입해서 타면 된다. 지하철 내에서는 물 포함 모든 음료수와 껌, 사탕 등의 음식을 먹는 것이 금지되어 있다. 지하철 내부뿐만 아니라 개찰구로 들어가는 순간부터 적용되니 주의해야 한다.

🏠 www.metro.taipei

시내버스

역에서 멀리 떨어져 있는 곳을 가거나 시내 풍경을 보면서 여행하는 것을 선호한다면 시내버스가 제격이다. 서울만큼 노선이 복잡하지 않고, 구글맵으로 목적지를 찾으면 어떤 버스를 타는지 바로 알 수 있어 조금만 익숙해지면 지하철보다 더 편리하게 이용할 수 있다. 시내버스의 한 구간 요금은 NT\$15이며 거리가 늘어날수록 요금도 추가된다. 주의할 사항은 현금 지불 시 거스름돈을 주지 않으므로 타기 전에 미리 잔돈을 준비해두는 것이 좋다. 교통카드를 이용한다면 승하차 시 모두 단말기에 태그해야 한다. 하차 시점부터 1시간 이내에 지하철이나 유바이크를 이용하면 환승 할인 혜택을 누릴 수 있다.

🏠 www.tpebus.com.tw

이지카드

타이베이의 지하철, 버스, 공항철도는 물론 편의점, 관광지, 각종 상점 등 제휴업체에서 편하게 사용할 수 있는 다목적 교통카드. 우리나라 교통카드처럼 사용 시 카드를 가볍게 센서에 갖다 대면 곧바로 결제가 완료되기 때문에 티켓을 구매하는 번거로움을 피할 수 있으며, 다양한 할인 혜택도 받을 수 있다. 이지카드 사용이 처음이라면 구입 비용 NT\$100이 들지만, 여행하는 동안 지하철과 버스를 많이 이용할 계획이라면 공항에 도착해서 바로 구입하는 것이 편하다. 충전은 타이베이의 모든 지하철역 안내창구, 이지카드 판매&충전 자동판매기, 편의점에서 쉽고 간편하게 할 수 있다.

🏠 www.metro.taipei

택시

일행이 여러 명일 경우에는 택시를 타는 것이 유리할 때도 있다. 타이베이의 택시 요금은 비싼 편이 아니라서 부담 없이 이용할 수 있다. 택시 기본요금은 1.25km에 NT\$70이며, 200m마다 NT\$5씩 추가된다. 야간(23:00~06:00)에는 NT\$20의 할증 요금이 추가된다. 목적지별로 대략적인 택시 요금을 알아보려면 아래 타이완 여행정보 사이트의 교통정보 카테고리에 있는 택시 요금 계산기를 이용하면 된다.

🏠 www.howtotaiwan.net

유바이크

서울의 따릉이 같은 타이베이시 공공자전거다. 타이완 전화번호와 이지카드만 있으면 각 대여소에 있는 키오스크에서 쉽게 가입해 이용할 수 있다. 타이베이시에만 총 390여 개의 대여소가 있고, 유바이크 앱을 다운받으면 주변 대여소와 대여 및 반납 가능한 자전거 수를 실시간 확인할 수 있다. 대여 장소와 반납 장소가 달라도 상관없기 때문에 이용하기 쉽고 편리하다. 요금은 사용 시간에 따라 다르게 적용하는데, 처음 30분간은 NT\$5, 4시간 이내 30분당 NT\$10, 4~8시간 30분당 NT\$20, 8시간 이상은 30분당 NT\$40이다.

🏠 www.youbike.com.tw

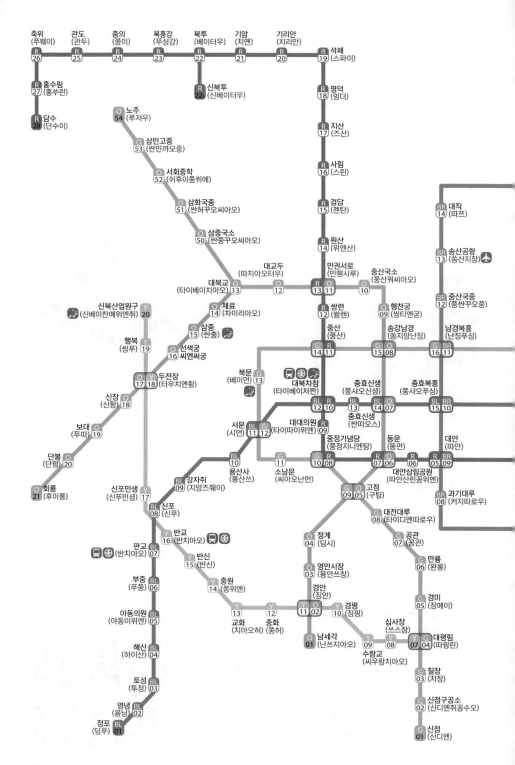

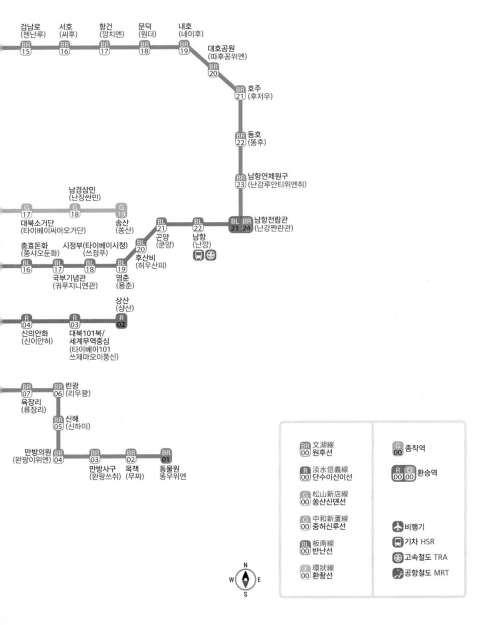

검남로
(젠난루)
BR
15

서호
(씨후)
BR
16

항건
(깡치엔)
BR
17

문덕
(원더)
BR
18

내호
(네이후)
BR
19

대호공원
(따후공위엔)
BR
20

호주
(후저우)
BR
21

동호
(똥후)
BR
22

남항연체원구
(난강루안티위엔취)
BR
23

남경삼민
(난징싼민)
G
18

대북소거단
(타이베이씨아오거단)
G
17

송산
(쏭산)
G
19

곤양
(쿤양)
BL
21

남항
(난깡)
BL
22

남항전람관
(난강짠란관)
BL
23 BR
24

충효돈화
(쫑샤오둔화)
BL
16

시정부(타이베이시청)
(쓰정푸)
BL
17

후산비
(허우산피)
BL
19

국부기념관
(궈푸지니엔관)
BL
18

영춘
(용춘)

상산
(상산)
R
02

신의안화
(신이안허)
R
04

대북101북/
세계무역중심
(타이베이101
쓰제마오이쭝신)
R
03

육장리
(류장리)
BR
07

린광
(리우꽝)
BR
06

신해
(신하이)
BR
05

만방의원
(완팡이위엔)
BR
04

만방사구
(완팡쓰취)
BR
03

목책
(무짜)
BR
02

동물원
(똥우위엔)
BR
01

범례

BR
00 文湖線
원후선

R
00 淡水信義線
단수이신이선

G
00 松山新店線
쏭산신뎬선

O
00 中和新蘆線
중허신루선

BL
00 板南線
반난선

Y
00 環狀線
환장선

G
00 종착역

R O
00 00 환승역

✈ 비행기
🚆 기차 HSR
🚌 고속철도 TRA
🚈 공항철도 MRT

N
W · E
S

091

타이베이
한눈에 보기

11 단수이역

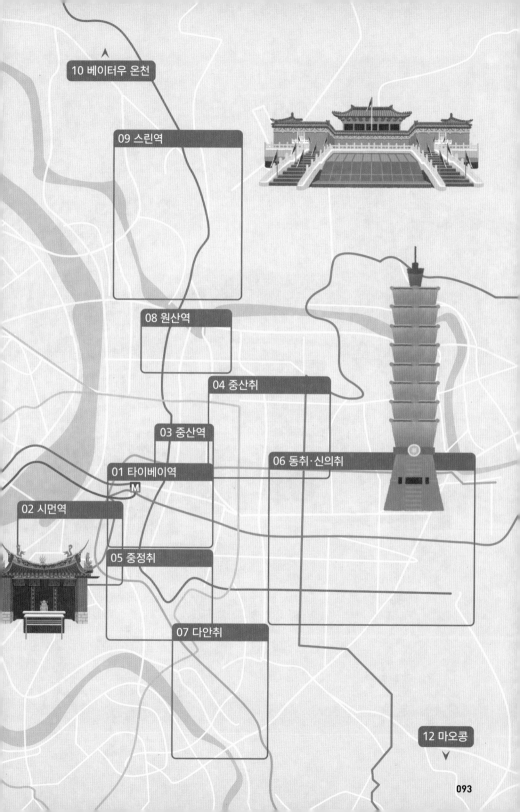

10 베이터우 온천

09 스린역

08 원산역

04 중산취

03 중산역

01 타이베이역
M

06 동취·신의취

02 시먼역

05 중정취

07 다안취

12 마오콩

타이베이역
台北車站

#타이베이역/메인역 #공항철도 #북문 #국광버스

타오위안 공항에서 타이베이 시내로 들어갈 때 가장 먼저 만나는 곳으로, 시내의 모든 교통이 집약된 베이스캠프 같은 지역이다. 타이베이 시내 여행의 동반자인 지하철과 시내버스는 물론, 지우펀, 예류, 핑시 등 근교의 인기 여행지로 갈 때 이용하는 기차나 시외버스도 타이베이역을 거쳐야 한다. 타이베이 심장부라 불릴 만큼 유동인구가 많고, 다양한 기업과 입시학원이 들어서 있어 상대적으로 음식 값이 싼 것도 타이베이역의 장점이다.

ACCESS

· 타오위안 공항 → 타이베이역

공항 제1, 2터미널 버스정류장 ▶ 국광버스 1819번 ▶ 타이베이역　　　　🕒 약 50분 🔰 NT$135

공항 제1, 2터미널역 ▶ 공항철도 급행 ▶ 타이베이역　　　　🕒 약 35분 🔰 NT$150

· 쏭산 공항 → 타이베이역

송산공항(쏭산지창)역 ▶ [BR]원후선 ▶ 충효복흥(쭝샤오푸싱)역 ▶ [BL]반난선 ▶ 타이베이역　🕒 약 17분 🔰 NT$25

타이베이역 이렇게 여행하자

특별히 볼거리가 많은 지역이 아니고 명소들이 역에서 많이 떨어져 있는 편이라 한두 군데 취향에 맞는 곳을 선택해서 둘러보는 것이 좋다. 아이와 함께하는 여행이라면 타이완의 역사와 문화를 이해할 수 있는 국립대만박물관과 이이팔평화기념공원은 가볼 만하다. 주변으로 다양한 상가와 가성비 좋은 맛집이 많기 때문에 골목골목을 돌며 가볍게 쇼핑과 맛집을 둘러보는 것도 괜찮다.

MUST SEE

화산1914

양조장에서 예술 공원으로 변신한
도심의 오아시스

국립대만박물관

타이완에서 가장 오래된
박물관

228평화기념공원

2.28 사건을 추모하는
시민 공간

MUST EAT

유산동우육면

70년 전통의 우육면 맛집

팀호완

미슐랭 가이드가 인정한
하가우 딤섬

광합상자

화산1914 내에 자리한
유기농 퓨전 레스토랑

MUST BUY

광화상장

타이베이의 용산 전자상가

비서문화공작실

타이베이시에서 인정한
제품이 가득

소기생활공간

아기자기한 생활 소품이
가득한 곳

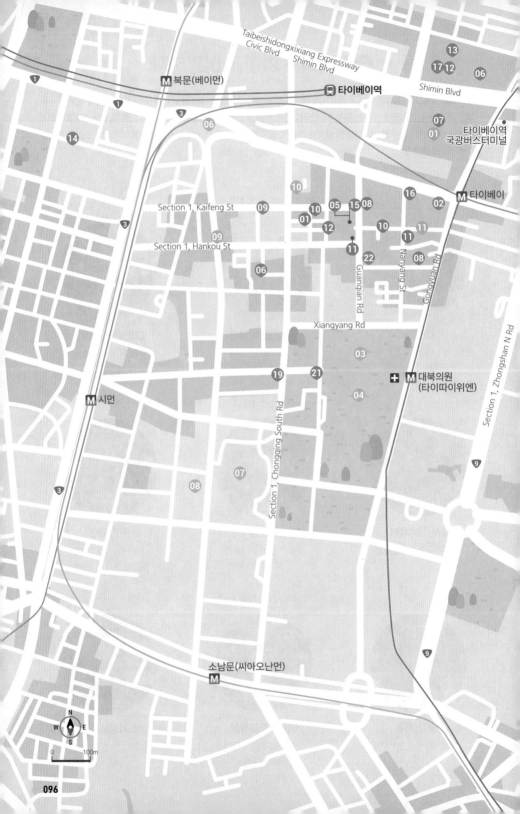

Taibeishidongxixiang Expressway
Civic Blvd
Shimin Blvd

M 북문(베이먼)

타이베이역

Shimin Blvd

⑬
⑰ ⑫
⑥

①

①
③

⑥

⑭

⑦
①

타이베이역
국광버스터미널

⑩

⑯

Section 1, Kaifeng St
⑨
⑩
⑤ ⑮ ⑧
⑩
M 타이베이

③
①
⑫
⑩
⑪
②

⑨
Section 1, Hankou St
⑪
⑪
⑧

⑥
㉒

Nanyang St
Gongyuan Rd

Guanqian Rd

Xiangyang Rd

③

M 시먼
⑲ ㉑

㉓
✚ M 대북의원
(타이따이위엔)

④
Section 1, Chongqing South Rd

Section 1, Zhongshan N Rd

③
⑨

⑦
⑧

⑨

소남문(씨아오난먼)
M

N
W E
S

0   100m

타이베이역
상세 지도

Xinsheng El

Civic Blvd

Civic Blvd

선도사(싼따오스)
Ⓜ

충효신생(쫑샤오신셩) Ⓜ

⑨

05

09

02

01

08

04

21

02

18

20

03

03

04

05

5

07

📷 **SEE**

① 타이베이역　② 화산1914　③ 국립대만박물관　④ 228평화기념공원　⑤ 일선공원　⑥ 승은문

⑦ 중화민국총통부　⑧ 총통부총통문물관　⑨ 대북상기가　⑩ 족강족체양생관　⑪ 에이헤어살롱

🍴 **EAT**

① 유산동우육면　② 팀호완　③ 부항두장　④ 합장촌　⑤ 쿠라스시　⑥ 성중노패우육면

⑦ 찬미향면식관　⑧ 광합상자　⑨ 화남배골　⑩ 양품우육면　⑪ 대구면선　⑫ 호미항식　⑬ 천길옥

⑭ 부굉우육면　⑮ 흔엽　⑯ 둔경라면　⑰ 금색삼맥　⑱ 소일자　⑲ 모모파라다이스　⑳ 락법

㉑ 공원호산매탕　㉒ 요시노야

🛍 **SHOP**

① 우드풀라이프　② 광화상장　③ 비서문화공작실　④ 소기생활공간　⑤ 고변주예술공간　⑥ 큐 스퀘어

⑦ 브리즈 타이베이 스테이션　⑧ 신광삼월　⑨ 대북희망광장　⑩ 광남대비발　⑪ 네트　⑫ 자라

타이베이역 台北車站 Taipei Main Station 🔊 타이베이처짠

타이베이 여행의 시작은 이곳에서!

타이베이의 각 지역을 연결하는 교통의 요충지로, 여행자라면 반드시 들르게 되는 곳이다. 세계 20위 안에 드는 대규모 역으로 지상 6층, 지하 4층으로 이루어져 있으며 서울역 면적의 3배, 하루 승하차 인원이 80만 명에 달한다. 타이베이 시내 여행 중 가장 많이 사용하는 MRT 딴수이·신이시엔·반난시엔이 지난다. 또한 가오슝·타이중·타이난을 연결하는 대만 고속 철도(THSR), 41핑시선과 지우펀으로 가는 길에 있는 루이팡 등으로 갈 수 있는 일반 철도(TRA), 예류·지룽 등으로 갈 수 있는 시 외곽행 버스는 물론 타오위안 국제공항행 공항버스와 공항전철도 이용할 수 있다.

거대한 대합실을 중심으로 1층에는 기차 편성 전광판, 매표소, 인포메이션 센터, '두두종(嘟嘟鐘)'이라고 불리는 종 시계가 있으며 브리즈에서 운영하는 간식코너(1층)와 식당(2층)이 들어서 있다. 지하에는 MRT 타이베이역-중산역-쌍련역까지 길이가 1km에 달하는 R 지하상가, 베이먼(북문)으로 이어지는 Y 지하상가가 있어 쇼핑도 즐길 수 있다. 출구는 동서남북 네 방향으로 나 있고 동문 쪽에는 국광버스터미널(공항버스 포함)이 있다. 지하도의 출구는 27개에 달하므로 목적지에 가까운 출구를 미리 확인해둘 것!

🚇 가까운 MRT역 **타이베이역(타이베이처짠)**

📍 No. 49, Section 1, Zhongxiao West Road, Zhongzheng District 🚶 타이베이역(台北車站) 2·5호선과 연결 🕐 05:50~막차(열차 운행이 끝난 후에는 역 내에 있을 수 없음) 📞 02-286-8789 🏠 www.tymetro.com.tw 🌐 25.04872, 121.51376 📍 타이베이역

TIP

타이베이역을 알차게 활용하는 꿀팁

■ 시간을 보낸다면

Y지하도
Y1~12 구간에 전통 잡화 매장이 이어지는 가운데, Y10~12에는 게임 및 피규어 매장과 음식점이 들어서 있다. Y22에는 35~65원에 한 컵 가득 아이스크림을 맛볼 수 있는 메이지(Meiji) 매장이 있고, Y26에는 인도네시아 요리를 즐길 수 있는 뷔페 식당이 있다. 이 지하도는 북문으로 이어진다.

R지하도
가방, 신발, 액세서리 등을 판매하는 상점이 주를 이루고 있는 지하도로, MRT 민권서로역까지 연결되어 있다. Y지하도는 쇼핑을 즐기기 좋고 R지하도는 중산역까지 가는 통로로 이용하기 좋다.

■ 짐 보관할 곳을 찾는다면

행리탁운중심 行李拖运中心
영업시간 내에 찾아야 하는 단점을 제외하면 가장 저렴한 방법이다.

🕐 08:00~20:00 🈺 캐리어 개당 1일 NT$30~70
🚶 대북차참 동3문 맞은편

코인 로커
대북차참 지하도 곳곳에 코인 로커가 있으며, 행리탁운중심보다 요금은 조금 비싼 편이지만 06:00~24:00 사이에 언제든 찾을 수 있어 편리하다. 대형 캐리어를 2개 이상 넣을 수 있고, 가성비(NT$70/3시간)까지 좋은 코인 로커가 지하도 R1(또는 M2) 출구 쪽 근처에 있으니 참고하자.

🕐 06:00~24:00 🈺 1~3시간 기준 캐리어 개당 NT$10~70

인타운 체크인 Intown Check In
해당 항공사의 인타운 체크인(도심 체크인)을 타이베이역에서 이용할 수 있다. 신청은 출국 3시간 전까지 가능하며, 운영 항공사는 중화항공(China Airlines), 에바에어(Eva Air), 유니에어(Uni Air), 케세이퍼시픽(Cathay Pacific), 케세이드래곤(Cathay Dragon), 화신항공(Mandarin Airlines), 에어아시아(Air Asia) 등이다.

🕐 06:00~21:30 🚶 공항철도 라인

화산1914 華山1914 Huashan1914 🔊화싼이지우이스

양조장에서 예술 공원으로 변신한 도심의 오아시스

1914년 방양주식회사(芳釀株式會社)의 양조장으로 사용되던 부지가 1999년 문화예술 공간으로 개조되며 타이베이에서 가장 세련된 예술 공원으로 탈바꿈했다. 예술 및 다양한 전시회가 늘 열리고 영화관, 카페, 레스토랑, 상점 등이 들어서 다목적 휴식 공간으로 사랑받는다. 특히 세월의 흔적이 드러나는 노르스름한 벽의 색과 질감, 금방이라도 연기가 피어오를 것 같은 굴뚝 사이로 들어선 상점, 건물 사이로 이어지는 아담한 골목의 풍취는 아련한 복고 감성을 진하게 풍긴다. 주말에는 플리 마켓이 열리고 개조한 창고에서는 쉼 없이 전시와 공연이 펼쳐지는 도심 속 오아시스 같은 곳이다. 예술 단지 내 상가는 오전 11시 이후에 문을 연다.

🚇 가까운 MRT역 **충효신생역(쭝샤오신성짠)**

📍 No. 1, Section 1, Bade Rd, Zhongzheng District 🚶 충효신생역(忠孝新生站) 1번 출구로 나와 직진하면 고가도로가 지나는 큰 사거리가 나오며 왼쪽에 보임(도보 7분) 🕐 24시간 🎫 무료
📞 02-2358-1914 🏠 www.huashan1914.com
📡 25.044373, 121.529421 📍 화산1914 창의문화원구

03
국립대만박물관 國立臺灣博物館 National Taiwan Museum ◀》 궈리타이완보우관

타이완에서 가장 오래된 박물관

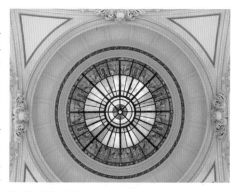

1908년 총독부 박물관에서 1999년 국립대만박물관으로
새롭게 개관했다. 청대(淸代)의 천후궁(天后宮)을 헐어내고
지은 곳으로 타이완에서 역사가 가장 오래된 박물관이며
주변에는 황씨절효방 같은 청대의 유산이 남아 있다. 지하 1
층부터 지상 3층까지 타이완 원주민을 포함한 타이완의 역
사와 문화, 예술, 전통 양식, 동식물 등과 관련된 8,000여 점
의 유물이 있고 맞은편 토지은행(土地銀行)에는 화폐와 나
비, 해양 생물, 실제 크기의 공룡 화석(모형)이 3층까지 빼
곡히 전시되어 있다. 비정기적 예술품도 전시하지만 그보
다는 동식물을 테마로 한 교육적 테마가 강하니 자녀를 둔
가족 여행에 더욱 알맞다. 토지은행박물관과 국립대만박물관은 입장권을 공유하며
폐관 1시간 전에는 무료로 입장이 가능하다. 또한 토지은행박물관 입구에 무인 로커
(NT$10, 꺼낼 때 반환됨)가 있으니 토지은행박물관부터 관람을 시작하는 것이 좋다.

🚇 가까운 MRT역 **타이베이역(타이베이처짠)·대대의원역(타이따이위엔짠)**

📍 No. 2, Xiangyang Rd, Zhongzheng District 🚶 대대의원역(台大醫院站) 4번 출구 앞에서 이
이팔평화기념공원을 바라보고 오른쪽 1시 방향으로 직진(도보 5분) / MRT 타이베이역(台北車
站) Z2 출구로 나와 왼쪽 대로(關前路, Guan qian Rd)를 따라 직진(도보 5분)/시먼역(北門站) 4
번 출구에서 형양로(衡陽路, Hengyang Rd)를 따라 직진하면 이이팔평화기념공원 입구에 도착
(도보 10분) 🕐 09:30~17:00(월요일, 설 연휴 휴관) 💲 성인 NT$30, 아동(6~12세) NT$15, 6세
미만 무료(폐관 30분 전 입장 시 무료) 📞 02-2382-2566 🏠 www.ntm.gov.tw
📍 25.042991, 121.515057 🔎 국립대만박물관

········· TIP ·········
황씨절효방 黃氏節孝坊

국립대만박물관을 정면으로 보고
왼쪽으로 길을 따라 가면 1882년
에 건립된 황씨절효방이 바로 보인
다. 황규랑(黃叫娘)의 헌신적 삶을
기리기 위한 것으로, 이미 100년이
넘은 패방(牌坊, 기둥으로만 세워진
건축물)으로 타이완에서도 쉽게 만
날 수 없는 고적이다. 황규랑(당시
16세)은 왕가림(王家霖, 당시 17세)
과 결혼했다. 왕가림은 당시 천주
(泉州, 중국 대륙)와 맹갑(艋舺, 타
이베이)을 오가며 사업을 하던 부친
을 도왔으나 29세가 되던 해 몸이
약해져 사망했고 그 후 황규랑(28
세)은 노쇠한 시부모를 부양하며 자
녀 5명을 훌륭하게 키워냈다. 고단
한 삶을 살았던 황규랑의 사연을 알
게 된 동치황제(同治皇帝, 서태후의
아들)는 금 30냥을 하사했고 현재
의 황씨절효방이 건립되었다.

228평화기념공원 二二八和平紀念公園 National Taiwan Museum ◀)) 얼얼빠허핑지니엔꽁위엔

2.28 사건을 추모하는 시민 공간

228평화기념공원의 본신(本身)은 청대(淸代)로 거슬러 올라가야 한다. 당시 천후궁(天后宮)과 몇몇 부속 시설 외에는 아무것도 없던 지역이었으나 1895년 일제강점기에 공원부지로 개발해 1908년에 대북신공원(臺北新公園)으로 준공된다. 그후 1947년 발생한 2.28 사건에 처음 민중이 모인 것이 계기가 되어 아픔을 추모하는 공간이 되었고, 최초 본성인 출신인 리덩후이(李登輝, 등휘)가 정권을 잡은 1996년에 공식적으로 이이팔평화기념공원으로 개명된다. 유럽형 도시공원으로 71,520㎡에 달하는 넓은 면적에 기념비와 다양한 조형물, 중국풍 정자 등이 모여 있어 가볍게 산책을 즐기기 좋다.

◎ 가까운 MRT역
타이베이역(타이베이처짠)·대대의원역(타이따이위엔짠)

📍 No. 2, Xiangyang Rd, Zhongzheng District 🚶 대대의원역(台大醫院站) 4번 출구 앞 🕐 24시간 💰 무료 📞 02-2303-2451
🏠 25.041923, 121.514977 🔎 얼얼바 평화 기념공원

일선공원 逸仙公園 Dr. Sun Yat-Sen Memorial House ◀)) 이씨엔꽁위엔 　　120년의 세월을 이어오는 공원

120년의 세월을 품은 일본식 여관 매옥부(梅屋敷, 우메야시키)가 있는 곳으로, 쑨원(손문)이 투숙했던 흔적을 남기기 위해 장제스가 소주(蘇州)식 정원을 증축하고 쑨원의 호(號)를 빌려 일선공원으로 개명했다. 내부는 1913년 쑨원의 두 번째 방문 시 여관 주인에게 전달했던 박애(博爱)가 쓰인 편액(扁額, 글·그림 등을 적은 일종의 액자)을 필두로 당시 모습을 재현하고 있으며 벽면에는 사진과 편지 등 그의 흔적이 가득하다. 중화민국 60주년이 되던 해 정자 위에 장제스가 남긴 글귀 '匡後中華的起點 重建民國的基地('중화' 회복의 기점이고, '민국' 재건의 토대이다)'에서 쑨원을 향한 장제스의 존경과 신뢰를 엿볼 수 있다. 장제스의 아들 장징궈(蔣經國, 장경국)과 부총통 리덩후이가 심은 매화나무는 봄(2~4월)이 오면 만개해 공원 분위기가 더욱 화사하다.

◎ 가까운 MRT역 **타이베이역(타이베이처짠)**

📍 No. 46, Section 1, Zhongshan N Rd, Zhongzheng District
🚶 타이베이역(台北車站) M2 출구로 나와 큰 도로 쪽을 바라보며 오른쪽으로 직진하면 왼쪽에 위치(도보 8분) 🕐 09:00~17:00(월요일 휴무) 💰 무료 📞 02-2381-3359 🏠 nchdb.boch.gov.tw
📍 25.047826, 121.520070 🔎 Dr. Sun Yat-Sen Memorial House

06

승은문 承恩門 North Gate ◀》 청언먼 　　　　　타이완 1급 고적으로 지정된 옛 성곽

1884년 건축된 북문(北門)으로 '승은문(承恩門)'이라 불린
다. 태북부성(台北俯成) 중 가장 가까이에서 볼 수 있는 유적
으로, 북경을 향해 지어 '황제의 은혜를 받든다(承接天恩)'라
는 의미를 갖고 있다. 타이완에서 보기 드문 토치카(tochika,
전략적 방어를 위한 건축 형태) 방식으로 외벽은 칼로 자른 듯
평평하여 오르기 어렵고 안쪽에는 내벽을 둘러 견고하다. 2층
의 작은 창문을 제외하면 정사각형 요새 같은 모습이지만 붉
은 색채와 뾰족이 솟아오른 처마에서 중화의 미(美)가 드러난
다. 1930년에 지어진 북문우체국(臺北北門郵局)과 마주 보
는 풍경이 이색적이며 주변을 공원(2017년)으로 재조성해 사
진 명소로도 부각되고 있다.

🚇 가까운 MRT역 **타이베이역(타이베이처짠)·북문역(베이먼짠)**

📍 No. 120, Section 1, Zhongxiao West Rd, Zhongzheng District
🚶 타이베이역(台北車站) Z5 출구로 나와 뒤돌아서 직진 후 오른쪽 도
로로 직진(도보 5분)/북문역(北門站) Y26번 출구로 나와 오른쪽으로
직진(도보 3분) 🕐 24시간 🎫 무료 🏠 view.boch.gov.tw
🌐 25.047997, 121.511209 📍 Taipei North Gate

07

중화민국총통부 中華民國總統府 President Hall ◀》 쭝화민궈종통푸　　　타이완 총통의 집무실이 있는 곳

일제강점기에 약 7년의 공사를 거쳐 1919년 완공되었다. 당시
280만 엔(¥)을 들인 최고층 바로크 양식 건물로 웅장하고 견
고하며 하늘에서 내려다보면 '日'자 형태를 띤다. 총통부 앞으
로 시원하게 뚫린 대도(大道)는 초대 총통인 장제스의 장수
(長壽)를 기원하며 개수로(介壽路)라 불렸으나, 1996년 최초
의 민진당 총통인 진수편(陈水扁)이 400년 전부터 이미 그 땅
에 살던 평포족(平埔族, 평지에 살던 원주민) 개달격란족(凱
达格兰族)의 이름을 차용해 개달격란대도(凱达格兰大道)로
도로명을 변경했다. 총통부 내 1층과 일부 정원만 개방하며,
입장할 때는 여권 및 보안 검사를 한다.

🚇 가까운 MRT역 **타이베이역(타이베이처짠)·시먼역(시먼짠)**

📍 No. 122, Section 1, Chongqing South Road, Zhongzheng
District 🚶 시먼역(西門站) 3번 출구로 나와 직진(도보 5분)
🕐 09:00~11:30(날짜별로 입장 시간이 다르므로 홈페이지에서 미리
확인) 🎫 무료 📞 02-2311-3731 🏠 www.president.gov.tw
🌐 25.040345, 121.511987 📍 중화민국 총통부

총통부총통문물관 總統副總統文物館 Presidential and Vice Presidential Artifacts Museum ◀) 종통푸종통원우관

역대 총통의 흔적을 찾아서

2010년 10월 10일 정식 개방한 곳으로, 역대 총통의 임기 내 행적과 업적 등을 살펴보고 이해할 수 있는 교육 목적의 기관 이다. 문물관에는 타이완의 역사와 연관된 귀중한 자료가 많 이 보관되어 있는데, 1931년 남경국민정부(南京國民政府)에 서 공포한 중화민국훈정시기약법(中華民國訓政時期約法)과 쑨원의 친필이 남아 있는 중화민국헌법(中華民國憲法) 등이 대표적이다. 특히 일본의 항복문서인 일본국향동맹국투항서 (日本國向同盟國投降書)는 맥아더 장군의 친필 서명까지 기 록되어 있어 우리에게도 흥미로운 자료가 될 듯하다. 그 밖에 당대 타이완의 총통이 선물로 받은 해외 각국의 보물도 만날 수 있다.

◉ 가까운 MRT역 **타이베이역(타이베이처짠)·시먼역(시먼짠)**

◉ No. 2, Section 1, Changsha St, Zhongzheng District ◈ 시먼역 (西門站) 2번 출구로 나와 직진, 횡단보도 건넌 후 왼쪽으로 돌아 직진 하면 오른쪽으로 보임(도보 6분) ⏱ 09:30~17:00(일 휴무) ⓦ 무료 ☎ 02-2316-1000 ♠ drnh.gov.tw ◉ 25.039931, 121.510824 ◉ Presidential and Vice Presidential Artifacts Museum

---

대북상기가 台北相機街 Presidential and Vice Presidential Artifacts Museum ◀) 타이베이씨앙지제

타이베이의 카메라 거리

청나라 말기 타이완으로 사진 기술이 전해지며 언론 매체를 겨냥한 카메라 매장이 승은문 옆에 들어섰다. 초창기에는 고 가품이라 수요가 적었지만, 카메라가 일반화된 30~40년 전 부터 상가가 우후죽순 생겨나며 오늘날에는 카메라 거리로 불린다. 가격 면에서 한국에 비해 큰 이점은 없지만 타이베이 역과 시먼역을 오가는 구간에 있어 구경 삼아 둘러보기 좋고, 일부 매장에서는 중고 물품도 거래할 수 있다. 이 책에 표기된 카메라 거리의 주소는 '전태상기수리(全泰相機修理, 월~토 10:00~18:00)'라는 매장을 기준으로 삼았는데 규모는 작지 만 타이베이를 대표하는 수리점으로 카메라 종류에 관계없이 수리가 가능하며 한국에 비해 꽤 저렴하다.

◉ 가까운 MRT역 **타이베이역(타이베이처짠)·시먼역(시먼짠)**

◉ No. 60, Bo'ai Road, Zhongzheng District ◈ 시먼역(西門站) 5번 출구로 나와 직진, 작은 골목 포함 오른쪽으로 다섯 번째 골목으로 진 입하면 사거리가 나오고 왼쪽으로 돌아 직진(도보 9분) ⏱ 11:00~21:00 ☎ 02-2381-1412 ♠ camstreet.com.tw ◉ 25.045469, 121.511298 ◉ 전태상기수리

10
족강족체양생관 足強足體養生館 🔊 주치양주티양성관　　　숙련된 안마사를 만나고 싶다면

특이체질 때문에 성인이 되어서도 자주 감기에 걸리며 림프계까지 손상되던 중 안마를 받기 시작하며 상태가 호전되었다는 사장님. 혈액순환을 돕는 그 단순한 자극이 주는 가치를 공유하기 위해 마사지숍을 오픈했다며 만면에 웃음꽃을 피운다. 어느 마사지숍이든 숙련자와 초심자가 있기 마련이라 만족도가 갈리지만 이곳은 오로지 숙련된 안마사만 채용하기에 안심할 수 있다.

😊 가까운 MRT역 **타이베이역(타이베이처짠)**

📍 No. 9, Section 1, Chongqing South Road, Zhongzheng District 🚶 타이베이역(台北車站) Z10 번 출구로 나와 정면의 횡단보도를 건넌 후 바로 오른쪽으로 돌아 직진하면 왼쪽으로 보임(도보 3분) ⏰ 08:00~02:00 💰 발 마사지(40분) NT$449 📞 02-2381-6829 🗺 25.04636, 121.51344 🔍 메인역 근처 마사지숍

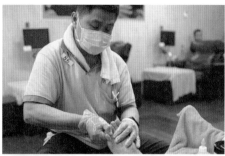

11
에이헤어살롱 A Hair Salon 🔊 에이헤어살롱　　　가성비 좋은 타이완 샴푸 마사지숍

타이완식 샴푸마사지인 좌세(坐洗, 쯔오씨)는 모발 길이에 따라 보통 추가 요금이 있다. 하지만 이곳은 모발 길이에 관계없이 요금이 모두 NT$300이라 모발이 긴 여행자에게 특히 가성비가 좋다. 여성 헤어디자이너보다 훈남(?) 헤어디자이너가 더 많은 것도 특징이다. 좌세는 의자에 앉은 채로 특제샴푸를 머리에 뿌린 후 살살 감겨주는 서비스로, 가벼운 안마까지 겸해주어 그 상쾌함은 이루 말할 수 없다.

😊 가까운 MRT역 **타이베이역(타이베이처짠)**

📍 2F, No. 24-1, Xuchang Street, Zhongzheng District
🚶 타이베이역(台北車站) M8출구로 나와 왼쪽으로 직진하다 오른쪽 횡단보도를 건너 직진하면 왼편(2층)으로 보임(도보 3분)
🚾 좌세(坐洗, 쯔오씨) NT$300, 좌세+안마 NT$500
📞 02-2388-8062 🏠 zumanzu.com
🗺 25.045429, 121.516478 🔍 台北車站 A Hair Salon

유산동우육면 劉山東牛肉麵 🔊 리우산동니우로우미엔

70년 전통의 우육면 맛집

현지인과 우육면에 관한 얘기를 하면 다들 "유산동 가봤어?" 라고 묻는다. 1951년 문을 연 이후 각종 우육면 관련 대회를 휩쓸며 70년이 넘는 세월 동안 한결같은 맛을 유지하는 유산동우육면에 대한 그들의 자부심이 느껴진다. 2018년에는 미슐랭 가이드 빕 구르망(Bib Gourmand)에 선정되는 영예까지 얻었으니 우육면 맛집에서 빼고 얘기하기 어려운 곳이다. 유산동의 간판인 쾌자면(筷子麵, 콰이즈미엔)은 중화풍 젓가락처럼 사각 형태의 면이 입안 가득 씹히는 맛이 좋으며 고기로만 우려낸 육수의 고소한 풍미가 일품이다. 단, 쾌자면은 고기와 함께 씹는 묵직한 맛이 좋지만 쫄깃함은 덜한 편이니 취향에 따라 면발이 얇은 씨미엔(細麵)으로 변경해도 좋다.

🚇 **가까운 MRT역 타이베이역(타이베이처짠)**

🍴 청돈우육면(清燉牛肉麵, 칭둔니우로우미엔) NT$160
📍 No. 2, Lane 14, Section 1, Kaifeng St, Zhongzheng District
🚶 타이베이역(台北車站) Z2 출구로 나와 직진. 길을 건너서 왼쪽으로 돌아 직진. 정면에 보이는 맥도널드에서 오른쪽으로 돌아 직진. 사거리를 지나 오른쪽 작은 골목으로 들어가면 오른쪽에 있음(도보 7분)
🕗 08:00~20:00(일 휴무) 📞 02-2311-3581
🌐 25.045963, 121.513772 📍유산동 우육면

팀호완 호이북차참점 添好運(HOYII北車站店) TimHoWan 🔊 팀호완

미슐랭 가이드가 인정한 하가우 딤섬

2009년 문을 연 팀호완의 대표 메뉴는 한입에 쏙 들어갈 만큼 앙증맞은 하가우(鮮蝦餃, 새우 딤섬)다. 보자기 모양의 만두피와 함께 씹히는 통통한 새우의 식감은 한번 맛을 보면 잊을 수 없을 만큼 특별하다. 넓적하고 얇은 만두피 위로 달콤한 간장소스가 스며들어 식감이 부드러운 창펀은 만두피에 묻은 특제 소스의 감칠맛이 독특하다. 바비큐 조리한 돼지고기를 빵 속에 넣은 BBQ 번도 중독성 강한 맛을 자랑한다. 세상에 선보인 지 1년 만에 미슐랭 별을 받은 요리이니 꼭 맛보자.

🚇 **가까운 MRT역 타이베이역(타이베이처짠)**

🍴 하가우(Prawn Dumpling) NT$148, BBQ 번(Bakrd Bun with BBQ Pork) NT$148, 새우 창펀(Shrimp Vermicelli Roll) NT$148
📍 No. 32, Section 1, Zhongxiao West Road, Zhongzheng District 🚶 타이베이역(台北車站) M6 출구로 나와 오른쪽으로 돌면 오른쪽(도보 2분) 🕙 10:00~22:00 📞 02-2370-7078
🏠 timhowan.com.tw 🌐 25.046028, 121.517198
📍팀호완 중샤오서점

03

부항두장 阜杭豆漿 ◀)) 푸항또우장

이연복 셰프가 방문해 더욱 유명해진 두장 맛집. 유조(밀가루를 두 가닥으로 반죽해 튀긴 음식)는 '중화권의 아침은 유조와 함께 시작한다'고 해도 과언이 아닐 만큼 많은 사람에게 사랑받는 먹거리다. 빵 안쪽에 구멍이 나 있어 부드럽고 촉촉한 유조는 일반적으로 두장과 함께 즐기는데 자칫 느끼할 수 있는 유조의 맛을 잡아준다. 이곳의 두장은 비교할 곳이 없을 정도로 신선하고 맛이 좋은 것으로 인정받는다. 소병(燒餅)이나 단병(蛋餅) 등 전병을 말아 만든 요리메뉴도 괜찮다. 식당 앞에 대기줄이 늘어서 있는 경우가 많다.

🍴 가까운 MRT역 **선도사역(싼따오스짠)**

✗ 유조(油條, 요우티아오) NT$30, 두장(豆漿, 또우장) NT$30, 그 외 메뉴 NT$15~70 ♀ No. 108, Section 1, Zhongxiao East Rd, Zhongzheng District ✗ 선도사역(善導寺站) 5번 출구로 나오면 바로 옆에 있는 건물 2층 ⏰ 05:30~12:30(월 휴무) 📞 02-2392-2175 🎯 25.044206, 121.524848 🔎 푸항또우장

04

합장촌 合掌村 ◀)) 허장춘

일본 현지와 비교해도 뒤지지 않는 스시를 만날 수 있는 곳. 12종의 스시 위에 캐비아, 연어알 등 부재료를 올려 각각의 풍미를 내는 대표 메뉴 정급십이관은 다양한 맛을 즐기는 묘미가 있으며 신선한 회에 탱글한 밥알이 어우러지며 씹히는 맛에 탄성이 절로 나온다. 횟감이 일찍 소진돼 못 먹는 경우가 많으니 서둘러 방문하는 것이 좋다. 기다릴 시간이 없으면 합장촌해선동을 포장해 도보 5~7분 거리에 있는 화산1914의 잔디공원에서 식사와 피크닉을 동시에 즐겨보자.

🍴 가까운 MRT역 **선도사역(싼따오스짠)**

✗ 정급십이관(頂級十二貫, 찡지쓰얼관) NT$520, 합장촌해선동(合掌村海鮮丼, 허장춘하이씨엔동) NT$460 ♀ No. 108, Section 1, Zhongxiao East Rd, Zhongzheng District ✗ 선도사역(善導寺站) 5번 출구로 나오면 오른쪽으로 화산시장 상가가 보이고 안쪽으로 들어가면 왼쪽에 있음(도보 1분) ⏰ 11:00~14:00, 17:00~19:00(일 11:00~14:00, 월 휴무) 📞 0976-181-829
🎯 25.044264, 121.524840 🔎 Shirakawago Huashan

쿠라스시 대북관전점 くら寿司(台北館前店) 🔊 쿠라스시

가성비 최고의 스시

독특한 아이디어로 한발 앞서가는 회전 초밥집. 레일 위에서 일정 시간이 지난 초밥은 자동 폐기되는 시스템을 갖춰 늘 신선한 초밥을 먹을 수 있다는 것이 특징이다. '초밥 맛의 비결은 밥에 있다'는 말처럼 쿠라스시의 밥알은 윤기 있고 매끄러워 회와 잘 어울려진다. 부드러운 고추냉이가 맛을 더하니 비슷한 가격대의 여느 회전 초밥점보다 한 차원 높은 맛을 느낄 수 있다. 대기 시간이 꽤 길 수도 있으니 시간이 없으면 송장난징역점(No. 101, Section 2, Nanjing East Rd, Zhongshan District)으로 가자.

🚇 **가까운 MRT역 타이베이역(타이베이처짠)**

✖ 접시당 NT$40~80 📍 NO. 12 Guanqian Rd, Zhongzheng District 🚶 타이베이역(台北車站) Z2 출구로 나와 직진해 도로 맞은편으로 건너 왼쪽으로 직진, 맥도날드를 지나 오른쪽 상가(유니클로 건물 5층) 🕐 11:00~22:00(토~일 10:30~22:00) 📞 02-2331-6029 🌐 25.045602, 121.514853 📍 KURA SUSHI Taipei Guanqian Restaurant

.... **TIP** ....
카운터 옆 정산기를 통한 셀프 계산 방식인데, 직접 하기 어려운 경우 직원에게 도움을 요청하자. "칭빵워지에장(請幫我結賬)"이라고 말하면 된다.

성중노패우육면 城中老牌牛肉麵 🔊 청중라오파이니우로우미엔

진한 국물의 우육면 맛집

전통 재래시장인 성중시장(城中市場) 내에 자리한 성중노패우육면은 홍소우육면(红烧牛肉麵) 전문점으로, 얼큰한 우육면을 찾고 있다면 주목하자. 개방된 입구는 오가는 사람이 많아 어수선하고 주방과 붙어 있는 실내 공간 또한 매우 분주하지만, 타이베이에서 가장 얼큰하고 맛있는 우육면을 선보인다. 탱글탱글한 면과 부드러운 소고기 고명은 식감이 좋고, 약재와 고기 뼈를 푹 우려낸 육수는 진하다. 중국의 첨면장(甜麵醬)을 사용해 만든 자장면(炸醬拉麵) 역시 맛이 진하며 특유의 단맛을 내는데 한국식 춘장과는 또 다른 매력을 품은 별미다.

🚇 **가까운 MRT역 타이베이역(타이베이처짠)**

✖ 우육납면(牛肉拉麵, 니우로우라미엔) NT$160, 작장납면(炸醬拉麵, 짜지앙라미엔) NT$75 📍 No. 7, Lane 46, Section 1, Chongqing South Rd, Zhongzheng District 🚶 타이베이역(台北車站) Z2 출구로 나와 도보 10분(성중시장 내) 🕐 09:30~20:00 📞 02-2381-5604 🌐 25.044720, 121.512616 📍 Beef noodle of the King

07

찬미향면식관 饕味香麵食館 ◀) 짠웨이샹미엔쓰꽌

바삭한 궈티에가 일품

가격이 저렴한데도 좋은 기름으로 바삭하게 튀겨내 최고의
식감을 선사하는 궈티에(鍋貼, 군만두의 일종) 전문점. 맛있
는 메뉴가 많지만 한 가지만 꼽는다면 의란구채과첩을 추천
한다. 탱탱한 대구 완자를 올린 설어완탕(鱈魚丸湯)도 국물
로 곁들여 먹기 좋다. 바로 옆에 위치한 음식점 교지미(巧之
味)는 관자조개를 넣어 만든 물만두 간패수교(干貝水餃, 1개
NT$8)가 훌륭하니 함께 즐겨보자.

🚇 가까운 MRT역 **충효신생역(쭝샤오신셩짠)**

✕ 의란구채과첩(宜蘭韭菜鍋貼, 이란지우차이궈티에) NT$6.5/개
📍 No. 6-1, Section 2, Jinan Road, Zhongzheng District
🚶 충효신생역(忠孝新生站) 1번 출구에서 직진해 고가도로가 지나 교
차로를 건넌다(화산1914 앞). 왼쪽으로 돌아 횡단보도를 건너 골목
(Lane 134, Section 2, Zhongxiao East Road) 끝 정면에 위치(도보
10분) 🕐 11:00~21:00 📞 02-2321-0662
📍 25.041524, 121.526856 🔍 찬미향면식관

08

광합상자 화산점 光合箱子(華山店) ◀) 꽝허씨앙즈

화산1914 내에 자리한 유기농 퓨전 레스토랑

유기농 채소 등 건강한 식단을 모티브로 하는 곳으로, 상가도
깨끗하고 음식도 정갈하게 제공해 기분마저 상쾌해진다. 신
선한 채소는 말할 것 없고 육류도 기름기가 쫙 빠진 담백한
맛이 인상적인 곳이다. 다양한 채소와 함께 훈제 연어와 달걀
을 얹은 내유단훈해어, 담백한 고기 맛이 인상적인 의식홍주
저소배를 추천한다.

🚇 가까운 MRT역 **충효신생역(쭝샤오신셩짠)**

✕ 내유단훈해어(奶油蛋燻鮭魚, 나이요우단쒼꿰이위) NTNT$360,
의식홍주저소배(義式紅酒豬小排, 이쓰홍지우쭈씨아오파이) NT$420
📍 No. 1, Section 1, Bade Road, Zhongzheng District 🚶 충효신생
역(忠孝新生站) 1번 출구에서 직진해 고가도로가 지나는 교차로를 지
난 후 오른쪽의 횡단보도를 건너 화산1914를 지나면 오른쪽에 있음
(도보 7분) 🕐 10:00~21:00 📞 02-2356-8661
📍 25.044658, 121.529799 🔍 Daylight 光合箱子 華山店

화남배골 華南排骨 🔊 화난파이구

타이완식 도시락을 경험하다

화남배골은 1972년 오픈한 도시락전문점으로 쫀쫀하고 달달한 맛을 내는 닭갈비 덮밥 배골반(排骨飯)은 한국에서는 맛볼 수 없는 별미다. 초패반(招牌飯)은 닭다리, 닭갈비, 생선 튀김을 함께 맛볼 수 있는 메뉴로 다양한 맛을 즐기고 싶은 사람에게 추천한다.

🚇 가까운 MRT역 **타이베이역(타이베이처짠)**

🍴 배골반(排骨飯) NT$110, 초패반(招牌飯) NT$110
📍 No. 36, Section 1, Kaifeng St, Zhongzheng District 🏃 MRT 타이베이처짠 Z2 출구로 나와 사거리에서 직진한다. 횡단보도를 건넌 후 왼쪽으로 직진, 맥도날드가 보이면 우회전한 다음 계속 직진하여 큰 사거리를 두 번 지나면 왼쪽에 위치(도보 10분) 🕐 11:00~21:00
📞 02-2311-1133 🌐 25.045982, 121.512378

양품우육면 良品牛肉麵 🔊 리앙품니우로우미엔

담백한 청돈황우육면이 일품

1971년 오픈한 양품우육면은 여러 번 방송에 소개된 만큼 현지인에게 사랑받는 곳이다. 홍소우육면(红烧牛肉麵)을 추천하는 분이 많지만 오히려 갈비탕 맛을 내는 고기 육수인 청돈황우육면이 더 특별하다. 갈비탕이 연상되는 맛으로 한국인 입맛에 잘 맞으며 얇게 썬 야들야들한 소고기 고명도 맛이 훌륭하다. 면은 대표 면인 도삭면(刀削麵)을 추천하며 셀프 코너에 있는 황금포채는 고기 육수의 느끼함을 잡아주니 꼭 함께 먹어보자.

🚇 가까운 MRT역 **타이베이역(타이베이처짠)**

🍴 청돈황우육면(清燉黄牛肉麵, 칭둔황니우로우미엔) NT$170, 황금포채(黄金泡菜, 황진파오차이) NT$30 📍 No. 10, Section 1, Kaifeng St, Zhongzheng District 🏃 타이베이역(台北車站) Z2 출구에서 직진 후 횡단보도를 건너 사거리에서 왼쪽으로 돌아 오른쪽 두 번째 골목으로 들어가서 직진하면 왼쪽(도보 10분) 🕐 09:30~20:30(화 휴무) 📞 02-2371-2644 🌐 25.045964, 121.513895 🔎 양품우육면

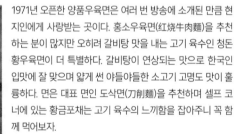

11 대구면선 大狗麵線 🔊 따꼬우미엔시엔

면선과 로우위엔 전문점

숟가락으로 후루룩 마시듯 먹는 면 요리로 가늘고 얇아 면선 (麵線)이라고 한다. 구수하고 식감 좋은 대창이 간간이 씹히는 맛이 좋고, 매운 수제 고추장 랄교(辣椒, 라지아오)를 첨가하면 얼큰하게 즐길 수 있는 별미다. 다른 메뉴로는 타이완 전통 음식인 육원(肉圓, 로우위엔)이 있다. 인절미처럼 쫄깃한 식감의 반투명한 외피 속에 고기 완자가 들어 있는 요리로 타이완 특유의 향이 약간 있지만 허기를 달래는 간식으로 딱 좋다.

🚇 **가까운 MRT역 타이베이역(타이베이처짠)**

🍴 대창면선(大腸麵線, 따창미엔씨엔) NT$50~65, 육원(肉圓, 로우위엔) NT$50 📍 No. 13, Nanyang Street, Zhongzheng District
🚶 타이베이역(台北車站) M6 출구로 나와 왼쪽으로 직진하다 왼쪽으로 돌아 직진하면 왼쪽에 보임(도보 5분) 🕐 07:00~23:00
📞 02-2311-0777 📷 25.045190, 121.516142
📍 Dai-Gou Pork Intestine Thin Noodles(南陽店)

TIP
육원의 유래

최초의 육원(로우위엔)은 범만거(范万居)라는 자가 물에 적신 고구마에 양배추를 얹고 익힌 음식이었다고 한다. 이후 그의 자손인 범용성(范龍生)이 고구마 전분과 미장(米漿)을 섞어 매끈한 외피를 만들고, 양배추를 죽순으로 바꾸고 다진 고기를 넣어 지금의 형태로 만들었다.

---

12 호미항식 好味港式 🔊 하오웨이강스

저렴한 홍콩식 바비큐 전문점

다양한 고기를 밥 위에 얹은 홍콩식 바비큐 덮밥 전문점으로, 대표요리는 초패오보반이다. 구운 오리(烤鴨), 닭(油雞), 돼지고기인 차소(叉燒)와 소육(燒肉), 소시지(香腸)까지 '다섯 가지 보물'이라는 의미로 오보(五寶, 우빠오)라고 부르는 바비큐를 몇 가지 채소 반찬과 더불어 밥 위에 올리는데 무엇을 먼저 먹을지 혼란스러울 만큼 푸짐하다. 홍콩 현지 못지않은 맛에 가격도 저렴해 식사 때가 되면 줄을 서야 할 만큼 인기가 많지만, 외국인 입맛을 배려하지는 않으니 현지 맛을 그대로 느껴볼 미식가만 도전해 보자.

🚇 **가까운 MRT역 타이베이역(타이베이처짠)**

🍴 초패오보반(招牌五寶飯) NT$160 📍 No. 17-3, Huaining Street, Zhongzheng District 🚶 타이베이역(台北車站) Z2 출구로 나와 사거리에서 직진하여 횡단보도를 건넌 후 왼쪽으로 직진, 맥도널드가 보이면 오른쪽으로 돌아 작은 사거리에서 다시 왼쪽으로 돌아 직진하면 왼쪽(도보 7분) 🕐 11:00~19:40 📞 02-2331-1973 📷 25.045501, 121.514268 📍 하오웨이강스

천길옥 대북경참점 天吉屋(台北京站店) ◀)) 티엔지우(징짠디엔)

바삭한 튀김과 우동이 그립다면

도쿄 신주쿠에 본점을 둔 텐동 전문점으로 오랫동안 현지인에게 사랑받아온 맛집이다. 다양한 메뉴 중에서도 이 집의 대표 메뉴 천길동을 추천한다. 따뜻한 흰쌀밥 위에 올려진 튀김옷은 딱 먹기 좋게 부드러우며, 바삭함과는 또 다른 매력을 느낄 수 있는 천길옥만의 별미다. 대하튀김 2개, 벚꽃새우전병, 고구마튀김, 튀김온천단(계란), 계절 야채 등 다채로운 튀김이 한가득 모여 있어 무엇부터 먹을지 즐거운 고민을 하게 된다.

✕ 천길동(天吉丼, 티엔지동) NT$380　♀ No. 1, Section 1, Chengde Rd, Datong District　🏃 타이베이역 Y5 출구(큐 스퀘어 입구)로 나와 매장 안쪽으로 들어가 반대쪽 출구 쪽으로 직진(도보 2분, 큐 스퀘어 상가 1층)　🕐 11:00~21:30　📞 02-2558-2328
🏠 tenkichiya.com.tw　📷 25.049632, 121.517391
♀ Q Square Mall

부굉우육면 富宏牛肉麵 ◀)) 푸홍니우로우미엔

24시간 언제 방문해도 좋은 우육면 맛집

간장을 베이스로 조리한 국물과 소금 간에 절인 소고기 고명이 특별한 곳이다. 매콤하게 발효한 콩 또우츠(豆豉), 시큼한 채소절임 쏸차이(酸菜), 소기름 니우요우(牛油)까지 갖추고 있어 기호에 맞춰 먹기 좋다. 밤에는 부굉우육면으로 가는 골목이 어두우니, 안전하게 큰길에 있는 건굉우육면(No. 27, Xining Rd, Wanhua District, 24시간 운영)을 방문해도 좋다. 다만, 맛은 부굉우육면에 비해 조금 떨어진다.

🔘 가까운 MRT역　**북문역(베이먼짠)**

✕ 우육면(牛肉麵, 니우로우미엔) 소 / 중 / 대 NT$ 100 / 110 / 120
♀ No. 67-69, Luoyang Street, Wanhua District　🏃 북문역(北門站) 1번 출구로 나와 직진하여 횡단보도를 건넌 후 오른쪽으로 돌아 직진, 두 번째 왼쪽 골목으로 돌아 직진하면 왼쪽으로 바로 보임(도보 5분). 이베이역(台北車站)과 시먼역(西門站)에서도 도보로 갈 수 있으나 북문역에서 가장 가까움　🕐 24시간　📞 02-2371-3028
📷 25.047646, 121.507724　♀ 푸홍뉴러우몐

15

흔엽 일본요리관전점 欣葉(日本料理館前店) ◀》 신예(르빤야오리관치엔디엔)

신선한 스시가 있는 일식 뷔페 요리

흔엽은 1977년 개업 후 전 세계에 분점을 늘려가고 있는 대형 프랜차이즈 업체로, 스시와 튀김을 포함한 일본 요리와 다양한 중화권 요리를 갖춘 곳이다. 식사 시간은 점심·티타임·저녁 시간으로 나뉘며 입장 시 각 타임이 종료되는 시간까지 이용할 수 있다. 주말은 평일보다 가격이 높으니 평일에 방문하는 것이 유리하다.

🚇 가까운 **MRT역** **타이베이역(타이베이처짠)**

🍴 평일 점심 NT$780, 티타임 NT$620, 저녁 NT$920, 주말 점심 NT$920, 티타임 NT$660, 주말 저녁 NT$920 📍 6F. NO. 12 Guan qian Rd, Zhongzheng District 🏃 타이베이역(台北車站) Z2 출구로 나와 직진한 다음 길을 건너 왼쪽으로 돌아 직진, 맥도널드를 지나 오른쪽 상가(유니클로 건물 6층)
🕐 점심 11:30~14:00, 티타임 14:30~16:30, 저녁 17:30~21:30
📞 02-2371-3311 🏠 shinyeh.com.tw
🎯 25.045972, 121.514817
🔎 Shin Yeh Japanese Buffet Guanqian Branch

16

둔경라면 대북참전점 屯京拉麵(台北站前店) ◀》 툰징라멘

파채의 식감이 훌륭한 라멘

1994년 동경에서 오픈한 둔경라면의 대표 메뉴는 동경돈골라면이다. 고명으로 올린 파채가 특징으로 돈코츠라면 특유의 느끼함을 잡아주고 탱탱한 면발과 함께 씹히는 아삭한 식감이 좋다. 여느 라면집에서도 파채를 자주 이용하지만 둔경라면의 파채는 조화로움이 뛰어나다. 여러 분점 중 대북참전점의 차슈가 더 부드럽고 맛이 좋다는 점을 참고하자.

🚇 가까운 **MRT역** **타이베이역(타이베이처짠)**

🍴 동경돈골라면(東京豚骨拉面, 똥징툰구라미멘) NT$230~325 (토핑에 따라 다름) 📍 NO 38, Section 1, Zhongxiao West Rd, Zhongzheng District 🏃 타이베이역(台北車站) M6 출구로 오르기 전 지하 식당 거리 내(시저파크 호텔 지하)에 위치
🕐 11:00~21:00 📞 02-2388-7166 🏠 foodexgroup.com
🎯 25.046303, 121.516335
🔎 Tonchin Taipei Station Restaurant

금색삼맥 대북경참점 金色三麥(臺北京站店) Le Ble d'Or ◀) 진써싼마이　　　안주가 맛있는 유럽풍 맥주 바

2004년 문을 연 이곳은 맥주에 타이완의 벌꿀을 더한 봉밀비주가 2014년 WBC(World Beer Cup) 대회에서 금상을 수상하며 명성을 얻었다. 와인처럼 달콤한 향이 입안에 퍼지는 독특함과 깔끔한 목넘김이 일품인 봉밀비주는 꼭 맛봐야 하며, 세 가지 맥주가 함께 나오는 삼맥비주조합도 추천한다. 안주는 여러 가지가 함께 나오는 경전대병반이 가장 인기가 좋다.

🚇 가까운 MRT역 **타이베이역(타이베이처짠)**

🍴 봉밀비주(蜂蜜啤酒, 펑미피지우) NT$ 170, 삼맥비주조합(三麥啤酒組合, 싼마이피지우쭈허) NT$300, 경전대병반(經典大拼盤, 징디엔따핀판) NT$1,250 📍 No. 1, Section 1, Chengde Road, Datong District 🚶 타이베이역(台北車站) 지하도를 따라 Y1 출구로 나가면 바로 보이는 큐스퀘어(Q squre) 건물 4층에 있음 🕐 11:00~23:00(금·토 ~24:00) 📞 02-7737-0909 🏠 lebledor.com 🌐 25.049178, 121.517038 📍 Le Ble d'Or

소일자 小日子 華山概念店 ◀) 씨아오르즈 화싼지니엔디엔　　　맛있는 차가 있는 생활 소품점

2012년 잡지사로 출발해 다양하게 사업 영역을 넓히고 있는 곳으로, '일상생활'이라는 상호명처럼 조용히 개성을 드러내는 상품이 많다. 일상을 담은 사진엽서, 심플한 에코백, 흰 바탕에 한 획의 붓질을 이어놓은 필체와 도화가 인상적인 배지와 스티커 등 상품마다 소일자의 철학이 담겨 있다. 또한 과일차가 유명한 곳이니 아이쇼핑만 하고 음료만 즐겨도 좋다.

🚇 가까운 MRT역 **충효신생역(쭝샤오신성짠)**

🍴 특조영몽홍차(特調柠檬红茶, 터디아오닝멍홍차) NT$55, 팬시용품 NT$30~ 📍 No. 1, Section 1, Bade Rd, Zhongzheng District 🚶 충효신생역(忠孝新生站) 1번 출구로 나와 직진하면 고가도로가 지나는 큰 사거리가 나오며 왼쪽에 보임(도보 7분) 🕐 11:00~21:00 📞 02-3322-1520 🌐 25.04426, 121.52990 📍 소일자

19

모모파라다이스 Mo-Mo-Paradise ◀)) 모모파라다이스

일본식 샤부샤부 스키야키 맛집

간장소스(탕)의 자박자박한 육수에 고기를 데쳐 먹는 방식으로, 맛은 불고기와 비슷하지만 간을 직접 조절할 수 있고 소스로 제공한 생달걀이나 청경채 등을 곁들이므로 불고기와는 조금 다른 느낌으로 즐길 수 있다. 양관탕저(두 가지 육수) 선택 시 스키야키와 샤부샤부를 함께 맛볼 수 있다는 것이 모모파라다이스의 매력이다.

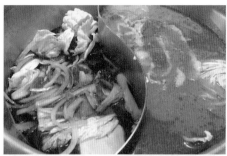

🚇 가까운 MRT역 **타이뻬이역(타이뻬이처짠)**

✕ 단과저(單鍋底, 딴궈디, 육수 1종) NT$409(1인), 양관탕저(兩款湯底, 량콴탕디) 점심 NT$449(1인), 주말 및 휴일 NT$649(1인)
📍 2F, 20, Hengyang Rd, Zhongzheng District 🏃 타이뻬이역(台北車站) Z2 출구에서 시먼역(西門站) 방향으로 도보 17분(이이팔평화기념공원 후문 앞) 혹은 대대의원역(台大醫院站) 4번 출구로 나와 이이팔평화기념공원을 직진으로 가로질러 왼쪽 상가 길을 따라가면 보임(도보 13분) ⏰ 11:30~15:00 & 17:00~21:30(토~일 11:00~23:00) 📞 02-2382-2668 🏠 mo-mo.com.tw
📳 25.04221, 121.51299 🔍 모모파라다이스 Mo-Mo-Paradise 台北衡陽牧場

20

락법 정덕점 樂法(正德店) Le Phare ◀)) 러파(쩡더디엔)

사과를 베이스로 하는 과일주스점

오직 타이뻬이에서만 만날 수 있는 과일 음료점 락법. 사과를 베이스로 다른 과일과 혼합한 음료를 선보이며 제철 과일을 사용해 맛이 신선하다. 사과밀크티, 사과녹차, 사과주스 등 어느 음료를 선택해도 실망할 일이 없지만 한 가지를 꼽자면 색상도 맛도 깨끗한 빈과초매(사과와 딸기)를 추천한다.

🚇 가까운 MRT역 **충효신생역(쭝샤오신셩짠)**

✕ 빈과초매청차(蘋果草莓靑茶, 핑궈차오메이칭차) NT$75
📍 No. 7, Lane 82, Section 1, Bade Road, Zhongzheng District 🏃 충효신생역(忠孝新生站) 1번 출구로 나와 뒤돌아서 조금 이동한 후 왼쪽 골목으로 들어가 계속 직진, 두 번째 작은 사거리에서 왼쪽으로 돌아 직진하면 작은 삼거리 모퉁이에 바로 보임(도보 5분) ⏰ 10:00~22:00 📞 02-8978-3148
📳 25.043756, 121.531949 🔍 Le Phare - 正德店

공원호산매탕 公園號酸梅湯 ◄» 꽁위엔하오쐰메이탕

청 황제가 즐겨 마시던 음료를 만나다

기원은 무림구사(武林旧事, 남송 1127~1279)에 기록된 노매수(卤梅水)로 청조 (1636~1912)에 들어 황제가 마시던 음료로 기록되어 있다. 연한 매실즙과 비슷하며 끈적이지 않는 단맛과 개운한 신맛의 조화가 일품으로 더위와 갈증 해소에 탁월하다.

🚇 가까운 MRT역
타이베이역(타이베이처짠)·
시먼역(시먼짠)

✗ 산매탕(酸梅湯. 쐰메이탕) 소 NT$30, 중 NT$60, 대 NT$110
📍 No. 2, Hengyang Rd, Zhongzheng District 🚶 타이베이역(台北車站) Z2 출구에서 시먼역 방향으로 도보 15분
🕐 10:00~21:00 📞 02-2311-3009
📡 25.042554, 121.513954 🔍 꽁위엔 하오쑤완메이탕(공원호산매탕)

요시노야 관전점 吉野家(館前店) ◄» 요시노야

일본 최대 덮밥 체인점

타이베이역에서 가깝고 새벽부터 오픈해서 일찍 길을 나서는 여행자도 따뜻한 덮밥 으로 든든히 배를 채울 수 있는 곳이다. 추천 메뉴는 소고기 덮밥 규동에 김치가 들어 간 한포우육정, 구운 도미 위에 데리야끼 소스를 얹은 포소조어정도 부드러운 생선살 을 맛볼 수 있는 별미다.

🚇 가까운 MRT역 **타이베이역(타이베이처짠)**

✗ 한포우육정(韓泡牛肉丼)（小）
NT$120,（大）NT$160, 포소조어정 (蒲燒鯛魚丼) NT$138 📍 No. 59, Guanqian Road, Zhongzheng District 🚶 타이베이 역 Z2 출구로 나 와 그대로 직진하다 바로 왼쪽편으로 턴 하여 직진하면 왼쪽편으로 보임(도보 3 분) 🕐 05:00~04:00 📞 02-2311- 9251 🏠 yoshinoya.com.tw
📡 25.04486, 121.51509 🔍 요시노야

01

우드풀라이프 화산점 Wooderful Life(華山店) ◀)) 우드풀라이프(화산디엔)

수공예로 만든 목재 오르골

우드풀라이프는 Wood와 Wonderful Life의 합성어로 '목재와 함께 더 멋진 삶을 영위한다'라는 뜻이다. 우드풀라이프는 NHLA(국제활엽수 목재협회)를 통해 품질 좋은 목재로 가공하며 남은 목재 폐기물은 재생하는 친환경 기업으로 타이완의 명품기업이라 할 만하다. 깜찍한 캐릭터가 목재 판 위에서 춤추듯 돌아가는 오르골은 장식용으로도 손색이 없고 목재의 틈을 비집고 흘러나오는 음악은 잠시 발걸음을 멈추게 할 만큼 감성적이다. 여러 매장이 있지만 이곳 본점에 가장 많은 상품이 진열되어 있으니 화산1914를 관광하며 들러보길 추천한다.

🚇 가까운 MRT역 **타이베이역(타이베이처짠)**

🎁 오르골 NT$ 300~ 📍 No. 1, Section 1, Bade Road, Zhong-zheng District 🚶 화산1914 내 🕐 11:00~21:00 📞 02-2341-6905 🏠 wooderfullife.com 🎯 25.044806, 121.529315
🔍 Wooderful life 華山店

02

광화상장 光華商場 ◀)) 광화상창

타이베이의 용산 전자상가

광화상장(光華商場)을 중심으로 많은 디지털 상가가 포진해 있는 타이베이 최대의 전자상업지구이다. 여행객이 눈여겨볼 곳은 광화상장 옆에 위치한 삼창생활(三創生活, 2017년 오픈)로, 시대를 앞서가는 건축 구조와 내부 시설을 보면 타이완의 높은 생활 수준을 새삼 느낄 수 있다. 전자기기를 포함, 캐릭터 소품과 피규어 등 다양한 매장이 있으며 5층에 위치한 레코드점 삼창흑교(三創黑膠, 산창헤이지아오)는 추억을 되살려주는 LP 음반이 가득하니 꼭 방문해보자.

🚇 가까운 MRT역 **충효신생역(쭝샤오신성짠)**

📍 No. 8, Section 3, Civic Blvd, Zhongzheng District 🚶 충효신생역(忠孝新生站) 1번 출구로 나와 뒤돌아서 왼쪽으로 진입하면 광화상장 전자상업지구에 도착, 골목을 따라 빠져나가면 도로 건너 광화상장이 보임(도보 8분) 🕐 11:00~21:00 📞 02-2391-7105 🏠 gh3c.com.tw 🎯 25.045006, 121.532195 🔍 광화 디지털 플라자

------- **TIP** -------
타이완은 110V를 사용하므로 한국 콘센트(220V)와는 호환이 되지 않아 변압기가 필요하다. 한국에서 준비해오지 못했다면 광화상장 인근에 있는 철물잡화점에서 구입할 수 있다.

비서문화공작실 飛鼠文化工作室 ◀》 페이쑤원화꽁즈오쓰 　　타이베이시에서 인정한 제품이 가득

화산시장 안에 자리한 상점으로 2016, 2017년 타이베이시에서 주최하는 천하제일탄(天下第一 攤) 마케팅 혁신 부문(創新行銷類)에서 금상을 획득해 제품의 질을 보증받은 곳이다. 원주민이 화려하고 섬세하게 만든 찻잔은 말할 것도 없고 순수 발효로 알코올 도수가 20도에 달하는 이나소미주는 생산량이 적어 구하기 어렵다(이나소미주는 시먼역 기념품 상점에서 약 1.8배 높은 가격으로 판매한다). 원주민 수공예가의 상품을 직거래가에 판매하니 마음에 드는 제품이 있다면 망설이지 말고 구입해도 된다.

🚇 가까운 MRT역 **선도사역(싼따오스짠)**

🎟 원주민 찻잔 NT$580, 이나소미주(伊娜小米酒, 이나씨아오미지우) NT$480 ♀ A19, 1F, No. 108, Section 1, Zhongxiao East Road, Zhongzheng District 🚶 선도사역(善導寺站) 5번 출구로 나와 오른쪽 화산시장(건물)으로 바로 들어가면 보임(1층) 🕐 09:00~18:00(일 ~14:00, 월 휴무) 📞 0960-634-682
🌐 25.044542, 121.524804 🔎 비서문화공작실

소기생활공간 화산점 小器生活空间(華山店) ◀》 씨아오치성후오콩지엔　　아기자기한 생활소품이 가득한 곳

2012년 타이베이에 입점한 곳으로 일본 특유의 심플하고 섬세한 컬러로 디자인된 주방, 문구, 패션소품 등 생활용품이 가득한 곳이다. 파스텔톤의 양말, 고전 삽화가 매력적인 엽서, 캐릭터가 덧보이는 생생한 컬러의 식기류, 반짝이는 질감이 전해지는 금속류 등 아이 쇼핑만으로도 즐거운 공간이다. 소기생활공간 옆에는 같은 그룹에서 운영하는 소기(小器)라는 음식점이 있어 쇼핑과 식사를 함께 할 수 있다. 정갈한 일본 가정식으로 부담 없이 즐길 수 있다.

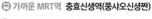

🚇 가까운 MRT역 **충효신생역(쭝샤오신성짠)**

♀ No. 1, Section 1, Bade Road, Zhongzheng District
🚶 화산1914 내 🕐 12:00~21:00 📞 02-2351-1201
🌐 25.044320, 121.529452 🔎 소기생활(화산점)

05

고변주예술공간 靠邊走藝術空間 ◀» 카오비엔쪼우이쑤콩지엔

보기만 해도 즐거운 피규어 전문점

피규어 전문점으로 요다를 포함한 스타워즈 캐릭터, 일본 사무라이, 아이언맨 등 실물 크기 모형뿐 아니라 실제 영화에서 사용된 소품도 진열되어 있어 구경하는 재미가 쏠쏠하다. 캐릭터 관련 상품은 시즌마다 바뀌며 수시로 전시 이벤트를 여는 곳이니 화산1914를 방문할 때 잠시 들러보자.

🚇 **가까운 MRT역 충효신생역(쭝샤오신셩짠)**

🎫 캐릭터 상품 NT$500~ ♀ No. 68, Section 2, Zhongxiao East Road, Zhongzheng District 🚶 충효신생역(忠孝新生站) 1번 출구에서 도보 7분 🕐 14:00~21:00(토 13:00~, 일 13:00~19:00, 월 휴무)
📞 02-2392-3699 🏠 wronggalleries.com
📷 25.043347, 121.528778 📍 WRONG GALLERY TAIPEI

06

큐 스퀘어 Q Square ◀» 큐스퀘어

버스정류장이 있는 대형쇼핑센터

타이베이역 바로 옆에 있는 복합쇼핑몰. 지하 3층에는 푸드코트를 포함해 싱가포르에 본점을 둔 제이슨 마켓 플레이스(슈퍼마켓)가 있고, 1~2층에는 스페인 의류 브랜드 자라(Zara) 매장이 자리하고 있다. 지상 4층에는 금색삼맥, 향식천당, 해저로훠궈 등 유명 맛집이 모여 있으며 최상층에는 영화관이 자리하고 있다.

🚇 **가까운 MRT역 타이베이역(타이베이처짠)**

♀ No. 1, Section 1, Chengde Road, Datong District 🚶 타이베이역(台北車站) Y1 출구, 혹은 R1 출구로 나오면 보임 🕐 11:00~21:30(금 ~토 ~22:00) 📞 02-2182-8888 🏠 qsquare.com.tw
📷 25.049300, 121.518131 📍 Q Square Mall

07

브리즈 타이베이 스테이션 Breeze Taipei Station ◀» 브리즈 타이베이 스테이션

훌륭한 푸드코트를 갖춘 쇼핑센터

2001년에 설립한 대형 쇼핑몰이다. 타이베이역 1층에는 라인 프렌즈(Line Friends)를 포함한 캐릭터 상점과 타이완 전통과를 판매하는 다양한 상점이 있고, 2층에는 다즐링카페 분점과 달콤한 제빵으로 유명한 팔월당(八月堂), 홍콩레스토랑 딤딤섬(點點心)도 있으며 저녁에 맥주 한잔하기 좋은 일식 고깃집 건배열차(乾杯列車)도 있다.

🚇 **가까운 MRT역 타이베이역(타이베이처짠)**

♀ No. 3, Beiping West Road, Zhongzheng District 🚶 타이베이역 내 🕐 10:00~22:00 📞 02-6632-8999 🏠 breezecenter.com
📷 25.047921, 121.516963 📍 Breeze Taipei Station

신광삼월 대북참전점 新光三越(台北站前店) Shin Kong Mitsukoshi 🔊 신광싼위에(타이베이짠치엔디엔)

타이베이역 내 쇼핑센터

1989년 신광(新光)기업과 삼월백화(三越百貨, 미츠코시백화)가 합작해 만든 곳으로 타이베이에만 8개의 백화점을 운영하고 있다. 지하 2층은 다양한 과자점이 입점해 있으며 달콤한 유가사탕으로 유명한 탕춘(Sugar&Spice, 糖村)이 있고, 버블티로 유명한 춘수당도 자리했다. 1층 화장품 매장을 시작으로 11층까지 명품을 포함한 의류, 잡화 매장이 입점해 있으며 최상층(12층)에는 전망을 조망할 수 있는 카페 아메리카(Cafe America)도 자리하고 있다. 9층에서는 환전(미국 달러와 엔화만)이 가능하니 참고하자.

🚇 가까운 MRT역 **타이베이역(타이베이처짠)**

📍 No. 3, Beiping West Road, Zhongzheng District 🚶 타이베이역(台北車站) Z2, Z4 출구 앞 ⏰ 11:00~21:30(금~토 ~22:00)
📞 02-2388-5552 🏠 skm.com.tw 🌐 25.046274, 121.515184
🔍 신광미츠코시백화점 타이베이역전점

대북희망광장 台北希望廣場 Taipei Hope Square 🔊 타이베이씨왕꽝창

타이완 각지에서 올라온 농산물 천국

주말에만 열리는 장터로 과일을 포함해 타이완 각지의 대표 농산물을 만날 수 있다. 한국에서는 접하기 어려운 생소한 과일이 많아 구경하는 재미가 있는 곳이다. 화산1914와 매우 가까워 함께 관광하기 좋은 곳으로 농산품의 품질은 확실히 좋지만 시내 과일 상가에 비해 가격이 저렴한 것은 아니니 필요한 만큼 구입하는 것이 좋다. 농산품 전시 구역 옆에는 야시장에서 볼 수 있는 먹거리 노점이 열리며 벤치가 있어 편하게 쉴 수 있다.

🚇 가까운 MRT역 **선도사역(싼따오스짠)**

📍 No. 27, Linsen North Road, Zhongzheng District
🚶 선도사역(善導寺站) 1번 출구로 나와 뒤돌아서 횡단보도를 건너 왼쪽으로 돌아 직진하면 오른쪽으로 보임
⏰ 주말에만 열림(토 10:00~19:00 & 일 10:00~18:00)
📞 02-2393-0801 🌐 25.046710, 121.524241
🔍 Taipei Hope Plaza Farmers Market

10

광남대비발 대북허창점 光南大批發(台北許昌店) ◆》 광난따피파(타이베이쒸창디엔)

음반 매장에서 복합 쇼핑몰로

타이베이역 학원가(許昌街)에 위치한 곳으로 1984년 음반매
장으로 출발해 10년(1994년)이 지난 뒤 현재와 같은 다양한
생활용품을 판매하는 복합 쇼핑 매장으로 성장했다. 1층에는
휴대용 전자제품과 타이완에서 유행하는 음반과 영화 DVD
가 있으며 2~3층은 일반 생활용품이 주류를 이루는 곳으로
3층 한켠에 머리띠 등 여성용 잡화 상품이 전시되어 있다.

🚇 가까운 MRT역 **타이베이역(타이베이처짠)**

📍 No. 40, Xuchang Street, Zhongzheng District 🚶 타이베이역(台
北車站) Z2번 출구로 나와 바로 왼쪽으로 보이는 신광삼월백화점 골
목을 지나면 보임(도보 1분) 🕐 10:30~22:30 📞 02-2311-0528
🏠 knn.com.tw 📍 25.045475, 121.515650
🔍 Kuang Nan Wholesale Taipei Xuchang Store

11

네트 대북관전점 Net(台北館前店) ◆》 넷(타이베이꽌치엔디엔)

젊은 감각의 타이완 현지 브랜드

심플하고 캐주얼한 분위기를 추구하는 타이완의 중저가 브랜
드이다. 가성비가 좋은 데다 수시로 세일과 이벤트를 해서 여
행 기간 중 득템 찬스를 노려볼 수 있다. 지하 1층은 액세서리,
1~2층은 여성 의류, 3층은 남성 의류로 구성되어 있으며 유니
클로, 자라도 주변에 모여 있어 함께 쇼핑하기 좋다.

🚇 가까운 MRT역 **타이베이역(타이베이처짠)**

📍 No. 20, Guanqian Road, Zhongzheng District
🚶 MRT 타이베이역(台北車站) Z2 출구에서 도보 3분
🕐 11:00~ 22:00(토~일 22:30) 📞 02-2331-5570
🏠 net-fashion.net 📍 25.045236, 121.514879 🔍 Net

12

자라 ZARA ◆》 에이치엔엠(타이베이꽌치엔디엔)

스페인 패션 SPA

아만시오 오르테가가 창업한 스페인 패션 기업 ZARA. 유니클
로와 같은 SPA(패스트 패션) 브랜드로 화려하고 개성 넘치는
상품이 많다. 1, 2층을 나누어 성별과 콘셉트에 따라 의상을
진열하고 있는 만큼, 매장 규모가 크며 아이 쇼핑을 즐기기도
좋은 곳이다. 특히 환절기에는 세일 상품도 많으니 참고하자.

🚇 가까운 MRT역 **타이베이역(타이베이처짠)**

📍 No. 1, Section 1, Chengde Road, Datong District
🚶 타이베이역 Y5 출구(큐 스퀘어 입구)로 나와 백화점 안쪽으로 들어
가면 좌측으로 보임(도보 1분, 큐 스퀘어 상가 1, 2층)
🕐 11:00~22:00 📞 080-066-6716 🏠 zara.com
📍 25.04916, 121.51724 🔍 ZARA Q Square Store

시먼역
西門站

#시먼역 #시먼홍루 #삼미식당 #까르푸

타이베이의 명동이라 불리는 최고의 번화가. 일제강점기 때 건설한 일본풍 건물들 사이로 보이는 트렌디한 빌딩이 의외로 조화로운 모습이다. 대형 쇼핑센터와 다양한 상점, 타이베이를 대표하는 음식점이 빼곡하게 들어서 있어 거리는 언제나 수많은 여행자로 북적인다. 늘 사람이 붐비는 덕에 늦은 시간까지 안심하고 쇼핑과 먹거리를 해결할 수 있지만 물건 값은 다른 지역에 비해 비싼 편이다. 시먼역과 한 정거장 거리에 있는 용산사는 타이베이에서 가장 오래된 사원으로 유명한 곳이니 빼놓지 말고 둘러보자.

ACCESS

· **타오위안 공항 → 시먼역**
  공항 제1, 2터미널역 ▶ 공항철도 급행 ▶ 타이베이역 🕐 약 35분 🉐 NT$150
  타이베이역 ▶ [BL]반난선 ▶ 시먼역 🕐 약 3분 🉐 NT$20

· **쏭산 공항 → 시먼역**
  송산공항(쏭산지창)역 ▶ [BR]원후선 ▶ 남경복흥(난징푸싱)역 ▶ [G]쏭산신뎬선 ▶ 시먼역 🕐 약 20분 🉐 NT$25

시먼역 이렇게 여행하자

타이베이 유행을 선도하는 최대 번화가인 만큼 시먼역 주변은 그저 걸어 다니는 것만으로도 즐거운 여행이 된다. 과거와 현재가 공존하는 건물들 사이로 빼곡하게 이어진 골목길 산책은 시먼역에서만 즐길 수 있는 특권. 발길 닿는 대로 둘러보다가 세련된 분위기의 숍에서 가볍게 쇼핑을 하거나 타이베이를 대표하는 맛집에서 주전부리를 즐기는 것으로도 반나절은 뚝딱. 거리 산책을 마치면 시먼역에서 도보로 15분 정도 떨어져 있는 용산사와 화시제야시장을 둘러보는 것으로 여행을 마무리하면 된다.

MUST SEE

용산사

타이베이에서 가장 오래된
사원

시먼홍루

시먼딩의 랜드마크

화시제야시장

보양식으로 유명한
야시장

MUST EAT

삼미식당

다른 곳에서는 만날 수 없는
특별한 초밥

진천미

저렴하게 즐기는
사천요리

아종면선

수저로 떠먹는
곱창국수의 진수

MUST BUY

까르푸

24시간 쇼핑 천국

미진향

달콤하고 부드러운
육포의 진수

강시미

메이드 인 타이완
드럭스토어

시먼역
상세 지도

단수이 강

Section 1, Xiyuan Rd

Guilin Rd

01

02

11

19

M
용산사(롱산쓰) 3

3

Section 1, Xiyuan Rd

16

소반베이커리
임가화원

Bangka Blvd

3 Bangka Blvd

용산사 龍山寺 🔊 롱산쓰

타이베이에서 가장 오래된 사원

과거 맹갑(萬華, 완화)의 옛 지명이다. 과거 용산사 구역에 전염병이 창궐하자 복건성에서 이주한 사람들이 고향 땅의 관세음보살 분령(分靈)을 맹갑으로 옮겨와 용산사를 건축하고 신앙의 힘으로 전염병을 극복했다고 전해진다. 제2차 세계대전 당시 폭격으로 용산사가 대부분 파손되었으나 관세음보살상은 흠집 하나 나지 않아 주민들이 관세음보살상 옆으로 모여들어 재난을 피했다는 유명한 일화가 전해진다. 용산사의 섬세한 조형은 타이완에서 으뜸으로 여기며 현재는 2급 고적으로 등재되었다. 주신(主神)인 관세음보살뿐 아니라 월하노인(중매신)을 비롯한 다양한 신을 모신 도교문화를 엿볼 수 있으며 타이베이를 대표하는 명성에 걸맞게 인파로 북적이는 곳이다. 서문(西門, 시먼)과 가까우며 박피료역사가구(剝皮寮歷史街區, 화시제야시장(華西街夜市) P.146도 옆에 있어 코스로 여행하기 좋다.

🚇 가까운 MRT역 **용산사역(롱산쓰짠)**

📍 No. 211, Guangzhou Street, Wanhua District 🚶 용산사역(龍山寺站) 1번 출구로 나와 오른쪽으로 직진, 사거리에서 오른쪽으로 용산사 보임(도보 1분) ⏰ 06:00~22:00 🎫 무료 📞 02-2302-5162 🏠 lungshan.org.tw 📷 25.037176, 121.499902 🔍 용산사

.... **TIP** ....

용산사 운세 보는 방법

• 용산사는 효배(筊杯, 지아오빼이)를 이용해 보는 운세(점)가 특히 유명하다. 두 가지로 분류하면 단적으로 Yes/No를 묻는 것과 광범위한 미래에 대한 조언을 구하는 경우로 나뉘는데, Yes/No를 단적으로 묻는 경우엔 3번 연속 성효(하단참고)가 나와야 한다.

• 운세(점) 보는 방법, 반달 모양의 효배가 각각 다른 모양으로 나오는 것을 성효라 하며 신이 기도를 들어줄 준비가 됐다는 것을 의미한다. 반대로 성효가 아니라면 그 소원에 대해 신이 명확하지 않거나 동의하지 않는 것을 의미한다. 실제로 성효가 나올 때까지 던지는 것이므로 이 자체에 부담을 가질 필요는 없다. 성효가 나올 때까지 반복하는 과정에서 정성을 들이고 더 간절한 마음으로 기도하는 것이 운세를 볼 때 가장 중요한 점이라는 것을 기억하자.

운세를 보는 방법

① 출생연월일, 이름, 사는 곳을 신에게 말씀드리고 기도를 드린 후 나무막대를 뽑아도 되는지 여쭤본다. 효배를 던져 성효(聖筊, 성지아오)가 나오면 나무막대를 뽑는다(성효가 나올 때까지 1번의 과정을 반복한다).

② 나무막대를 뽑은 후 해당번호(나무막대에는 운세를 보관한 서랍의 번호가 적혀 있다)가 맞는지 다시 여쭙고 효배를 던진다. 성효가 나왔다면 바로 3번 과정을 진행하고, 아니라면 다른 나무막대로 변경해 다시 2번 과정을 반복한다.

③ 해당번호의 서랍을 열어 운세가 적힌 종이를 꺼내 확인한다.

02

박피료역사가구 剝皮寮歷史街區 ◀) 보피리아오리스지에취

당시 맹갑(완화의 옛 지명이자 쪽배가 모여 있는 곳을 뜻함)을 중심으로 세공업을 하는 이주민들이 모여 살던 곳으로, '껍질을 벗겨내는 집'이라는 뜻의 박피료(剝皮寮, 보피리아오)로 불렸던 곳이다. 청대(1644~1912년)에 조성된 거리로 건축학적으로도 의미가 있다. 최근에는 가옥 내부를 활용해 각종 전시행사를 진행하는 등 다양한 볼거리가 있다.

🚇 가까운 MRT역 **용산사역(롱산쓰짠)**

📍 No 4 lane, Lane 173, Kangding Rd, Wanhua District 🚶 용산사역(龍山寺站) 3번 출구로 나와 뒤돌아 직진, 도로가 나올 때 오른쪽으로 직진하면 바로 보임(도보 3분) ⏰ 09:00~17:00(월 휴무) 💲 무료
📞 02-2308-2966 🏠 hcec.tp.edu.tw 📷 25.036904, 121.502152
🔍 보피랴오거리

03

시먼홍루 西門紅樓 🔈 시먼홍러우

시먼홍루는 1908년에 건축했으며 현재는 타이완의 3급 고적으로 등재되어 있다. 내부는 서양식 복층 구조이며 외부는 팔각으로 지어져 일제강점기에는 팔각당(八角堂)이라 불리기도 했다. 내부에 있는 16창의공방(16 Creative Boutique)과 주말마다 열리는 시먼홍루창의시집에서 아기자기한 소품을 구입할 수 있다. 건물 뒤편으로는 라이브 공연을 하는 〈화양연화〉와 타이완에서는 보기 힘든 노천 바(Bar) 스타일의 칵테일바도 있어 다채로운 경험을 할 수 있다.

가까운 MRT역 **시먼역(시먼짠)**

No. 10, Chengdu Rd, Wanhua District 시먼역(西門站) 1번 출구로 나와 횡단보도를 건넌 후 왼쪽 사잇길로 가면 보임(도보 1분) 11:00~21:30(금~토 11:00~22:00, 월 휴무) 무료 02-2311-9380 redhouse.org.tw 25.042073, 121.506858 시먼홍러우

TIP

16창의공방 16 Creative Boutique

마치 동화 속 캐릭터를 보는 듯한 프린팅의 고양이 캐릭터를 메인으로 하는 의류점 호묘(好喵), 기타와 음악에 관련된 룩을 디자인하는 뉴노이즈(New Nois), 가죽으로 만든 수공예 액세서리점 언심플(unsimple) 등 독창적인 상점으로 가득하다.

시먼훙루노천주파구 西門紅樓露天酒吧區 🔊 시먼훙러우루티엔지우빠취 　　타이베이의 유일한 노천 칵테일 바

타이완에는 1~2차는커녕 술을 아
예 안 마시는 사람이 많다. 그런 타
이완에 이처럼 공간이 넓은 노천
바가 있다는 것은 애주가에겐 그야
말로 오아시스. 바 10여 개가 밀집
해 있지만 가격 차이는 없으니 분
위기 좋은 곳에 앉으면 된다. 공간
도 넓고 화장실도 가까운 모란(牡
丹)을 추천한다. 노천 바 입구 안쪽
에 있는 태국요리점 태풍미(泰風
味)에서 요리를 주문해 먹을 수도
있다. 칵테일 바 안에서는 어느 상
가든 주문 가능하다.

🚇 가까운 MRT역 **시먼역(시먼짠)**

📍 No. 45, Lane 10, Chengdu Road, Wanhua District 🚶 시먼역(西門站) 1번 출구로 나
와 왼쪽 대각선으로 보이는 시먼훙루 뒤편(도보 1분) 🕐 13:00~02:00 💰 맥주 NT$100,
칵테일 NT$ 250~300, 태풍미안주 NT$ 100~ 🎯 25.041738, 121.506498
🔍 Ximen Red House Outdoor Bar Area

미국가 美国街 🔊 메이궈지에 　　그래비티로 가득한 미국 거리

빈티지한 골목이라는 수식어가 이보다 잘 어울리는 곳이 있을까. 바닥에 그려
진 큼지막한 미국 국기를 따라 양옆으로 옷가게가 줄을 잇고 건물과 건물 사이에
화려한 그래비티가 가득하다. 듬성듬성 홍등을 밝히는 선술집도 분위기를 북돋
운다. 대부분 상가는 수입산 보세를 팔며 스케이트보드 등 운동 관련 용품도 많
다. 영화의거리(대북시전영주제공원)와 골목 하나를 사이에 두고 이어져 있으며
영화관 뒤편으로는 또 다른 분위기
의 그래비티 구역이 이어진다. 타이
베이를 통틀어 가장 넓은 그래비티
골목이니 시간 내어 둘러봐도 의미
있을 듯하다.

🚇 가까운 MRT역 **시먼역(시먼짠)**

📍 No. 4, Lane 96, Kunming Street,
Wan hua District 🚶 시먼역(西門站) 5
번 출구로 나와 직진, 두 번째 사거리에
서 오른쪽으로 돌아 직진하면 지오다노
가 보이고, 바로 왼쪽으로 보이는 골목
으로 들어가면 나옴 🎯 25.044703,
121.505049 🔍 America Street

자청가 刺青街 ◀) 츠칭지에

낯선 거리에서 만나는 기묘한 풍경, 타투 거리

타이완에서는 매년 최고의 문신을 선발하는 국제문신예술전을 주최하며, 길에서도 문신한 사람을 쉽게 만날 수 있다. 편의점 등의 서비스업 종사자들조차 문신한 것을 쉽게 볼 수 있어 한국과는 문신에 대한 인식이 많이 다르다는 것을 알 수 있다. '문신 뜨는 거리'라는 이름의 자청가는 그 일면을 증명하듯 내부를 드러낸 채 시술을 하는데 낯선 광경이라 타이완에 왔다는 것을 실감 나게 한다. 미국가로 가는 길목이니 골목을 지나며 타투 거리의 개성을 느껴보자. 문신에 거부감이 있어도 골목이 매우 짧으니 돌아갈 필요는 없다.

🚇 가까운 MRT역 **시먼역(시먼짠)**

📍 No. 8, Lane 50, Hanzhong Street, Wanhua District(기준 상점 Kevin刺青) 🚶 시먼역(西門站) 6번 출구로 나와 횡단보도를 건너 왼쪽 사잇길로 진입, 무창가를 지나 왼쪽으로 보임
📡 25.044177, 121.506724 🔎 Tattoo Street

무창가미식가 武昌街美食街 ◀) 우창제메이스제

시먼딩 속 작은 야시장

시먼딩의 중심에 위치한 골목으로, 야시장에서나 만날 수 있는 노점이 한 줄로 늘어서 있어 미식가에게 빼놓을 수 없는 곳. 으깬 감자 위에 치즈가 한가득 뿌려진 왕자기사마령서(王子起士馬鈴薯, 왕즈치쓰마링쑤), 소고기를 정사각 형태로 잘라 구워낸 화염투자우(火焰骰子牛, 후오옌터우즈니우) 등 맛있는 야시장 먹거리를 만날 수 있으며 유명한 테이크아웃점 50람(50嵐, 우쓰란)도 함께 자리한다. 무창가를 따라 타투 거리와 미국가를 돌아보는 골목여행의 시작점으로도, 체력과 갈증을 해소할 장소로도 놓치면 아쉬울 곳이다.

🚇 가까운 MRT역 **시먼역(시먼짠)**

📍 No. 49-3, Emei Street, Wanhua District (왕자기사마령서 주소)
🚶 시먼역(西門站) 6번 출구로 나와 횡단보도를 건너 왼쪽 사잇길로 진입하면 보임 🕐 13:00~24:00 📞 0966-945-138 📡 25.043657, 121.506816 🔎 오키나와떡구이

08 중산당 中山堂 Zhongshan Hall ◄) 쭝산탕   청조(清朝)의 흔적이 깊이 밴 2급 고적

청조(清朝) 타이완성(台湾省, 당시 타이완은 청나라 관할 성
(省)중 하나)의 최고 관청이었다. 1895년 일제강점기에 현재
총통부가 건축되기 전까지 실질적 총통부 역할을 담당하며
국내외 모든 외교와 회의를 개최한 장소로 타이완의 역사가
고스란히 서려 있는 2급 고적이다. 1945년 일본 패전 후 타이
완반환 문서에 서명을 받은 기념적 장소로 지금도 공익을 위
한 전시행사(서예, 그림 외)를 많이 한다. 특별전시관 외 개방
된 전시관은 무료로 관람이 가능하다.

◉ 가까운 MRT역 **시먼역(시먼짠)**

◉ No. 98, Yanping South Road, Zhongzheng District ⚲ 시먼역
(西門站) 4번 출구로 나와 직진, 왼쪽으로 돌아 조금 가면 오른쪽으로
공원이 보이고 그 안에 중산당이 있음(도보 3분) ⏱ 09:30~21:00
⊕ 무료 📞 02-2381-3137 ♠ zsh.gov.taipei
⊚ 25.043465, 121.509710 ♀ Zhongshan Hall

09 대북시전영주제공원 臺北市電影主題公園 Taipei Cinama Park ◄) 타이베이쓰디엔잉쭈티공위엔

역동적인 문화를 생산하는 젊은이의 아지트
2009년에 문을 연 공원으로, 영화를 주제로 한 이벤트나 공
연 외에도 취미를 공유하는 사교활동으로도 각광받는 장소이
다. 스케이트보드, 댄스 등 역동적인 활동이 많으며 그래비티
가 더해져 상점이 많은 시먼딩 중심부와는 색다른 매력을 뽐
낸다. 영화거리, 미국가를 지나 도착하는 시먼딩의 끄트머리
에서 '청춘의 성지'로 불리는 시먼의 진면목을 만날 수 있다.
주말에는 좀 더 활기차고 역동적인 모습을 만날 수 있다.

◉ 가까운 MRT역 **시먼역(시먼짠)**

◉ No. 19, Kangding Road, Wanhua District
⚲ 시먼역(西門站) 6번 출구로 나와 직진, 정면으로 고가도로가 시작되
는 지점에서 오른쪽으로 돌아 직진하면 보임(도보 10분)
📞 02-2312-3717 ♠ cinemapark.taipei
⊚ 25.045019, 121.503235 ♀ Taipei Cinema Park

서본원사 西本願寺 ◀》 시먼역(시먼짠)

일제강점기에 건축된 곳으로 교토(일본)에 있는 서본원사(西本願寺, 니시혼간지)의 분원이다. 정식 명칭은 정토진종본원사파대만별원(浄土真宗本願寺派台湾別院)으로 1904년부터 약 8년에 걸쳐 완공되었으나 1975년 건축물 대부분이 소각되었고 종루와 수심회관(樹心會館)만이 남아 있다. 현재는 공원으로 사용해 앉아서 쉴 곳이 많으며 일본식 다도를 맛볼 수 있는 팔십팔차윤번소(八拾捌茶輪番所)도 있어 잠시 쉬기 좋은 곳이다.

◎ 가까운 MRT역 **시먼역(시먼짠)**

📍 No. 174, Section 1, Zhonghua Road, Wanhua District
🚶 시먼역(西門站) 1번 출구로 나와 뒤돌아서 우회전해서 직진하면 오른쪽으로 보임(도보 3분) ⏰ 24시간 🎫 무료 📞 02-2311-5355
🎯 25.040062, 121.507170 📍 Nishi Honganji Remains

빌리버 Believer ◀》 빌리버

2018년 11월 지인과 합작해 헤어 숍과 커피숍을 한 공간에서 운영하는 곳이다. 기존 양복점의 앤티크한 분위기를 이어가면서도 그로테스크한 매력을 발산해 방문하는 것만으로도 의미 있는 곳이다. 타이완 전통 샴푸인 좌세(坐洗, 앉아서 샴푸마사지) 서비스도 받을 수 있으니 원두커피와 함께 느긋하게 샴푸 마사지를 즐겨보면 어떨까. 오후 10시부터는 칵테일바로 운영하니 시간에 맞춰 방문하자.

◎ 가까운 MRT역 **시먼역(시먼짠)**

📍 No. 83-9, Section 2, Wuchang St, Wanhua District 🚶 시먼역(西門站) 6번 출구로 나와 직진으로 횡단보도를 건너 두 번째 오른쪽 골목으로 진입하여 직진, 다섯 번째 왼쪽 골목으로 진입하면 오른쪽으로 보임(도보 12분) ⏰ 12:00~21:30(첫째 월 휴무) 🎫 좌세샴푸(坐洗) NT$300 📞 02-2388-7833 🎯 25.045937, 121.505081
📍 Believer

시먼역에서 떠나는 미니 근교 여행

복잡한 도심에 지쳤다면 시먼역에서 지하철을 타고 10분만 외곽으로 달려가보자.
아름다운 화원에서 유유자적 산책을 즐기고, 타이베이에서 손꼽는 펑리수를 맛볼 수 있다.

임가화원 林家花園 ◀)) 린지아화위엔

청대(靑代)에 완성된 임씨네 저택

임본원원저(林本源園邸)라고도 불리는데 1853
년에 지은 저택으로, 임씨네 가족이 거주하던 곳
이다. 1949년 발발한 국공내전(중국공산당과 국
민당의 내전)으로 중국인 피난민 1,000여 명이 임
시 거처로 사용하면서 내·외부가 많이 훼손되었고,
타이완 정부가 특별 구역으로 관리해오다가 1982
년 4년간의 복원 계획을 세워 타이완 달러로 약 1
억6000만 원(현재 환율로 한화 약 58억 원)을 들
여 복원했다. 중국 소주(蘇州)에서 유명한 유원(留
園)을 모방하여 설계했고, 물 위 정자로 각광받는
월파수사(月波水榭), 임씨네 고향 땅의 모습을 재

현한 용음대지(榕蔭大池) 등 아늑한 공간이 많아 타이완 4대 정원으로 꼽힌다.

📍 No. 9, Ximen Street, Banqiao District, New Taipei City 🏃 부중역(府中站) 1번 출구에서 도
보 8분 🕐 09:00~17:00(첫째 월 휴무) 💰 NT$80 📞 02-2965-3061 🏠 www.linfamily.
ntpc.gov.tw 🌐 25.01111, 121.45459 🔎 임가화원

소반베이커리 小潘蛋糕 ◀)) 씨아오판딴까오

반치아오(板橋)를 주름잡는 소문난 베이커리 맛집

35년 역사를 자랑하는 제과점으로 20~30분 대기는 기본. 봉리소(鳳梨酥, 펑리수) 인
기가 폭발적이다. 고급스러운 맛으로 유명한 가덕봉리소 P.238에 비해 맛은 다소 투박
하지만 빵에 곁들여진 버터와 소(파인애플잼)의 조화가 일품이다. 파인애플 케이크
봉리소(鳳梨酥, 펑리수), 오리알이 첨가된 봉황소
(鳳凰酥, 펑황수), 파인애플 소가 그대로 씹히는
토봉리소(土鳳梨酥, 투펑리수)의 3가지 봉리소를
판매하고 있다.

📍 No. 11-1, Lane 135, Zhongzheng Road, Banqiao
District, New Taipei City 🏃 부중역(府中站) 1번 출구에
서 도보 15분 🕐 08:00~20:00 💰 NT$80
📞 02-2966-7721 🌐 25.015418, 121.456078
🔎 소반베이커리(반차오펑리수)

삼미식당 三味食堂 🔊 산웨이스탕

다른 곳에서는 만날 수 없는 특별한 초밥

21년째 시먼딩 대표 맛집으로 군림하는 스시집이다. 삼미식당의 간판 메뉴 해어악수사는 손바닥만 한 연어 위에 특제 소스를 뿌려 먹는 초밥으로 감칠맛이 일품이다. 21년 전 일본 스시는 비싸서 엄두를 못 내던 시절에 타이완인을 배불리 먹이려고 창안한 요리라 하니 초밥에 따듯함도 녹아 있다. 크기와 맛에 놀라는 연어초밥은 통째로 먹는 것이 가장 맛있으니 한입으로 도전해보자. 사이드 메뉴는 간패관소를 추천한다. 쫀득한 관자조개 맛이 살아 있어 미식가라는 놓치면 안 될 메뉴이다. 상점 앞 번호판에 이름을 적어두면 순서에 따라 호명한다. 1인은 합석하는 대신 대기하지 않고 바로 입장할 수 있다.

🚇 **가까운 MRT역 시먼역(시먼짠)**

🍴 해어악수사(鮭魚握壽司, 꿰이위워쏘우쓰) 3개/6개 NT$220/NT$430, 간패관소(幹貝串燒, 깐빠이촨싸오) NT$80 📍 No. 116, Section 2, Guiyang St, Wanhua District三 🚶 시먼역(西門站) 1번 출구에서 도보 12분 🕐 11:20~14:30, 17:10~21:00(첫·둘째 월 & 셋·넷째 일 & 공휴일 휴무) 📞 02-2389-2211 📷 25.039916, 121.502685 🔍 삼미식당

02

천천리 天天利 ◀) 티엔티엔리 　　　　　　　　　　　　　타이완 서민 요리의 대표 맛집

언제 가도 긴 줄이 늘어서는 시먼딩 맛집, 타이완의 서민 음식
을 맛볼 수 있는 곳으로 천천리보다 좋은 곳은 드물다. 간판
메뉴인 노육반은 한국 장조림에 밥을 비벼 먹는 듯한 맛으로
장조림밥이라고도 불리는데, 그 위에 달걀(추가 주문)을 올리
면 모양도 맛도 배가 된다. 가자전(蚵仔煎, 커짜이지엔)은 전
분의 부드러움과 달착지근한 소스가 조화를 이루고 싱싱한
굴이 입맛을 돋운다. 그 외 타이완식 자장면 스타일로 나오는
건면도 맛있다. 실내는 학교 앞 분식집처럼 허름하지만 맛있
고 저렴한 맛집으로 적극 추천한다.

📍 가까운 MRT역　**시먼역(시먼짠)**

🍴 노육반(魯肉飯, 루로우판) NT$35~55, 계단가자전(雞蛋蚵仔煎,
지단커짜이지엔) NT$70, 건면(乾麵, 깐미엔) NT$45~55 📍 No. 1,
Lane 32 Hanzhong Street, Wanhua District 🚶 시먼역(西門站) 6
번 출구로 나와 오른쪽(시먼딩 보행가)으로 직진. 세 갈래 길에서 가운
데 길(더페이스샵을 왼쪽에 두고 직진)로 직진하면 보이는 왼쪽 상가
(도보 8분) 🕙 10:30~22:30(월 휴무) 📞 02-2375-6299
📍 25.045179, 121.507563 🔍 천천리

03

우점우육면 牛店牛肉麵 ◀) 니우디엔니우로우미엔 　　　　　전통 우육면에 퓨전을 더하다

2004년 개업한 곳으로, 스튜를 조리는 기술을 우육면에 접목
해 독특한 메뉴를 만들어냈다. 대표 메뉴인 만한우육면은 그
대로 먹으면 담백한 맛의 청돈우육면(清燉牛肉麵), 제공되는
농축 소스를 넣어 먹으면 칼칼한 맛의 홍소우육면(紅燒牛肉
麵), 면(麵)만 건져내 빈 공기에 담은 후 농축액 소스를 뿌려
먹으면 건면(幹麵, 깐미엔)이 된다. 특히 건면은 부러 만한우
육면을 주문할 만큼 통통한 면발과 소스의 조화가 만족스러
운 요리이다. 스페셜 메뉴(NT$450)로 선택해야 세 요리 모두
맛볼 수 있다. 당일 재료가 떨어지면 판매가 종료되니 만한우
육면을 맛보려면 일찍 방문하는 것이 좋다. 식사 시간을 지나
서도 문전성시를 이루니 방문 시 유의하자.

📍 가까운 MRT역　**시먼역(시먼짠)**

🍴 만한우육면(滿漢牛肉麵, 만한니우로우미엔) NT$450 📍 No. 91,
Kunming Street, Wanhua District 🚶 시먼역(西門站) 1번 출구로 나
와 직진. 두 번째 사거리에서 좌회전한 후 직진하면 왼쪽으로 보임(도
보 8분) 🕙 11:30~14:30, 17:00~19:30(월·화 휴무) 📞 02-2389-
5577 📍 25.042557, 121.504890 🔍 니우디엔 우육면

봉대커피 蜂大咖啡 ◀) 펑따카페이

커피, 쿠키 그리고 레트로 감성

길가로 솔솔 풍기는 커피향을 따라 가면 노르스름한 조명에 오래된 테이블이 놓인 구닥다리 커피점이 모습을 드러낸다. 시대의 변화에 연연하지 않는 내부 모습이 편안함을 안겨주는 이곳은 1956년에 문을 연 봉대커피이다. 추천메뉴는 황금비율로 블렌딩한 봉대종합커피로, 묵직한 바디감에 쓴맛은 채 느끼기도 전에 사라지고 그윽한 향만 남는다. 바삭한 쿠키 안에 쫀득한 돼지고기가 든 계자병은 커피와 함께 즐기기에 안성맞춤이다. 조식(08:00~11:00)은 봉대종합커피와 토스트, 햄, 계란이 함께 나와 가성비가 끝내준다.

🚇 **가까운 MRT역 시먼역(시먼짠)**

🍴 조식(부餐, 자오찬) NT$130, 봉대종합커피(蜂大综合咖啡, 펑따쫑허카페이) NT$100 , 계자병(雞仔餅, 지짜이빙) NT$25 📍 No. 42, Chengdu Road, Wanhua District 🚶 시먼역(西門站) 1번 출구로 나와 직진하면 왼쪽으로 보임(도보 2분) 🕐 08:00~22:00
📞 02-2331-6110 📍 25.042741, 121.506349 🔍 펑다카페이

진천미 真川味 ◀) 쩐촨웨이

저렴하게 즐기는 사천요리

현지인에게 사랑받는 사천요리 맛집으로 키키레스토랑P.229이 고급 레스토랑이라면 진천미는 소박한 가정식 레스토랑에 가깝다. 키키레스토랑에서 유명한 파볶음 요리 창승두, 표면을 살짝 지져낸 연두부 노피눈육 등을 70% 정도의 가격으로 즐길 수 있어 가성비가 무척 좋다. 물론 저렴한 만큼 재료의 조화로움과 식감은 다소 부족하지만, 타이베이 여행 중 반드시 가봐야 할 사천요리 전문점 중 하나인 만큼 시먼역 근처에 왔다면 들러보자. 같은 골목안에 본점과 분점이 마주하고 있으며 각 매장의 휴일이 달라 365일 운영한다.

🚇 **가까운 MRT역 시먼역(시먼짠)**

🍴 창승두(蒼蠅頭, 창잉터우) NT$180, 노피눈육(老皮嫩肉, 라오피넌로우) NT$160 📍 No. 42, Lane 25, Kangding Rd, Wanhua District 🚶 시먼역(西門站) 6번 출구로 나와 직진. 두 번째 큰 사거리(스타벅스 앞이 나오면 횡단보도를 건너 우회전. 왼쪽 첫 번째 골목으로 진입하면 보임(도보 12분) 🕐 11:00~14:00 & 17:00~21:00 📞 02-2311-9908
📍 25.043604, 121.504680 🔍 진천미

06

삼형매설화빙 서문정종점 三兄妹雪花冰(西門町總店) 🔊 산씨옹메이빙쉐이미엔

한국인이 즐겨 찾는 시먼딩 빙수점

타이베이 3대 빙수집 중 하나. 우리나라 여행자들은 삼형제 빙수라 부르기도 하지만 정식 명칭은 삼형매설화빙이다. 실내는 분식집 같은 분위기로 3대 빙수로 군림하는 아이스몬스터나 스무시에 비하면 인테리어는 조금 떨어지지만 가격이 가장 저렴하고 누구나 한 번은 방문할 시먼딩에 자리해 접근성이 좋다. 또한 시먼딩의 맛집인 천천리 맞은편이라 식사와 후식을 함께 해결할 수도 있다. 망고 빙수는 제철인 여름에 먹는 게 가장 맛있으며 10~4월경에는 냉동 망고를 사용해 맛이 덜하니 참고하자.

가까운 MRT역 **시먼역(시먼짠)**

망과설화빙+빙기림(芒果雪花冰+冰淇淋 망궈쒸에화빙+삥치린) NT$220 No. 23, Hanzhong Street, Wanhua District 시먼역(西門站) 6번 출구로 나와 오른쪽으로 직진. 세 갈래 길에서 가운데 길(더페이스샵을 왼쪽에 두고 직진)로 계속 직진하면 보이는 오른쪽 상가(도보 8분) 10:00~23:00 02-2381-2650 25. 045202, 121.50778 3 Siblings Snowflake Ice(Ximending)

07

아종면선 阿宗麵線 🔊 아쫑미엔씨엔

수저로 떠먹는 곱창국수의 진수

문을 여는 시간부터 영업이 끝나는 시간까지 저마다 흰색 컵을 들고 수저로 면을 떠먹는 사람들의 모습에 나도 모르게 줄을 서게 되는 곳이다. 이곳의 곱창국수는 수저로 떠먹기 딱 좋은 자박한 국물과 가는 면발, 그 안에 섞여 있는 자잘한 오징어 조미가 씹는 맛을 더해준다. 타이완 여행객들 사이에 호불호가 가장 많이 나뉘는 요리인데, 국물 위의 향채(香菜, 고수)는 빼면 그만이지만 문제는 누군가에겐 실망을, 누군가에겐 더없는 만족을 줄 곱창국수 본연의 콤콤함이다. 면선요리로는 타이베이에서 가장 유명한 곳이니 새로운 맛을 즐길 준비가 됐다면 도전해보자.

가까운 MRT역 **시먼역(시먼짠)**

소(小碗, 씨아오완) NT$60, 대(大碗, 따완) NT$75 No. 8-1, Emei Street, Wanhua District 시먼역(西門站) 6번 출구로 나와 오른쪽으로 돌아 직진, 작은 삼거리에서 오른쪽 샛길(1973계광향향계繼光香香雞 건물 옆길)을 지난 후 왼쪽으로 돌면 왼쪽으로 보임(도보 4분) 09:00~23:00 02-2388-8808 25.043649, 121.507637 아종면선 본점

아향석두화과 雅香石頭火鍋 ◀)) 야씨앙쓰터우훠궈

거대한 쇠솥에 끓여 먹는 정통 훠궈

재료를 한 번 볶아낸 후에 훠궈탕을 붓기 때문에 고소한 맛이 살아 있는 훠궈 맛집이다. 기본 세팅(육류) 외 추가 재료는 직접 진열장에서 꺼내 오는 방식으로, 육수가 가득 스민 두툼한 대파와 쫄깃한 식감의 마른 오징어는 빼놓지 말길 추천한다. 1976년 문을 열어 3대째 이어오고 있어 옛날식 정통 훠궈를 만나고 싶다면 가장 먼저 추천하는 곳이다.

📍 **가까운 MRT역 시먼역(시먼짠)**

🍴 소, 돼지, 오리 중 택일 NT$100/1인, 진열장 접시별 NT$30~100 📍 No. 159 Chengdu Road, Wanhua District 🚶 시먼역(西門站) 6번 출구로 나와 그대로 직진하여 세 번째 사거리에서 오른쪽으로 턴하면 오른쪽에 바로 보임(도보 10분) 🕐 11:30~03:00 📞 02-2381-0255 🌐 25.044096, 121.502854 🔎 아샹스토우훠궈(시먼)

압육편 鴨肉扁 The Duck House (Goose) ◀)) 야로우피엔

구수한 거위국수 한 그릇

압육편은 1950년에 창업한 곳으로 오리 압(鴨)자를 쓰긴 하지만 거위고기 전문점이다. 추천메뉴는 돼지고기를 고명으로 얹은 면이다(쌀국수면(米粉)은 푸석하니 피하자). 면은 부드러워 식감이 좋으며 국물은 연한 삼계탕 국물과 비슷하며 국물 한 방울조차 남길 여지가 없을 만큼 고소하고 시원한 맛이 일품이다.

📍 **가까운 MRT역 시먼역(시먼짠)**

🍴 면(麵, 미엔) NT$60 📍 No. 98-2, Section 1, Zhonghua Road, Wanhua District 🚶 시먼역(西門站) 6번 출구에서 도보 5분 🕐 12:00~22:00 📞 02-2371-3918 🌐 25.044259, 121.508519 🔎 The Duck House(Goose)

600cc목과우내 600cc木瓜牛奶 ◀)) 600cc무꽈니우나이

30년을 이어온 파파야 음료 전문점

시먼딩 한켠에 30년간 한결같이 파파야 음료를 판매하는 장인이 있다. 오랜 기간 인기를 유지하는 비결은 품종이 좋은 신선한 과일을 사용하는 것. 가게 안에 신선한 과일이 진열되어 있고 주문하면 즉석에서 갈아준다. 달콤한 맛이 절정에 오른 파파야(木瓜)를 저렴한 가격에 먹을 수 있다는 것이 놀랍기까지 하다.

📍 **가까운 MRT역 시먼역(시먼짠)**

🍴 목과우내(木瓜牛奶, 무꽈니우나이) NT$70 📍 No. 122, Section 2, Wuchang St, Wanhua District 🚶 시먼역(西門站) 6번 출구에서 도보 11분(서문 영화의거리 내) 🕐 11:30~22:30 📞 02-2371-6439 🌐 25.045376, 121.504020 🔎 600cc목과우내

11

주기육죽 周記肉粥 Zhouji Meat Porridge ◀)) 쪼우지로우쪼우

고소한 타이완식 죽과 바삭한 튀김 고기

1956년 창업한 유서 깊은 죽(粥) 전문점으로, 묽기가 숭늉과 비슷하며 바닥에 깔린 밥알과 소금 간을 한 짭짤한 국물은 한국인 입맛에도 잘 맞는다. 겉은 바삭하고, 안쪽은 잘 익은 수육을 연상시키는 홍소육은 주기육죽에서 특히 추천하는 요리이다. 생소한 식감의 상어고기도 맛볼 수 있는 곳이니 특별한 맛집임이 틀림없다.

📍 **가까운 MRT역 용산사역(롱산쓰짠)**

🍴 육죽(肉粥, 로우저우) NT$15, 홍소육(紅燒肉, 홍싸오로우) NT$50, 상어(鯊魚, 싸위) NT$50 ● No. 104, Guangzhou Street, Wanhua District 🚶 용산사역(龍山寺站) 3번 출구에서 도보 3분
🕐 06:00~16:15(월 2회 비정기 휴무) 📞 02-2302-5588
🌐 25.036525, 121.502245 🔎 저우지 고기죽

12

핫세븐 대북가락복계림점 Hot7台北家樂福(桂林店) ◀)) 핫세븐

가성비 좋은 코스 철판요리

핫세븐은 코스 요리를 기본으로 하는 철판 요리점이다. 메인 요리부터 디저트까지 선택이 가능한 코스가 NT$299(약 1만 1000원)로 가성비가 훌륭하다. 메인 메뉴가 다양하므로 두 명 이상이라면 메인 메뉴를 여러 개 주문해 함께 맛보는 것도 좋다. 무엇을 선택할지 고민스러우면 마늘 스테이크를 주문하면 가장 무난하다. 한국어 메뉴판이 있다.

📍 **가까운 MRT역 시먼역(시먼짠)**

🍴 코스요리 NT$299(1인) ● 4F, No.1, Guilin Rd, Wanhua District 🚶 시먼역(西門站) 1번 출구에서 도보 8분. 까르푸 푸드코트 4층 🕐 11:30~15:00, 17:00~22:00(토·일 11:30~22:00) 📞 02-2383-1199 🏠 hot-7.com 🌐 25.038242, 121.505987 🔎 핫세븐

13

1973계광향향계 시먼점 1973繼光香香雞(西門店) ◀)) 이지우치싼지꽝씨앙씨앙지

타이완 프라이드치킨의 자존심

타이완 중남부 도시인 타이중시(台中市)는 길거리 간식이 매우 발달한 곳으로, 이곳에서 유행하여 전국으로 퍼진 먹거리가 많다. 1973년 타이중시의 계광가(繼光街)에서 시작한 계광향향계도 그중 하나로, 튀김옷은 기름기를 쏙 빼 바삭하고 속살(닭고기)은 부드럽다.

📍 **가까운 MRT역 시먼역(시먼짠)**

🍴 향향작계(香香炸雞, 씨앙씨앙짜지) (小) NT$90 (大) NT$145
● No. 121-1, Hanzhong Street, Wanhua District 🚶 시먼역(西門站) 6번 출구로 나와 오른쪽으로 돌아 조금 가면 바로 보임(도보 1분)
🕐 11:30~22:00(금·토·일 12:00~23:00) 📞 02-2388-2622
🏠 jgssg.com.tw 🌐 25.042921, 121.507668
🔎 J&G Fried Chicken 西門店

14

마선당 麻膳堂(萬華桂林店) Mazendo ◀)) 마산탕

타이완인이 좋아하는 마라우육면 맛집

마라(麻辣)는 중화권의 대표 매운맛으로, 한국인에게 익숙한 매운맛과는 전혀 다르다. 마(麻)에서 오는 큼큼한 맛 때문에 실패할 확률이 높지만 타이완 사람이 좋아하는 마라의 맛을 느껴보는 것만으로도 의미가 있을 듯하다. 탱탱한 면발과 매운 기름이 바닥에 깔린 홍유수교는 누구나 좋아할 만한 별미이니 방문할 가치는 충분하다.

🚇 **가까운 MRT역 시먼역(시먼짠)**

🍴 초패마랄면(招牌麻辣面, 자오파이마라미엔) NT$240, 홍유수교 (紅油水餃, 홍요우 쉐이지아오) NT$95 📍 1F. No. 1, Guilin Road, Wanhua District 🚶 시먼역(西門站) 1번 출구에서 도보 8분. 까르푸 푸드코트 1층 ⏰ 11:00~21:00 📞 02-2361-0335 🏠 mazendo. com.tw 🌐 25.046122, 121.516918 🔍 MAZENDO(萬華桂林店)

15

소몽우 시먼점 小蒙牛(西門店) ◀)) 씨아오몽니우 시먼디엔

최고의 재료와 몽고식 육수가 만난 무제한 훠궈

몽고(蒙古)에서 자생하는 약재와 돼지 뼈를 함께 우려낸 사골국처럼 농후한 탕을 베이스로 하고 있다. 질 좋은 식재료를 제공하는 것도 소몽우의 강점. 메뉴판 위에 큐알 코드를 찍는 방식으로 주문할 수 있으며 맥주, 하겐다즈 등의 부식도 무제한으로 제공된다. 고기 등급에 따라 뷔페 가격이 달라진다.

🚇 **가까운 MRT역 남세각역(난쓰지아오짠)**

🍴 정급A(頂級A) NT$639, 호화B(豪華B)NT$759, 해륙C(海陸 C) NT$959 📍 3F, NO 152, Zhonghua Rd, Section 1, Wanhua District 🚶 시먼역(西門站) 6번 출구로 나와 180도 턴하여 몇 발자국 걸으면 좌측으로 바로 보임(3층) ⏰ 11:30~14:00, 17:00~23:00, 토·일 11:30~23:00 📞 02-2311-8968 🏠 mongobeef.com.tw 🌐 25.04274, 121.50799 🔍 2GV5+35

16

스타벅스 星巴克 ◀)) 씽바커

고풍스러운 저택 안에 자리한 스타벅스

1931년에 지은 서양식 저택인 만화임댁(萬華林宅, 완화린짜이)은 지금 봐도 외관에서 느껴지는 독특한 매력이 예사롭지 않으니 당시에는 얼마나 주목받았을지 짐작된다. 2016년 이곳에 스타벅스가 입점해 특별한 운치를 더했다. 소박한 마당, 특이한 형태의 화장실까지 달콤한 휴식 그 이상의 매력이 있다.

🚇 **가까운 MRT역 용산사역(롱산쓰짠)**

🍴 쌍과과즙(雙果果汁, 쌍궈궈쯔) 소/중/대 NT$115/NT$135/ NT$155, 일반 커피류 NT$120~150 📍 No. 26, Lane 306, Section 1, Xiyuan Rd, Wanhua District 🚶 용산사역(龍山寺站) 2번 출구에서 도보 10분 ⏰ 07:00~21:30(토·일 07:30~21:30) 📞 02-2302-8643 🏠 starbucks.com.tw 🌐 25.033541, 121.498457 🔍 STARBUCKS Bangka Shop

17

코코도가 CoCo都可 ◀)) 코코또우커

두유와 곡물의 만남

차(茶), 과일, 곡물 등 다양한 종류의 원료를 두유와 배합해 평균 2,000원(한화) 정도의 착한 가격으로 판매하는 실속형 건강 만점의 테이크아웃 음료점으로, 50람과 함께 최고의 테이크아웃 가성비를 보여주는 곳이다. 수십 종의 음료 중 고소한 토란과 달달한 두유 궁합이 환상적인 우두우내를 추천한다.

😊 가까운 MRT역 **시먼역(시먼짠)**

🍴 우두우내(芋頭牛奶, 위터우니우나이) NT$70 📍 No. 4, Section 2, Wuchang St, Wanhua District 🏃 시먼역(西門站) 6번 출구에서 도보 5분 🕐 11:00~21:00(토·일 ~22:00) 📞 02-2312-3789
🏠 coco-tea.com 🧭 25.04432, 121.50843 🔎 코코 시먼딩점

18

타구패(타카오1972) 打狗霸(TAKAO1972) ◀)) 따구파이

재료가 푸짐한 훠궈 맛집

연회장 요리로 유명한 해패왕집단(海霸王集團, 1975년 설립)에서 운영하는 미드타운리처드슨 호텔 1층에 있다. 합리적인 가격에 고기, 새우, 완자, 채소에 음료(셀프)까지 제공되는 푸짐한 세트 메뉴는 고급 훠궈점과 비교해도 뒤지지 않을 정도로 신선하며 중후한 분위기도 장점이다.

😊 가까운 MRT역 **시먼역(시먼짠)**

🍴 설화우육화풍식과(雪花牛肉和風食鍋, 등심 세트) NT$418, 정급 사랑우육식과(頂級沙朗牛肉食鍋, 안심 세트) NT$313 📍 No. 110, Yanping South Road, Zhongzheng District 🏃 시먼역(西門站) 4번 출구에서 도보 1분 🕐 11:00~14:00, 17:00~21:00(토·일 11:00~21:00) 📞 02-2311-1577 🏠 takao1972.com 🧭 25.042320, 121.509477 🔎 TAKAO1972 Midtown Richardson Restaurant

19

커부커 KEBUKE

숙성 홍차 전문 음료점

홍차를 베이스로 한 음료 가게로, 2008년 개업하여 현재는 타이베이를 중심으로 30개 이상의 체인점을 구축했다. 홍차는 보편적으로 떫은 맛이 강한 편이지만 커부커의 홍차는 부드럽고 감미로운 끝맛이 좋다. 숙성홍차가 대표 메뉴며, 우유와 혼합한 숙성오레도 크게 사랑받는 메뉴 중 하나다.

😊 가까운 MRT역 **용산사역(롱산쓰짠)**

🍴 숙성홍차(熟成红茶,쑤청홍차) NT$35~40, 숙성오레(熟成歐蕾, 쑤청오레이) NT$55~65 📍 No. 195, Kangding Rd, Wanhua District
🏃 용산사역(龍山寺站) 3번 출구에서 도보 3분 🕐 10:30 ~22:00 토·일 10:00~22:00 📞 02-2302-25 🏠 www.kebuke.com
🧭 25.03628, 121.50157 🔎 KEBUKE Taipei Longshan Temple Shop

구일하 시먼점 狗一下(西門店) 🔊 꼬우이씨아

캐비아를 저렴한 가격에!

연어뱃살 등 고급 횟감은 물론 저렴한 꼬치류도 많아 사케 한 잔하기 좋은 곳이다. 관자 위에 연어알, 캐비아, 송로버섯까지 더해진 진미로 여느 주점에서 쉽게 맛볼 수 없는 법식간패사미를 추천한다. 한글 지원되는 전자 메뉴판이 있어 주문이 편리하다.

🚇 가까운 MRT역 **시먼역(시먼짠)**

🍴 법식간패사미(法式干貝四味, 파쓰깐빼이쓰웨이) NT$220
📍 No. 34, Xining South Road, Wanhua District 🏃 시먼역(西門站) 6번 출구에서 도보 15분 ⏰ 11:30~ 14:30, 17:00~다음 날 02:00
📞 02-2311-9131 🏠 dog-1.com.tw 📍 25.045857, 121.506688
🔎 Dog Japanese Restaurant

노왕기우육면 老王記牛肉麵 🔊 라오왕지니우로우멘

오래된 전통의 우육면 맛집

타이베이역과 시먼역 중간쯤에 위치한 보아이루 160항(博愛路160巷)은 우육면 골목으로 잘 알려진 곳이다. 타이완의 과거로 온 듯한 분위기의 골목 안에 맛있기로 소문난 노왕기우육면이 자리해 있다. 기본에 충실한 곳으로 큼지막한 소고기를 아낌없이 넣었으며 칼칼한 국물은 맛이 깊다.

🚇 가까운 MRT역 **시먼역(시먼짠)**

🍴 우육면(牛肉麵, 니우로우미엔) NT$230 📍 No. 15, Taoyuan Street, Zhongzheng District 🏃 시먼역(西門站) 3번 출구로 나와 직진, 두 번째 사거리에서 왼쪽으로 돌아 직진하면 오른쪽에 보이는 상가(도보 7분) ⏰ 11:00~14:30, 17:00~19:30(토 11:00~15:30, 일 휴무) 📞 937-860-050 📍 25.041810, 121.510497 🔎 라오왕찌 우육면

85도씨 대북장안점 85度C(台北長安店) 85 Cafe 🔊 파스우두씨(타이베이창안디엔)

소금 커피의 명성 그대로

2004년에 설립한 곳으로, 섭씨 85도의 커피가 가장 맛있어서 상호명을 85도씨라 지었다. 타이완을 넘어 세계로 쭉쭉 뻗어가고 있는 곳인데 기억하기 쉬운 상호명도 명성에 한몫한 듯하다. 단짠한 맛의 소금커피(招牌咖啡)가 특별하며 아기자기한 미니케이크 디자인도 독특하다. 단맛이 강하니 당도 50~70%로 주문하면 적당하다.

🚇 가까운 MRT역 **시먼역(시먼짠)**

🍴 초패가배(招牌咖啡, 자오파이카페이, 소금커피) NT$ 55(소)/70(중)/80(대) 📍 No. 151, Hanzhong St, Wanhua District 🏃 시먼역(西門站) 1번 출구에서 도보 1분 ⏰ 07:30~21:50(토·일 08:00~)
📞 02-2389-6622 🏠 85cafe.com 🔎 85°C Bakery Cafe

01

까르푸 家樂福 🔊 지아러푸

24시간 쇼핑 천국

'가정이 즐겁고 복이 온다'는 뜻의 '가락복(家樂福, 지아러푸)'이라는 이름에서 중화권의 작명 감각을 엿볼 수 있다. 24시간 운영하는 곳으로 특히 3층에 선물매장이 있어 한국인에게 빼놓을 수 없는 명소이자 쇼핑 장소이다. 까르푸와 다른 쇼핑몰의 가격을 비교한 정보가 인터넷에서 간간이 보이지만 시기나 이벤트 상품에 따라 각 쇼핑몰의 가격대는 늘 변동하므로 사실과 다른 경우가 많다. 과일(과일점에서 구입 추천)을 제외하면 까르푸가 저렴한 가격을 유지하는 편이므로 일정 중 한 군데 마켓을 들를 예정이라면 까르푸를 적극 추천한다. 4층에는 1인 훠궈의 최강자 석이과의 지점도 입점해 있다.

🚇 **가까운 MRT역 시먼역(시먼짠)**

📍 No. 1, Guilin Road, Wanhua District 🏃 시먼역(西門站) 1번 출구로 나와 왼쪽으로 180도 턴한 뒤 큰길이 나오면 우측으로 턴하여 직진, 8차선이 지나는 큰 사거리에서 오른쪽으로 바로 보임(도보 8분) ⏰ 24시간(매월 비정기 휴무 1회 23:00까지)
📞 02-2388-9887 🌐 25.037933, 121.505715
🎁 까르푸 꾸이린점

02

미진향 형양점 美珍香(衡陽店) 🔊 메이쩐씨앙 또는 비첸향   달콤하고 부드러운 육포의 진수

달콤하고 부드러운 육포의 진수

비첸향으로 잘 알려진 명품 육포. 1933년 싱가포르에서 만들어진 브랜드로 3대째 가업을 이어오는 왕(王) 씨 삼형제가 운영하고 있다. 한국에서 흔히 접하는 단단한 육포와 달리 부드럽고 달콤하며 진득하다. 그램(g) 단위로 가격이 명시되어 있고 NT$50부터 구입할 수 있지만, 어느 정도 맛을 보려면 NT$100어치는 구입하는 게 좋다. 한국에서도 구입할 수 있지만 파는 곳이 한정되어 있고 가격도 비싸니 이왕이면 타이베이 여행 중 맛보자.

🚇 **가까운 MRT역 시먼역(시먼짠)**

🔣 절편저육간(切片猪肉干, 치에피엔쭈로우깐) 300g NT$410(소량 구입 가능) 📍 No 120-7, Hengyang Rd, Zhongzheng District
🏃 시먼역(西門站) 3번 출구로 나와 그대로 직진하다 왼쪽으로 횡단보도를 건너면 왼쪽편에 바로 보임(도보 3분) ⏰ 10:30~21:30
📞 02-2375-9638 🌐 25.042010, 121.509491
🎁 Bee Cheng Hiang

연길수과행 延桔水果行 🔊 옌주쉐이궈항

육즙 가득한 과일의 천국

과일점이 많이 있지만 연길수과행만큼 질 좋은 과일을 저렴하게 구입할 수 있는 곳은 드물다. 필자도 자주 가는 단골집으로, 과일을 직접 깎아주기도 하니 여행객이 이용하기엔 더할 나위 없이 좋다. 가격도 까르푸보다 훨씬 저렴하며 편의점에서 구입하는 과일과는 비교할 수 없이 달고 맛있다. 위치도 까르푸에서 가깝기 때문에 함께 들르기 좋다. 과일을 깎아달라 요청할 경우 '칭빵워치에이씨아(请帮我切一下)'라고 하면 된다.

🚇 **가까운 MRT역 소남문역(씨아오난먼짠)**

📍 NO. 52 Aiguo West Road, Zhongzheng District 🚶 소남문역(小南門站) 2번 출구로 나와 그대로 직진하면 왼쪽편으로 보임(도보 3분) / 또는 까르푸(家樂福 P.143)를 등진 채 대각선으로 횡단보도를 건너면 보임(까르푸 앞 대로에서 대각선 방향. 까르푸에서 도보 3분)
🕐 06:30~21:00 📞 02-2314-4162
📍 25.036734, 121.507400 📍 2GP4+PW

강시미 대성도문시 康是美(大成都門市) Cosmed 🔊 캉스메이(따청두먼쓰)

메이드 인 타이완 드럭스토어

건강이 곧 아름다움이라는 뜻의 강시미(康是美, 캉쓰메이)는 1995년 설립되었으며 타이완에 본점을 둔 드럭스토어이다. 건강식품을 포함한 생활용품 대부분을 갖추고 있으며 미용 관련 제품이 주류를 이루고 있다. 헬로키티 제품 등 여심을 저격한 귀여운 상품도 만날 수 있으니 타이완의 드럭스토어가 궁금하다면 방문해보자.

🚇 **가까운 MRT역 시먼역(시먼짠)**

📍 No. 52, Chengdu Road, Wanhua District 🚶 시먼역(西門站) 1번 출구에서 도보 2분
🕐 10:00~23:00(토·일 ~24:00) 📞 02-2383-0143 🏠 www.cosmed.com.tw
📍 25.042678, 121.506018 📍 2GV4+2C

서문신숙 西門新宿 Shinjuku Plaza ◀» 시먼신쑤

패션잡화부터 인형상점까지

규모는 작지만 오밀조밀한 내부 인테리어가 독특한 곳이다. 패션잡화부터 인형상점까지 다양하게 입점해 있으며, 유명 패션 브랜드를 이수화(二手货, 얼쏘우훠, 중고품)로 판매하는 상점이 많다. 원어로 신숙(新宿, 신쑤)은 일본의 '신주쿠'를 뜻하지만 딱히 일본 패션을 추구하는 쇼핑몰은 아니다.

🚇 **가까운 MRT역 시먼역(시먼짠)**

📍 No. 72-1, Xining Rd, Wanhua District
🚶 시먼역(西門站) 6번 출구에서 도보 5분 ⏱ 12:00~22:30
📞 02-2389-7611 🏠 www.shinjuku-plaza.com.tw
📡 25.043297, 121.505968 🔎 Shinjuku Plaza

세운식품 총공사 世運食品(總公司) Olympia ◀» 쓰윈쓰핀(쫑꽁스)

67년 전통을 간직한 제과점

1950년에 창업한 타이베이 최초의 오픈형 제과점이다. 제빵과 딤섬을 함께 판매하는 것은 다른 곳에서는 찾아볼 수 없는 이곳만의 특징이다. 2007~2008년 2년 연속 파인애플 케이크 축제(臺北市鳳梨酥文化節, 대북시봉리소문화절)에서 우승한 관군봉리소를 추천한다.

🚇 **가까운 MRT역 시먼역(시먼짠)**

🎁 관군봉리소(冠軍鳳梨酥, 꽌쥔펑리수) NT$40/1개 📍 No. 78, Chengdu Road, Wanhua District 🚶 시먼역(西門站) 1번 출구에서 도보 4분 ⏱ 08:30~21:00(금·토·일 ~21:30) 📞 02-2331-4578
🏠 www.olympiafoods.com.tw/ 📡 25.042912, 121.505013
🔎 Olympia

왓슨스 서문점 屈臣氏(西門店) Watsons ◀» 왓슨스(시먼디엔)

마음 놓고 쇼핑하는 드럭스토어

왓슨스는 홍콩의 스탠리 스트리트(Stanley Street)에서 최초로 설립(1886년)됐다지만 실제는 1820년 마카오(澳门) 약방에서부터 이어져온 기업이다. 타이완에서 가장 많은 매장을 가진 드럭스토어로 퍼펙트휩과 시세이도뷰러가 한국에 비해 매우 저렴해 놓치면 아쉬울 쇼핑 스폿이다. 그 외에도 흑진주 팩 등 한국에서 인기 있는 상품이 많다.

🚇 **가까운 MRT역 시먼역(시먼짠)**

🎁 퍼펙트휩(PerfectWhip) NT$135/120g, 시세이도뷰러(资生堂睫毛夹, 쯔셩탕지에마오지아) NT$150 📍 No. 15, Chengdu Road, Wanhua District 🚶 시먼역(西門站) 6번 출구에서 도보 1분
⏱ 09:00~24:00 📞 02-2314-0833 🏠 www.watsons.com.tw
📡 25.042749, 121.507233 🔎 왓슨스

화시제야시장
華西街夜市

완화구(萬華區)에 있는 야시장으로, 상인 왕래가 많은 항구가 있어
예전부터 자연스레 발달했다. 그러나 현재는 다른 야시장에 순위를 내어주고
보양식 전문 야시장으로 거듭나고 있는 분위기. 타이베이 필수 관광지
용산사를 끼고 있어 접근성은 좋지만, 일대에는 유흥 골목이 있고 밤이 깊을수록
인적 또한 드물어진다. 그러니 늦은 시간에 찾는 것은 피해야 한다.
늦더라도 용산사가 문을 닫는 22시까지만 머물도록 하자.

2 아의노육반

01

1920년부터 이어온 빙수 명가

용도빙과 龍都冰果 ◀» 롱또우삥꾸어

화시제야시장(華西街夜市)을 대표하는 빙수 명가로
1920년에 개업했다. 찹쌀로 빚은 쫀득한 탕원(湯圓, 탕
위엔)과 함께 땅콩, 녹두, 홍두, 강낭콩 등 8가지의 보물
같은 재료를 빙수 위에 얹은 팔보빙이 대표 메뉴다. 부드
럽게 갈린 빙수와 함께 떠먹는 곡물은 각기 다른 식감과
맛을 내는데, 더위와 갈증을 해소하는 타이완의 전통 건
강식이다.

용도빙과 **1**

🚇 가까운 MRT역 **용산사역(룽산쓰짠)**

🍴 팔보빙(八寶冰, 빠빠오빙) NT$80 📍NO. 192, Section 3,
Heping W Rd, Wanhua District 🚶용산사역(龍山寺站) 2번
출구로 나와 왼쪽으로 턴하여 큰길따라 계속 직진하면 왼쪽으
로 보임(도보 5분) 🕐 11:30~22:00(수 휴무) 📞 02-2308-
2227 📍 25.03521, 121.47933 📍 Lung Tu Shaved Ice
Specialist

팔보빙

노육반

내공이 느껴지는 부드러운 노육반의 맛
아의노육반 阿議魯肉飯 🔊 아이루로우판

1967년 개업 후 2대째 운영하는 맛집. 대표 메뉴는 쫀득하고 단맛 가득한 돼지고기를 얹어낸 노육반으로 깊은 전통의 맛이 느껴진다. 그 밖에도 다양한 메뉴를 즐길 수 있는데, 현지 입맛에 어느 정도 적응되었다면 탱탱한 생선 완자가 있는 어환탕이나 기름진 식감이 색다른 슬목어탕(虱目魚湯魚肚湯), 슬목어죽(魚肚湯)을 추천한다. 밀크 피시(Milk Fish)라 불리는 슬목어(虱目魚, 쓰무위)는 영양이 풍부하고 소화 효능이 탁월해 타이완에서 보양식 재료로 사랑받는 생선이다.

😀 가까운 MRT역 용산사역(롱산쓰짠)

🍴 노육반(魯肉飯, 루로우판) NT$30, 어환탕(魚丸湯, 위완탕) NT$35, 어두탕(魚肚湯, 위두탕) NT$120, 어두죽(魚肚粥, 위두쪼우) NT$140
📍 No. 151, Huaxi Street, Wanhua District 🚶 용산사역(龍山寺站) 2번 출구로 나와 왼쪽으로 턴하여 큰길따라 계속 직진하면 왼쪽으로 보임(도보 5분) 🕚 11:00~20:00(목 휴무) 📞 02-2308-2227
📍 25.03521, 121.47933 🔎 A-Yi Braised Pork Rice

● 용산사

● 멍지아 공원

M 용산사역

중산역
中山站

#대북당대예술관 #멜란지카페 #필름하우스 #중산카페거리

타이베이 젊은이들이 가장 살고 싶어 하는 곳이 바로 중산역 부근이다. 동화 속 캐릭터 조형물과 음악 연주 로봇이 설치된 아트공원, 중산역 4번 출구에 있는 작은 전망대까지 어느 곳 하나 눈길을 끌지 않는 곳이 없다. 일제강점기에는 경제의 중심지로 발달했고 미국대사 관저도 있던 지역이라 예부터 고급 레스토랑과 호텔 등이 많이 모여 있었다. 자연스럽게 부촌을 형성했고 지금도 그 명맥을 이어오고 있다. 세련된 카페, 편집숍, 예술관까지 도보로 이동하며 여유 있는 일정을 즐기려는 여행자에게는 그야말로 딱인 곳이다.

ACCESS

- **타이베이역 → 중산역**
  타이베이역 ▸ [R]단수이신이선 ▸ 중산(풍산)역　　　　　　　　　　🕐 약 3분　💴 NT$20

- **쏭산 공항 → 중산역**
  송산공항(쏭산지창)역 ▸ [BR]원후선 ▸ 남경복흥(난징푸싱)역 ▸ [G]쏭산신덴선 ▸ 중산(풍산)역　🕐 약 15분　💴 NT$20

중산역 이렇게 여행하자

쇼핑과 미식으로 특화된 지역이다. 역 주변 대로변에는 대형 쇼핑센터와 명품 매장 등 화려한 건물들이 줄지어 서 있고, 안쪽으로 들어가면 작은 골목길 사이사이에 아기자기하고 스타일리시한 숍이 여행자의 발걸음을 이끈다. 특별한 목적지는 필요 없다. 발길 닿는 대로 산책하면서 취향에 맞는 가게를 둘러보면 된다. 현지인이 즐겨 찾는 맛집과 예쁜 카페도 많아서 쇼핑을 하다가 지친 몸을 쉬어갈 수 있다. 쇼핑 산책을 마치면 중산역에서 도보 10분 거리에 있는 닝샤야시장으로 이동해서 타이베이 최고의 먹거리를 만끽해보자.

MUST SEE

대북당대예술관

100년 고적에 담은 예술

대북지가

독립영화관이 있는
유럽풍 휴식 공간

중산18

다채로운 가게가
옹기종기 모여 있는 목조주택

MUST EAT

마랄화과

마라 훠궈 맛의
기준이 되는 곳

비전옥

현지인이 즐겨 찾는
장어덮밥의 성지

멜란지카페

중산 커피 거리의
터줏대감

MUST BUY

바칸사

타이완 액세서리의 보고

왕덕전다장

1862년 개업한
타이완 찻집의 명가

모범

빈티지한
패션 잡화 전문점

Xinsheng Elevated Rd

중산역
상세 지도

● 임삼공원(린쎤공원)

⦿ SEE
- **01** 대북당대예술관 **02** 대북지가 **03** 중산18

✕ EAT
- **01** 마랄화과 **02** 비전옥 **03** 춘수당 **04** 멜란지카페 **05** 무로과 **06** 하모니
- **07** 타철정 49번지 **08** 면옥일등 **09** 선정미생맹해선 **10** 길성항식음차 **11** 팔방운집
- **12** 중앙시장 생맹해선100 **13** 명고옥태소 **14** 선우선 **15** 갤러리비스트로 **16** 루이사커피

🛍 SHOP
- **01** 바칸사 **02** 왕덕전다장 **03** 흔흔대중백화점 **04** 모범 **05** 이제병가 **06** 성품생활

Xinsheng Elevated Rd

Section 1, Chang'an East Rd

09

12

0   100m

01

대북당대예술관 台北當代藝術館 MOCA Taipei ◀) 타이베이땅파이이수관

100년 고적에 담은 예술

1921년 건축된 이곳은 일본인을 위한 건성소학교(建成小学校)로 이용해오다 1945년 이후 시정부 관사로 사용되었다. 1996년 행정기관 이전에 따라 약 5년 후 2001년 5월 26일 현재의 당대예술관으로 변경되었다. 특이하게도 박물관 일부 면적은 건성국중(建成国中)으로 운영되고 있으며 자주 교체되는 예술관 앞 넓은 공터의 조형물이 눈길을 끈다. 내부는 유/무료로 구분되어 있으며 유료관은 프로그램을 주기적으로 변경한다. 근 100년이나 된 국가 고적이니 내부(무료)를 돌아보는 것만으로도 뜻깊을 것이다. 지하철역에서 대북당대예술관으로 가는 도중에는 조형물이 설치된 예술공원(Art Park)이 있다.

🚇 **가까운 MRT역 중산역(쭝산짠)·타이베이역(타이베이처짠)**

📍 No. 39, Chang'an West Rd, Datong District 🚶 중산역(中山站) 1번 출구로 나와 뒤돌아서 직진, 아트공원을 지나 작은 사거리에서 오른쪽으로 돌아 조금 가면 보임(도보 7분) 🕐 10:00~18:00(월 휴무)
🎫 유료전시관 NT$50 📞 02-2552-3721 🌐 mocataipei.org.tw
📷 25. 050968, 121.519039 🔎 태북당대예술관

> ·· **TIP** ··
> 예술관 방문 시 바로 옆에 있는 사해두장대왕(四海豆漿大王)은 알려진 것과 달리 저렴한 가격을 빼면 진짜 소롱포 맛집과는 차이가 크다. 진짜 소롱포를 맛보려면 항주소롱포 **P.205**로 가자.

02

대북지가 台北之家spot光點 TaiPei Film House ◀)) 타이베이쯔지아(타이베이 필름하우스)

독립영화관이 있는 유럽풍 휴식 공간

1925년 건축되어 미국 영사관으로, 제2차 세계대전 때는 미국 대사관저로 활용되었다. 1979년 미국과 타이완의 수교가 끊어지며 약 18년 동안 방치되다 1997년 타이완 3급 고적으로 등재되면서 고풍스러운 서양식 건물로 복원했다. 현재는 대만영화문화협회 이사장인 후효현(侯孝賢, 허우 씨아오씨엔)이 독립영화관으로 운영하고 있다. 빈티지한 옛 영사관 건물에는 아기자기한 기념품 상점이 입점해 있고, 작은 정원에는 파라솔과 벤치가 있어 커피와 함께 사색하기 좋다. 영화감독 출신인 후효현의 대표작으로는 〈비정성시〉가 있다. 타이완 필수 여행지 지우펀이 배경으로 젊은 양조위의 연기를 볼 수 있는 작품이다.

🚇 가까운 MRT역 **중산역(쫑산짠)**

📍 No. 18, Section 2, Zhongshan N Rd, Zhongshan District 🚶 중산역(中山站) 3번 출구에서 도보 5분 🕐 기념품점 08:00~20:00 🎫 무료 📞 02-2511-7786 🏠 spot.org.tw
📍 25.053294, 121.522161 🔍 타이베이 필름하우스

03

중산18 中山18 ◀)) 쫑싼쓰빠   다채로운 가게가 옹기종기 모여 있는 목조주택

고층 건물에 가려진 공간에 자리한 중산18은 일제강점기에 지어진 목조주택으로, 이미 100년도 넘은 노옥(老屋, 옛집)이다. 1946년부터 국유은행(國有銀行) 숙소로 사용하다 2015년 젊은 사업가가 인수하며 현재의 복합 상가로 변모했다. 약 40평 남짓한 작은 공간이지만 감정 없는 시멘트 건물에서는 느낄 수 없는 생동감이 전해지는 곳으로, 어둑한 조명에 빛바랜 목재가 뒤섞여 마치 비밀스러운 구역에 발을 디딘 듯 걸음걸음마다 재미를 준다. 헤어숍, 찻집, 빙수점, 쿠키점 등 특색 있는 상점을 만나볼 수 있다.

🚇 가까운 MRT역 **중산역(쫑산짠)**

📍 No. 18, Lane 26, Section 2, Zhongshan North Road, Zhongshan District 🚶 중산역(中山站) 4번 출구로 나와 **오른쪽**으로 180도 돌아 직진, **오른쪽**으로 세 번째 골목으로 진입하면 보임(도보 5분) 🕐 11:30~18:00(월·화 휴무)
📞 02-2563-5138
📍 25.053926, 121.521451
🔍 CEO ICECREAM Zhongshan

마랄화과 중산점 麻辣火鍋(中山店) ◀» 마라훠궈

마라훠궈 맛의 기준이 되는 곳

타이완에서는 다양한 종류의 훠궈를 맛볼 수 있는데, 그 중 마라훠궈가 가장 사랑받는다. 육수는 원앙과(鸳鸯锅, 육수 2종) 방식으로, 마라(매운) 맛의 마랄마랄과(馬辣麻辣鍋)와 백탕(맑은 육수) 종류를 각각 하나씩 선택하길 추천한다(한글 메뉴판 구비). 이 집은 모든 재료를 무제한으로 즐길 수 있는 뷔페식 훠궈집으로, 탕에 넣을 재료는 메모지에 적어 종업원에게 건네주는 방식이다. 고기류는 늦게 나올 때가 있으니 모자라지 않게 충분히 주문하자. 한국의 매운맛과는 다른 진한 마라향을 느끼고 싶다면 유조(油條, 주로 아침에 먹는 빵)를 주문해 흠뻑 적셔 먹어보자. 맥주와 와인을 포함한 과일, 빵, 음료, 아이스크림(하겐다즈) 등의 부식도 무제한으로 즐길 수 있으며 비용 추가 없이 술 반입도 가능하다. 다른 지점(시먼딩)보다 중산점이 쾌적하고 서빙도 빠른 편이니 참고하자. 참고로 1인도 식사 가능하지만 추가 요금 NT$100이 붙는다.

◎ 가까운 MRT역 중산역(쫑산짠)

🍴블랙앵거스(安格斯黑牛) NT$698, 최상급와규(特上牛) NT$798, 최상급산노미야(極上三和牛) NT$898(저녁, 토요일, 공휴일은 NT$100 추가) ♀ No. 22, Nanjing West Rd, Datong District 🚶중산역(中山站) 4번 출구에서 왼쪽으로 돌아나와 직진하면 보임(도보 1분) 🕐 11:30~24:00 📞 02-2558-8131 🏠 mala-2.com 🌐 25.052561, 121.520091 📍마라훠궈 중산점

┄┄┄┄┄ TIP ┄┄┄┄┄
메뉴 주문시 휴대전화를 통한 주문 방식(사진 및 한글 가능)으로 보다 간편해졌다. 메뉴 등급(추천 메뉴 참고)을 선택하면 직원이 QR코드를 제시해 준다. QR코드를 스캔해 접속한 웹페이지에서 간편히 메뉴를 주문할 수 있다.

02

비전옥 肥前屋 ◀)) 페이치엔우

1971년 문을 연 곳으로, 외관이 오래된 일본 가옥을 연상시키는 장어덮밥(鰻魚飯) 전문점이다. 50~60명은 거뜬히 수용할 홀만큼이나 큰 오픈형 주방에서 특제 간장소스를 장어에 듬뿍 발라 숯불에 구우니 그 향이 밖으로 솔솔 풍겨난다. 장어는 잔뼈까지 먹어도 될 만큼 부드럽고, 달달한 소스가 스며든 밥도 맛있다. 기호에 따라 장어에 간장을 뿌려 먹어도 좋고 식감이 꼬들한 돼지고기꼬치인 고저육관을 곁들여 먹으면 더욱 만족스러운 식사가 된다. 일본인이 더 많이 찾는 곳으로 식당 앞은 늘 붐비니 오래 기다리기 싫으면 영업 시작하기 10~20분 전에 가는 것이 좋다. 튀김보다는 숯불구이류가 더 맛있으니 주문 시 참고하자.

📍 가까운 MRT역 **중산역(쫑산짠)**

✕ 만어반(鰻魚飯, 만위판, 장어덮밥) 소 NT$250, 대 NT$480, 고저육관(烤豬肉串, 카오쭈로우촨, 돼지고기꼬치) NT$40 ◉ No. 13, Lane 121, Section 1, Zhongshan North Rd, Zhongshan District 🚶 중산역(中山站) 2번 출구로 나와 직진으로 횡단보도를 건넌 후 오른쪽으로 돌아 직진, 두 번째 왼쪽으로 진입해 계속 직진하면 왼쪽(도보 10분) 🕚 11:30~14:30, 17:00~21:00(월 휴무) 📞 02-2561-7859 🌐 25.049513, 121.521226 🔎 Fei Qian Wu

03

춘수당 남서점 春水堂(南西店) Chun Shui Tang ◀)) 춘쉐이탕(난시디엔)

1983년 타이중에서 문을 연 뒤 타이완 전역에 매장을 둔 체인점으로 성장했으며, 진주내차(버블티)의 원조로 명성이 높다. 탱탱한 진주(珍珠, 쩐쭈, 타피오카 펄)와 부드러운 내차(奶茶)의 조화가 감미로운 진주내차는 진한 우유맛이 특징이다. 푸짐한 소고기 고명을 얹은 어품우육면은 매운맛의 홍소우육면(紅燒牛肉麵)으로, 오랜 시간 우려낸 국물이 진하면서도 깔끔하다. 타이완에서 꼭 먹어야 할 우육면과 진주내차를 한 번에 해결할 수 있으니 일석이조다. 송조(宋朝) 시대의 찻집을 모티브로 한 중후한 분위기가 맛을 더한다. 남서점에 갈 수 없다면 다른 지점에라도 꼭 방문해보자.

📍 가까운 MRT역 **중산역(쫑산짠)**

✕ 어품우육면(禦品牛肉面, 위핀니우로우미엔) NT$250, 진주내차(珍珠奶茶, 쩐쭈나이차) NT$100 ◉ No. 12, Nanjing West Rd, Zhongshan District 🚶 중산역(中山站) 2번 출구로 나와 오른쪽 백화점 출입문 바로 앞(외부) 지하 계단으로 내려가면 됨 🕚 11:00~21:30(금·토 11:00~22:00) 📞 02-2100-1848 🏠 chunshuitang.com.tw 🌐 25.0523, 121.5211 🔎 춘쉬탕

멜란지카페 멜란지카페 米朗琪咖啡館 ◀))) 미랑치카페이관

중산 커피 거리의 터줏대감

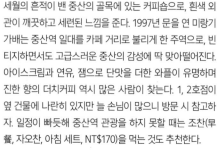

세월의 흔적이 밴 중산의 골목에 있는 커피숍으로, 흰색 외관이 깨끗하고 세련된 느낌을 준다. 1997년 문을 연 미랑기가베는 중산역 일대를 카페 거리로 불리게 한 주역으로, 빈티지하면서도 고급스러운 중산의 감성에 딱 맞아떨어진다. 아이스크림과 연유, 잼으로 단맛을 더한 와플이 유명하며 진한 향의 더치커피 역시 많은 사람이 찾는다. 1, 2호점이 옆 건물에 나란히 있지만 늘 손님이 많으니 방문 시 참고하자. 일정이 빠듯해 중산역 관광을 하지 못할 때는 조찬(早餐, 자오찬, 아침 세트, NT$170)을 먹는 것도 추천한다.

🚇 가까운 MRT역 **중산역(쭝샨짠)**

🍴 딸기와플(草莓奶油鬆餅, 차오메이나이요우쑹삥) NT$250, 과일음료(夏日鮮果茶, 씨아르시엔궈차) NT$190 📍 No. 15, Lane 16, Section 2, Zhongshan North Rd, Zhongshan District 🚶 중산역(中山站) 4번 출구로 나와 오른쪽으로 돌아 직진. 오른쪽 첫 번째 골목으로 진입하면 왼쪽(도보 2분) 🕐 09:30~17:00(토·일 09:30~18:00) 📞 02-2567-9077 🌐 25.053234, 121.520868 🔍 멜란지카페

무로과 舞老鍋 ◀))) 우라오궈

타이완 훠궈, 진짜 육수를 만나다

고기뼈(닭, 돼지)를 우려낸 육수에 8시간 볶은 정향, 팔각, 용안, 구기, 월계수잎, 붉은대추 등 다양한 약재를 첨가해 향이 그윽한 훠궈를 선보인다. 식자재 역시 품질이 뛰어난 것을 사용하니 최고의 훠궈 맛집이라 해도 과언이 아니다. 고급 요식 체인점인 정왕찬음집단(鼎王餐飲集團, 딩왕마라훠궈외)이 운영하는 곳으로, 중후한 인테리어도 훌륭하지만 정성스러운 서비스는 감동을 불러일으킨다. 육수는 구수한 맛과 매운맛이 함께 나오는 원앙과를 추천한다. 무로과만의 특제 간장소스가 훠궈 맛을 한층 높여준다.

🚇 가까운 MRT역 **중산역(쭝샨짠)**

🍴 원앙과(鴛鴦鍋, 위엔양궈) NT$400~550, 1~2인 기준 예산 NT$1,300~ 📍 No. 36-1, Section 2, Zhongshan N Rd, Zhongshan District 🚶 중산역(中山站) 4번 출구로 나와 직진. 사거리에서 왼쪽으로 돌아 계속 직진하면 왼쪽(도보 9분) 🕐 11:30~ 02:00 📞 02-2581-6238 🏠 wulao.com.tw 🌐 25.054430, 121.522403 🔍 우라오 중산점

06

하모니 대북중산북점 夏慕尼(台北中山北店) Chamonix New Champs Teppanyaki Taipei ◀» 씨아모니(타이베이쭝산베이루디엔)

타이완에서 맛보는 고급 철판요리의 정수

전채요리, 메인요리, 후식까지 투찬(套餐, 타오찬, 코스 요리)으로 제공하는 고급 철판요리점으로, 근사한 분위기에서 갖가지 스테이크를 맛볼 수 있다. 메인요리인 백란지압흉(白蘭地鴨胸, 빠이란디야씨옹, 오리고기)은 두텁지만 질기지 않고 담백하면서도 부드럽다. 식사 후 후식도 제공하므로 느긋한 일정으로 방문하면 좋을 듯하다. 생일이나 기념일이면 추가 비용 없이 케이크와 즉석사진을 제공한다.

😋 **가까운 MRT역 중산역(쭝산짠)**

🍴 하모니 스페셜(1인) NT$1,190 📍 No. 44, Section 2, Zhongshan N Rd, Zhongshan District 🚶 중산역(中山站) 4번 출구로 나와 직진. 사거리에서 왼쪽으로 돌아 계속 직진하면 왼쪽(도보 11분) 🕐 11:30~14:30·17:30~22:00 📞 02-2571-9608 🏠 www.chamonix.com.tw 🎯 25.055157, 121.522484 📍 CHAMONIX Taipei Zhongshan North Branch

07

타철정 49번지 打鐵町 49番地 Party Team Bistro ◀» 따티에팅　　　　중산의 밤을 밝히는 선술집

영어, 한자, 일본어를 혼용한 낡은 간판, 유리창 달린 목재 미닫이문 등 빈티지한 외관에 저절로 발길을 돌리게 되는 곳이다. 4~5평 남짓한 아기자기한 실내도 무척 오붓하다. 분위기도 좋지만 이곳을 더욱 생각나게 할 타철정만의 특별한 안주가 있다. 아스파라거스를 베이컨으로 돌돌 말 배근노순은 아삭하고, 삼겹살과 함께 김치를 제공하는 연고삼층육은 한국에서 소금구이 삼겹살에 김치를 얹어 먹는 딱 그맛이다. 중산을 여행한 사람들을 타철정에 가본 사람과 안 가본 사람으로 나눌 만큼 추천하는 선술집이다.

😋 **가까운 MRT역 중산역(쭝산짠)**

🍴 배근노순(培根蘆筍, 페이껀루순) NT$175, 연고삼층육(포채)(鹽烤三層肉(泡菜), 옌카오싼청로우(파오차이) NT$235 📍 No. 25, Lane 49, Chifeng Street, Datong District 🚶 중산역(中山站) 4번 출구로 나와 뒤돌아서 오른쪽으로 직진하면 왼쪽(도보 7분) 🕐 18:00~24:00 📞 02-2559-9077 🎯 25.055970, 121.520420 📍 Party Team Bistro

면옥일등 面屋一燈 Itto ◀)) 미엔우이떵(이토)

츠케멘으로 유명한 라멘 맛집

2016년에 라멘 맛집 5위(일본)에 선정된 맛집. 츠케멘(つけ麺)을 간판 메뉴로 하고 있는 면옥일등(일본어 상호는 멘야 잇토우)의 특징은 특제 육수와 신선한 차슈다. 생선을 베이스로 한 육수는 진하면서도 담백하고 차슈는 생고기의 독특한 식감과 잘 어우러진다. 타이베이에 라멘집이 차고 넘치지만 면옥일등처럼 츠케멘으로 유명한 곳은 드물다.

◉ 가까운 MRT역 **중산역(쫑산짠)**

✕ 농후어개첨면(濃厚魚介沾麺, 농허우위지에짠미엔) NT$288
📍 No. 29, Section 1, Nanjing East Rd, Zhongshan District
🚶 중산역(中山站) 3번 출구에서 도보 7분 🕐 11:00~01:00
📞 02-2511-6161 📠 25.052381, 121.524389 🔎 Menya ITTO

선정미생맹해선 장안점 鮮定味生猛海鮮(長安店) ◀)) 시엔딩웨이성밍하이시엔(짱안디엔) **동파육이 맛있는 러차오 주점**

선정미에는 타이베이를 통틀어 손에 꼽을 만한 요리가 두 가지 있다. 두부요리 노피눈육은 부드러운 식감과 짭조름함이 어우러지고, 주주동파육은 입안에서 녹는 듯한 비계와 부드러운 살코기와 달착지근한 소스의 조화가 훌륭하다. 곁들인 생파는 느끼함을 잡아내 진미(真味)를 느끼게 한다.

◉ 가까운 MRT역 **중산역(쫑산짠)·타이베이역(타이베이처짠)**

✕ 주주동파육(主廚東坡肉, 쭈추동포로우) NT$480, 노피눈육(老皮嫩肉, 라오피넌로우) NT$ 150 📍 No. 67, Section 1, Chang'an East Road, Zhongshan District 🚶 타이베이역(台北車站) R4 출구에서 도보 20분 🕐 17:00~02:00 📞 02-2567-3331
📠 25.048573, 121.527612 🔎 2GXH+F2

길성항식음차 吉星港式飮茶 ◀)) 지씽씨앙스인차 **24시간 운영하는 홍콩식 레스토랑**

이른 아침이나 늦은 시각 가볍게 즐길 만한 식사를 원하는 여행자에게 좋은 곳이다. 팀호완의 하가우와 비슷한 새우딤섬 수정하교황, 막대 형태로 빚은 창펀, 윗면을 레이스처럼 빚은 돼지고기 딤섬 샤오마이가 괜찮다. 주전자째 제공하는 차는 1인당 NT$30을 받는다.

◉ 가까운 MRT역 **중산역(쫑산짠)**

✕ 수정하교황(水晶蝦餃皇, 쉐이징씨아지아오황) NT$130, 선하인장분(鮮虾仁肠粉, 씨엔씨아렌창펀) NT$145 📍 No. 92, Nanjing East Rd, Section 1, Zhongshan District1 🚶 중산역(中山站) 2번 출구에서 도보 7분 🕐 24시간 📞 02-2568-3378 🏠 citystar.com.tw 📠 25.051955, 121.525845 🔎 Luckstar Banquet Hall

11
팔방운집 八方雲集(台北天津店) ◀)) 파방윈지   타이베이의 만두 천국

1998년 문을 연후 900개가 넘는 점포를 운영하고 있어 타이베이 골목 어디서나 만날 수 있는 체인점이다. 손으로 빚은 수교(물만두)가 유명하며 속재료가 다양한 것이 특징이다. 한 가지 팁이라면 바닥이 바삭한 과첩(군만두)은 시간이 지나면 눅눅해지니 빨리 먹는 것이 좋다.

🚇 **가까운 MRT역** 중산역(쫑산짠)

🍴 수교(水餃, 쉐이지아오) NT$6~9.5, 과첩(鍋貼, 궈티에) NT$6, 두장(豆漿, 또우지앙) NT$20 📍 No. 62, Tianjin St, Zhongshan District 🚶 중산역(中山站) 2번 출구에서 도보 9분 🕐 11:00~20:00 📞 02-2571-7753 🔎 Ba Fang Yun Ji Dumpling

12
중앙시장 생맹해선100 中央市場(生猛海鮮100) ◀)) 쫑잉스창(썽멍하이씨엔100)   분위기가 맛있는 술집

중앙시장이 있는 곳은 타이베이 최대 러차오(热炒, 포장마차) 밀집 구역이다. 닭튀김에 칠리소스로 맛을 낸 태식초마계, 김치볶음 맛을 내는 포채저, 간장소스에 조개를 볶은 초선합리가 괜찮다. 붉은 홍등과 함께 타이완 분위기에 취해보자.

🚇 **가까운 MRT역** 중산역(쫑산짠)·타이베이역(타이베이처짠)

🍴 태식초마계(泰式椒麻雞, 타이쓰지아오마지) NT$180, 포채저(泡菜豬, 파오차이쭈) NT$150, 초선합리(炒鮮蛤蜊, 차오시엔거리) NT$150 📍 No. 52-1, Section 1, Chang'an East Road, Zhongshan District 🚶 타이베이역(台北車站) R4 출구에서 도보 20분 🕐 17:00~03:30 📞 02-2523-2017 📍 25.048248, 121.528177 🔎 중앙시장 신선해산100

13
명고옥태소 名古屋台所 ◀)) 밍구우타이쉬   적봉가(赤峰街)에서 홍등을 밝히는 햄버그스테이크 맛집

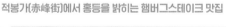

명고옥태소 대표 메뉴는 전단수작한보육으로, 수제 햄버그스테이크도 맛있지만 접시에 흥건한 소스의 감칠맛이 그만이다. 찰진 쌀밥과 함께 아삭한 양배추를 접시의 소스에 버무려 먹으면 대기자가 많은 이유를 알게 된다.

🚇 **가까운 MRT역** 쌍련역(쌍렌짠)

🍴 전단한보배(前蛋漢堡排, 치엔딴한빠오파이)+공기밥(白飯,빠이판) NT$260 📍 No. 50, Chifeng Street, Datong District 🚶 쌍련역(雙連站) 1번 출구로 나와 왼쪽으로 턴하여 직진하다 왼쪽 첫번째 골목으로 진입하면 오른쪽에 보임(도보 2분) 🕐 17:00~21:00 (일요일 휴무) 📞 0906-887-158 📍 25.057232, 121.519695 🔎 3G49+VV

선우선 중산기함점 鮮芋仙(中山旗艦店) MeetFresh ◀) 씨엔위씨엔(타이베이충씨아오디엔)　선초가 유명한 분원 전문점

2007년 오픈한 선우선은 소화 기능이 탁월한 토란(芋頭)과 젤리처럼 말랑한 선초(仙草)를 대표로 하는 분원(粉圓, 타이완식 경단) 전문점이다. 토란과 선초가 함유된 빙수에 우유크림(奶油)을 뿌린 후 쫄깃한 분원과 함께 떠먹는 선우선초파가 대표 메뉴로, 달달하면서도 부드럽다.

🚇 가까운 MRT역 **중산역(쭝산짠)**

🍴 선우선초파(鮮芋仙招牌. 씨엔위씨엔자오파이) NT$80 📍 No. 1-1, Alley 6, Lane 18, Nanjing W Rd, Datong District 🚶 중산역(中山站) 1번 출구에서 도보 1분 🕐 12:00~22:00 📞 02-2550-8990 🏠 meetfresh.com.tw 🌀 25.05202, 121.52018 🔎 Meet Fresh Taipei Zhongshan Shop

갤러리비스트로 Galerie Bistro ◀) 갤러리비스트로　유럽풍 야외석이 돋보이는 카페

1934년 증조부가 구입한 유럽풍 저택을 식당으로 개조한 곳. 외관뿐 아니라 인테리어도 고풍스러우며 담장으로 둘러싼 야외석도 아늑하다. 가볍게 즐기기 좋은 법식화퇴삼명치(샌드위치)를 추천하며 달달한 게 당기면 티라미수도 좋다. 추천 메뉴는 14:00~16:30 사이에 주문 가능.

🚇 가까운 MRT역 **중산역(쭝산짠)**

🍴 법식화퇴삼명치(法式火腿三明治(加蛋), 파쓰훠퉤이산밍쯔(지아단)) NT$280, 클래식이탤리언티라미수(Classic Italian Tiramisu) NT$320 📍 No. 2, Lane 25, Nanjing West Rd, Datong District 🚶 중산역(中山站) 4번 출구에서 도보 1분 🕐 11:00~22:00 📞 02-2558-0096 🏠 galeriebistro.com 🌀 25.053274, 121.520237 🔎 GALERIE Bistro

루이사커피 중산승덕직영문시 中山承德直營門市 Louisa Coffee ◀) 루이사커피(쭝산청더쯔잉먼쓰)

가성비 좋은 커피 전문점

커피 맛도 좋지만, 무엇보다 잘 정돈된 서재에 앉아 있는 듯 심플한 인테리어가 특히 좋은 곳이다. 가성비 좋기로 소문난 커피 전문점이지만, 햄버거나 샌드위치도 함께 판매하니 잠시 허기를 달래기도 더없이 좋다.

🚇 가까운 MRT역 **중산역(쭝산짠)**

🍴 가배나철(咖啡拿鐵, 카페이나티에) NT$65 📍 No. 65, Nanjing West Road, Datong District 🚶 중산역(中山站) 5번 출구에서 도보 1분 🕐 07:00~21:00 📞 02-2555-0121 🏠 www.louisacoffee.co 🌀 25.053117, 121.518886 🔎 Louisa Coffee

01

바칸사 Vacanza ◀》바칸사

2005년부터 야시장에서 노점을 운영하며 쌓은 노하우로 2013년에 문을 연 곳. 현재 9개 지점을 둔 기업으로 성장하며 액세서리 시장 판도를 바꾸고 있다. 별자리, 웨딩, 플라워, 판타지 소녀 등 취향 따라 고를 수 있는 시리즈가 유명하다. 가오나시를 귀고리에 새겨 넣거나 어깨선까지 내려오는 주렁주렁한 귀고리까지, 개성을 한껏 드러내는 상품으로 젊은 층의 패션을 이끌고 있다. 시계, 선글라스, 머리띠 등 타이완의 패션 스타일을 엿볼 수 있는 공간으로 주말에는 발 디딜 틈이 없다. '바칸사(Vacanza)'는 이탈리아어로 휴일이다. 쇼핑 거리 동취(東區)에 분점이 있다.

😊 **가까운 MRT역 중산역(쭝산짠)**

🎫 귀고리류 NT$350, 팔찌류 NT$650 📍 No. 29, Lane 36, Section 2, Zhongshan North Road, Zhongshan District
🚶 중산역(中山站) 4번 출구로 나와 뒤돌아서 왼쪽으로 계속 직진, 4번째 오른쪽 골목으로 진입하면 보임(도보 5분)
🕐 13:00~22:00 📞 02-2749-3027 🏠 vacanza.com.tw
📍 25.054373, 121.521102 🔎 vacanza accessory

02

왕덕전다장 대북본점 王德傳茶莊(台北本店) ◀》왕더촨차쫭(타이베이뻔디엔)

왕덕전은 복건성(중국대륙)에서 타이완으로 이주한 왕안상(王安尚)이 1862년 문을 열어 현재까지 5대째 이어오는 유서 깊은 찻집이다. 떫은맛을 제거해 농후하고 깨끗한 맛만 남기는 홍배(烘焙, 홍뻬이, 찻잎을 불에 말림) 기술로 명성이 높다. 대표 상품은 창업주 이름을 딴 안상오룡으로, 해발 1,700m에서 자연농법으로 기른 찻잎을 사용해 향은 진하고 목넘김은 부드럽다. 안산오룡은 사계(四季), 대무(大㭘), 금훤(金萱) 등 원산지에 따라 고를 수 있다. 그 밖에 꼭 인기 상품을 고집할 필요는 없지만 타이완 원산지로는 보이차(普洱茶, 푸얼차)보다 오룡차(烏龍茶, 우롱차) 역시 유명하다. 수납장에서 찻잎을 골라 시음할 수도 있다.

😊 **가까운 MRT역 중산역(쭝산짠)**

🎫 안상오룡(安尚烏龍, 안상우롱) 150g NT$580~1,080
📍 No. 95, Section 1, Zhongshan N Rd, Zhongshan District
🚶 중산역(中山站) 2번 출구로 나와 직진으로 횡단보도를 건넌 후 오른쪽으로 돌아 계속 직진하면 왼쪽에 상가가 보임(도보 5분)
🕐 10:00~19:00 📞 02-2561-8738 🏠 dechuantea.com
📍 25.050748, 121.522268 🔎 왕덕전

흔흔대중백화점 欣欣大衆百貨店 🔊 신신따쫑바이훠디엔

가성비 좋은 쇼핑을 즐길 수 있는 백화점

밤샘 영업을 하는 상가가 가장 많이 몰려 있는 임삼북로(林森北路)에 위치한 백화점. 지하에는 홍콩에 본점을 둔 제이슨 마켓(Jasons Market place)과 금문고량주를 판매하는 금문주창 분점이 있고 1~2층은 유니클로, 3~5층은 영화관으로 운영하고 있다. 백화점 주변 도보 1분 거리에는 타이베이에서 가장 규모가 큰 글로벌 완구 매장 토이저러스(toysrus)도 있어 아이와 함께 쇼핑을 즐기기도 좋다.

🚇 가까운 MRT역 **중산역(쫑산짠)**

📍 No. 247, Linsen North Road, Zhongshan District
🚶 중산역(中山站) 3번 출구로 나와 그대로 직진, 횡단보도 두 개를 건넌 후 왼쪽으로 턴하여 직진하면 오른쪽으로 보임(도보 9분) ⏰ 11:00~21:30 📞 02-2521-2211
🏠 www.shinshinltd.com.tw 🌐 25.054179, 121.525778
📍 Shin Shin Department Store

모범 중산실험점 模範(中山實驗店) wearPractice:Lab. 🔊 모판

빈티지한 패션 잡화 전문점

의류와 액세서리 등의 패션 잡화를 전문으로 하는 빈티지 상점으로 철재 수공예 소품도 좋지만, 타이완 작가 작품을 프린트(도화, 사진)한 핸드폰 케이스가 압권이다. 작가와 협약해 제작하는 고품질 상품이라 가격은 조금 비싸지만 그 자체로 예술품이어서 수집이나 선물용으로 손색이 없다.

🚇 가까운 MRT역 **중산역(쫑산짠)**

🎫 의류 NT$ 2,000~, 귀고리 NT$1,000~2,000, 핸드폰 케이스 NT$880~ 📍 No. 22, Lane 26, Section 2, Zhongshan North Road, Zhongshan District 🚶 중산역(中山站) 4번 출구로 나와 뒤돌아서 왼쪽으로 직진, 왼쪽 세 번째 골목으로 진입하면 왼쪽에 상가가 보임(도보 5분) ⏰ 14:00~22:00(월 휴무)
📞 02-2522-4173 🏠 wear-practice.com
🌐 25.053883, 121.521226 📍 wearPractice : Lab.

이제병가 李製餠家 ◄) 리쯔빙지아

양증맞은 크기의 펑리수 맛집

타이베이 북부 기륭시(基隆市)에 본점을 둔 곳으로 파인애플 케이크로 불리는 봉리소가 가장 유명하다. 꾸덕한 맛이 좋은 단황수, 추석에 반드시 먹는 월병도 빠지지 않는 인기 메뉴다. 저렴한 가격과 낱개 구입이 가능해 맛을 보고 구입하기 좋은 과자점이다.

🚇 가까운 MRT역 **중산역(쫑산짠)**

🎁 봉리소(鳳梨酥, 펑리수) NT$22, 단황수(蛋黃酥, 딴황수) NT$42, 소월병(小月餠) NT$38 📍 No. 156, Linsen North Road, Zhongshan District 🚶 중산역(中山站) 2번 출구로 나와 직진, 두 번째 큰 사거리가 나오자마자 오른쪽으로 돌면 왼쪽으로 보임(도보 7분) 🕙 10:00~21:30 📞 02-2537-2074 📍 25.051871, 121.525197 🔍 이제병가

성품생활 남서점 誠品生活(南西店) Eslite ◄) 청핀성훠(난시디엔)

성품서점에서 운영하는 백화점

2018년 9월 성품생활백화점이 신광삼월(3관)에 들어서며 엄청난 호황을 누리고 있다. 5층에는 성품서점이 있으며 1층 건물(옆) 야외 보행자 거리에는 테이블을 마련한 먹거리 코너와 수제 맥주로 유명한 미켈러바 분점이 있다. 중산 예술공원과 맞닿아 있어 더욱 아늑한 느낌이 든다.

🚇 가까운 MRT역 **중산역(쫑산짠)**

📍 No. 14, Nanjing West Road, Zhongshan District 🚶 중산역(中山站) 1번 출구로 나와 오른쪽으로 돌아 직진하면 보임(도보 1분) 🕙 11:00~22:00 📞 02-2581-3358 🏠 meet.eslite.com 📍 25.052476, 121.520661 🔍 Eslite Spectrum Nanxi

닝샤야시장
寧夏夜市

일제강점기 때 형성된 전통 야시장. 시내 중앙에 있어 어디서나 찾아오기 편리하고 타이베이 사람들이
가장 맛있는 야시장으로 꼽는다. 쇼핑 구역은 따로 없고 먹거리 상점만 길게 늘어서 있는 것이 가장 큰 특징이다.
그래서 좀 붐비는 느낌이지만 길 헤맬 염려는 전혀 없다. 중산역과
쌍련역 중간에 있어 어느 역에서 가도 괜찮지만 여기에서는 중산역을 기준으로 소개한다.

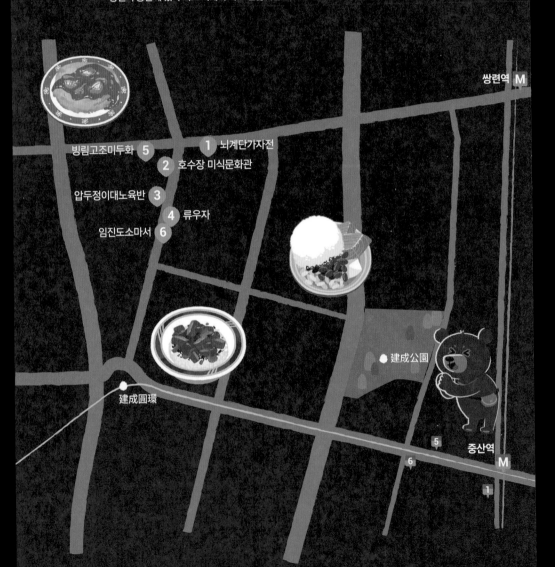

쌍련역 M

빙림고조미두화 **5**

1 뇌계단가자전

2 호수장 미식문화관

압두정이대노육반 **3**

4 류우자

임진도소마서 **6**

建成公園

建成圓環

5

중산역 M

6

1

뇌계단가자전 賴雞蛋蚵仔煎 Lai Ji Oyster Omelet ◀ 라이지단커짜이젠　명품 굴전의 절정!

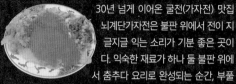

30년 넘게 이어온 굴전(가자전) 맛집 뇌계단가자전은 불판 위에서 전이 지글지글 익는 소리가 기분 좋은 곳이다. 익숙한 재료가 하나 둘 불판 위에서 춤추다 요리로 완성되는 순간, 부풀어오른 가자전은 고소한 냄새를 한껏 뿜어낸다. 싱싱한 굴과 토종 계란에 반죽한 전분이 어우러져 빚어진 부드러운 맛이 일품이다. 참고로, 현지에서 뇌계단가자전은 닝샤야시장에서 굴전으로 2019년 미슐랭 더 플레이트(The plate)에 이름을 올린 원환변가자전(圓環邊蚵仔煎, 위엔환비엔커짜이젠)보다 한 수 위라는 평가를 받는 곳이기도 하다.

🚇 가까운 MRT역 **중산역(쫑샨짠)**

🍴 계단가자전(雞蛋蚵仔煎, 지단커짜이지엔) NT$80
📍 No. 198-22, Minsheng West Road, Datong District
🚶 중산역(中山站) 5번 출구 오른쪽으로 나와 직진, 횡단보도를 건너 직진하면 오른쪽에 닝샤야시장 입구가 보임, 직진하여 닝샤야시장을 빠져나와 다시 오른쪽으로 돌아 조금 더 가면 보임(도보 25분) 🕐 16:00~01:00(화 휴무) 📞 02-2558-6177
🎯 25.056962, 121.516032　📍 Lai Ji Oyster Omelet

호수장(미식문화관) 鬍鬚張(美食文化館) FORMOSA CHANG ◀ 후쉬장(메이쓰원화관)　타이완 서민 요리의 대명사

1960년 닝샤야시장 인근에서 노점상을 하던 시절, 창립자 장염천(張炎泉)의 긴 턱수염을 보고 손님들이 호수장(鬍鬚張)이란 별칭을 붙였고, 그것은 곧 상표가 됐다. 이후 싸고 맛있는 타이완 가정식으로 인기를 얻으며 1971년 시장에 정식 식당으로 오픈하는 쾌거를 이룬다. 대표 메뉴는 60년 전통의 노육반. 달착지근한 간장소스로 요리한 돼지고기 맛이 일품이다. 여기에 돼지고기의 기름기를 잡아주는 일본식 장아찌 나라즈케(奈良漬)가 함께 올라가 있어 다른 곳보다 더 조화로운 맛을 느낄 수 있다. 돼지족발(蹄膀)이나 소시지(鮮蒜香腸) 등을 반찬으로 추가하면 금상첨화. 분점이 31개나 있지만 본점의 맛이 월등하다.

🚇 가까운 MRT역 **중산역(쫑샨짠)**

🍴 노육반(魯肉飯, 루로우판) NT$39, 제방(蹄膀, 티빵) NT$110, 선산향장(鮮蒜香腸, 씨엔쑨씨앙창) NT$40 📍 No. 62, Ningxia Road, Datong District 🚶 중산역(中山站) 5번 출구 오른쪽으로 나와 직진, 횡단보도를 건너 계속 직진하면 오른쪽에 닝샤야시장 입구가 보임, 직진하여 닝샤야시장 끝쯤에서 왼쪽으로 보임(도보 22분) 🕐 10:30~24:00 📞 02-2558-9489 🎯 25.056743, 121.515379　📍 Formosa Chang NingXia Main Restaurant

압두정이대노육반 鴨頭正二代滷肉飯 🔊 야터우쩡얼따이루로우판

길거리 포장마차에서 맛보는 전통요리

닝샤야시장의 인기 비결은 전통적인 노포가 많기 때문. 1974년 오픈한 압두정이대노육반도 그중 하나로 튀김우동과 비슷한 단포과자육탕이 맛있는 곳이다. 특히 탕 속에 든 계란 반숙이 일품이다. 카레에 돼지 살코기로 만든 적육(赤肉)을 올린 적육가리반도 괜찮고, 장조림밥인 노육반도 기본 이상이다.

🚇 **가까운 MRT역 중산역(쭝산짠)**

🍴 노육반(魯肉飯, 루로우판) NT$30, 적육가리반(赤肉咖哩飯, 츠로우가리판) NT$80, 단포과자육탕(蛋包瓜仔肉湯, 딴빠오좌자이로우탕) NT$65 📍 닝샤야시장 내 노점 76호(寧夏夜市 76号)
🚶 중산역(中山站) 5번 출구로 나와 오른쪽으로 직진, 횡단보도를 건너 직진하다 오른쪽 닝샤야시장 입구로 들어서서 가다 보면 왼쪽에 있음(도보 15분) 🕐 18:00~01:00 📞 02-2553-4341
🌐 25.056226, 121.515365 📍 3G48+F5

류우자 劉芋仔 🔊 리우위즈

미슐랭 빕 구르망이 선정한 길거리 간식

고소함이 입안 가득 퍼지는 타로 볼로 유명한 곳. 메추리알 크기의 토란을 살짝 튀긴 향소우환과 토란 속에 계란 노른자(蛋黃)가 꽉 차 있는 단황우병이 대표 메뉴다. 작은 노점이지만 2018년에 이어 2019년에도 미슐랭 빕 구르망(Bib Gourmand)에 올랐다.

🚇 **가까운 MRT역 중산역(쭝산짠)**

🍴 향소우환(香酥芋丸, 씨앙수위완) NT$25, 단황우병(蛋黃芋餅, 딴황위빙) NT$30 📍 닝샤야시장 내 노점 91호(寧夏夜市 91号)
🚶 중산역(中山站) 5번 출구 오른쪽으로 나와 직진, 횡단보도를 건너 직진하다 오른쪽 닝샤야시장 입구로 들어서서 가다 보면 오른쪽에 있음(도보 15분) 🕐 17:30~24:00(화 휴무) 📞 0920-091-595 🌐 25.056006, 121.515331 📍 Liu Yu Zi

05

빙림고조미두화 冰霖古早味豆花 🔊 삥린구자오웨이또우화

두화는 설탕물인 탕수(糖水)에 푸딩처럼 응집된 촉촉한 두부를 수저로 떠먹는 타이완의 전통 음식이다. 취향에 따라 녹두, 땅콩 등의 곡물을 추가하면 더 맛있게 먹을 수 있다. 항상 사람들로 북적거리는 곳이라 기본 대기는 필수다.

🚇 **가까운 MRT역 중산역(쭝산짠)**

🍴 두화(豆花, 또우화) NT$55 📍 No. 210, Minsheng West Road, Datong District 🚶 중산역(中山站) 5번 출구 오른쪽으로 나와 직진, 횡단보도를 건너 직진하다 오른쪽 닝샤야시장 입구로 들어서서 가다 야시장 끝 사거리에서 왼쪽으로 돌면 왼쪽에 보임(도보 24분) 🕐 11:00~01:00 📞 02-2558-1800
📍 25.056935, 121.515060 🔍 Go Za Vi Toufa

06

임진도소마서 林振棹燒麻糬 🔊 린쩐자오쌰오마쑤

마서(麻糬, 마쑤)는 일본의 간식 모치(もち)에서 유래한 외래어로 우리나라의 찹쌀떡과 비슷한 음식이다. 가게 이름을 직역하면 '임진도가 구운 찹쌀떡'인데, 상호에 걸맞게 기름에 한 번 튀긴 후 내어주는 것이 특징이다. 여기에 참깨 또는 땅콩 가루를 묻혀 먹으면 고소한 맛도 좋지만, 특히 쫀득쫀득한 식감이 일품이다. 기본메뉴인 소마서는 한 개 단위로 주문할 수 있는데, 젓가락으로 교차하면서 떡을 잘라내면 편하게 먹을 수 있다. 빙수 종류도 팔고 있으니 여름에 가면 함께 시켜 먹도록 하자.

🚇 **가까운 MRT역 중산역(쭝산짠)**

🍴 소마서(燒麻糬, 싸오마쑤) 1개 NT$50, 2개(종합) NT$75
📍 닝샤야시장 내 노점 97호(寧夏夜市 97號) 🚶 중산역(中山站) 5번 출구에서 도보 15분. 닝샤야시장 입구로 들어가서 걷다 보면 오른쪽으로 보임 🕐 17:00~00:30 📞 0936-839-290
📍 25.05598, 121.51531 🔍 Lin Zhenchao Roasted Mochi

디화제
迪化街

디화제는 1850년에 조성된 곳으로, 당시 실크로드로 번성했던 우루무치(烏魯木齊)의 옛 한자 적화(迪化)에서 이름을 따왔다. 타이베이의 무역 중심지로서 번성했던 오래된 거리로 옛날 그대로의 건물이 많다는 것이 가장 매력적이다. 곳곳에 100년이 넘는 건물이 즐비한데, 동서양의 건축양식이 혼재되어 있어 마치 건축 박물관을 관람하는 느낌을 받는다. 디화제는 찻잎과 한약재, 옷감 등의 매매가 활발히 이루어지는 대표 재래시장으로도 유명하다. 매해 구정(舊正)이면 거리 전체가 각 지방의 대표 상품으로 넘쳐나는데, 시식용 음식만으로도 한 끼를 넉넉히 때울 정도다.

2015년부터는 북문역(北門站)에서 대교두역(大橋頭站)까지 이어지는 거리가 문창산업구(文創産業區)로 지정되며 트렌디한 상점이 늘어나고 있는 추세. 그야말로 과거와 현재가 공존하는, 타이베이를 대표하는 문화 관광지구로 탈바꿈하고 있다.

01

인연을 맺어주는 사원

하해성황묘 霞海城隍廟 ■》 씨아하이청황미아오

1821년 복건성(福建省)에서 온 성황상(城隍像)을 모신 도교 사원으로 1859년 완공했다. 저승에서 심판을 관장하는 성황(城隍)을 주신(主神)으로 하고 있으며 재물을 관장하는 오로재신(五路財神), 학업과 시험을 관장하는 문창제군(文昌帝裙), 중매신 월하노인(月下老人) 등 다양한 신을 모시고 있다. 특히 월하노인은 영험하다는 소문이 나면서 혼기가 찬 젊은이들이 많이 찾는다. 입구에서 기도를 위한 향불과 마음이 평온해진다는 평안차(平安茶)를 무료로 제공한다.

🚇 가까운 MRT역 북문역(베이먼짠)

📍 No. 61, Section 1, Dihua St, Datong District 🚶 북문역(北門站) 3번 출구로 나와 왼쪽 횡단보도를 건넌 후 직진하여 디화제 골목으로 진입, 이어서 직진하면 오른쪽으로 보임(도보 10분)
🕐 07:00~19:00 📞 02-2558-0346 🏠 tpecitygod.org
📍 25.055627, 121.510162 🔍 하해성황묘

5 강기화륭

TIP
인연을 맺어주는 월하노인

월하노인에게 제대로 기도하고 싶다면 노란색 종이 돈 금지(金紙)를 사서 제단에 올려두면 성황묘에서 소각하며 소원을 빌어준다. 더 큰 효험을 바란다면 연전(鉛錢), 홍색실, 사탕이 있는 공양 세트를 구입하면 된다. 연전과 홍색실은 앞마당 향로 앞에서 시계 방향으로 세 번 돌린 후 지갑 속에 보관하면 된다.

* 금지(金紙, 진쯔)
☎ NT$50~100, 공양 세트 NT300

2 인화락

2 추흥어환점

고건통점 **4**

4 역명헌차방
1 천금소관

대도정마두 **2**

7 소성외

예보 **6**

육안당 **1**

8 복래허

1 하해성황묘

대북디화제우국 **4** **3** 대도정희원

에이에스더블유 티 하우스 **9** **3** 금선어환

소화원 **7**

5 삼고사가배관

6 미켈러바

북문역 **M**

3 빈공장

대도정마두 大稻埕碼頭廣場 ◀» 따다오청마터우꽝창

강변에 드리운 아름다운 노을 풍경

한강공원 같은 분위기의 대도정마두는 여행의 피로를 풀어주는 풍경과 맥주 한 잔의 여유를 느낄 수 있는 곳이다. 해가 서서히 지기 시작하면 작은 상점들에 하나둘 불빛이 들어오면서 운치를 더한다. 규모가 크지 않으므로 산책보다는 자리를 잡고 시원한 강바람과 노을 풍경을 즐기며 맥주 한 잔의 여유를 만끽하는 것을 추천한다. 주말에는 라이브 및 클럽 뮤직 등의 다채로운 공연이 펼쳐지기도 한다.

🚇 가까운 MRT역 **북문역(베이먼짠)**

📍 No. 425-5, Minsheng West Road, Datong District 🚶 북문역(北門站) 3번 출구에서 도보 24분 ⏰ 24시간(17시 이후 추천) 📍 25.056782, 121.507651 📍 대도정마두

대도정희원 大稻埕戲苑 ◀» 따다오청씨위엔

원단 시장 그리고 인형 전시관

시장과 경극공연장이 함께 있는 재미있는 건물. 1층에서는 다양한 먹거리를 판매하고, 2~3층에는 타이완에서 가장 규모가 큰 원단 시장이 들어서 있다. 우리나라에서 보기 힘든 독특한 원단이 많아 구경하는 재미가 있다. 7~9층은 전통 경극을 공연하는 공간인데, 전통의상을 차려입은 수백 종의 인형이 진열되어 있는 무료 전시관은 볼만하다.

🚇 가까운 MRT역 **북문역(베이먼짠)**

📍 No. 21, Section 1, Dihua St, Datong District 🚶 북문역(北門站) 3번 출구에서 도보 12분 ⏰ 09:00~22:00(월 휴무) 🎫 무료(전시장) 📞 02-2556-9101 🏠 tapo.gov.taipei 📍 25.054677, 121.510307 📍 Dadaocheng Theater

대북디화제우국 台北迪化街郵局 ◀» 타이베이디화제여우쥐

디화제 역사를 그대로 품은 우체국

1915년에 설립된 곳으로, 명칭은 몇 번 바뀌었지만 100년이 훌쩍 지난 지금까지도 우편 업무를 하고 있는 놀라운 우체국이다. 육중한 돌벽을 가로지른 목재문과 흘림체로 쓰인 현판에서 세월의 흔적이 고스란히 느껴진다. 그야말로 디화제의 역사를 그대로 간직한 곳이라 할 수 있다.

🚇 가까운 MRT역 **북문역(베이먼짠)**

📍 No. 38, Section 1, Dihua St, Datong District 🚶 북문역(北門站) 3번 출구로 나와 우회전 후 계속 직진하여 디화제로 들어가면 바로 왼쪽에 보임(도보 8분) ⏰ 08:30~17:30(토·일 휴무) 🎫 무료 📞 02-2556-0519 🏠 post.gov.tw 📍 Chunghwa Post Taipei Dihua St. Post Office

천금소관 天金小館 🔊 티엔진씨아오꽌

키키레스토랑 출신 요리사가 운영하는 사천요리 전문점으로, 타이베이에서 자동차로 40분이나 걸리는 기륭항(基隆港)까지 가서 신선한 재료를 구하는 성실함이 맛집으로 사랑받는 비결이다. 대표 메뉴는 부드러운 순두부 요리인 노피눈육(老皮嫩肉)과 파와 고추 등을 잘게 썰어 볶아낸 창승두(蒼蠅頭), 그리고 매콤한 마파두부(麻婆豆腐)로 키키레스토랑에 필적하는 맛을 자랑한다. 분위기는 다소 허름하지만 가격이 키키레스토랑 대비 반값이라 가성비는 더할나위 없이 좋다. 제대로 된 사천요리를 저렴하게 먹고 싶다면 들러볼 것.

📍 **가까운 MRT역 북문역(베이먼짠)**

🍴 노피눈육(老皮嫩肉) NT$150, 창승두(蒼蠅頭) NT$150, 마파두부(麻婆豆腐) NT$150 📍 No. 117, Minle St, Datong District 🚶 북문역(北門站) 3번 출구로 나와 왼쪽 횡단보도를 건넌 후 직진하여 디화제 골목으로 진입. 하해성황묘를 지나 사거리가 나오면 우측으로 턴한 뒤 왼쪽 첫번째 골목으로 진입하면 오른편에 보임(도보 15분) 🕐 12:00~14:00, 17:00~21:00(일 휴무) 📞 02-2557-3577 🌐 25.05766, 121.51066 🔎 3G56+27

추흥어환점 佳興魚丸店 Jia Xing Fish Ball Restaurant 🔊 지아씽위완디엔

디화제 중심부에 있는 대도정공원(大稻埕公園)은 여행자가 많이 찾지 않는 곳이라 한적하지만 바로 건너편에 있는 추흥어환점은 언제나 활기가 넘친다. 1950년에 개업해서 3대째 이어져오는 전통을 가지고 있다는 사실 하나만으로도 갈 이유는 충분하다. 대표 메뉴는 생선 완자 속에 다진 돼지고기를 채운 어환탕. 탱탱한 완자를 한입 씹으면 폭발하듯 튀어나오는 육즙이 입안을 가득 채운다.

📍 **가까운 MRT역 북문역(베이먼짠)**

🍴 어환탕(魚丸湯, 위완탕) NT$65 📍 No. 21, Lane 210, Section 2, Yanping North Road, Datong District 🚶 북문역(北門站) 3번 출구로 나와 왼쪽 횡단보도를 건넌 후 직진하여 디화제 골목으로 진입, 사거리가 나올 때까지 직진, 사거리에서 오른쪽으로 돌아 직진 후 첫 번째 왼쪽 골목으로 직진하면 보임(도보 19분) 🕐 09:00~18:30(일 휴무) 📞 02-2553-6470 🌐 25.059283, 121.510749 🔎 Jia Xing Fish Ball Restaurant

금선어환 金仙魚丸 🔊 진씨엔위완

장조림밥인 노육반과 함께 어묵 요리인 하인권이 대표 메뉴다. 고소한 새우와 아삭아삭한 올방개 뿌리가 어우러지는 하인권의 식감은 난생처음 맛보는 행복을 선사한다. 디화제 여행을 시작하는 아침 식사로도 그만. 닭튀김 맛도 괜찮은데, 기름기가 많아 호불호가 있으니 참고하자.

🚇 **가까운 MRT역 북문역(베이먼짠)**

🍴노육반(魯肉飯, 루로우판) NT$30, 하인권(蝦仁捲, 시아렌췐) NT$50 📍No. 19, Lane 233, Nanjing West Road, Datong District 🚶북문역(北門站) 3번 출구(혹은 타이베이역 지도 Y27번 출구)로 나와 왼쪽 횡단보도를 건너 직진하여 디화제 거리 진입, 첫 번째 오른쪽 길로 돌아 직진하면 오른쪽으로 보임(도보 11분, 대도정희원 건너편) 🕐07:00~19:00(수·일 휴무) 📞02-2559-4392 🌐25.054397, 121.510507 📍금선어환

역명헌차방 易明軒茶坊 🔊 이밍쒸엔차팡

원목 가구와 아담한 정원으로 꾸며진 전통찻집이다. 형형색색의 예쁜 다구(茶具)를 선택할 수 있어 취향에 맞게 분위기를 즐길 수 있다. 찻잎도 직접 향을 맡고 선택할 수 있는데, 동방미인차와 아리산고산차가 유명하다. 차방 뒤뜰의 넓은 정원에서 사색하기도, 조용히 담소 나누기도 좋은 곳이다.

🚇 **가까운 MRT역 북문역(베이먼짠)**

🍴동방미인차(東方美人茶, 똥팡메이렌차) NT$180, 아리산고산차(阿裏山高山茶, 아리산까오산차) NT$200 📍No. 62, Minyue Street, Datong District 🚶북문역(北門站) 3번 출구로 나와 왼쪽 횡단보도를 건넌 후 직진하여 디화제에 진입, 큰 사거리까지 직진 후 오른쪽으로 돌아 왼쪽 첫 번째 골목으로 들어서면 왼쪽으로 보임(도보 20분) 🕐11:00~20:00(월 휴무) 📞02-2552-0321 🏠goo.gl 🌐25.057623, 121.510528 📍3G56+26

삼고사가배관 森高砂咖啡館 San Formosan Coffee ◀)) 선까오샤카페이관

타이완 원두로 만든 100% 타이완 커피

남투(南投), 대동(台東), 병동(屛東) 등 타이완 각지에서 생산된 원두로 로스팅하는 메이드 인 타이완 커피의 정점에 있는 곳이다. 첫 방문이라면 향이 풍부하고 부드러운 산포모산 시그니처(San Formosan Signature)를 추천한다. 커피계의 미슐랭(Michelin)으로 불리는 커피리뷰(coffeereview)에서 고득점을 받은 메뉴가 많은 곳으로, 상호 '삼고사'는 수풀 삼(森)자와 타이완을 일컫던 고사(高砂, 원주민 고사족에서 유래)를 더한 것이다.

🚇 **가까운 MRT역 북문역(베이먼짠)**

✕ 산포모산 시그니처(San Formosan Signature) NT$250
📍 No. 1, Section 2, Yanping North Road, Datong District
🚶 북문역(北門站) 3번 출구로 나와 왼쪽 횡단보도를 건넌 후 직진하여 디화제에 진입하기 전 오른쪽으로 돌아 직진, 큰 사거리 정면으로 보임(도보 16분) 🕐 12:00~20:00 📞 02-2555-8680
🏠 sancoffee.com.tw ⊚ 25.054011, 121.511842
📍 San Coffee

미켈러바 대도정점 米凱樂啤酒吧(大稻埕店) Mikkeller Taipei ◀)) 미켈러바(따다오청디엔)

2014년 세계 3위 브루어리에 선정된 미켈러바

맥주공장에서 바로 뽑은 듯한 23종 생맥주를 즐길 수 있는 곳이다. 세계적으로 유명한 미켈러바를 타이완 분위기 물씬 풍기는 100년 가옥에서 즐길 수 있으니 특별한 밤을 기대하는 여행자에게 안성맞춤이다.
모든 맥주는 주문 전 시음할 수 있으며 타이완식 햄버거 예포가 웬만한 음식점보다 맛있으니 안주로 딱이다.

🚇 **가까운 MRT역 북문역(베이먼짠)**

✕ 예포(치빠, 꽈바오) NT$100, 맥주 NT$ 180~ 📍 No. 241, Nanjing West Road, Datong District 🚶 북문역(北門站) 3번 출구로 나와 왼쪽 횡단보도를 건너 직진해 디화제로 진입하기 전 왼쪽으로 보임(도보 9분) 🕐 16:00~24:00(금·토요일 01:00), 일요일 14:00~22:00(화 휴무) 📞 02-2558-6978
⊚ 25.053686, 121.510160 📍 Mikkeller Bar Taipei

소성외 小城外 ◀)) 씨아오청와이

고전 감성 가득한 칵테일 바

90년 역사를 간직한 디화제 노옥(老屋)의 정취를 느낄 수 있는 고전 감성 가득한 칵테일 바. 바가 위치한 2층으로 오르는 계단부터 고풍스러운 매력이 느껴지고, 아늑한 실내로 들어가면 보이는 거대한 괘종시계와 창문 너머 고즈넉한 기와집 풍경에서 고전 감성의 절정을 이룬다. 타이베이에서 조용하고 분위기 있는 칵테일 바를 찾는다면 바로 이곳이다.

🚇 가까운 MRT역 **북문역(베이먼짠)**

✕ 욜로(YOLO) NT$400 📍 2F, No. 15, Lane 362, Minsheng West Road, Datong District 🚶북문역(北門站) 3번 출구로 나와 왼쪽 횡단보도를 건너 직진해 디화제에 진입 후 두 번째 오른쪽 골목으로 진입, 다시 왼쪽 골목으로 돌아 직진하면 오른쪽으로 보임(2층, 도보 13분) 🕐 19:00~01:00(금·토 19:00~02:00)
📞 02-2559-5560 🌐 25.056450, 121.510636 📍 City North

복래허 福來許 Fleisch ◀)) 푸라이쒸

고전 감성과 럭셔리의 조화

층마다 다른 테마로 꾸민 인테리어가 돋보이는 이색 술집. 선술집 같은 분위기에서 소주도 마실 수 있고, 카페 분위기에서 커피를 마실 수도 있다. 온화한 분위기에서 차를 마시거나, 세련된 바에서 칵테일을 음미할 수도 있다. 한마디로 요즘 유행하는 뉴트로한 스타일. 각 층을 둘러보고 내 취향에 맞는 곳에서 시간을 보낼 수 있다는 것도 매력적이다. 인기 칵테일은 도수가 상당히 센 법국간읍행인차와 핑크색 새콤달콤한 구밀복전적낙여자. 진토닉을 좋아한다면 3층 발금파(發琴吧)에 가볼 것. 190종의 진을 보유한 진토닉의 성지다.

🚇 가까운 MRT역 **북문역(베이먼짠)**

✕ 법국간읍행인차(法國幹邑杏仁茶, 파궈깐이씽렌차) NT$320, 구밀복전적낙여자(口蜜腹饞的洛女子, 커우미푸지엔더루오뉘즈) NT$280 📍 No. 76, Section 1, Dihua St, Datong District 🚶북문역(北門站) 3번 출구로 나와 왼쪽 횡단보도를 건너 직진해 디화제로 진입, 직진 후 왼쪽에 보임(도보 15분, 하해성황묘 맞은편) 🕐 11:00~24:00(금·토요일 01:00까지 영업, 11:00부터 20:30까지는 커피숍, 20:00부터 24:00까지는 칵테일 바, 매주 화요일은 칵테일바 휴무로 20:30에 영업 종료) 📞 02-2556-2526 🏠 fleisch.com.tw
🌐 25.055747, 121.509895 📍 Fleisch Café

에이에스더블유 티 하우스 ASW TEA HOUSE ◀)) 에이에스더블유 티 하우스　디화제에서 느끼는 잉글랜드 감성

고풍스러운 서재가 있는 영국풍 인테리어와 햇살이 스미는 창밖 풍경이 정겨운 카페. 1917년에 타이완 최초로 세운 서양식 약방이자 당시 디화제에서 가장 높았던 건물이라는 상징성 때문에 여행자들이 많이 찾는 곳이다. 대표 메뉴는 석란홍차(錫蘭紅茶)와 스콘, 머핀, 미니 쿠키

가 함께 나오는 동맹오찬. 색다른 맛을 원한다면 사과와 어란을 발사믹소스에 버무린 야생오어자빈과유락조오찬(野生烏魚子蘋果乳酪早午餐) 샌드위치 세트에 도전해보자.

🚇 가까운 MRT역 북문역(베이먼짠)

✈ 동맹오찬(同盟午餐, 통멍우찬) NT$360 ♥ 2F. No. 342, Section 1, Dihua St, Datong District 🚶 북문역(北門站) 3번 출구로 나와 왼쪽 횡단보도를 건너 직진, 디화제에 진입하면 왼쪽으로 보임(도보 12분) ⏰ 09:00~18:00(카페 영업), 19:30~00:30(BAR 영업, 월·화요일은 카페 영업만 함) 📞 02-2555-9913 ◎ 25.054636, 121.509992 ♀ ASW TEA HOUSE

육안당 六安堂 ◀)) 리우안탕　3대째 이어오는 약재 명가

1913년에 개업하여 100년이 넘은 전통을 가지고 있는 육안당은 3대째 운영하는 한약방이다. 요즘은 우리나라에서도 한약방 보기가 어려운 만큼 레트로한 감성을 느끼고 싶다면 찾아가볼 만하다. 여행자 입장에서 이곳에서 약재를 구입할 일은 거의 없겠지만, 장기능과 혈액순환을 도와 피부를 아름답게 한다는 양안미용차, 간에 좋은 간배차 등 한 포씩 편하게 마실 수 있는 차 종류의 약은 선물용으로 괜찮다.

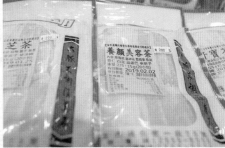

🚇 가까운 MRT역 북문역(베이먼짠)

🉐 양안미용차(養顔美容茶, 양옌메이룽차), 간배차(肝寶茶, 깐빠오차) 각 NT$ 200 ♥ No. 75, Section 1, Dihua St, Datong District 🚶 북문역(北門站) 3번 출구로 나와 왼쪽으로 돌아 직진, 하해성황묘를 지나 직진하다 오른쪽에 보임(도보 14분) ⏰ 09:30~19:00(일 ~18:00) 📞 02-2559-8599 🏠 an.com.tw ◎ 5.056147, 121.510026 ♀ 3G46+C2

인화락(인화작과) 印花樂(印花作夥) InBlooom ◀)) 인화러(인화즈오휘) 인불룸

패브릭에 디자인을 입히다

2008년 고교 동창 셋이서 오픈한 인화락을 시작으로 2019년 5월 오픈한 8호점 인화작과까지 타이완을 휩쓰는 편집숍이다. 인화락을 대표하는 프린팅 디자인은 단순하지만 재질, 색상, 문양이 완벽하게 조화를 이루고 있다. 타이완 대표 먹거리가 디자인된 키친 테이블보, 패턴 문양이 프린팅된 지퍼백 등도 인기. 인불룸은 디화제에 매장이 세 개나 있지만 인화작과(印花作夥)가 가장 크고 제품군도 다양하다.

🚇 **가까운 MRT역 북문역(베이먼짠)**

㊛ 키친 테이블보(餐墊, 찬디엔) NT$390 📍 No. 248, Section 1, Dihua St, Datong District 🚶 북문역(北門站) 3번 출구(혹은 타이베이역 지하도 Y27번 출구로 나옴)로 나와 왼쪽 횡단보도를 건넌 후 직진하여 디화제 골목으로 진입, 계속 직진 후 왼쪽으로 보임(도보 18분) 🕙 10:00~18:00 📞 02-2557-0506 🏠 inblooom.com 📷 25.060210, 121.509282 📍 inBlooom Together

소화원 대도정점 小花園(大稻程店) ◀)) 씨아오화위엔(따다오청디엔)

4대째 이어오는 수제 신발 전문점

1936년 오픈한 유서 깊은 신발 가게로, 4대째 명맥을 이어오고 있는 노포다. 중화풍 고운 자수가 새겨진 수제 플랫슈즈, 현대적 감각을 더한 하이힐, 동물 가죽으로 만든 슬리퍼 등 종류가 다양해서 구경하는 맛이 있다. 어린이용 신발과 의류도 인기 높은 품목 중 하나.

🚇 **가까운 MRT역 북문역(베이먼짠)**

📍 No 237, Nanjing W Rd, Datong District 🚶 MRT 북문역(北門站) 3번 출구에서 도보 9분 🕙 09:30~19:00 📞 02-2555-8468 🏠 taipei -shoes.com 📷 25.054527, 121.509947 📍 garden1936

빈공장 북문점 彬工場(北門點) 🔊 빈꽁창(삥이먼디엔)

한국에서는 볼 수 없는 생활용품이 가득

머리빗, 미용가위, 손톱깎이 등의 미용 제품과 소뿔을 깎아 만
든 안마용품을 주력으로 판매하는 곳으로 품질이 좋은 곳으
로 유명하다. 미용 제품은 한국과 크게 다르지 않으나 안마용
품은 호기심을 자극하는 상품이 가득한 곳이라 특이한 선물
이나 기념품을 찾는 여행자에게 좋다. 중산역 지하상가(中山
地下街, A19)를 포함 여러 곳에 체인점이 있다.

🚇 가까운 MRT역 **북문역(베이먼짠)**

📍 No. 10, Tacheng Street, Datong District 🚶 MRT 북문역(北門
站) 3번 출구 아래 지하상가에 있음 🕙 10:30~ 21:00 📞 02-2558-
5728 🏠 ben-factory.com 🌐 25.049560, 121.510180 🔎 빈공장

고건통점 高建桶店 🔊 까오지엔통디엔

100년 전통의 수공예 잡화점

약 100년이라는 오랜 세월을 간직한 전통 상점으로, 탐스러
운 과일처럼 입구에 걸린 수공예품이 눈길을 끈다. 한 땀 한
땀 장인의 솜씨로 만든 수공예품은 그 자체로 가치가 높지만
실용적이라 만족도도 높다. 목재로 만든 수저, 도마 등의 주방
용품과 등나무, 대나무, 플라스틱으로 꿰어 만든 가방류까지
1,000여 가지 상품이 있으니 보물찾기하듯 둘러보자.

🚇 가까운 MRT역 **북문역(베이먼짠)**

📍 No. 204, Section 1, Dihua St, Datong District 🚶 북문역(北門站)
3번 출구로 나와 왼쪽 횡단보도를 건넌 후 직진하여 디제화 골목으로
진입. 하해성황묘를 지나 계속 직진하면 왼편에 보임(도보 16분)
🕙 09:00~19:00 📞 02-2557-3604 🌐 25.059055, 121.509433
🔎 3G55+JQ

강기화룽 江記華隆 🔊 지앙지화룽

1977년 창립한 육포의 명가(名家)

2003년 육포 저육지(豬肉紙)를 선보이며 유명세에 날개를 달
았다. 0.02cm의 종잇장 두께의 육포가 진한 향을 남기며 바
스러지는 식감이 일품이다. 돼지고기 육포 위에 얇게 저민 아
몬드를 올린 향취행인저육지(香脆杏仁豬肉紙)가 대표 메뉴
다. 유사품(얇은 육포)이 많지만, 맛 차이가 극명하니 꼭 강기
화룽에서 원조의 맛을 경험해 볼 것.

🚇 가까운 MRT역 **북문역(베이먼짠)**

📍 No. 311, Section 1, Dihua St, Datong District 🚶 MRT 북문역(北
門站) 3번 출구에서 도보 20분 🕙 09:00~19:00(일 ~18:00)
📞 02-2552-8327 🏠 chiang-ji.com 🌐 25.062181, 121.509321
🔎 Chiang Ji Hua Long

중산취
中山區

#대북희붕 #수진박물관 #천리행 #행천궁

중산취 여행의 중심은 MRT 쏭산신뎬선과 중허신루선이 교차하는 송강남경역인데, 주변에 회사가 밀집해 있어 직장인들이 가볍게 즐길 수 있는 가성비 좋은 맛집이 많다. 우리나라에서는 쉽게 접하기 힘든 거위요리나 타이완식 족발, 훠궈, 스시, 만두 등 종류도 다양하다. 가족여행자라면 수진박물관이나 대북희붕을 체크해둘 것. 아이들과 함께 관람하기 좋은 곳이다.

ACCESS

- **타이베이역 → 송강남경역**
  타이베이역 ▸ [R]단수이신이선 ▸ 중산(풍산)역 ▸ [G]쏭산신뎬선 ▸ 송강남경(쏭지앙난징)역   ⏱ 약 8분   元 NT$20
- **쏭산 공항 → 남경복흥역**
  쏭산지창역 ▸ [R]단수이신이선 ▸ 중산(풍산)역 ▸ [G]쏭산신뎬선 ▸ 남경복흥(난징푸싱)역   ⏱ 약 10분   元 NT$20

중산취 이렇게 여행하자

중산취 여행은 명소 위주로 보고 싶다면 송강남경역에서 출발해서 수진박물관을 먼저 둘러보고 행천궁, 대북희붕 순으로 이동하면 되는데, 각 명소들이 모두 역 근처에 있어서 MRT로 이동하면 훨씬 빨리 다닐 수 있다. 다만, 이 지역은 가성비 좋은 맛집이 많기로 소문난 곳. 조금 걸을 각오를 하고 맛집과 카페에 들러 충분히 쉬면서 이동하는 것도 좋은 방법이다. 송강남경역에서 한 정거장 떨어진 남경복흥역 주변에도 유명한 맛집이 있으니 여유가 된다면 함께 둘러보자. 중산취의 마지막 여정은 타이베이 최고의 마사지숍 천리행에서 발 마사지로 마무리하면 금상첨화.

MUST **SEE**

대북희붕
눈과 귀가 즐거운 생생한
현지 문화 체험

수진박물관
미니어처로 만든
또 다른 리얼 세계

행천궁
삼국지 무장을 모시는
독특한 사원

MUST **EAT**

아청아육
저렴하지만 맛은 최고!
거위요리 전문점

부패왕저각
입에서 살살 녹는
족발의 진수

피카피카카페
북유럽 감성을 추구하는
힐링 카페

MUST **BUY**

대북리기
1894년에 시작한
타이완 전통과자점

소미지가
구경만 해도 즐거운
샤오미 매장

타이베이 쑹산 공항 ✈

중산취
상세 지도

Ⓜ 송산공항(쏭산지창)

on 3, Minquan East Rd

Section 3, Minquan East Rd

Section 3, Minquan East Rd

Fuxing North Rd

Ⓜ 중산국중(쭝싼꾸오쯍)

📷 SEE

01 대북희봉 **02** 행천궁 **03** 수진박물관 **04** 천리행 **05** 전가락조하장

🍴 EAT

01 아청아육 **02** 부패왕저각 **03** 하마스시 **04** 노사천 **05** 피카피카카페
06 홍수교우육면 **07** 홍콩차수탄 **08** 소조관도 **09** 동휘한식관 **10** 테이스티
11 복덕량면 **12** 강산양육 **13** 미스터브라운커피 **14** 홍번천생맹해선
15 천외천 **16** 아리파파적주방

🛍 SHOP

01 대북리기 **02** 이케아 **03** 소미지가

⑪

Changchun Rd

⑫

②

Section 3, Nanjing East Rd

난징푸싱

⑦Ⓜ

Section 3, Nanjing East Rd

Longjiang Rd

Fuxing North Rd

Dun-Hua N Rd

Section 2, Bade Rd

N
W E
S

0   100m

대북희붕 臺北戲棚 TaipeiEYE 🔊 타이베이시펑

눈과 귀가 즐거운 생생한 현지 문화 체험

경극 관람은 중국 대륙에서도 마땅한 공연장을 찾기 쉽지 않으니 타이완 여행에서 만나보길 적극 추천한다. 대북희붕은 타이완을 대표하는 경극이라 해도 과언이 아닐 만큼 인지도가 높다. 〈서유기〉, 〈백사전〉 등 중화권을 대표하는 고전 구성과 코믹한 요소도 간간이 삽입되어 보는 재미가 있고, 공연 무대가 좌석과 가까워 현장감도 훌륭하다. 경극 분장(얼굴 페인팅)과 코스튬(전통의상)이 준비되어 있어 기념사진을 남기기도 좋다. 3주마다 새 공연으로 바뀌고 3~4개월 주기로 순환되며 한글 자막을 지원한다. 중산국소역, 쌍련역, 민권서로역의 중간에 있어 어느 역에 내려서 가더라도 소요 시간이 비슷하다.

🚇 **가까운 MRT역** 중산국소역(쫑산꿔씨아오짠)

📍 No. 113, Section 2, Zhongshan N Rd, Zhongshan District 🚶 중산국소역(中山国小站) 2번 출구로 나와 직진하여 횡단보도를 건넌 후 왼쪽으로 돌아 직진해 큰 사거리에서 오른쪽으로 돌아 직진하면 오른쪽에 보임(도보 15분) ⏰ 수·금·토 20:00(60분 공연) 🎫 NT$800 📞 02-2568-2677 🏠 www.taipeieye.com/ko/ 🌐 25.060596, 121.523204 📍 TaipeiEYE

02

행천궁 行天宮 🔊 싱티엔궁

행천궁은 관성제군(關聖帝君, 관성대제라고도 하며 〈삼국지〉의 관우를 지칭)을 주신으로 모시며 관창이나 주창 등 〈삼국지〉로 익숙한 무장들을 함께 모시는 독특한 도교사원이다. 독특한 점은 기도를 드릴 때 공양을 하지 않아도 된다는 것인데, 대가 없이 소원을 들어주니 얼마나 고마운 사원이겠는가. 주말이면 엄청난 인파가 몰려드는 인기 많은 사원으로, 규모는 작지만 깔끔하고 정돈된 풍경, 지붕과 문에 조각된 문양이 멋스럽다. 한국에도 관우를 모시는 제단이 있는데, 임진왜란 후에 지어진 동묘(보물 142호)이다. 관성제군은 민간 신앙으로 전쟁의 신뿐 아니라 상업의 신으로도 추앙받는다.

🚇 가까운 MRT역 **행천궁역(싱티엔궁짠)**

📍 No. 109, Section 2, Minquan East Rd, Zhongshan District 🚶 행천궁역(行天宮站) 4번 출구로 나와 왼쪽으로 돌아 직진, 사거리가 나오면 대각선 방향(도보 3분) 🕐 04:00~22:30
🎟 무료 📞 02-2502-7924 🏠 ht.org.tw 🌐 25.063150, 121.533909 🔎 행천궁

03

수진박물관 袖珍博物館 ◀》 시우쩐보우꽌

미니어처로 만든 또 다른 리얼 세계

1997에 설립된 수진박물관은 아시아 최고의 미니어처 박물관으로, 세계 각지의 일류 명사가 세공한 작품을 만날 수 있다. 위풍당당한 로마제국부터 베네치아의 낭만적인 풍경, 영국 여왕의 호화로운 궁전 버킹엄 등 역사적 명소를 만날 수 있으며 〈피노키오〉, 〈걸리버 여행기〉, 〈백설공주〉 같은 동화 속 이야기도 재현되어 있다. 모형 룸 안의 작은 그림은 유화로 채색한 예술품이고, 1cm 높이의 양주병에는 실제 양주가 들어 있고, 조그마한 모형 TV에서는 영상이 흘러나온다. 인간의 1/12 크기로 축소된 인형, 엄지손가락만 한 방에 빽빽이 들어선 가구와 소품, 인간의 한계를 초월한 정교함으로 스스로 거인이라도 된 듯한 리얼리티가 느껴지는 곳이다.

📍 가까운 **MRT역** **송강남경역 (쏭지양난징짠)**

📍 B1, No. 96, Section 1, Jianguo North Rd, Zhong shan District 🚶 송강남경역(松江南京站) 5번 출구로 나와 고가대로가 나올 때까지 직진(도보 5분), 고가대로가 보이면 오른쪽으로 돌아 직진(5분). 오른쪽으로 보이는 금융빌딩(台証金融大樓) 지하1층

🕙 10:00~18:00(월 휴무) 🎟 성인/13~18세/6~12세 NT$250/NT$200/NT$150 📞 02-2515-0583

🏠 www.mmot.com.tw 🌐 25.050515, 121.536113

📍 수진박물관

04
천리행 千里行足體養生會館 ◀》 치엔리씽쭈티양성훼이꽌　　　24시간 운영하는 마사지의 천국

마사지 숍을 한 군데만 추천하라면 천리행이 떠오른다. 마
사지가 시작되면 시간 점검을 철저히 하며 고객이 원하는
강도를 반영하려는 서비스 마인드도 최상이다. 편안한 가
죽 의자, 족욕기 등 세련된 소품과 브라운 톤의 실내는 심신
의 안정을 돕는다. 개인 사물함이나 휴게 공간까지 조성되
어 있어 서비스 면에서도 최고라 할 만한 곳이다. 여행 후에
받는 발 마사지는 꿀맛보다 달콤하다. 24시간 운영하니 일
정이 빡빡해도 염려할 필요가 없다.

🚇 가까운 MRT역 **송강남경역(쏭지앙난징짠)**

📍 No. 62, Section 2, Nanjing E Rd, Zhongshan District
🚶 송강남경역(松江南京站) 1번 출구로 나와 좌회전 후 계속 직진.
왼쪽으로 보이는 상가(도보 6분) 🕐 24시간
🎫 발 마사지(40분) NT$ 660, (60분) NT$990
📞 02-2531-5880 🏠 www.1000m.com.tw
📍 25.05188,121.53023 🔍 천리행 마사지

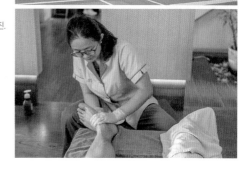

05
전가락조하장 全佳樂釣蝦場 ◀》취엔지아러디아오씨아창　　　직접 잡은 새우를 구워 먹는 실내 낚시터

20대 청년이 어느새 50대의 중년이 되는 동안 운영해온 30여 년의 세월은 고객에게
신뢰를 주기 충분하다. 게다가 통통한 육질에 단맛으로 인기 많은 태국하(泰国虾, 타
이꿔씨아, 타이완산으로 단수이강에서 양식하는 새우)를 가득 풀어놓은 어장을 갖추
고 가격까지 저렴해서 하루가 멀다고 찾아오는 단골이 많다. 평균 10~30마리(2시
간 기준)를 잡을 수 있는 새우는 직접 구워 먹을 수 있으며 추가 비용(NT$50~150)을
지불하면 사장님이 직접 구워주기도 한다. 맥주(NT$40)는 서비스 개념으로 저렴하
게 판매하니 함께 즐기자.

🚇 가까운 MRT역 **행천궁역(씽티엔궁짠)**

📍 No. 190, Jinzhou Street, Zhongshan
District 🚶 위치 행천궁역(行天宮站) 4번 출
구로 나와 오른쪽으로 180도 돌아 계속 직진
하면 왼편으로 보임(도보 5분)
🕐 16:00~03:00 🎫 (낚시대 1개당) 1시
간 NT$300, 1시간 30분 NT$450, 2시간
NT$600(1~2인까지는 1대, 3인부터는 2개 이
상 대여해야 함) 📞 02-2564-2928
📍 25.060303, 121.530689 🔍 3G6J+47

아청아육 阿城鵝肉 🔊) 어청어로우

저렴하지만 맛은 최고! 거위요리 전문점

거위 요리는 훈제 오리와 비슷하지만 식감이 더 쫄깃하다. 다만, 일반적인 거위 요리는 잔뼈가 많아 먹기 불편한데, 이 집에서는 앞쪽살(前半段)을 주문하면 뼈가 없어 먹기 좋고, 특제 소스를 곁들이면 고소한 풍미가 배가 되니, 거위 요리로는 타이베이 최고 맛집이라 해도 손색없다. 그 외 야시장의 유명 먹거리인 소시지 향장, 한국에서는 접하기 어려운 죽순 요리 황금순, 마랄(麻辣) 양념에 오리 선지를 절인 마랄혈 등 메뉴가 모두 저렴하고 맛있다. 특히 마랄혈은 은은한 마라탕의 미감이 더해져 선지의 진정한 매력을 느끼게 하니 빼놓지 말자.

😀 가까운 MRT역 **송강남경역(쏭지앙난징짠)**

✕ 거위요리 1인분 NT$220, 반마리(半隻, 빤쯔) NT$820, 향장(香腸, 씨양창) NT$40, 마랄혈(麻辣血, 마랄쒸에, 선지) NT$90, 아유반반(鵝油拌飯, 어요우빤반, 공기밥) NT$25 ♥ No. 162, Jilin Rd, Zhongshan District 🏃 송강남경역(松江南京站) 1번 출구로 나와 왼쪽으로 직진. 두 번째 사거리(천리행 마사지숍을 지남)에서 직진으로 횡단보도를 건넌 뒤 다시 오른쪽 횡단보도를 건너 계속 직진하면 왼편으로 보임(도보 13분) 🕐 11:30~21:00 📞 0930-105-668 🏠 www.acheng.com.tw 🌐 25.05667, 121.53007 🔎 A Cheng Goose

부패왕저각 富霸王豬腳 🔊) 푸빠왕쭈지아오

입에서 살살 녹는 족발의 진수

족발 전문점 부패왕저각에서 추천하는 요리는 족발의 살점만 조리한 패왕퇴구로, 입에서 살살 녹는 듯 부드러운 식감이 일품이다. 당일 준비한 재료가 떨어져 못 먹을 때는 뼈에서 살을 발라먹는 재미가 있는 패왕퇴절을 추천한다. 이 두 요리마저 떨어지면 족발 끝 부위로 만든 패왕퇴제를 주문해야 하는데, 살점이 적어 부패왕저각의 진수를 느끼기에는 조금 아쉽다. 노육반, 삶은 달걀 노단(滷蛋), 데친 채소 탕청채(燙青菜)를 곁들여 완벽한 타이완식 식사를 경험해보자. 현지인 대기 줄이 길므로 식사 때는 피해 방문하자.

😀 가까운 MRT역 **송강남경역(쏭지앙난징짠)**

✕ 패왕퇴구(霸王腿扣, 빠왕퉤이코우) NT$140, 패왕퇴절(霸王腿節, 빠왕퉤이지에) NT$110, 패왕퇴제(霸王腿蹄, 빠왕퉤이티) NT$90, 노육반(魯肉飯, 루로우판, 장조림밥) NT$30 ♥ No. 20, Lane 115, Section 2, Nanjing East Rd, Zhongshan District 🏃 송강남경역(松江南京站) 7번 출구로 나와 오른쪽 첫 번째 골목으로 진입. 다시 왼쪽 첫 번째 골목으로 진입해 직진하면 보이는 왼쪽 상가(도보 5분) 🕐 11:00~20:00(일~월 휴무) 📞 02-2507-1918 🌐 25.053312, 121.533504 🔎 Fu Ba Wang Pork Restaurant

하마스시 Hama Sushi 🔊 하마스시

불고기초밥이 인상적인 회전 초밥 맛집

하마스시는 일본에 본점을 둔 회전 초밥 전문점이다. 신선한 초밥과 함께 관서(간사이), 북해도(홋카이도), 하마스시 특제 간장소스 등 일본 전역의 간장을 마련해두고 있다. 밥을 수북이 덮은 짭조름한 불고기와 씹을수록 밥알이 고소하게 퍼지는 불고기초밥(醬燒牛肉)은 꼭 먹어보자. 케이크, 아이스크림, 라멘과 조개찜 같은 간단한 요리도 있으니 참고하자. 2~4인석이 많아 일행과 가볍게 사케를 한잔하기도 좋다. 초밥 주문 시 좌석 위 모니터를 이용하며 계산도 모니터의 회계(会計)를 눌러 계산서를 받은 후 카운터에서 하면 된다.

🚇 **가까운 MRT역 민권서로역(민췐시루짠)**

🍴 접시당 NT$40~60 📍 No. 185, Section 2, Zhongshan N Rd, Zhongshan District 🏃 민권서로역(民權西路站) 9번 출구로 나와 직진. 큰 사거리 횡단보도를 건너 왼쪽으로 돌아 직진하면 오른쪽으로 보이는 상가(도보 10분) 🕚 11:00~23:00 📞 02-2552-8700 🏠 tw.hamazushi.com 🌐 25.063849, 121.522646 📍 Hama Sushi Zhongshan Minquan

노사천 老四川 🔊 라오쓰촨

기분 좋은 매운맛을 즐기다

노사천은 파촉마랄탕(巴蜀麻辣燙, 바쑤마라탕)이라고도 불린다(파촉은 사천의 옛 지명). 한국보다 매운맛을 즐긴다는 사천(四川)에 뿌리를 둔 훠궈로 입안이 차츰 얼얼해지며 이마에 송골송골 땀이 맺히는 기분 좋은 매운맛이다. 기본 제공하는 천미량면(川味涼麵) 맛이 일품이고 매콤한 양념은 훠궈소스와 섞어 먹어도 맛있다. 탕은 순한 육수와 마랄탕(麻辣燙)이 함께 나오는 쌍미원앙과(雙味鴛鴦鍋, 쌍웨이위엔양궈), 차돌박이 스타일의 정선오화우육, 진짜 대하를 맛볼 수 있는 대명하, 탱탱한 오징어완자 화지환, 버섯모둠 고류병반을 함께 즐겨보자.

🚇 **가까운 MRT역 송강남경역(쏭지앙난징짠)**

🍴 정선오화우육(精選五花牛肉, 징쒸엔우화니우로우) NT$358, 고류병반(菇類拼盤, 구레이핀판) NT$228, 화지환(花枝丸, 화쯔완) NT$118, 대명하(大明虾, 따밍씨아) NT$158 📍 No. 45, Section 2, Nanjing East Road, Zhongshan District 🏃 송강남경역(松江南京站) 1번 출구에서 도보 5분 🕚 11:30~05:00 📞 02-2522-3333 🏠 www.oldsichuan.com.tw 🌐 25.052281, 121.529471 📍 라오쓰촨

피카피카카페 Fika Fika Café 🔊 피카피카 카페

북유럽 감성을 추구하는 힐링 카페

화이트 톤 외벽과 북유럽식 목재 인테리어가 아늑한 곳이다. 흑탕내철은 타이완에선 매우 흔한 음식이지만 피카피카의 흑탕내철은 좀 특별하다. 라테(拿鐵, 나티에) 위에 카푸치노 거품처럼 올린 흑설탕 가루의 달콤함이 음료와 잘 어우러진다. 흑탕(黑糖, 흑설탕) 시럽과 우유 양을 조절하며 농축 얼음 커피를 녹여 마시는 흑전구뢰도 피카피카에서만 만날 수 있다. 2013년 노르딕 컵 로스터·에스프레소 부문에서 우승을 거머쥔 곳으로, Fika는 스웨덴어로 '커피를 마시다'라는 뜻이다. 빵, 샐러드, 요거트가 함께 나오는 세 종류의 모닝 세트(早餐)는 기본 음료(NT$130)가 포함되며 추가 요금을 지불하면 다른 음료로 바꿀 수 있다.

🚇 가까운 MRT역 **송강남경역(송지양난징짠)**

🍴 흑탕내철(黑糖拿鐵, 헤이탕나티에) NT$ 200, 흑전구뢰(黑磚歐蕾, 헤이쭈안오레이, 흑탕 카페오레) NT$250, 조찬(早餐, 차오찬) 세트 NT$330~360 📍 No. 33, Yitong Street, Zhongshan District 🚶 송강남경역(松江南京站) 4번 출구에서 도보 5분 🕐 08:00~21:00(월 10:30~) 📞 02-2507-0633 📡 25.050550, 121.535280 📍 Fika Fika Cafe

---

홍수교우육면 鴻水餃牛肉麵 🔊 홍쉐이지아오니우로우미엔

보들보들한 물만두가 특별한 맛집

타이베이에서 가장 아담하고 깔끔한 야시장인 쌍성미식가(雙城美食街, 쌍청메이스지에)의 물만두 맛집이다. 어느 때나 먹어도 좋지만 특히 야식으로 그만이다. 타이완(중화권) 만두는 대체로 피가 두꺼운데, 홍수교우육면의 물만두는 피가 얇고 부드러워 한국인 입맛에 잘 맞는다. 소가 꽉 찬 보들보들한 물만두와 우육탕 한 그릇이면 훌륭한 야식이된다. 종종 만두가 일찍 떨어지므로 참고하자.

🚇 가까운 MRT역 **중산국소역(쭝산꿔씨아오짠)**

🍴 수교(水餃, 쉐이지아오) NT$70, 우육탕(牛肉湯, 니우로우탕) NT$90 📍 No. 12, Shuangcheng Street, Zhongshan District 🚶 중산국소역(中山国小站) 1번 출구로 나와 정면의 횡단보도를 건넌 후 직진, 오른쪽으로 보이는 첫 골목으로 진입하면 나오는 쌍성미식가에서 노점 29호를 찾으면 됨(도보 8분) 🕐 18:00~23:30(수 휴무) 📡 25.064637, 121.524296 📍 Leek Dumplings & Braised Beef Noodles

홍콩차수탄 香港茶水攤 Hongkong 茶水攤 🔊 씨양강차쉐이탄

식신(주성치)의 요리가 있는 홍콩식 레스토랑

멜빵바지에 건빵 모자 차림의 직원들이 홍콩 특유의 분위기를 풍기는 곳이다. 영화 〈식신〉에 나온 암연소혼밥과 싱크로율 99%를 자랑하는 밀즙차소전단반을 맛볼 수 있으니 주성치 팬이라면 특히 주목하자. 소·돼지·오리 바비큐를 제공하는 삼보(三寶)는 홍콩 현지맛집과 비교해도 부족함이 없고 가격도 저렴하니 역시 놓칠 수 없다. 그 외 새우딤섬으로 유명한 선증하교황을 포함해 다양한 홍콩 요리가 있으니 취향에 따라 선택하자.

🚇 **가까운 MRT역 남경복흥역(난징푸싱짠)**

🍴 밀즙차소전단반(密汁叉燒煎蛋飯, 미쯔차샤오지엔딴판) NT$160, 삼보(三寶, 싼빠오) NT$420, 선증하교황(鮮蒸蝦餃皇, 씨엔쩡씨아지아오황) NT$120 📍 No. 218, Section 3, Nanjing East Rd, Zhongshan District 🚶 남경복흥역(南京復興站) 4번 출구로 나와 뒤돌아 직진하면 오른쪽 2층(도보 1분) ⏱ 11:00~22:30 📞 02-2778-7120 🏠 hkteafood.com 🌐 25.051863, 121.543508 🔎 HONG KONG tea stalls(Nanjing flagship store)

소조관도 燒鳥串道 🔊 소조관도

다양한 꼬치 요리의 천국

일본 선술집 분위기를 만끽하며 맥주 한잔하기 좋은 곳. 육류, 채소, 해산물로 만든 꼬치가 가득하며 개당 NT$20~75으로 가격도 싸다. 진열장에서 직접 보고 주문하므로 편리하다. 무료인 밥 위에 가츠오부시를 올리고 특제 간장소스를 부어 먹는 덮밥도 있어 만족도가 높다. 타이완 음식이 입에 맞지 않는 여행자라도 부담 없이 즐길 수 있는 맛집이다.

🚇 **가까운 MRT역 행천궁역(씽티엔궁짠)**

🍴 꼬치당 NT$25~75 📍 NO.167, Jilin Rd, Zhongshan District 🚶 행천궁역(行天宮站) 4번 출구로 나와 오른쪽으로 돌아서서 골목 따라 직진. 큰 도로가 나오면 왼쪽으로 돌아 직진, 왼쪽(도보 12분) ⏱ 17:30~00:30 📞 02-2542-8651 🌐 25.059470, 121.530338 🔎 3G5J+J4

동휘한식관 東輝韓食館 ◀◑ 동훼이한스관

감자탕이 맛있는 집

현지인이 줄을 서서 기다리는 한식 맛집으로, 대표 메뉴는 마령서저골탕이다. 살점이 실한 등뼈, 푹 삶은 감자와 우거지, 걸쭉하면서도 얼큰한 국물, 와사비 간장소스에 고기를 찍어 먹으면 딱 한국에서 먹던 그 감자탕 맛! 긴 대기 시간을 맛으로 보상받을 수 있는 곳이다.

📍 가까운 MRT역 **행천궁역(씽티엔궁짠)**

🍴 마령서저골탕(馬鈴薯豬骨湯, 마링쑤쭈구탕) 1인 NT$220, 4인 NT$900 📍 No. 29, Lane 259, Songjiang Rd, Zhongshan District 🚶 행천궁역(行天宮站) 3번 출구에서 도보 7분
🕐 11:30~14:00 & 17:30~21:00(일 휴무) 📞 02-2517-6859
📍 25.059644, 121.534567 📍 3G5M+VR

테이스티 Tasty ◀◑ 테이스티

가성비 좋은 스테이크 코스 요리점

테이스티는 탕, 음료, 디저트, 메인요리 등을 손님이 직접 선택(영어 메뉴 구비)하는 방식을 도입해 차례로 나오는 요리를 하나씩 비우는 재미가 있는 곳이다. 요리가 정갈하고 인테리어가 깔끔한데도 가격은 저렴한 편이다. 12세 이하 아동을 위한 특별 메뉴도 있어 연인은 물론 가족끼리 방문해도 좋은 곳이다.

📍 가까운 MRT역 **송강남경역(송지앙난징짠)**

🍴 경전투찬(經典套餐. 징디엔타오찬) NT$668, 아동투찬(兒童套餐, 얼통타오찬) NT$398 📍 No 11, Nanjing East Rd, Section 2, Zhongshan District 🚶 송강남경역(松江南京站) 1번 출구에서 도보 15분 🕐 11:30~14:00, 17:00~21:00 📞 02-2560-1296
🏠 tasty.com.tw 📍 25.052435, 121.528438 📍 TASTY

복덕량면 福德涼麵 ◀◑ 푸더량미엔

타이완의 온기가 느껴지는 야식맛집

복덕량면은 밤이 깊을수록 손님이 많아지며 작은 공간에 삼삼오오 둘러앉아 얘기를 나누는 타이완인의 일상이 느껴지는 24시간 운영하는 야식 명소다. 참깨와 간장을 베이스로 소스를 넣어 비벼 먹는 량면이 유명하다. 달걀이 든 미소탕(味噌汤, 웨이청탕) 안에 탱탱한 완자가 두 개 들어 있는 삼합일탕도 빼놓지 말자.

📍 가까운 MRT역 **남경복흥역(난징푸싱짠)**

🍴 량면(涼麵, 량미엔) 소 NT$45, 대 NT$55, 삼합일탕(三合一汤, 산허이탕) NT$50 📍 No. 76, Xing'an Street, Zhongshan District 🚶 남경복흥역(南京復興站) 1번 출구에서 도보 10분
🕐 24시간 운영(일 휴무) 📞 02-2503-8553
📍 25.056019, 121.541145 📍 Fu Te Cold Noodle

12 강산양육 岡山羊肉 ◀)) 지앙산양로우

23년째 운영하는 곳으로, 초사다양육이 특히 유명하다. 다른 음식점에서도 만날 수 있는 요리지만 강산양육에는 못 미친다. 흔히 훠궈 소스로 제공하는 사차 소스를 베이스로 볶아낸 요리로, 살코기(양)와 아삭한 식감이 좋은 유채(油菜, 요우차이)를 함께 볶아 술안주로는 그만이다. 한약재를 넣고 삶은 탕에 큼직한 양다리를 얹은 양퇴탕도 추천. 한국보다 저렴하게 양고기를 맛볼 수 있는 곳이니 맥주와 함께 푸짐하게 즐겨보자.

🚇 가까운 MRT역 **남경복흥역(난징푸싱짠)**

🍴 초사다양육(炒沙茶羊肉, 차오쌰차양로우) NT$160, 양퇴탕(羊腿湯, 양퉤이탕) NT$80 ♀ No. 2, Lane 201, Liaoning Street, Zhongshan District 🚶 남경복흥역(南京復興站) 1번 출구로 나와 오른쪽으로 직진. 오른쪽으로 보이는 작은 공원을 지나자마자 보임(도보 3분) 🕐 17:00~01:00(월 휴무) 📞 02-2713-8943 🌐 25.054108, 121.542175 🔎 3G3R+JV

13 미스터브라운커피 송강점 伯朗咖啡館(松江店) Mr. Brown Coffee ◀)) 보랑카페이관(송지앙디엔)

30년을 이어오는 커피의 명가

1988년 문을 연 미스터브라운은 타이완 요식업체인 금차공사(金車公司/King car Group, 1979)의 계열사로, 커피와 식사, 마트에 진열하는 포장상품(캔커피, 티백밀크티) 등 다양한 사업을 하고 있다. 주력인 커피는 단품종만 재배하는 농장에서 엄선한 고급 아라비카 원두를 사용해 카페인 함량이 낮고, 특유의 신맛이 도드라진다. 대표 메뉴 백랑나철은 끈적임 없이 미끈하고 부드러운 맛이다.

🚇 가까운 MRT역 **행천궁역(씽티엔궁짠)**

🍴 백랑나철(伯朗拿鐵, 보랑나티에) (중) NT$120, (대) NT$130 ♀ No. 332, Songjiang Road, Zhongshan District 🚶 행천궁역(行天宮站) 4번 출구로 나와 왼쪽으로 돌아 조금 가면 보임(도보 1분) 🕐 07:30~21:00(토·일 08:00~) 📞 02-2567-9093 🏠 mrbrown.com.tw 🌐 25.061199, 121.532926 🔎 Mr. Brown Coffee

14

홍번천생맹해선 紅翻天生猛海鮮 ◄)) 홍판티엔썽멍하이시엔

길림로(吉林路) 일대에 소문난 러차오

길림로에서 가장 유명한 러차오 주점. 홍콩 요리인 스파이시크랩은 등껍질이 여자 손바닥 크기로 홍콩에 비해 가격이 저렴하며 풍미를 더해주는 새콤달콤한 홍초장(紅醋醬) 또한 특별하다. 파인애플새우튀김 봉리하구(鳳梨蝦球), 매운 닭요리 궁보계정(宮保鷄丁)도 추천한다.

🚇 가까운 MRT역 **중산국소역(쫑산꿔씨아오짠)**

🍴 봉리하구(鳳梨蝦球) NT$180, 스파이시 크랩(避风塘炒蟹) NT$430 📍 No. 239, Jilin Road, Zhongshan District 🚶 중산국소역(中山国小站) 3번 출구에서 도보 15분 🕐 17:00~01:30
📞 02-2537-1629 🌐 25.061131, 121.530447
📍 Hong Fan Tian Live Seafood Restaurant

15

천외천 중산국소점 天外天(中山国小店) ◄)) 티엔와이티엔(쫑산꿔씨아오디엔)

훠궈와 숯불바비큐를 한자리에서!

훠궈와 숯불바비큐를 모두 즐길 수 있는 뷔페점이다. 훠궈 육수는 마라탕과 김치탕(泡菜鍋)을 추천하며 양념장은 기본 사차장(沙茶醬)에 간장, 마늘 등을 넣어 만들고, 숯불바비큐는 완제된 바비큐 소스를 이용한다. 이 지점에서만 훠궈와 숯불바비큐를 함께 즐길 수 있다.

🚇 가까운 MRT역 **중산국소역(쫑산꿔씨아오짠)**

🍴 중식 NT$676, 석식 NT$726, 주말 및 공휴일 NT$756 📍 No. 67, Section 1, Minquan East Rd, Zhongshan District 🚶 중산국소역(中山国小站) 1번 출구에서 도보 2분 🕐 11:30~04:00(점심 입장 시간 11:30~16:00) 📞 02-2592-3400 🏠 tianwaitian. com.tw 🌐 25.063032, 121.525495 📍 3G7G+55

16

아리파파적주방 阿裏巴巴的廚房 Ali Baba's Indian Kitchen ◄)) 아리바바더추팡/알리바바즈 인디언 키친

뷔페로 즐기는 인도 요리

2대째 인도인이 직접 운영하는 진짜 맛집이다. 단품 요리는 가격대가 만만치 않지만, 주말 점심시간에는 뷔페로 운영하니 이때 방문하길 추천한다. 카레, 탄두리치킨 등의 요리들이 제공되어 맛도 가성비도 그만이다.

🚇 가까운 MRT역 **송강남경역(송지양난징짠)**

🍴 주말 뷔페 NT$599(1인) 📍 No. 56, Nanjing East Rd, Section 2, Zhongshan District 🚶 송강남경역(松江南京站) 1번 출구에서 도보 12분 🕐 11:30~15:00, 17:30~22:00(토·일 점심 뷔페로 운영) 📞 02-2567-7163 🏠 alibaba88.com
🌐 25.051843, 121.529776 📍 Ali Baba's Indian Kitchen

01

대북리기 台北犁記 🔊 타이베이리지

1894년 타이중에서 시작한 타이완 전통과자점

1894년에 창업한 전통과자점. 마스코트인 토끼가 월병(月餅)을 바라보는 형태로 진열한 방식이 독특한 곳이다. 외피를 페이스트리로 만 녹두소월병, 전통과자 태양병, 봉리소가 선물용으로 인기가 높다.

🚇 **가까운 MRT역 송강남경역(송지앙난징짠)**

🎟 녹두소월병(绿豆小月餅, 뤼또우씨아오위에삥) 개당 NT$60, 태양병(太陽餅, 타이양삥) 개당 NT$50, 봉리소(鳳梨酥, 펑리쑤) 개당 NT$40 ♥ No. 67, Section 2, Chang'an East Road, Zhongshan District 🚶 송강남경역(松江南京站) 4번 출구에서 도보 11분 🕐 09:00~21:00 📞 02-2506-2255 🌐 taipeileechi.com.tw 📍 25.048600, 121.534033 📍 Taipei Leechi

02

이케아 돈북점 敦北店 Ikea 🔊 이케아(둔베이디엔)

17세 천재가 만든 가구 백화점

스웨덴 기업 이케아는 1943년 잉그바르 캄프라드(Ingvar Kamprad)가 17세에 창업하여 전 세계에서 환영받는 가구점으로 성장했다. 매장의 구불구불한 루트를 따라 전시된 다양한 룸 인테리어를 구경하는 것이 이케아 쇼핑의 묘미. 자유분방한 이케아의 디자인과 컬러를 만나보자.

🚇 **가까운 MRT역 남경복흥역(난징푸싱짠)**

♥ No. 100, DunHua N Rd, Songshan District 🚶 남경복흥역(南京復興站) 6번 출구로 나와 직진, 큰 사거리에서 왼쪽으로 돌아 직진하면 왼쪽으로 보임(도보 7분) 🕐 10:00~21:30(금·토 ~22:00) 📞 02-2586-3816 🏠 ikea.com 📍 25.064391, 121.518498 📍 IKEA Taipei Arena City Store

03

소미지가 대북행천궁점 小米之家(台北行天宮店) 🔊 샤오미쯔지아(타이베이씽티엔궁디엔)

구경만 해도 즐거운 샤오미 매장

2010년 중국에서 탄생한 신생기업 샤오미(小米)의 해외지점으로, 핸드폰 소품 외에도 진동칫솔, 전기면도기 등의 가정용 전자소품이 진열되어 있다. 한국보다 저렴하지는 않지만 출시 제품과 출시일이 각각 다르니 샤오미에 관심이 있다면 방문해볼 만한 곳이다.

🚇 **가까운 MRT역 행천궁역(씽티엔궁짠)**

♥ No. 273, Songjiang Road, Zhongshan District 🚶 행천궁역(行天宮站) 3번 출구에서 바로 🕐 11:00~19:00 📞 02-2192-1023 🏠 www.mi.com/tw/ 📍 25.059933, 121.533541 📍 Mi - 샤오미매장

중정취
中正區

#중정기념당 #융캉제 #딘타이펑 #망고빙수

타이베이의 대표 명소 중정기념당과 대표 맛집 거리 융캉제가 있는 지역으로 타이베이에 처음 왔다면 무조건 방문을 추천한다. 중정기념당은 타이완 초대 총통 장제스를 기리는 곳으로 타이완의 역사, 문화를 이해하는 데 좋은 명소다. 중정기념당에서는 매시 정각마다 진행하는 위병 교대식을 꼭 봐야 하니 시간을 맞춰가는 것이 좋다. 융캉제는 트렌디한 상점과 카페 그리고 왁자지껄한 분위기의 맛집이 한데 어우러져 재미있는 풍경을 보여주는 곳이다. 젊은이들과 여행자로 붐비는 거리, 먹거리와 살거리로 가득한 번화가, 노포와 세련된 카페가 모여 있는 공간. 융캉제는 그야말로 즐거운 혼돈의 거리다.

ACCESS

- **타이베이역 → 중정기념당**
  타이베이역 ▶ [R]단수이신이선 ▶ 중정기념당(쭝정지니엔탕)역　🕐 약 5분　🈺 NT$20

- **쏭산 공항 → 융캉제**
  송산공항(쏭산지창)역 ▶ [R]단수이신이선 ▶ 동문(똥먼)역　🕐 약 8분　🈺 NT$20

중정취 이렇게 여행하자

중정기념당역에 도착하면 중정기념당을 둘러본 후 융캉제(동문역 5번 출구 앞 골목)로 이동해서 거리 풍경을 즐기며 맛집 탐방을 하는 것이 가장 일반적인 코스다. 주변 명소를 더 둘러보고 싶다면 볼거리도 많고 역에서 가까운 우정박물관을 추천한다. 융캉제까지는 도보로 이동해도 되지만, 맛집 탐방과 거리 산책을 위해 체력 안배를 하고 싶다면 MRT를 타고 동문역으로 가서 여행을 시작하자. 단, 딘타이펑을 비롯해서 수많은 맛집이 골목마다 기다리고 있으니 선택과 집중을 하고 효율적으로 다니는 것이 좋다.

MUST SEE

중정기념당
타이완 초대 총통
장제스를 기리는 곳

우정박물관
전 세계 우표를 볼 수 있는
재미있는 박물관

다안삼림공원
수목이 우거진
타이베이의 허파

MUST EAT

딘타이펑
〈뉴욕타임스〉가 선정한
세계 10대 레스토랑 본점

금봉노육반
현지인이 최고로 꼽는
국민 맛집

스무시
타이완 3대 빙수 맛집

MUST BUY

미미크래커
타이베이의 마약 쿠키
미미크래커

천인명차
66년째 이어온
중저가 선물용 찻집

래호
쇼핑 재미가 있는
편집숍

중정취
상세 지도

Section 1, Ren'ai Rd
Section 1, Xinyi Rd
소남문(씨아오난먼) M
Section 2, Chongqing South Rd
Aiguo East Rd
중정기념당
M (쭝정지니엔탕)

Section 1, Ren'ai Rd

Section 1, Xinsheng South Rd

건국옥시 **07**

Section 2, Xinyi Rd

동문(똥먼)
M

대안삼림공원
(따안산린꽁위엔)
M

Yongkang St

Section 2, Jinshan South Rd

ast Rd

Section 1, Xinsheng South Rd

팅)

Section 1, Heping East Rd

N
W E
S

0   100m

중정기념당 中正紀念堂
National Chiang Kai-shek Memorial Hall ◀) 쭝정지니엔탕

타이완 초대 총통 장제스를 기리는 곳

중정기념당은 그 외형에 여러 상징적인 의미를 담고 있다. 건물을 청색과 백색으로 지었는데 이것은 타이완 국기인 청천백일기를 상징한다. 반듯한 사각형 모양은 장제스의 본명인 장중정(蔣中正)을 뜻한다. 총 89개인 계단은 장제스가 별세한 나이를 의미한다. 장제스의 동상을 모셔놓은 중정기념당 아래로 넓게 펼쳐진 자유광장이 있고, 양옆으로 국가희극원과 국가음악원이 있다. 주말에는 광장에서 각종 행사를 진행해 복잡하므로 평일에 방문하는 것이 낫다. 개방 시간인 오전 9시 전에 도착하면 정각마다 열리는 위병 교대식을 볼 수 있고, 어마어마한 크기의 철문이 열리는 장관도 볼 수 있다.

🚇 **가까운 MRT역** 중정기념당역(쭝정지니엔탕짠)

📍 No. 21, Zhongshan South Rd, Zhongzheng District 🚶 중정기념당역(中正紀念堂站) 5번 출구 🕘 09:00~18:00(자유광장 24시간) 🎫 무료 📞 02-2343-1100 🏠 cksmh.gov.tw 📍 25.034913, 121.521792 🔎 중정기념당

········· TIP ·········
장제스는 누구인가

장제스(1887~1975)는 절강성 봉화현(奉化縣)에서 옥태염포(玉泰鹽鋪)를 운영하던 장사천(蔣斯千) 손자로, 부유한 가문에서 태어났지만 어린 나이(8세)에 부친을 여의며 강인하게 자란 인물이다. 1908년 군사교육기관인 동경진무학교(東京振武學校, 일본 동경 소재)에서 유학할 당시 동경(東京)에서 활동하던 쑨원(孫文)의 혁명조직인 중국동맹회(中國同盟會, 1905년 창립)를 만나며 새로운 운명이 시작된다. 청조(淸朝)를 무너뜨린 1911년 신해혁명을 시작으로 중국국민당(中國國民黨, 중국동맹회를 개명)을 설립하고 남경(南京)을 수도로 중화민국을 세운 쑨원이 세상을 떠난 후(1925년)에는 국민당 총재(總裁)로 발탁되며 실질적인 1인자로 부상하게 된다. 당시 중국의 정세는 그리 좋지 못했다. 국민당의 반대세력인 중국공산당(中國共産黨, 1921년)과의 내전 중 일본 침략이 시작된 것이다. 국공합작(國共合作, 국민당과 공산당의 연맹)으로 일본은 몰아냈으나 결국 마오쩌둥(毛澤東)과의 국공내전(國共內戰, 1946~1949)에서 패하며 타이완으로 패주(敗走)하게 된다. 당시 타이완에서 살고 있던 내성인과의 차별 정책을 펴며 가슴 아픈 228사건을 발생시킨 주역이지만 쑨원의 삼민주의를 이어받으며 중국에 민주주의를 꽃피우려 했던 아시아의 역사를 뒤흔든 인물임에는 틀림없다. 여담을 더하자면 상하이(上海) 홍구공원(虹口公園)에서 도시락 폭탄을 투척한 윤봉길의사에게 "중국의 백만대군이 못한 일을 한 명의 조선 청년이 해냈다" 라며 독립자금을 전폭적으로 지원해준 인물이기도 하다. 본명은 서원(瑞元)에서 중정(中正)으로 개명하였고 자(子)는 개석(介石)이다.

우정박물관 郵政博物館 Postal Museum ◀) 요우쩡보우관

전 세계 우표가 한곳에

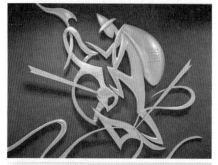

교육 목적의 박물관이긴 하지만 보는 재미도 쏠쏠한 곳이다. 상층에서 하층으로 내려오며 관람하는 게 일반적으로, 5층에서는 한국을 포함해 세계 각국에서 발행한 우표가 전시되어 있고 4층에는 우편의 전달 경로가 한눈에 보이는 모형이 있다. 3층 입구에서는 날카로운 곡선 디자인이 인상적인 민국 55년(1966년)에 발행한 우표 삽화 모형을 볼 수 있다. 특히 2층은 우정박물관 최고의 볼거리라 할 만하다. 세계 최초로 발행한 영국의 우표, 최초로 호랑이를 삽화로 넣은 일본의 우표, 타이완 최초 발행 우표 등 세계 최초의 우표를 전시해둔 곳으로 예술품을 감상하는 듯한 재미가 있다. 희귀한 물품이 많으니 평소 우표에 관심이 있는 독자에게 적극 추천한다.

🚇 **가까운 MRT역** **중정기념당역(쭝정지니엔탕짠)**

📍 No. 45, Section 2, Chongqing South Road, Zhongzheng District 🚶 중정기념당역(中正紀念堂站) 2번 출구로 나와 180도 돌면 보이는 사거리에서 왼쪽으로 돌아 육교가 나올 때까지(큰 사거리) 직진한 후 바로 왼쪽으로 돌면 보임(도보 8분) ⏰ 09:00~17:00(월 휴무)
💴 NT$ 10 📞 02-2394-5185 🏠 museum.post.gov.tw
🌐 25.031666, 121.514763 🔎 Postal Museum

대북식물원 台北植物園 🔊 타이베이쯔우위엔

행정원농업위원회임업시험소에 소속되어 수집, 연구, 보육, 교육을 하는 곳이다. 약 2만 5000평의 넓은 초지에 펼쳐진 다양한 식물군을 만날 수 있다. 사진 명소로 유명한 하화지(荷花池, 허화츠, 연꽃이 피는 연못), 1894년에 건축된 흠차행대(欽差行臺, 당시 청나라 중앙관리 영접하던 곳), 1924년에 건축된 석엽표본관(腊葉標本館), 타이완 예술가의 예술작품을 만날 수 있는 대북당대공예계분관(臺北當代工藝設計分館)은 꼭 둘러보자. 대북식물원 입구가 여러 곳인데 가이드북에서 알려주는 방향으로 가면 대북당대공예설계분관이 바로 보이며, 건물을 정면으로 바라보며 왼쪽 방향 샛길로 들어서면 식물원으로 이어진다.

🚇 가까운 MRT역 **중정기념당역(쭝정지니엔탕짠)**

📍 No. 53, Nanhai Road, Zhongzheng District
🚶 중정기념당역(中正紀念堂站) 2번 출구로 나와 180도 돌면 보이는 사거리에서 왼쪽으로 돌아 육교가 나올 때까지(큰 사거리) 직진한 후 사거리를 지나 계속 직진하면 오른쪽으로 보임(도보 11분)
🕐 06:00~20:00(월 휴무) 🎫 무료
📞 02-2303-9978 🌐 tpbg.tfri.gov.tw
📍 25.031649, 121.511192 🔍 타이베이 식물원

228국가기념관 二二八國家紀念館 ◀) 얼얼빠궈지아지니엔관   아픈 기억, 잊을 수 없는 비극

1931년(일제강점기) 건축되어 이미 90여 년의 세월을 보낸 곳이지만 전망 좋은 발코니와 빨간 카펫으로 쏟아지는 햇살, 천장에 걸린 샹들리에가 기품 있는 분위기를 풍기는 곳이다. 일본 패망(1945) 후 당시 최고의 입법기관인 대만성의회(臺灣省議會)의 집회 장소로 이용했고, 1959년부터는 미국문화정보국에서 사용했다. 1993년 3급 고적으로 등재되었으며 2007년부터 228국가기념관으로 운영하고 있다. 228사건을 기억하고 추모하는 공간으로 사진과 서적을 포함해 관련 자료가 가득하다.

🚇 가까운 MRT역 **중정기념당역(쭝정지니엔탕짠)**

📍 No. 54, Nanhai Road, Zhongzheng District 🚶 중정기념당역(中正紀念堂站) 2번 출구로 나와 180도 돌면 보이는 사거리에서 왼쪽으로 돌아 육교가 나올 때까지(큰 사거리) 직진, 육교를 건너면 정면으로 보임(도보 9분) 🕐 10:00~17:00 🎫 무료 📞 02-2332-6228 🏠 228.org.tw 🧭 25.031626, 121.513919
🔍 National 228 Memorial Museum

다안삼림공원 大安森林公園 Daan Forest Park ◀) 따안션린꽁위엔   수목이 우거진 타이베이의 허파

다안삼림공원은 타이베이 최대의 녹지 공원으로 1994년 정식으로 개방되었다. 규모가 약 8만 평에 달하며 넓은 호수를 포함한 자연 생태계도 훌륭하게 조성돼 있다. 거대한 수목이 만든 그늘 속을 걷다 보면 도시와는 동떨어진 대자연 속에 와 있는 듯하다. 특히 꽃이 피는 계절에는 더욱 화려해지는 곳으로 타이베이 시민이 가장 좋아하는 휴식 공간으로 각광받는 곳이다. 동문역 융캉제(永康街) 인근이자 101타워로 가는 길목이라 접근성도 나쁘지 않으니 공원 산책을 좋아한다면 방문해보자.

🚇 가까운 MRT역
대안삼림공원(따안산린꽁위엔짠)

📍 No. 1, Section 2, Xinsheng South Rd, Da'an District 🚶 대안삼림공원역(大安森林公園站) 역 5번 출구로 나오면 공원과 바로 연결 🕐 24시간 🎫 무료
📞 02-2700-3830
🧭 25.032518, 121.534897
🔍 다안 삼림 공원

만도발형 신의점 曼都髮型 信義店 ◀)) 만또우파씽(신이디엔)

좌세(坐洗, 즈오씨)는 의자에 앉은 채 거품을 내 머리를 감겨주는 서비스로 말그대로 앉아서(坐) 씻는(洗) 타이완의 독특한 샴푸법이다. 샴푸 중 가벼운 마사지도 해주는데, 받고 나면 머리가 시원해진다. 좌세는 어느 헤어숍에서든 가능하지만 만도발형을 특히 추천하는 이유는 이른 아침 문을 열기(다른 곳은 보통 오전 11시 오픈) 때문이다. 게다 저렴하고 좌석도 많아 일행끼리 방문하기도 좋으니 일정의 시작으로 그만이다(머리 건조 서비스 포함).

◉ 가까운 MRT역 **대안역(따안짠)**

◉ No. 56, Section 4, Xinyi Road, Da'an District ☆ 대안역(大安站) 4번 출구로 나와 오른쪽으로 돌아서 가면 오른쪽에 보임(도보 2분) ◷ 08:30~19:15(일 ~18:00) ◉ 헤어 길이에 따라 NT$270~350 ☎ 02-2707-1040 ◉ 25.033146, 121.545340 ◉ mentor Hair Stylist

건국옥시(화시) 建國玉市(花市) Jianguo Jade Market ◀)) 지엔꾸오위쓰(화쓰)

충효신생역과 대안역을 지나는 건국고가도로(建國高架道路)아래에 있는 곳으로 잡화시장, 꽃시장, 옥시장으로 연결되는 노천 시장이다. 볼거리가 풍부하니 가볍게 구경하는 것은 좋지만 구입은 추천하지 않는다. 옥(玉)은 문양에 따라 등급(가격) 차이가 나는 만큼 식견이 없다면 좋은 물건을 고르기 어렵고 옥에 대해서 잘 안다고 해도 도매 거래를 하는 곳이라 낱개 흥정을 해주지 않으니 싸게 살 수도 없다.

◉ 가까운 MRT역
대안삼림공원(따안산린꽁위엔짠)

◉ Section 1, Jianguo South Road, Da'an District ☆ 대안삼림공원역(大安森林公園站) 5번 출구로 나와 직진하면 고가도로 아래 보임(도보 5분)
◷ 09:00~18:00 ☎ 02-2708-5931
◉ 25.038366, 121.537882
◉ 타이베이 지엔궈 주말 꽃시장

딘타이펑 신의점 鼎泰豐(信義店) ◀») 딩타이펑(신이디엔)

〈뉴욕타임스〉가 선정한 세계 10대 레스토랑 본점

소롱포의 원조격으로 불리는 상하이 남상만두(南翔饅頭)의 진한 육즙은 호불호가 나뉘기 마련인데, 딘타이펑은 그보다 연한 맛으로 승부하며 빠르게 전 세계인의 입맛을 사로잡으며 1993년 〈뉴욕타임스〉 세계 10대 레스토랑에 선정되었다. 게살·채소·새우·돼지고기 등 소를 자유롭게 선택할 수 있는데 5개 단위로 주문이 가능해 다양하게 맛보기 좋다. 소롱포는 대개 만두피를 찢어낸 다음 육즙을 먼저 마시는 것으로 알려져 있지만, 만두피 윗부분을 살짝 찢어 육즙을 식힌 후 간장과 생강을 얹어 한 번에 먹어보자. 만두피에서 터져 나오는 육즙, 고소한 소, 간장과 생강이 완벽한 조화를 이루어 소롱포의 맛을 좀 더 깊게 느낄 수 있다.

🚇 가까운 MRT역 동문역(똥먼짠)

🍴 소롱포(小籠包, 씨아오롱빠오) 5개 NT$125, 10개 NT$250, 게살소롱포(蟹粉小籠包, 씨에펀씨아오롱빠오) 5개 NT$200, 10개 NT$400 ♀ No. 194, Section 2, Xinyi Rd, Da'an District 🚶 동문역(東門站) 5번 출구로 나와 직진한 뒤 횡단보도를 건너면 바로 보이는 오른쪽 상가(도보 1분) 🕐 11:00~20:30(토·일 10:30~) 📞 02-2321-8928 🏠 dintaifung.com.tw 🎯 25.033513, 121.530109 🔎 딘타이펑 본점

석이과 대북신의점 石二鍋(台北信義店) ◀») 스얼궈(타이베이신이디엔)

혼자 즐기기 좋은 훠궈 맛집

여러 명이 함께 즐기기 좋은 훠궈(火鍋)는 홀로 여행자에게 부담스러울 수 있지만 석이과는 1인 훠궈를 제공해 가격 부담이 없다. 또한 소고기 세트 가격이 한화 1만 원이 채 안 되니 이만큼 가성비 좋은 훠궈집을 찾아보기 어렵다. 주메뉴는 설화우육(차돌박이류), 부식은 노육반(滷肉飯, 장조림밥)을 추천한다. 유의할 점은 이곳의 마라탕은 가격이 저렴한 만큼 부실하니 탕은 취향에 상관없이 쇄쇄과(涮涮鍋, 맑은 육수)로 주문하자. 별다른 양념이 없어 재료 본연의 맛을 즐기기 좋으며 재료(고기, 채소 등)를 푹 삶고 나면 국물 맛은 더욱 시원해진다. 최근 셀프 주문식으로 바뀌면서 한글 메뉴판을 비치해 주문이 쉬워졌다.

🚇 가까운 MRT역 동문역(똥먼짠)

🍴 설화우육(雪花牛肉) NT$248(재료 추가 NT$25~120) ♀ No. 72, Section 2, Xinyi Rd, Da'an District 🚶 동문역(東門站) 3번 출구로 나와 대로로 나선 후 좌회전. 직진한 뒤 큰 횡단보도를 건너 계속 직진하면 왼쪽에 보이는 상가(도보 7분) 🕐 11:30~21:30(금·토·일 ~22:00) 📞 02-2358-2776 🏠 12hotpot.com.tw 🎯 25.034405, 121.526341 🔎 2GMG+PG

금봉노육반 金峰魯肉飯 Jinfeng Braised Mea ◀)) 진펑루로루판

현지인이 최고로 꼽는 국민 맛집

노육반으로는 절대 빠지지 않을 명가이다. 타이베이 5대 루로우판 맛집으로 방송에
여러 번 소개되었다. 유명세가 엄청남에도 저렴한 가격을 유지하는 것도 금봉노육반
의 장점이다. 타이완 국민 요리인 노육반, 간장에 조린 달걀인 노단(魯蛋, 루단), 튀긴
두부(油豆腐, 요우또우푸), 청경채를 볶아주는 탕청채(燙青菜, 탕칭차이)까지 모두
주문해도 NT$100(한화 4000 원)가 안 된다. 홍육반(炕肉飯, 콩로우판)
으로도 유명한데 노육반과 비슷한 요리로, 노육반은 잘게 썬 고기를 넣
는 반면 홍육반은 고기 덩어리째 밥 위에
올려 먹는 점이 다르다.

🚇 **가까운 MRT역**
중정기념당역(중정지니엔탕짠)

🍴 노육반(魯肉飯, 루로우판) NT$ 35~
60, 요리(반찬) NT$10~80 📍 No. 10,
Section 1, Roosevelt Rd, Zhongzheng
District 🚶 중정기념당역(中正紀念堂站)역 2번
출구로 나와 직진하면 오른쪽(도보 2분) 🕐 11:00~01:00(월
휴무) 📞 02-2396-0808 🌐 25.032067, 121.518496
📍 진펑루루우판

항주소롱탕포 杭州小籠湯包 ◀)) 항쪼우씨아오롱탕빠오

소롱포의 원조 상하이의 맛 그대로

상하이 지역의 소롱포 육즙은 매우 진하다. 항주소롱탕
포는 원조 맛을 고스란히 이어가는 곳으로 세계적 명성
은 딘타이펑이 압도적이지만 진짜 소롱포 맛은 항주소
롱탕포 쪽이 더 가깝다. 과첩(鍋貼)도 유명한 메뉴이지
만 찬미향면식관P.109에 미치지 못하니 간식 삼아 소롱포
만 즐기는 맛집으로 찾는 것이 좋다.

🚇 **가까운 MRT역 동문역(똥먼짠)**

🍴 소롱포(小籠包, 씨아오롱빠오) NT$170 📍 No. 19, Section
2, Hangzhou South Road, Da'an District 🚶 동문역(東門站)
3번 출구로 나와 직진, 왼쪽으로 돌아 계속 직진하다 큰 사거리
(중정기념당이 보이는 곳)에서 다시 왼쪽으로 돌아 직진하면 왼
쪽으로 보임(도보 10분) 🕐 11:00~14:30, 16:30~21:00
📞 02-2393-1757 🌐 25.032067, 121.518496
📍 항주소롱탕포

저일과 대북신의점 這一鍋(台北信義店) Top One Pot ◀)) 쩌이궈(타이베이신이디엔)

유조가 특히 맛있는 훠궈 맛집

고기, 해산물, 탱탱한 완자까지 질 좋은 재료를 제공한다. 특히 짭짜름한 유조(油条)는 웬만한 유조 전문점보다 더 맛있다. 탕은 매운맛의 어선마랄탕(禦膳麻辣湯)과 구수한 맛의 노화탕(老火湯)이 함께 나오는 봉황회소과어용조합(鳳凰回巢鍋禦用組合)으로 주문하자. 중화풍의 중후한 공간에서 훠궈탕에 신선한 식자재를 즐기는 특별한 만찬을 계획한다면 이곳이 제격이지만 청탕(清湯, 맑은 육수)이 없어 외국 음식을 잘 못 먹는 여행자에겐 맞지 않을 수 있다.

🚇 가까운 MRT역 **대안역(따안짠)**

✕ 설화우육(雪花牛肉, 쒸에화니우로우) 소 NT$328, 대 NT$538, 성미종합환(盛味綜合丸, 성웨이쫑허완, 종합완자) NT$298, 향총유조(香蔥油條, 씨앙총요우티아오) NT$108 ◉ No. 88, Section 4, Xinyi Road, Da'an District 🚶 대안역(大安站) 4번 출구로 나와 오른쪽으로 돌아 직진하면 오른쪽으로 보임(도보 4분) ⏱ 11:30~24:00 📞 02-2708-1111 🏠 toponepot.com 📍 25.033062, 121.547605 📍 Top One Pot Xinyi Restaurant

스무시 본관 思慕昔(本館) smoothie ◀)) 쓰무씨(뻔관)

망고빙수, 그 이상의 빙수를 맛보다

타이완에서 3대 빙수 맛집(아이스몬스터, 삼형매설화빙, 스무시)으로 꼽히는 곳이다. 주인이 시애틀에서 유학 생활을 하다가 빙수점을 차렸고 현재 본점을 포함해 6개의 매장을 운영하고 있다. 대표 메뉴는 망고를 기본으로 타피오카 등 다양한 재료를 얹은 해양지심진주망과설화빙인데, 망고를 좋아하는 사람이라면 망고가 많이 들어 있는 초급설락망고설화빙도 괜찮다. 그밖에도 톡톡 튀는 아이디어로 고객의 입맛을 사로잡는 메뉴가 많으니 입맛과 취향에 따라 주문하면 된다.

🚇 가까운 MRT역 **동문역(똥먼짠)**

✕ 해양지심진주망과설화빙(海洋之心珍珠芒果雪花冰) NT$250, 초급설락망고설화빙(超級雪酪芒果雪花冰) NT$250 ◉ No.15, Yong kang Street, Da'an District 🚶 동문역(東門站) 5번 출구로 나와 직진하다 첫 번째 오른쪽 골목으로 진입해 직진하면 왼쪽으로 보임(도보 3분) ⏱ 11:30~21:30(금·토 ~22:00) 📞 02-2341-6161 🏠 smoothiehouse.com 📍 25.032534, 121.529814 📍 스무시 하우스 본관

07

까오지 영강점(본점) 高記(永康店) ◀» 까오지(융캉디엔)

딘타이펑의 라이벌로 불리는 타이완 레스토랑

절강성 출신 고사매(高四妹)가 1949년 문을 연 레스토랑으로 본고장 상하이를 능가하는 동파육 맛집으로 유명하다. 동파육을 한마디로 정의하면 달짝지근한 소스에 통삼겹을 푹 졸인 요리다. 이 집의 동파육은 소스와 고기의 조화로움이 기가 막히며 특히 두부를 씹는 듯한 부들부들한 식감은 한번 맛보면 도무지 잊을 수 없다.

🚇 **가까운 MRT역** 대안삼림공원(따안산린꽁위엔짠)

🍴 부귀동파육(富貴東坡肉, 푸꿰이동포로우) NT$680, 상해철과생전포(上海鐵鍋生煎包, 상하이티에궈셩지엔빠오) NT$220 📍 No. 167, Section 1, Xinsheng S Rd, Da'an District 🚶 대안삼림공원역(大安森林公園站) 1번 출구에서 도보 3분 🕐 10:00~21:30(토~일 08:30~21:30)
📞 02-2325-7839 🏠 kao-chi.com 📍 25.03422, 121.53297 📍 Kao Chi Restaurant

08

부전철판소 富田鐵飯燒 ◀» 푸티엔티에판싸오

가정식 철판요리점

부부가 운영하는 곳으로, 평생 갈고 닦은 철판요리의 정갈함이 절정에 오른 곳이다. 소 갈빗살을 철판에 구워 돌돌 말아주는 우소패는 그대로 즐겨도 좋고, 매운맛을 요청하면 고추장아찌를 안에 넣어주는데 그 조화가 아주 훌륭하다. 메인 요리를 주문하면 탕과 두 가지 채소요리가 함께 나온다.

🚇 **가까운 MRT역** 동문역(똥먼짠)

🍴 우소패(牛小排, 니우씨아오파이) 1인세트메뉴 NT$390, 2인세트메뉴 NT$600 📍 No. 15, Shaoxing South Street, Zhongzheng District 🚶 동문역(東門站) 2번 출구로 나와 계속 직진, 왼쪽으로 중정기념당 담장이 보이기 시작하면 조금 더 직진하여 오른쪽 첫번째 골목으로 턴하여 직진하면 오른쪽에 보임(도보 15분) 🕐 11:30~14:00, 17:30~20:30 📞 02-2394-2589
📍 25.038980, 121.523689 📍 2GQF+JF

청전칠육 青田七六 🔊 칭티엔치류

한적한 일본식 목조주택에서 즐기는 애프터눈티

단아한 일본식 목조주택에서 느긋하게 차를 음미하고 싶다면 청전칠육을 방문해보자. 사탕수수 연구가였던 아다치 마사시(足立仁) 교수가 건립한 곳으로, 분위기도 좋고 한적해서 편하게 쉴 수 있다. 대표 메뉴는 사탕수수인데, 고급스러운 단맛이 일품이다. 애프터눈 티로 즐기려면 오후 시간에 방문하자.

🚇 가까운 MRT역 **동문역(똥먼짠)**

🍴 청녕감자즙(青檸甘蔗汁, 칭닝깐저쯔, 사탕수수즙) NT$160, 경전하오차(經典下午茶, 징디엔씨아우차, 초콜릿 케이크 세트) NT$350 📍 No. 6, Lane 7, Qingtian Street, Da'an District
🚶 동문역(東門站) 5번 출구에서 도보 17분 🕐 11:00~14:00, 14:30~15:00, 15:30~21:00
📞 02-2391-6676 🏠 qingtian76.tw 🌐 25.028055, 121.532537 🔍 청전칠육

향홍흠화차찬청 香港鑫華茶餐廳 🔊 씨앙강신화차찬팅

현지인이 줄 서서 먹는 퓨전식 홍콩 요리점

교실처럼 일렬로 배치된 탁자가 편안함을 주는 곳으로 현지인이 즐겨 찾는 홍콩 요리 맛집이다. 건초우육하는 면, 소고기, 양파 등을 함께 볶은 요리로 씹을수록 차진 면발이 일품이다. 면보다 밥을 원한다면 자박한 국물과 함께 관자, 새우, 돼지고기, 채소를 밥 위에 얹은 복건회반을 추천한다.

🚇 가까운 MRT역 **동문역(똥먼짠)**

🍴 건초우육하(干炒牛肉河, 깐차오니우로우허) $180, 하미전장분(蝦米煎腸粉, 씨아미지엔창편) NT$90, 복건회반(福建燴飯, 푸지엔회이판) NT$190 📍 No. 48, Yongkang St, Da'an District 🚶 동문역(東門站) 3번 출구에서 도보 12분 🕐 10:30~14:00, 16:30~20:30
📞 02-2391-2022 🌐 25.030000, 121.527485
🔍 Hong Kong Xin Hua Restaurant

11 천진총좌빙 天津蔥抓餅 ◀)) 티엔진총좌빙

한 평(坪)으로 일궈낸 기적의 타이완 빈대떡

한 평 남짓한 공간의 천진총좌빙은 예전엔 그리 유명한 곳이 아니었다. 2013년 MRT 신의선(信義線) 구간이 확장되며 많은 관광객이 융캉제로 몰려들면서 기적처럼 천진총좌빙 열풍이 시작되었다. 총좌빙(蔥抓餅)은 여러 장의 밀가루전병을 겹친 후 기호에 따라 달걀, 치즈, 햄 등을 넣어 먹는 요리로 고소한 맛이 좋다. 본연의 맛을 느낄 수 있는 기본 맛(原味) 추천.

🚇 **가까운 MRT역 동문역(똥먼짠)**

✕ 원미(原味, 위엔웨이, 기본맛 총조병) NT$30, 가계단(加雞蛋, 지아지단, 달걀 포함 총조병) NT$40 ♥ No. 1, Lane 6, Yongkang Street, Da'an District 🚶 동문역(東門站) 5번 출구에서 도보 3분
🕐 10:30~22:30 📞 02-2321-3768 🌐 25.032635, 121.529715
🔍 천진총좌빙

---

12 차탕회 남문점 茶湯會(南門店) ◀)) 차탕훼이(난먼디엔)

타이완인이 날씬한 이유는 차탕회 때문?

2005년 타이중(台中)에서 문을 연 차탕회는 냉차(冷茶)를 좀 더 대중적으로 발전시켜온 곳이다. 품질이 보증된 각양각색의 시원한 명차를 마실 수 있으며 한국에서는 만날 수 없는 저렴한 가격이라 만족도가 더욱 높다. 철관음(鐵觀音, 티에꽌인)과 라테를 믹스한 관음나철이 특히 유명하다.

🚇 **가까운 MRT역 중정기념당역(쭝정지니엔탕짠)**

✕ 관음나철(觀音拿鐵) NT$65 ♥ No. 49, Section 1, Nanchang Road, Zhongzheng District 🚶 중정기념당역(中正紀念堂站) 2번 출구에서 도보 6분 🕐 10:00~21:30(일 휴무) 📞 02-2341-0808
🏠 tw.tp-tea.com 🌐 25.031388, 121.517257 🔍 TP TEA

---

13 50람 영강점 50嵐(永康店) ◀)) 우쓰란(융캉디엔)

25년을 이어온 테이크아웃 음료의 터줏대감

1994년 타이난(台南)에서 문을 열어 전국적으로 인기를 누리고 있는 곳이다. 50람에서 빼놓을 수 없는 한 가지 음료를 꼽자면 황금오룡내차이다. 부드러운 우유 속에 차(茶) 향과 꿀맛을 느낄 수 있는 음료로 다른 테이크아웃점에도 비슷한 메뉴가 있지만 이 음료만큼은 50람이 최고다.

🚇 **가까운 MRT역 동문역(똥먼짠)**

✕ 황금오룡내차(黃金烏龍奶茶, 황진우롱나이차) 소/중 NT$45/55
♥ No. 2, Lane 14, Yongkang Street, Da'an District
🚶 동문역(東門站) 5번 출구에서 도보 7분 🕐 11:00~22:00
📞 02-2395-2000 🏠 50lan.com 🌐 25.031201, 121.529418
🔍 50 Lan

영강우육면 永康牛肉麵 🔊 융캉니우로우미엔

노점에서 일궈낸 사천(四川) 우육면 대가

1963년 문을 연 영강우육면은 가이드북에 반드시 소개하는 필수 맛집이다. 고명으로 올린 소고기가 실하고 부드러워 소고기를 맛보고 싶은 여행자에게는 추천할 만하지만 면발이 뻑뻑한 편이다. 사천식 홍소우육면(紅燒牛肉麵)은 향이 강해 호불호가 갈릴 수 있으므로 맑은 국물인 청돈우육면을 추천한다.

🚇 가까운 MRT역 **동문역(똥먼짠)**

🍜 청돈우육면(清燉牛肉麵) (소) NT$260 (대) NT$290 📍No. 17, Lane 31, Section 2, Jinshan South Rd, Da'an District 🚶동문역(東門站) 5번 출구에서 도보 7분 🕐11:00~20:50 📞02-2351-1051
🏠beefnoodle-master.com 🌐25.03291, 121.5281
📍융캉우육면

강소노조도삭면 江蘇老趙刀切麵 🔊 지양쑤라오쟈오따오치에미엔

소고기만 먹어도 배부른 우육면

2대째 55여 년의 전통을 이어온 우육면 맛집이다. 면은 도삭면(刀削面)으로 두껍고 짧으며 국물은 육개장처럼 맵고 칼칼하다. 특히 홍소(紅燒, 홍샤오)소스에 절인 소고기 고명은 상상을 초월할 만큼 푸짐하다. 식사 때면 늘 긴 줄이 늘어서며 종종 일찍 매진되니 서둘러 가는 것이 좋다.

🚇 가까운 MRT역 **대안역(따안짠)**

🍜 우육면(牛肉麵, 니우로우미엔) (중) NT$150 (대) NT$180 📍No. 60-60, Section 4, Xinyi Rd, Da'an District 🚶대안역(大安站) 4번 출구로 나와 오른쪽으로 직진, 오른쪽 세 번째 길로 진입하면 보이는 식당 상가(도보 5분) 🕐11:30~20:00(월 휴무) 📞955-078-362
🌐25.032732, 121.545842 📍강소노조도삭면

원원소롱탕포 圓圓小籠湯包 🔊 위엔위엔씨아오롱탕빠오

가성비 끝내주는 소롱포 맛집

대표 메뉴는 초패탕포로, 고소한 맛의 소와 가득 뿜어져 나오는 육즙의 조화가 딘타이펑에도 뒤지지 않을 만큼 고급스럽다. 그럼에도 가격은 딘타이펑 소롱포의 반값이 채 되지 않는다. 또 다른 추천메뉴는 권병(卷餠)으로, 전병 안의 소고기와 대파가 함께 씹히는 맛이 좋다.

🚇 가까운 MRT역 **대안역(따안짠)**

🍜 초패탕포(招牌湯包 , 자오파이탕빠오) NT$100, 우육권병(牛肉卷餠, 니우로우쥐엔빙) NT$90 📍No. 60-76, Section 4, Xinyi Rd, Da'an District 🚶대안역(大安站) 4번 출구로 나와 오른쪽으로 직진, 오른쪽 세 번째 길로 진입하면 보이는 식당 상가(도보 6분)
🕐11:30~19:30(금 휴무) 📞02-2701-8629
🌐25.032589, 121.545851 📍2GMW+28

17

금금정 金錦町 📢 진진딩

예쁜 케이크 가득한 일본식 전통 가옥

일본 목조가옥을 개조하여 만든 고풍스러운 분위기에서 예쁜 케이크를 맛볼 수 있는 카페. 특히 무스케이크 백일몽은 입안에서 금세 녹으면서 롤러코스터처럼 강렬하고 짜릿한 맛과 향을 남긴다. 커피숍을 이용하려면 1인당 케이크와 음료를 각각 하나씩 주문해야 한다. 봉리소(鳳梨酥, 펑리수)도 맛이 훌륭하다.

🚇 **가까운 MRT역 동문역(똥먼짠)**

🍴 백일몽(白日夢, 빠이르멍) NT$260, 초패봉미내철(招牌蜂蜜拿鐵, 자오파이펑미나티에) NT$210 📍 No.86, Jinhua Street, Da'an District
🚶 동문역(東門站) 3번 출구에서 도보 10분 🕐 11:00~19:00
📞 02-2396-1528 🏠 jinjind.com 🎯 25.030252, 121.525056
🔍 JinJinDing(金華店)

18

동문교자관 東門餃子館 📢 동먼지아오즈관

3대째 운영하는 교자 전문점

교자(餃子, 중화권 만두) 전문점이지만 중화요리로 더 즐겨 찾는 곳이다. 고기를 길쭉하게 썰어 볶은 육사단초반, 식감이 탕수육과 같은 당초리척, 고추의 매콤함이 강렬한 닭요리 궁보계정이 특히 맛있다. 메뉴를 대, 중, 소 크기별로 주문 가능한 것도 동문교자관의 강점이다.

🚇 **가까운 MRT역 동문역(똥먼짠)**

🍴 육사단초반(肉絲蛋炒飯, 로우쓰단차오판) NT$160, 당초리척(糖醋裏脊, 탕추리지) NT$300, 궁보계정(宮保鷄丁, 꿍바오지딩) NT$300
📍 No. 37, Lane 31, Section 2, Jinshan South Rd, Da'an District
🚶 동문역(東門站) 5번 출구에서 도보 5분 🕐 11:00~14:30·17:00~21:00(토~일 11:00~15:00 & 17:00~21:30) 📞 02-2341-1685
🏠 dongmen.com.tw 🎯 25.032911, 121.528775 🔍 동문교자관

19

성기 誠記 Thanh Ky 📢 청지

베트남(화교) 출신의 부부가 운영하는 쌀국수 맛집

1980년 문을 연 이곳의 대표 메뉴는 분월우육하분으로, 쌀국수와 우육면이 결합한 퓨전 요리이다. 소고기, 완자 등 재료가 풍부해 속재료를 골라 먹는 재미가 있다. 바삭하게 튀겨낸 월남작춘권, 사탕수수에 새우 살을 입힌 감자하(甘蔗蝦), 사이드 메뉴 모두를 한 접시에 담은 하미삼병, 야자수와 콩을 갈아 만든 야즙녹두사 등 놓치면 아쉬울 요리가 가득하다.

🚇 **가까운 MRT역 동문역(똥먼짠)**

🍴 분월우육하분(犇越牛肉河粉) NT$270, 월남작춘권(越南炸春卷) NT$100, 하미삼병(蝦味三拼) NT$250 📍 No. 1, Lane 6, Yongkang Street, Da'an District 🚶 동문역(東門站) 5번 출구에서 도보 5분
🕐 11:00~16:00, 17:00~21:45 📞 02-2321-1579 🏠 thanhky.com
🎯 25.032727, 121.529691 🔍 ThanhKy 베트남 음식점

금문주창 金門酒廠 ◀》 진먼지우창

천혜의 환경에서 숙성한 명주(名酒)를 만나다

타이베이 북서쪽에 위치한 섬인 금문현(金門縣)에 생산 공장이 있는 금문주창(1952년)은 맛이 깨끗하고 숙취 없는 고량주로 중국 대륙의 8대 명주와 비교해도 손색없는 명주이다. 금문주창 타이베이 지점은 매년 한정 출시되는 기념품을 포함해 장기간 숙성된 고급 고량주부터 금문고량주(58도) 등 다양한 술을 구비하고 있다. 마트에서 흔히 볼 수 있는 흰색 병의 금문고량주(6개월에서 12개월 숙성)도 저렴하지만 추천하는 술은 금문고량주의 일종인 홍룡가양(鸿龙佳酿)이다. 2년간 숙성시켜 향이 깊고 뒷맛은 부드러우며 고급스러운 붉은색 도자기 병에 담겨 선물용으로도 완벽한 술이다.

🚇 가까운 MRT역 중정기념당역(쭝정지니엔탕짠)

🎫 홍룡가양(鸿龙佳酿, 홍룽지아니앙, 58도, 0.6L) NT$925 📍 No. 3, Section 1, Roosevelt Rd, Zhongzheng District 🚶 중정기념당역(中正紀念堂站) 5번 출구로 나와 중정기념당 담 밖으로 나간 후 왼쪽 앞에 있는 횡단보도를 건넌 후 왼쪽으로 돌면 보임(도보 3분)
★ 가깝지만 차선이 넓어 헤맬 수 있으니 구글맵 참고 🕙 10:00~18:30 📞 02 2356 3823
🏠 kkl.com.tw 📍 25.034247, 121.517451 📍 2GM8+MX

미미크래커 秘密 ◀》 미미

타이베이의 마약 쿠키 미미크래커

'홍콩에 마약 쿠키로 불리는 제니베이커리가 있다면 타이베이에는 미미크래커가 있다.' 한 개만 먹어볼 심산으로 포장을 열면 한 통(16개)을 깡그리 비우게 되는 중독성은 홍콩의 마약 쿠키를 넘어선다. 바삭하면서도 짭조름해 입맛을 돋우는 크래커와 부드럽고 달달함이 조화를 이루는 누가는 최고봉의 경지를 느끼게 한다. 영업시간이 한정돼 있고 늘 긴 줄이 늘어서 구입이 번거롭지만 열매는 더없이 달다. 1인당 10개로 구입을 제한하며 가끔 없을 때도 있다. 유통기한은 2주 정도이고 냉장 보관하면 더 오래 먹을 수 있지만 누가 맛이 변하므로 미미크래커는 냉장 보관을 권하지 않는다.

🚇 가까운 MRT역 동문역(똥먼짠)

🎫 1박스(16개입) NT$220 📍 No. 21, Section 2, Jinshan South Road, Da'an District 🚶 동문역(東門站) 3번 출구로 나와 뒤돌아서 골목으로 진입, 작은 사거리에서 오른쪽으로 돌아 직진한 후 대로가 나오면 왼쪽으로 돌면 보임(도보 5분)
🕙 09:00~13:00(월 휴무) 📞 0953-154-304
📍 25.033240, 121.527318 📍 미미크래커

03

천인명차 신의점 天仁茗茶(信義店) Ten Ren's Tea 🔊 티엔렌밍차(신이디엔)　　66년째 이어온 중저가 선물용 찻집

대표 찻잎은 차왕 시리즈로 녹차와 오룽차가 유명하다. 숫자는 차종(첫 번째 숫자)과
품질(마지막 숫자)을 나타내는데 끝 숫자가 4번, 5번인 품종이 최고급 제품이다. 물론
가격도 더 비싸다. 테이크아웃은 녹차슬러시인 녹말차빙사를 추천한다.

🚇 가까운 MRT역　동문역(똥먼짠)

💰 차왕(茶王, 차왕) 시리즈, 품종과 사이즈에 따라 NT$460~, 녹말차빙사(绿抹茶冰沙, 뤼모차
삥싸) NT$60　📍 No. 162, Section 2, Xinyi Road, Da'an District
🚶 동문역(東門站) 5번 출구로 나와 뒤돌아서 직진하면 왼쪽으로 보임(도보 1분)
🕐 09:30~21:00　📞 02-2341-3075　🏠 tenren.com.tw　🌐 25.033613, 121.529045
🔍 Ten Ren's Tea Xinyi Branch

04

소다재당 영강기함점 小茶栽堂(永康旗艦店) 🔊 씨아오차짜이탕 융캉치지엔디엔　　선물 세트에 함께 담긴 쿠키와 커피

13년 전 인터넷 판매를 하며 문을 연 기업으로, 직접 재배한 찻잎으로 제1회 세계차엽
대회(프랑스 AVPA 주최)에서 우승하며 더욱 유명해졌다. 쿠키와 찻잎을 함께 판매하
는 곳으로 타이완의 명차(名茶)뿐 아니라 여러 종의 화차(花茶)도 구비하고 있다.

🚇 가까운 MRT역　동문역(똥먼짠)

📍 No. 7-1, Yongkang Street, Da'an District　🚶 동문역(東門站) 5번 출구로 나와 직진, 오른쪽
첫 번째 골목(융캉제)으로 진입 후 직진하면 왼쪽으로 보임(도보 3분)
🕐 10:30~20:30　📞 02-3393-2198　🏠 zenique.net　🌐 25.033153, 121.529921
🔍 제니끄-용강 플래그십 스토어

일성소과점 一成蔬果店 ◄») 이청쑤귀디엔

인근에서 가장 규모가 큰 과일점

열대 과일의 천국 타이완과 과일을 먹지 않는다면 그것만큼 아쉬운 것도 없다. 먹기 편하게 깎은 과일을 담아놓은 1회용 플라스틱 박스를 구입하면 현장에서 바로 먹을 수 있으니 동문역을 여행한다면 꼭 들러보자. 과일점 바로 뒤에 수돗가가 있어 과일이나 손을 씻기도 편하다.

⊙ 가까운 MRT역 **동문역(똥먼짠)**

⊕ 플라스틱 박스 1개 NT$60, 2개 NT$100 ♥ No. 71, Lianyun Street, Zhongzheng District ⩍ 동문역(東門站) 6번 출구로 나와 첫 번째 왼쪽 골목으로 돌아 직진하면 오른쪽으로 보임(도보 2분) ⓛ 07:30~22:00(플라스틱 박스는 09:00~10:00 판매) ☎ 02-2393-7575 ◎ 25.034582, 121.530136 ♀ 2GMJ+R3

라뜰리에 루터스 L'Atelier Lotus

누가크래커에 고급스러움을 입히다

르 꼬르동 블루와 에꼴 벨루에 꽁세이를 수료한 20년 경력의 디저트 제빵사가 오픈한 곳. 일반적인 누가크래커와 달리 라뜰리에는 크래커마저 부드러워 금세 입안에서 녹아들며 누가와 함께 멋진 하모니를 이룬다. 파향이 조금 강한 편이지만, 최고의 크래커라 하기에 손색없다.

⊙ 가까운 MRT역 **동문역(똥먼짠)**

⊕ 1박스(16개입) NT$200 ♥ No. 10, Lane 31, Yongkang St, Da'an District ⩍ 동문역(東門站) 5번 출구에서 도보 8분, 융캉공원 옆 ⓛ 09:00~10:00(월·화 ~11:00, 수 휴무) ◎ 25.13132, 121.52986 ♀ 라뜰리에 루터스

선메리 동문점 Sunmerry(東門店) ◄») 썬메리(똥먼디엔)

한입에 쏙 들어가는 앙증맞은 펑리수

1985년에 창업한 곳으로 베이커리 전문점이지만 한입(一口, 이커우) 시리즈로 더 잘 알려진 곳이다. 한입펑리수는 맛이 좋고 저렴해 간식이나 선물용으로 적합한 상품이다. 기름에 튀겨낸 아삭한 과자와 흑탕이 만나 달콤한 맛의 흑탕사치미(黑糖沙其瑪)도 함께 먹어보자.

⊙ 가까운 MRT역 **동문역(똥먼짠)**

⊕ 일구소12입예합(一口酥12入禮盒, 이커우쑤12루리우) NT$180 ♥ No. 186, Section 2, Xinyi Road, Da'an District ⩍ 동문역(東門站) 5번 출구로 나와 조금 직진하면 오른쪽으로 보임(도보 1분) ⓛ 07:30~21:30 ☎ 02-2392-0224 ⌂ www.sunmerry.com.tw ◎ 25.033528, 121.529839 ♀ 썬메리

래호 来好 ◀》 라이하오

쇼핑 재미가 있는 편집 숍

외관과 달리 규모가 무척 큰 편집 숍이다. 1층 매장에는 페인팅 컵, 향수, 에코백 등이 진열되어 있고 지하(B1)에는 앙증맞은 타이완 맥주잔, 목재 귀이개 등 실용적인 잡화가 가득하다. 이곳에서 도보 3분 거리에 있는 잡화 매장 두 군데(Bao gift, Cloudhues)도 같은 계열사이므로 마음에 드는 걸 찾지 못했다면 함께 돌아보자.

◉ 가까운 MRT역 **동문역(똥먼짠)**

🏛 타이완맥주잔 NT$120, 귀이개 NT$350 📍 No. 11, Lane 6, Yongkang Street, Da'an District 🚶 동문역(東門站) 5번 출구로 나와 뒤돌아서 직진, 첫 번째 왼쪽 골목으로 진입해 계속 직진, 3번째 왼쪽 골목으로 진입하면 왼쪽으로 보임(도보 4분)
🕐 10:00~21:30 📞 02-3322-6136 🏠 aihao.com.tw
📡 25.032758, 121.529219 🔍 LAI HAO

세인트 피터 동문점 Saint Peter(東門店) ◀》 세인트 피터(똥먼디엔)

바삭한 커피맛 크래커 하나로 이뤄낸 명성

커피크래커와 누가의 앙상블은 세인트 피터의 명성을 단숨에 끌어올리기 충분했다. 한입에 쏙 들어가는 앙증맞은 크기로 그윽한 커피향을 풍기며 입안에서 사르르 부서지는 식감에 반하지 않을 재간이 없다. 바로 옆 상가 앵도야야(櫻桃爺爺, 잉타오예예, Cherry Grandfather)는 커피누가 사탕이 맛있는 곳인데, 대북리기 P.193 바로 옆에 있는 본점이 더 저렴하니 참고하자.

◉ 가까운 MRT역 **동문역(똥먼짠)**

🏛 가배우알병(咖啡牛軋餠, 카페이니우야빙) NT$180(20개), NT$240(30개) 📍 No. 199, Section 2, Xinyi Road, Zhongzheng District 🚶 동문역(東門站) 6번 출구로 나오면 왼쪽으로 보임(도보 10초) 🕐 09:00~20:00 📞 02-2396-3198 🏠 cookie-shop-138.business.site 📡 25.033955, 121.529840
🔍 세인트피터 커피누가크래커 동먼점

동취·신의취
東區·信義區

#101타워 #상산 #성품서점 #키키레스토랑

동취는 타이베이 인구가 증가하면서 점차 커진 지역으로, 중심가인 타이베이역 기준으로 동쪽에 있다는 의미로 동취라 부르게 되었다. 타이베이 최대 상업지구인 충효복흥역과 충효돈화역이 있는 곳으로 역 주변에는 백화점과 쇼핑몰이 화려하게 펼쳐져 있다. 골목 안쪽에는 트렌디한 의류, 잡화점이 즐비하고 맛집과 카페도 많아 타이베이 유행을 선도하는 젊은이들이 많이 찾는다. 타이베이 101타워, 국부기념관 등 타이베이의 대표적인 랜드마크가 있는 신의취는 다른 지역의 소소한 풍경과 달리 최첨단 느낌의 타이베이 위용을 보여주는 곳이다.

ACCESS

- **타이베이역 → 동취**
  타이베이역 ▸ [BL]반난선 ▸ 충효복흥(쯩샤오푸싱)역 ⏱ 약 7분 ⊙ NT$20
  타이베이역 ▸ [BL]반난선 ▸ 충효돈화(쯩샤오둔화)역 ⏱ 약 9분 ⊙ NT$20
- **타이베이역 → 신의취**
  타이베이역 ▸ [R]단수이신이선 ▸ 타이베이101역 ⏱ 약 17분 ⊙ NT$25

동취·신의취 이렇게 여행하자

충효복흥역이나 충효돈화역에 내려 트렌디한 맛집과 멋집을 둘러보는 골목 산책으로 동취 여행을 시작하자. 쇼핑과 식도락을 좋아한다면 동취에서 더 많은 시간을 보내도 되는데, 명소 중심의 여행을 하고 싶다면 일단 MRT를 타고 타이베이시청이 있는 시정부역으로 이동. 신의취 맛집 1순위 키키레스토랑에서 든든하게 배를 채운 후 성품서점, 국부기념관, 타이베이 101타워, 사사남촌 순으로 둘러보면 된다. 각 명소들은 1km 남짓 떨어져 있어 모두 도보로 둘러볼 수 있다. 시간과 체력이 허락한다면 상산에 올라 타이베이 최고의 전망을 구경하는 것도 좋다.

MUST **SEE**

타이베이 101타워
타이완을 대표하는
랜드마크

상산
타이베이 최고의
야경 명소

성품서점
24시간 영업하는
아시아 제일 서점

MUST **EAT**

키키레스토랑
절정의
사천요리 향연

가배농
타이베이
디저트의 명가

개림철판소
타이완
철판 요리의 자존심

MUST **BUY**

에이티티포펀
볼거리 가득한
다채로운 백화점

가덕봉리소
명실상부 타이베이 최고의
펑리수 맛집

스테이리얼
타이완의 스트리트 패션을
주도하는 편집 숍

송강남경(쏭지앙난징) M

남경복흥(난징푸싱) M

동취·신의취
상세 지도

충효신생(쭝샤오신성) M

충효복흥(쭝샤오푸싱) M

대안(따안) M

📷 **SEE**

01 타이베이 101타워 **02** 상산 **03** 사사남촌 **04** 국부기념관 **05** 송산문창원구

06 성품서점 **07** 대만당대문화실험장 **08** 대북탐색관 **09** 기미월량공차 **10** 동구지하가

11 육본목양생관 **12** 웨이브 **13** 러프

🍴 **EAT**

01 키키레스토랑 **02** 진미관 **03** 가베농 **04** 해저로 **05** 오보춘베이커리 **06** 개림철판소

07 옌 타이베이 **08** 대만마두 **09** 안위제소주관 **10** 대도18호 **11** 송만루

12 취북해도곤포과 **13** 만저다 **14** 죽촌 **15** 부순루 **16** 인파라디아스 향향 **17** 사향오도

18 암관소 **19** 임동방우육면 **20** 소동주식회사

🛍️ **SHOP**

01 에이티티포펀 **02** 가덕봉리소 **03** 에어스페이스 **04** 아마이 **05** 스테이리얼

06 통일시대백화 **07** 탕촌 **08** 미풍 **09** 벨라비타 **10** 대윤발

타이베이 101타워 台北101大樓 ◀ 타이베이이링이따러우

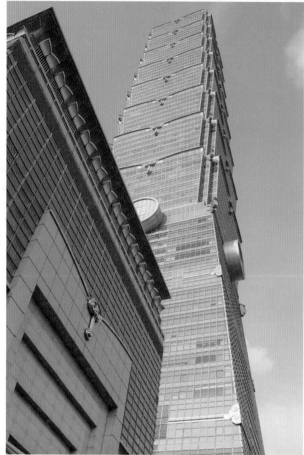

타이완을 대표하는 타이베이 101타워는 삼성물산에서 건축한 빌딩으로, 2004년 완공 당시 세계 제일이라는 타이틀로 주목받았던 빌딩이다. 현재는 여러 부문에서 다른 빌딩들에 순위를 내줬지만 여전히 한눈에 담기 어려운 높이로 특히 흐린 날에는 101타워에 구름이 걸리는 기묘한 광경을 자주 볼 수 있다. 타이베이 빌딩 숲에서 홀로 우뚝 솟아 있는 모습은 장엄하기까지 하다. 2010년까지 세계에서 가장 높은 빌딩이었으며(현재 9위), 가장 빠른 엘리베이터로 기네스북에 등재되었다(현재 4위). 세계에서 두 번째로 큰 진동추가 지진과 태풍에도 101타워를 안전하게 지탱해준다. 타이베이 101타워에서는 매년 12월 31일 불꽃축제가 열리는데, 단 5분의 불꽃축제를 위해 1년간 준비한다고 하니 그 화려함은 거론할 필요가 없을 듯하다. 연말에 타이완 여행을 계획한다면 불꽃축제는 놓치지 말자.

💬 가까운 MRT역
타이베이101역(타이베이이링이짠)

📍 No. 7, Xinyi Rd, Section 5, Xinyi District 🚶 타이베이101역(台北101站) 4번 출구(101타워 지하 1층)
🕐 09:00~21:30(금·토 ~22:00)
🎫 NT$600, 115cm 이하 무료
📞 02-8101-8898
🏠 taipei-101.com.tw
🎯 25.033983, 121.564471
📍 타이베이101 전망대

02

상산 象山 ◀)) 샹산

타이베이 최고의 야경 명소

타이베이에서 야경 명소 하나만 꼽으라면 바로 상산이다. 산 정상에서 탁 트인 넓은
시야로 타이베이 전경을 담을 수 있다는 것도 멋지지만 해 질 무렵 오밀조밀 수많은
건물을 뒤로한 채 홀로 우뚝 선 101타워의 풍경은 형언하기 어려울 만큼 감성적이다.
가파른 계단이라는 장애물이 있긴 하지만 그 이유로 최고의 야경을 놓치기는 좀 아쉽
다. 모기 퇴치 스프레이(연고), 물, 초콜릿을 포함한 간단한 주전부리를 챙기면 금상첨
화, 오르는 길이 힘든 만큼 타이베이의 야경을 맘껏 담고 오자.

🚇 **가까운 MRT역 상산역(샹산짠)**

📍 No. 31, Alley 401, Lane 150, Section 5, Xinyi
Rd, Xinyi District 🚶 상산역(象山站) 2번 출구로
나와, 공원을 왼편에 끼고 도로를 따라 쭉 직진, 삼
거리에서 다시 왼쪽 언덕길로 오른 뒤 길 끝에서 다
시 오른쪽으로 턴하면 왼쪽으로 상산으로 향하는
계단(Xiangshan Trail)이 보임(도보 7분)
🕐 24시간 🎫 무료 📞 02-2723-9777
🏠 xydo.gov.taipei 🌐 25.027243, 121.576497
🔍 Xiangshan Trail

—————————— **TIP** ——————————
중간 전망대를 포함하여 두 군데의 뷰 포인트가 있
으며 해 지기 전에 올라 해 지고 내려오는 것이 가
장 좋은 타이밍이다. 정상까지 천 개의 계단을 올라
야 하지만 중간 중간에 벤치가 있어 휴식할 공간은
있으니 꼭 도전해 보자.

03

사사남촌 四四南村 🔊 스스난춘

군인이 모여 살던 마을, 사사남촌

타이완 정부에서 최초로 형성한 군인 마을(군인이 모여 사는 마을)로, 신의취(信義區) 지역이 점점 발달하자 대부분의 시설은 철거되고 사사남촌만 남았다. 군사시설 일부인 사사병공창(四四兵工厂, 스스빙꽁창)의 남쪽에 있던 곳이라 사사남촌으로 불린다. 목재와 생석회로 건축한 빈티지한 건물 뒤로 101타워가 위용을 드러내며 독특한 풍경을 자아낸다. 일요일에는 플리마켓(사사남촌 간단시집)이 열리니 조용한 관람을 원한다면 평일에 들르는 것이 좋다. 베이글로 유명한 호구 본점이 있으니 참고하자.

🚇 **가까운 MRT역 타이베이101역(타이베이이링이짠)**

📍 No. 50, Songqin Street, Xinyi District 🚶 타이베이101역(台北101站) 2번 출구로 나와 직진. 사거리에서 좌회전 후 직진(도보 5분) 🕐 09:00~17:00(월 휴무, 광장은 24시간) 🎫 무료
📞 02-2758-2609 📍 25.031433, 121.561932
📍 Sisinan Village Museum

04

국부기념관 國父紀念館 Sun Yat-Sen Memorial Hall 🔊 궈푸지니엔관　　　　국부 손문의 얼을 기리는 곳

국부기념관은 손문(孫文, 쑨원, 1866~1925)의 좌상(5.8m)과 일대기를 볼 수 있는 곳이다. 그는 민족(民族), 민권(民權), 민생(民生)의 삼민주의(三民主義) 사상을 만든 사상가이자 자유, 평등, 박애를 추구하며 청조를 무너뜨린 신해혁명의 주역이다. 또한 국민당(國民黨)과 중화민국(中華民國, 타이완의 정식국명)을 창시한 인물로, 명실상부 타이완의 국부(國父)로 추앙받는 인물이다. 총 3만 5천 평의 면적으로, 야외에는 광장과 멋진 분수대가 조성되어 있으며 우뚝 솟은 101타워의 모습도 볼 수 있다. 매 정각 시작하는 위병 교대식도 놓치지 말자.

🚇 **가까운 MRT역 국부기념관역(궈푸지니엔관짠)**

📍 No. 505, Section 4, Ren'ai Rd, Xinyi District
🚶 국부기념관역(國父紀念館站) 4번 출구와 연결
🕐 기념관 09:00~18:00(광장은 24시간 개방)
🎫 무료 📞 02-2758-8008 🏠 yatsen.gov.tw
📍 25.040167, 121.560240 📍 국립국부기념관

> ⸻ **TIP** ⸻
> 손문(孙文, 쑨원)을 지칭하는 이름이 무척 많다. 중화권에서는 일본 망명 시 사용한 이름 나카야마쇼우(中山樵)에서 따온 손중산(孙中山, 쑨쫑산)으로 주로 불리며 영문 이름으로는 순얏센(Sun Yat Sen)으로 불리는데, 손문의 호(號) 손일선(孙逸仙, 쑨이씨엔)을 광동어 발음으로 한 것이다.

222

송산문창원구 松山文創園區 Songshan Cultural and Creative Park ◀◁ 쏭산원창위엔취

담배 공장에서 예술 문화공간으로

송산문창원구는 담배 공장(1937년 건축)이었으나 1998년 생산이 중단된 후 2001년 타이완의 고적으로 등재되었다. 정교하게 다듬어진 건축물과 타이베이 동취(東區)에서 가장 넓고 푸른 녹지를 가진 부지의 이점을 살려 2010년 '송산문창원구'라는 예술 문화 공간으로 탈바꿈한다. 복고 감성으로 인테리어된 마켓 송어풍격점(松菸风格店)과 생활문화 복합 쇼핑 센터인 성품생활(誠品生活/Eslite), 유리공방 리우리(LIULI) 등이 입점해 있다. 넓은 호수, 푸른 녹지와 거대한 수목 등 휴식할 수 있는 쉼터로 가득한 곳. 가벼운 산책과 함께 즐기기 좋은 곳이다.

🚇 **가까운 MRT역 시정부역(쓰정푸짠)**

📍 No. 133, Guangfu South Rd, Xinyi District 🚶 시정부역(市政府站) 2번 출구로 나와 좌측으로 턴한 뒤 다시 오른쪽 횡단보도를 건넌 후 다시 좌측으로 횡단보도를 건너 직진, 두 번째 오른쪽 골목으로 진입하여 쭉 가면 좌측으로 송산문창원구로 진입하는 샛길(목재 데크)이 보임(도보 10분) 🕐 08:00~22:00 🎫 무료
📞 02-2765-1388 🏠 songshanculturalpark.org
🌐 25.043708, 121.560641 📍 쏭산 문화창의공원

성품서점 송어점 誠品書店(松菸店) ◀◁ 청핀쑤디엔(송엔디엔)   24시간 영업하는 아시아 제일 서점

1989년 연 성품서점은 인문·예술 전문 서점으로 시작하여 사회 전 분야 서적을 판매하는 서점으로 규모를 넓혀왔다. 아시아 제일이라는 수식어답게 타이베이를 찾는 여행객 4명 중 1명은 방문하는 곳이며 2014년 기준으로 한 해 우리 돈으로 4,700억 원의 매출을 올린 곳이다. 성품서점이 보유한 방대한 서적도 놀랍지만 털썩 주저앉아 시간을 잊은 듯 독서에 열중하는 이들의 자유분방함이 더욱 매력적이다. 송산문창원구 내 성품생활백화점(Eslite Spectrum Songyan) 3층에 위치하며, 여러 지점 중 송어점만 24시간 운영하니 참고하자.

🚇 **가까운 MRT역 시정부역(쓰정푸짠)**

📍 3F. No. 88, Yanchang Rd, Xinyi District
🚶 시정부역(市政府站) 2번 출구로 나와 좌측으로 턴한 뒤 다시 오른쪽 횡단보도를 건넌 후 다시 좌측으로 횡단보도를 건너 직진, 두 번째 오른쪽 골목으로 진입하여 쭉 가면 좌측으로 송산문창원구로 진입하는 샛길(목재 데크)이 보임(도보 10분) 🕐 24시간
📞 02-6636-5888 🏠 meet.eslite.com
🌐 25.03968, 121.56576
📍 Eslite Spectrum Songyan

대만당대문화실험장 臺灣當代文化實驗場 Taiwan Contemporary Culture Lab ◄» 타이완땅다이원화쓰옌창

군사시설에서 예술문화단지로

1939년 일제강점기에 건축된 곳이다. 2018년부터 타이완 중앙부처 문화부에서 관리하며 문화 예술 단지로 탈바꿈하고 있다. 전시/행사가 불규칙적으로 운영되는 단점이 있지만 2012년까지 타이완 공군이 주둔했던 곳이라 병영과 과일나무, 방공호 등 잘 보존된 군사 시설을 돌아볼 수 있어 좋다. 또한 가끔 주말에 작은 이벤트가 열린다. 주말에도 방문자가 적으므로 주말 방문을 추천한다.

🚇 가까운 MRT역 **충효신생역(쭝샤오신셩짠)**

📍 No. 177, Section 1, Jianguo South Road, Da'an District
🚶 충효신생역(忠孝新生站) 6번 출구로 나와 직진, 두 번째 왼쪽 골목으로 진입해 계속 직진하면 정면에 보임(도보 10분)
🕐 07:00~18:00(월 휴무) 📞 02-8773-5087
🏠 clab.org.tw 📍 25.040266, 121.538537
🔎 Taiwan Contemporary Culture Lab

대북탐색관 台北探索館 Discovery Center of Taipei ◄» 타이베이탄수오관 　　타이베이를 한눈에 이해하는 방법

시정부(市政府) 건물 내 대북탐색관(台北探索館)이 조성되어 있다. 2층은 비정기적 전시 공간으로 이용되고, 3층은 도시 모형을 중심으로 시내구역을 소개하고 있으며, 4층은 태북부성(台北俯成)을 중심으로 역사를 소개한다. 동문(東門), 서문(西門), 남문(南門), 북문(北門), 소남문(小南門)까지 총 5개의 타이베이 옛 성문(城門) 모형이지만 그 시절 위풍당당했던 태북부성의 온전한 모습을 만나볼 수 있는데, 대부분 소실되고 북문만 원형이 보존되어 있다. 같은 층 발현극장에서는 타이베이를 소개하는 짧은 단편 영상(18분)도 볼 수 있다. 시정부 입구에 들어서자마자 바로 오른쪽이 탐색관이니 길 헤매지 않도록 유의하자.

🚇 가까운 MRT역
타이베이101역(타이베이이링이짠)

📍 No. 1, City Hall Rd, Xinyi District
🚶 타이베이101역(台北101站) 4번 출구로 나와 에스컬레이터를 올라 그대로 직진, 큰 사거리에서 오른쪽으로 돌아 직진하면 왼쪽으로 보임(도보 7분) 🕐 09:00~17:00(월 휴무) 📞 02-2720-8889(#4588) 🏠 discovery.gov.taipei
📍 25.037550, 121.564432
🔎 Discovery Center of Taipei

기미월량공차 幾米月亮公車 ◀)) 지미위에량공처

동심으로 안내할 지미(幾米)의 그림 동화 버스

버스를 개조한 기미월량공차는 2014년 11월 열었다. 그림 동화 작가 지미(Jimmy)의 작품인 월량망기료(月亮忘記了, 위에량왕지러)를 그림과 모형으로 전시한다. 한 소년이 지상으로 내려온 달(月)을 만나며 펼쳐지는 이야기를 담은 월량망기료는 1999년 작품인데 한국을 포함, 세계적으로 번역 출간된 지미의 대표작 중 하나다.

😊 가까운 MRT역 **타이베이101역(타이베이이링이짠)**

📍 No. 100, Section 5, Xinyi Road, Xinyi District 🚶 타이베이101역(台北101站) 3번 출구로 나와 직진하면 보임(도보 7분)
🕐 09:00~21:00(월 휴무) 📞 02-2729-2000
📷 25. 032675, 121.565720 🔍 지미의 달 버스

동구지하가 東區地下街 ◀)) 동취디씨아지에

깨끗한 지하상가 나들이

상상 이상으로 깨끗한 지하상가에서 편하게 쇼핑을 즐길 수 있는 곳. 다양한 먹거리와 잡화점이 빼곡히 들어서 있고 간간이 전시된 조형물과 그림 등의 전시물을 볼 수 있다. 충효복흥과 충효돈화역을 잇는 지하쇼핑거리로, 특히 비 오는 날 도보로 이동하며 여행하기 안성맞춤이다.

😊 가까운 MRT역 **충효복흥역(풍샤오푸싱짠)**

📍 No.302, Section 3, Zhongxiao East Road, Da'an District
🚶 충효복흥역(忠孝復興站)과 충효돈화역(忠孝敦化站) 사이에 입출구가 많음(충효복흥역 내 지하도로 이동 추천) 🕐 09:00~21:30
📷 25.041616, 121.543763 🔍 동취 지하도

육본목양생관 六本木養生館 ◀)) 리우번무양성관

압도적인 평점의 타이완 마사지 숍

30년간 마사지업에 종사한 사장님의 기술도 대단하지만, 확고한 경영철학으로 친절한 서비스 마인드를 정착한 인기 마사지 숍. 고객들의 만족도가 높아 구글, 트립어드바이저의 리뷰 평점도 압도적으로 높다. 육본목의 30분 마사지(순수 마사지 시간)는 다른 숍의 40분 마사지(족욕시간 포함)와 같으니 참고하자.

😊 가까운 MRT역 **충효복흥역(풍샤오푸싱짠)**

📍 No. 1, Lane 312, Section 2, Bade Road, Zhongshan District
🚶 충효복흥역(忠孝復興站) 1번 출구로 나와 뒤돌아 직진, 큰 사거리에서 다시 왼편으로 직진, 큰 사거리를 건넌 후 왼쪽 첫 번째 골목으로 진입하면 오른쪽으로 보임(도보 15분) 🕐 10:00~22:30
🎫 30분 마사지 NT$500 📞 02-2773-5733 🏠 6ppongi.com.tw 📷 25.047049, 121.542846 🔍 2GWV+R4

웨이브 Wave ◀» 웨이브

신의취에 클럽붐을 일으키다

2014년부터 하이브(Hive)란 이름으로 운영해온 곳으로, 신의구를 클럽 무대로 물들인 터줏대감이다. 웨이브 외에도 바로 아래층에 에이아이(AI), 인근에 체스(Chess), 클러쉬(Klash)까지 다양한 스타일의 클럽이 모여 있으니 분위기를 보면서 선택해도 좋다.

🚇 **가까운 MRT역** 대북101타워역(타이베이이링이짠)

💴 무제한 칵테일 제공(좌석 이용시 별도 주문 필요)/**주말** 남 NT$800, 여 NT$500 ★23시 이전 입장 시 남 NT$500, 여 무료/**평일** 남 NT$700, 여 NT$400 ★23시 이전 입장 시 남 NT$400, 여 무료/**특징** 복합적/일렉트로퐁, 18세 이상 연령제한 없음(여권 필요), 복장제한 없음(반바지, 슬리퍼 차림은 입장불가였으나 2019년부터는 제한 없음), 동양인 많음 ♀ 7F, No. 12, Songshou Road, Xinyi District 🏃 대북101타워역(台北101站) 4번 출구로 나와 101타워 건물 2층에 있는 스카이워크를 통해 ATT4FUN 건물 7층으로 이동(도보 6분) ⏰ 22:30~04:00(월 휴무) 📞 0911-439-897 🌐 25.035018, 121.566087 📍 WAVE CLUB Taipei

러프 RUFF

아담한 공간, 새벽의 음악 천국

타이베이 현지 20~30대 젊은 층이 선호하는 아담한 공간의 클럽이다. 평일 기준 한화 15,000원 정도의 입장료만 내면 술은 무제한이라 클럽 음악을 들으며 칵테일 몇 잔을 즐기러 가기도 좋은 곳이다. 클럽 분위기가 보고 싶다면 밤 11시 정도에는 입장하는 것이 좋다. 자정이 가까워지면 긴 대기열은 물론 클럽 내부에 발 디딜 틈 없이 붐빈다.

🚇 **가까운 MRT역** 대북101타워역(타이베이이링이짠)

💴 무제한 칵테일 수·목·일 12:00 이전 여성 무료, 남성 NT$300, 12:00 이후 여성 NT$300 남성 NT$500(좌석 이용시 별도 주문 필요), 금·토 12:00 이전 NT$600(칵테일 6잔 제공), 12:00 이후 NT$600(칵테일 2잔 제공)/**특징** 복합적/일렉트로퐁, 케이팝, 여권 필요, 복장 제한 없음 ♀ B1, No. 18, Songshou Rd, Xinyi District 🏃 대북101타워역(台北101站) 4번 출구로 나와 왼쪽에 에스컬레이터를 타고 지상으로 오른 뒤 왼편으로 180도 턴하여 직진, 그대로 횡단보도를 건넌 뒤 왼편으로 턴하여 직진, 머리위로 스카이워크가 보이면 오른쪽으로 턴하여 직진, 두 번째 왼쪽 길로 진입(좌우로 빨간 철골구조물이 보임)하여 그 길의 끝에 다다를 쯤 왼편에 입구가 있음 ⏰ 수·목·일 22:00~04:00, 금·토 22:00~04:30 📞 090-136-0818 🌐 25.044219, 121.538482 📍 RUFF NIGHT CLUB TAIPEI

01

키키레스토랑 att 4 fun점 KiKi餐廳 🔊 키키찬팅

절정의 사천요리 향연

한국에서도 유명한 타이완 영화배우 서기(舒淇)가 공동 투자한 레스토랑으로도 유명한데, 퓨전 사천요리가 메인이다. 두부요리 노피눈육은 정사각형 두부를 소금으로 간한 뒤 외피를 살짝 지져내 맛이 밋밋하지 않고 안쪽 식감이 더욱 부드럽다. 밥도둑으로 불리는 창승두는 파, 후추, 고추를 잘게 썰어 볶은 요리로, 아삭한 식감이 그만이다. 생선 요리 홍초소어는 바삭하게 튀겨진 표면과 부드러운 속살이 조화롭고 매운맛이 솔솔 올라오는 소스 역시 한국인 입맛에 딱 맞는다.

🚇 **가까운 MRT역 대북101타워역(타이베이이링이짠)**

🍴 창승두(蒼蠅頭) NT$250, 노피눈육(老皮嫩肉) NT$220, 홍초소어(紅椒燒魚) NT$480 📍 6F. No. 12, Songshou Rd, Xinyi District 🚶 대북101타워역(台北101站) 4번 출구로 나와 101타워 건물 2층 에 있는 스카이워크를 통해 ATT4FUN 건물로 진입 후 6층 (도보 6분) 🕐 11:00~15:00, 17:15~22:00(금·토요일 23시까지) 📞 02-2722-0388 🏠 kiki1991.com 🧭 25.03547, 121.56607 🔍 키키레스토랑 (att 4 fun 지점)

진미관 秦味館 🔊 친웨이관
고대 중국요리를 그대로 소환한 맛집

예스러운 인테리어가 돋보이는 곳으로, 호기심 유발 먹거리로 가득하다. 유발면은 넓적한 면인 관분조(寬粉條, 콴펀티아오)를 기름장에 비벼낸 요리로, 짭짤한 맛이 중독성 있다. 계란을 얹은 진미단반은 담백한 소스와 청경채의 식감이 잘 어우러져 가격 대비 맛이 고급스럽다. 몽고작내두부는 두부피 안에 치즈를 넣은 후 바싹 튀겨낸 디저트로, 맛과 식감이 색다르다. 소꼬리찜 홍민우미(紅燜牛尾)나 양꼬치 요리인 신강향소양육관 또한 빼놓기 아쉬운 추천 요리다. 특히 신강향소양육관은 부드러운 고기 맛이 일품인데, 한국보다 저렴하니 양고기 마니아라면 놓치지 말자.

🚇 가까운 MRT역 국부기념관역(궈푸지니엔관짠)

🍴 유발면(油潑麵, 요우티아오미엔) NT$120, 진미단반(秦味蛋飯, 친웨이단판) NT$100, 몽고작내두부(蒙古炸奶豆腐, 몽구자나이쩌우푸) NT$50, 신강향소양육관(新疆香酥羊肉串, 신지앙씨앙수양로우촨) 4개(半份) NT$180 📍 No. 2, Lane 138, Yanji Street, Da'an District 🚶 국부기념관역(國父紀念館站) 2번 출구에서 도보 9분 🕐 11:30~14:30, 17:30~22:00(월 휴무) 📞 02-8771-3288 🏠 sausau.com.tw 🌐 25.039910, 121.554639 📍 Qin Wei Guan

가배농 돈화점 咖啡弄(敦化店) 🔊 카페이농(둔화디엔)
타이베이 디저트의 명가

산처럼 쌓은 솜사탕 위로 에스프레소를 솔솔 뿌리며 녹여낸 후 달고나(소다빵)와 아이스크림을 함께 떠먹는 어다지수면화당빙기림은 가벼운 코스 요리를 즐기는 듯한 재미가 있다. 유락(乳酪, 우유크림치즈)이 가득한 케이크 위로 오레오 쿠키를 얹은 오레오취편유락단고는 달콤하면서도 부드럽다. 대표 메뉴인 더치커피빙적가배를 필두로 신선한 과일 음료와 타이완 전통차까지 다양하며 가격도 무난하다.

🚇 가까운 MRT역 충효돈화역(쭝샤오둔화짠)

🍴 빙적가배(冰滴咖啡, 빙디카페이) NT$170, 어다지수면화당빙기림(御茶之水棉花糖冰淇淋, 위차쯔쉐이미엔화탕빙치린) NT$100, 오레오취편유락단고(OREO脆片乳酪蛋糕, 오레오쉐이피엔루라오단까오) NT$160 📍 2F. No. 42, Lane 187, Section 1, Dunhua South Road, Da'an District 🚶 충효돈화역(忠孝敦化站) 2번 출구에서 도보 6분 🕐 11:30~20:00(금·토 ~23:00) 📞 02-2711-1910 🏠 coffee-alley.com 🌐 25.042525, 121.551469 📍 카페 이농

04

해저로 미풍남산점 海底撈(微風南山店) ◄)) 하이디라오(웨이펑난산디엔)

변검과 함께 즐기는 정통 사천식 훠궈

훠궈의 고장 중국 사천(四川, 쓰촨)에 본점을 둔 곳으로, 세계적 체인점으로 성장한 기업이다. 훠궈 천국 타이완에서도 이곳을 특히 추천하는 이유는 기호에 맞게 제조할 수 있는 다양한 소스의 만족도 때문이다. 또한 식사를 하면서 변검(變臉, 얼굴 가면을 빠르게 바꾸는 사천 전통극)을 즐길 수 있으며 면을 추가하면 요리사가 직접 면을 뽑는 퍼포먼스를 하는 등 오락성이 가미된 곳이다. 자녀와 함께 간다면 더없이 좋은 장소로 추천한다.

🚇 가까운 MRT역 **대북101타워역(타이베이이링이짠)**

🍴 NT\$1,500(2인 기준 평균 예산) ＊변검 공연시간(평일) 13시, 14시, 19시, 20시, 23시, (주말) 12시, 13시, 18시, 19시, 23시 📍 B2, No. 17, Songzhi Rd, Xinyi District 🚶 대북101타워역(台北101站) 4번 출구로 나와 101타워 건물 2층 에 있는 스카이워크를 통해 미풍(微風 P.239) 빌딩으로 진입 후 지하 2층(도보 6분) ⏰ 11:00~04:00 📞 02-8780-1866 🏠 haidilao.com
🌐 25.03432, 121.56630 🔎 HaiDiLao Taipei Breeze NanShan Branch

05

오보춘베이커리 吳寶春 Wu Pao Chun Bakery ◄)) 우바오춘마이팡디엔

세계대회를 휩쓴 제빵 장인

2008년 파리 베이커리 세계대회에서 2위, 2010년에는 세계대회 우승을 거머쥔 세계적인 제빵사 오보춘(吳寶春)이 운영하는 곳으로, 2013년 문을 열었다(본점은 가오슝). 가장 인기 있는 빵은 명태자법국. 바게트 위에 명란이 올려진 것이 생소하나 짭짤한 명란과 바삭하면서도 부드러운 빵의 매력적인 조화는 단번에 입맛을 사로잡는다. 최근 상가 이전으로 매장 내 좌석도 만들어졌다(음료 주문해야 이용 가능).

🚇 가까운 MRT역 **상산역(샹산짠)**

🍴 명태자법국(明太子法國, 밍타이즈파구어) NT\$70
📍 No. 124, Section 5, Xinyi Road, Xinyi District 🚶 상산역(象山站) 2번 출구로 나와 오른쪽으로 돌아 직진, 왼쪽으로 보임(도보 2분) ⏰ 10:30~20:00 📞 02-2723-5520 🏠 wupaochun.com
🌐 25.032255, 121.568920 🔎 WuPaoChun Bakery Taipei

06
개림철판소 101타워점 凱林鐵板燒(台北101店) karen ◀)) 카이린티에판샤오   **타이완 철판 요리의 자존심**

1986년 호텔 요리 주방장이던 료정쾽(廖定閣)이 개업한 철판
구이 전문점으로 타이안 여행의 붐을 일으킨 〈꽃보다 할배〉
에 소개되면서 이미 한국에서도 유명해진 곳이다. 원형의 철
판 테이블에 빙 둘러앉아 스테이크가 구워지길 기다리는 것
도 재미 중 하나. 고기류, 생선, 해산물이 함께 나오는 세트 메
뉴로 다양하게 즐겨보자.

🚇 **가까운 MRT역 대북101타워역(타이베이이링이짠)**

🍴 1인/2인 세트 NT$590/NT$1,260 📍 Taipei 101 Mall 🚶 대북101
타워역(台北101站) 4번 출구로 나와 직진, 101타워 건물 지하 1층 푸
드 코너에 위치 🕐 11:00~21:30(금·토 22:00까지) 📞 02-8101-
8285 🏠 karenteppanyaki.com 🌐 25.034204, 121.564938
🔍 카렌 철판구이

07
엔 타이베이 YEN Taipei ◀)) 엔 타이베이   **뷰가 멋진 고급 레스토랑**

W호텔 31층에 위치한 곳으로, 미슐랭 스타로 명성을 높인 홍
콩 요리사 켄유(Ken Yu)가 이끈다. 홍콩식 딤섬요리도 유명
하지만 특히 북경오리는 빼놓을 수 없는 대표 메뉴다. 요리도
훌륭하지만 101타워 전망 부럽지 않은 멋진 뷰와 호화스러운
실내 공간이 압권이다.

🚇 **가까운 MRT역 시정부역(쓰정푸짠)**

🍴 북경오리(北京烤鴨, 베이징카오야) 반마리/한 마리 NT$1,300/
NT$ 2,180 (예약 필요) 📍 31F No.10, Section 5, Zhongxiao East
Road, Xinyi District 🚶 시정부역(市政府站) 2번 출구에서 도보 3분
🕐 11:30~14:30, 18:00~22:00 📞 02-7703-8768 🏠 marriott.
com 🌐 25.040482, 121.565534 🔍 YEN Taipei

08
대만마두 大彎碼頭 ◀)) 따완마터우   **누구나 좋아할 깔끔하고 담백한 러차오**

기름기 많은 대다수 러차오 주점과 다르게 정갈하고 담백한
맛이 인상적이다. 전기구이 통닭을 연상케 하는 금패취피계
는 부드러운 살코기에 바삭한 껍질이 별미로, 누구나 부담
없이 즐길 수 있다. 창승두는 후추 향 풍기는 바삭한 식감
에 청양고추가 더해진 매운맛이 그만이다.

🚇 **가까운 MRT역 시정부역(쓰정푸짠)**

🍴 창승두(蒼蠅頭, 창잉터우) NT$150, 금패취피계(金牌脆皮
雞, 진파이쵀이피지) 반 마리 NT$480 📍 No. 149, Section 1,
Keelung Rd, Xinyi District 🚶 시정부역(市政府站) 1번 출구로 나와
뒤로 돌아 직진, 첫번째 좌측 골목으로 들어서면 모퉁이에 보임(도보
5분) 🕐 11:00~14:00, 17:00~24:00 📞 02-3765-5500
🌐 25. 04248, 121.56551 🔍 2HR8+X6

09
안위제소주관 安慰劑小酒館 Placebo ◀)) 안웨이지샤오지우관

가슴을 두드리는 감성과 특별한 칵테일

중화풍 고전 목재와 장식, 홍등의 아늑한 분위기, 찻잎을 섞어 시원하고 향이 좋은 칵테일까지 동서양 조화가 완벽한 곳. 풀 잎 위에 재스민차(茶)를 얹은 한 송이 꽃처럼 아름다운 말리화(好一朵美麗的茉莉花), 차가운 도시를 표현해낸 순결하고 애잔한 교토 로맨스(京都純情心酸羅曼史) 등 하나같이 빛나는 칵테일로 가득하다.

🚇 **가까운 MRT역 타이베이101역(타이베이이링이짠)**

🍴 호일타미려적말리화(好一朵美麗的茉莉花, 하오이두오메이리더모리화) NT$400 📍 No. 83, Section 2, Keelung Rd, Xinyi District 🚶 타이베이101역(台北101站) 2번 출구에서 도보 15분 🕐 20:00~02:00(금·토요일 03:00까지) 📞 02-8732-2345 🌐 25.030133, 121.558008 🔎 Placebo

10
대도18호 大道18號 ◀)) 따다오18

동취의 이색적 거리 내 러차오 맛집

이색적인 주점이 가득한 시민대도4단(市民大道四段)에 있는 타이완식 포장마차로, 오래된 원목 탁자와 다락방 같은 풍경에서 타이완 옛 감성을 느낄 수 있는 곳이다. 대표 메뉴는 훠궈 소스로 소고기를 볶은 사차우와 매운 닭요리 궁보계정. 수련 줄기를 데친 수련초육사도 식감이 절묘하니 함께 곁들여보자.

🚇 **가까운 MRT역 충효복흥역(쭝샤오푸싱짠)**

🍴 수련초육사(水蓮炒肉絲, 쉐이리엔챠오로우쓰) NT$180, 궁보계정(宮保鷄丁, 꽁빠오지딩) NT$180, 사차우(沙茶牛) NT$120 📍 No. 18, Section 4, Civic Blvd, Da'an District 🚶 충효복흥역(忠孝復興站) 5번 출구로 나와 그대로 직진하다 고가도로가 지나는 큰 사거리에서 우회전 후 직진하면 왼편(도보 18분) 🕐 17:00~01:00 📞 02-2711-0985 🌐 25.044731, 121.544676 🔎 2GVV+VV

11
송만루 松滿樓 ◀)) 송만로우

합리적 가격의 레스토랑

대표 요리인 소항동파육은 살코기와 비곗살의 비율이 조화롭고 오래 삶아 부들부들한 식감이 일품이다. 다양한 재료와 함께 생새우를 양배추에 싸 먹는 생채하송, 매콤한 육수에서 우러난 생선살이 부드러운 타초어편도 추천한다.

🚇 **가까운 MRT역 충효신생역(쭝샤오오신셩짠)**

🍴 소항동파육(蘇杭東坡肉, 수항똥포로우) NT$360, 타초어편(剁椒魚片, 두오지아오위피엔) NT$280, 생채하송(生菜蝦松, 성차이씨아송) NT$360 📍 No. 26, Section 3, Jinan Rd, Da'an District 🚶 충효신생역(忠孝新生站) 6번 출구로 나와 직진, 왼쪽 두 번째 골목으로 진입하여 계속 직진하면 오른쪽에 보임(도보 7분) 🕐 11:30~14:00, 15:30~21:00 📞 02-2751-8479 🏠 smlts.com.tw 🌐 25.040089, 121.534958 🔎 송만루

취북해도곤포과 대북소고충효점 聚北海道昆布鍋(台北SOGO忠孝店) Giguo
🔊 쥐베이하이따오쿤부궈(타이베이소고충씨아오디엔)

**1인 여행자도 대만족,
세트 메뉴가 좋은 훠궈 맛집**

신선한 고기와 해산물 등의 주재료, 음료와 디저트까지 후식으로 제공되는 가성비 좋은 세트 구성이 좋다. 곤포마랄탕(昆布麻辣湯, 마라탕)은 매운맛이 살짝 아쉽지만 대표훠궈인 다시마를 우려낸 맑은 육수(北海道昆湯)는 타이완 향신료에 민감한 사람도 만족할 만큼 개운하니 탕(湯) 주문 시 참고. 북해도는 홋카이도를 뜻하며 한국에서는 '쥐훠궈'란 이름으로 알려져 있다.

🚇 가까운 MRT역 **충효복흥역(쭝샤오푸싱짠)**

🍴 북해도곤포과투찬(北海道昆布鍋套餐) NT$398 📍 No. 45, Section 4, Zhongxiao East Road, Da'an District 🚶 충효복흥역(忠孝復興站) 4번 출구로 나와 왼쪽 소고(SOGO)백화점 11층에 위치(도보 1분) 🕐 11:00~21:30(금·토 ~22:00) 📞 02-2721-8787 🏠 giguo.com.tw 🌐 25.041893, 121.545006
📍 Giguo Far Eastern Sogo Zhongxiao Branch

만저다 瞞著爹 🔊 만져디에

신선한 스시 & 회덮밥 전문점

허름한 상가 앞 긴 목재의자에 삼삼오오 앉아서 대기하는 풍경이 친근한 곳으로, 일부러 찾아오는 단골이 많은 골목 맛집이다. 인기 비결은 싱싱한 횟감, 이것이 가능한 이유는 도보 1~2분 거리에 각각 스시, 덮밥, 이자카야로 분류되는 4개의 스시점을 함께 운영하기 때문이다. 게살을 얹은 송엽해해친동이나 장어를 올린 특선종합해선동을 추천한다.

🚇 가까운 MRT역 **충효복흥역(쭝샤오푸싱짠)**

🍴 송엽섭해담간패정(松葉蟹膽海膽干貝丼) NT$780, 특선종합해선동(特选综合海鮮丼, 터시엔쫑허하이시엔동) NT$590 📍 No. 17, Alley 9, Lane 346, Section 2, Bade Rd, Songshan District 🚶 충효복흥역(忠孝復興站) 5 번출구로 나와 직진, 고가도로가 지나는 큰 사거리를 지난 뒤 바로 오른쪽편으로 턴하여 직진, 왼쪽 세 번째 골목으로 진입하면 왼편에 보임(도보12분) 🕐 11:00~14:00, 17:00~21:30 📞 02-7728-6588 🏠 manjedad.com 🌐 25.046500, 121.545399 📍 만저다

14 죽촌 竹村 🔊 쭈춘

홍등과 101타워의 만남, 일본식 선술집

2008년 오픈, 일본 요리를 전공한 사장님의 죽촌소(竹村燒, 일본의 오코노미야키와 비슷)가 유명하며 대표 메뉴 닭꼬치 염고계육관을 찾는 단골도 많다. 붉은 홍등 너머로 보이는 101타워 뷰가 매력적인데, 타이완 분위기에 취하고 싶다면 죽촌을 방문하자.

🚇 **가까운 MRT역 상산역(상산짠)**

🍴 염고계육관(鹽烤雞肉串, 옌카오지로우촨) NT$70, 죽촌소(竹村燒, 쭈춘샤오) NT$180, 맥주 NT$100~, 사케 300ml NT$250~ 📍 No. 2, Alley 1, Lane 253, Songren Road, Xinyi District 🚶 상산역(象山站) 2번 출구로 나와 오른쪽으로 직진, 큰 사거리에서 왼쪽으로 돌아 계속 직진하면 보임(도보 17분, 길이 복잡하니 구글맵 참고) ⏰ 17:00~24:00 📞 02-2720-7305 🏠 takemura.looker.tw 📍 25.025634, 121.569275 📍 다케무라 이자카야

15 부순루 富順樓 🔊 푸순로우

먹을수록 중독되는 베이징덕 맛집

1999년 오픈한 부순루는 북평고압(북경오리) 전문점인데 고소한 첨면장(甜面酱)이 일품이다. 밀전병을 넓게 펴고 그 위에 파, 양념, 오리고기와 바삭한 껍질을 얹어 먹는 요리로, 맛과 식감이 훌륭하여 두고두고 그리워지는 매력이 있다. 방문 1시간 전 예약하는 것이 좋다.

🚇 **가까운 MRT역 대북101타워역(타이베이이링이짠)**

🍴 북평고압(北平烤鴨, 베이핑카오야) NT$1,350 📍 No. 2, Lane 443, Guangfu South Rd, Xinyi District 🚶 대북101타워역(台北101站) 1번 출구로 나와 직진. 두 번째 큰 도로(光複南路, 사거리)에서 우회전 후 직진, 오른쪽 네 번째 골목으로 들어가면 오른편(도보 15분) ⏰ 11:30~14:00·11:00~14:00, 17:00~21:00 📞 02-8786-0615 🏠 fsl.dsim.tw 📍 25.035491, 121.557999 📍 부순루(光復店)

인파라다이스 향향 INPARADISE 饗饗 🔊 인파라다이스 씨앙씨앙　　101타워가 보이는 전망 좋은 뷔페

101타워가 보이는 전망 좋은 뷔페. 즉석에서 구워주는 꼬치류, 해산물, 스시, 초밥, 과일까지 최고급으로 준비되어 있다. 특히 셰프가 직접 조리하는 단품 요리는 맛과 플레이팅이 뛰어나다. 비교적 가격이 저렴한 평일 방문을 추천한다.

🚇 **가까운 MRT역** **대북101타워역(타이베이이링이짠)**

🍴 평일 중식 NT$1,390 티타임 NT$990 석식 NT$1,690 **금·토** 중식 NT$1,690 티타임 NT$1,390 석식 NT$1,990 📍 46F, No. 68, Section 5, Zhongxiao East Road, Xinyi District 🚶 시정부역(市政府站) 3번 출구에서 도보 3분. 브리즈 빌딩 46층 🕐 중식 11:30~14:00 티타임 14:30~16:30 석식 17:30~21:30 📞 02-8780-9988 🏠 inparadise.com.tw 🌐 25.040737, 121.566887 🔎 인파라다이스(시티홀역 3번출구)

사향오도 마조면점 四鄉五島(馬祖麵店) Taipe 🔊 쓰씨앙우따오(마주미엔디엔)　　24시간 운영하는 전통 맛집

1992년 오픈한 길 모퉁이 2층의 허름한 상가로, 24시간 쉼없이 운영한다. 어묵 국물에 생선살로 만든 완자, 반숙 계란, 혼돈(餛飩, 만두 일종)이 들어 있는 종합탕이 사향오도를 찾는 이유. 자장면 맛이 나는 직장향반면도 괜찮다. 야식이 당긴다면 가성비 좋은 사향오도로 가자.

🚇 **가까운 MRT역** **충효복흥역(쭝샤오푸싱짠)**

🍴 종합탕(綜合湯, 쫑허탕) NT$70, 작장향반면(炸醬香拌麵, 짜지앙씨앙반미엔) NT$45, 탕청채(燙青菜, 탕칭차이) NT$40 📍 No. 7, Liaoning Street, Zhongshan District 🚶 충효복흥역(忠孝復興站) 1번 출구에서 도보 18분 🕐 10:00~02:00 📞 02-2771-5406 🏠 www. 45food. com 🌐 25.047573, 121.542193 🔎 si xiang wu dao

18 암관소 岩串燒 🔊 옌촨샤오

명태알 닭꼬치가 기막힌 선술집

닭꼬치 위에 치즈와 명태알을 듬뿍 얹은 명태자계육관만으로도 찾아갈 가치가 충분하다. 고소한 치즈에 엉켜 톡톡 터지는 달달한 명태알 식감이 일품이다. 다른 곳에서 판매하는 명태자계육관과는 다른 요리처럼 느껴질 만큼 맛이 절묘하니 미식가라면 주목하자.

🚇 **가까운 MRT역 육장리역(류장리짠)**

🍴 명태자계육관(明太子雞肉串, 밍타이즈지로우촨, 명태알닭꼬치) NT$50(1개), 그 외 꼬치류 NT$45~180 ♀ No. 49, Leli Road, Da'an District 🚶 육장리역(六張犁站)으로 나와 원형 로터리 길을 따라 오른쪽으로 총 3번의 횡단보도를 건넌뒤 오른쪽으로 턴하여 직진 하면 오른쪽에 보임(도보 8분) ⏰ 18:00~24:00 📞 02-8732-0369
📍 25.026503, 121.551772 🔎 Dan kitchen

19 임동방우육면 林東芳牛肉麵 🔊 린동팡니우로우미엔

40년 전통의 독보적 우육면 맛집

2018년 초 상가를 이전하며 방문객이 더 늘고 있는 곳으로, 매운맛 홍소(紅燒)나 맑은 탕 청돈(清燉) 방식을 벗어나 간장 맛이 느껴지는 이 가게만의 우육면을 제공하는 것이 특징이다. 힘줄이 섞인 소고기를 사용하는데, 호불호가 있다는 점 참고하자.

🚇 **가까운 MRT역 충효복흥역(쭝샤오푸싱짠)**

🍴 우육면(牛肉麵, 니우로우미엔) NT$210~240 ♀ No. 322, Section 2, Bade Rd, Zhongshan District 🚶 충효복흥역(忠孝復興站) 1번 출구로 나와 뒤돌아 직진, 큰 사거리에서 다시 왼편으로 직진한 뒤 두번째 나오는 큰사거리에서 왼쪽으로 턴하여 직진하면 왼편에 보임(도보 17분) ⏰ 11:00~03:00 📞 02-2752-2556
📍 25.046499, 121.541713 🔎 임동방우육면

20 소동주식회사 燒丼株式會社 🔊 샤오동쭈쓰훼이써

잘 구운 바비큐와 덮밥의 만남

2011년 7월 바비큐인 소육(燒肉)과 덮밥인 규동(丼飯)을 결합한 요리를 선보이는 소동(燒丼)주식회사를 개점했다. 불맛이 살아 있는 바비큐덮밥과 달콤한 특제 바비큐 소스에 두툼한 육질의 씹히는 맛이 좋은 야랑소저동을 추천한다.

🚇 **가까운 MRT역 타이베이101역(타이베이이링이짠)**

🍴 야랑소저동(野郎燒豬丼, 예랑싸오쭈동) 단품 NT$198, 세트 NT$263 ♀ 2F. No. 20, Songshou Rd, Xinyi District 🚶 타이베이101역(台北101站) 4번 출구로 나와 101타워를 통해 이동, 위수영성(威秀影城) 영화관 건물 2층(도보 10분) ⏰ 11:00~22:00
📞 02-2758-0909 🏠 donshowburi.pixnet.net
📍 25.035177, 121.567087 🔎 Don Show Buri

에이티티포펀 ATT4FUN ◀)) 에이티티포펀

볼거리 가득한 다채로운 백화점

에이티티포펀은 다양한 볼거리로 가득하다. 지하 1층의 상자공화국(橡子共和國, 동구리공화국)은 거대한 토토로 인형 및 여러 애니메이션 캐릭터가 있는 곳으로, 특히 지브리 팬이라면 반드시 들러야 할 코스다. 4층은 동화 속 캐릭터를 모형으로 재현해놓은 식상왕국(食尚王國)으로, 디저트를 즐기기 좋은 카페와 떡볶이가 맛있는 엉클스가 있다. 7~9층은 화려한 밤을 보낼 클럽, 10층에는 분위기 좋은 바(Frank Tiapei)까지 매 층마다 볼거리가 가득한 곳이니 신의취를 방문하는 여행자라면 절대 놓치지 말자.

🚇 **가까운 MRT역 대북101타워역(타이베이이링이짠)**

📍 No. 12, Songshou Road, Xinyi District
🚶 대북101타워역(台北101站) 4번 출구로 나와 101타워 건물 2층에 있는 스카이워크를 통해 ATT4FUN 건물로 이동(도보 6분)
🕐 11:00~22:00(금·토 ~23:00) 📞 02-8780-8111
🏠 att4fun.com.tw 🎯 25.035339, 121.565957
🔍 ATT 4 FUN Xinyi Store

가덕봉리소 佳德鳳梨酥 ◀)) 지아더펑리수

명실상부 타이베이 최고의 봉리소 맛집

1975년 오픈한 곳으로, 2006년 대북 봉리소문화절(台北凤梨酥文化节) 대상을 시작으로 매년 각종 봉리소대회를 휩쓸어온 명가(名家)다. 가덕봉리소의 절묘함은 바삭하면서도 입안에서 사르르 녹는 케이크와 꾸덕하게 어우러지는 달달한 파인애플 소의 조화에 있다. 가끔 동과(冬瓜)를 섞지 않고 100% 파인애플로 만든 봉리소를 찬양(?)하는 정보를 접하게 되는데, 동과가 포함된 전통 봉리소와 달리 조미료 없이 천연 단맛을 내기 위한 100% 파인애플이라는 말에 혹(?)할 필요는 없다. 세븐일레븐에서도 살 수 있지만 가격은 약 10% 더 비싸니 가급적 매장에서 사자.

🚇 **가까운 MRT역 남경삼민역(난징싼민짠)**

🎫 원미가덕봉리소(原味佳德鳳梨酥,위엔웨이지아더펑리수)
NT$192~NT$640 📍 No. 88, Section 5, Nanjing East Road, Songshan District 🚶 남경삼민역(南京三民站) 2번 출구에서 도보 2분 🕐 08:30~20:30 📞 02-8787-8186 🏠 chiate88.com
🎯 25.051287, 121.561509 🔍 치아더 펑리수

에어스페이스 돈남점 AIR SPACE 敦南店 🔊 에어스페이스 둔난디엔

타이완 여성의 패션 스타일이 궁금하다면

20~30대 여성을 타깃으로 한 타이완의 중저가 브랜드. 팬츠, 원피스, 슈즈, 액세서리 등 자체 디자인한 아이템들은 정형적이지 않고 독특한 그들만의 아이덴티티를 선보인다. 오프라인 매장이라 가짓수의 한계는 있지만, 타이완 여성의 패션 동향을 느껴보기엔 충분하다.

🚇 가까운 MRT역 **충효돈화역(쭝샤오둔화짠)**

🏷 원피스 NT$900~ 📍 No. 50, Lane 187, Section 1, Dunhua S Rd, Da'an District 🚶 충효돈화역(忠孝敦化站) 2번 출구에서 도보 5분 🕐 13:00~22:30 (금·토·일 12:30~23:00) 📞 02-8773-4926 🏠 www.airspaceonline.com 🌐 25.04248, 121.55168 🔍 AIR SPACE PLUS 敦南店

아마이 신의문시 amai 信義門市 🔊 아마이 신이먼쓰

타이완 슈즈의 터줏대감, 여성 패션 슈즈 전문점

2003년 인터넷 판매로 시작하였으나, 현재는 타이베이 전역에 매장을 오픈하며 성공적으로 안착한 기업이다. 펌프스, 슬링백, 플랫, 샌들, 스니커즈 등 여성 슈즈 스타일을 총망라하고 있으며 디자인이 발랄하고 귀엽다. 사장 부부가 직접 디자인한 슈즈로, 희소성에 비해 상품 가격은 매우 합리적이다.

🚇 가까운 MRT역 **대북101타워역(타이베이이링이짠)**

📍 1F. No. 12, Songshou Road, Xinyi District 🚶 대북101타워역(台北101站) 4번 출구로 나와 101타워 건물 2층에 있는 스카이워크를 통해 ATT4FUN 건물로 이동 후 1층(도보 6분) 🕐 14:00~22:00 📞 02-7735-2880 🏠 amai.tw 🌐 25. 03531, 121. 56607 🔍 amai女鞋-信義門市

스테이리얼 STAYREAL

타이완의 스트리트 패션을 주도하는 편집 숍

2007년 타이완 국민밴드 오월천(五月天)의 멤버인 아신(阿信)이 고등학교 동창인 불이량(不二良)과 함께 창업한 곳. 타이완의 스트리트 패션을 주도해온 편집 숍이다. 캐릭터 디자인 작가인 불이량의 삽화 외에도 헬로키티, 구데타마 등 여러 캐릭터를 이용해 시즌별로 다양한 디자인을 선보이고 있다. 타이완 감성의 귀여운 캐릭터 티셔츠를 찾는다면 추천.

🚇 가까운 MRT역 **충효돈화역(쭝샤오둔화짠)**

📍 No. 148, Section 4, Zhongxiao E Rd, Da'an District 🚶 충효돈화역(忠孝敦化站) 5번 출구에서 도보 1분 🕐 12:00~22:00 📞 02-8771-9411 🏠 tw.istayreal.com 🌐 25.04128, 121.54979 🔍 STAYREAL

통일시대백화 대북점 統一時代百貨(台北店) ◀)) 통이쓰다이바이훠(타이베이디엔)   2층의 오픈 광장이 특별한 백화점

2010년 개장한 곳으로, 육포로 유명한 미진향(지하 2층), 세련된 카페 분위기의 찻집 스미스앤슈(smith&hsu, 6층)가 있으며 1층부터 6층까지 메이커 의류숍으로 빼곡하다. 외부 계단으로 연결되는 2층 광장은 시즌마다 특별한 이벤트를 진행하는 곳이자 광장 너머로 보이는 101타워의 독특한 뷰가 매력적인 곳이니 방문할 가치가 충분하다.

🚇 가까운 MRT역 **시정부역(쓰정푸짠)**

📍 No. 8, Section 5, Zhongxiao East Road, Xinyi District
🚶 시정부역(市政府站) 2번 출구로 나오면 바로 있음
🕐 11:00~21:30 (금·토요일 22:00까지) 📞 02-8786-2877
🏠 smithandhsu.com 🌐 25.040854, 121.565396
🔎 Uni-president Department Store Taipei

탕촌 대북돈남점 糖村(台北敦南店) SUGAR & SPICE ◀)) 탕춘(타이베이둔난디엔)   타이완 과자의 여왕을 만나다

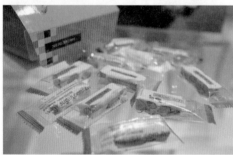

핑크색 인테리어가 독특한 곳으로, 타이완 전역에 20여 개의 분점이 있다. 전통과자 태양병(太陽餅), 파인애플과자 봉리소(鳳梨酥) 등 종류가 많지만 가장 유명한 것은 오늘날의 탕촌을 일궈낸 우알탕(牛軋糖, 니우야탕, 누가캔디)이다. 끈적임 없이 사르르 녹아내리는 누가의 매력에 과자의 여왕(甛點女王, 티엔디엔뉘왕)이란 별칭으로 불린다.

🚇 가까운 MRT역 **충효돈화역(쭝샤오둔화짠)**

🎟 우알탕(牛軋糖, French Nougat) NT$300~
📍 No. 158, Section 1, Dunhua South Road, Da'an District
🚶 충효돈화역(忠孝敦化站) 7번 출구로 나와 4거리를 직진하여 건넌 후 오른쪽으로 돌아 직진하면 왼쪽으로 보임(도보 8분)
🕐 09:00~22:00 📞 02-2752-2188
🏠 sugar.com.tw 🌐 25.043721, 121.548446
🔎 SUGAR & SPICE Taipei Dunnan Store

08

미풍 남산점 微風(南山店) Breeze ◀») 웨이펑(난산디엔)

신이취에서 핫한 백화점

2019년 1월 오픈한 곳으로, 사각형으로 반듯하게 매장이 배치된 여느 백화점과는 다르게 오밀조밀하고 친환경적 분위기를 뽐내는 실내는 타이베이에서 가장 아름답다. 일본 기업과 합작한 곳이라 일본 상품이 많으며 의류보다 먹거리와 잡화점이 많다. 4층에는 시내 풍경을 조망할 수 있는 구름다리가 있고 최상층에는 전망 좋은 레스토랑이 있다.

😊 가까운 MRT역 **대북101타워역(타이베이이링이짠)**

📍 No. 17, Songzhi Road, Xinyi District
🚶 대북101타워역(台北101站) 4번 출구에서 도보 5분
🕐 11:00~22:00 📞 02-2723-3468 🏠 breezecenter.com
🎯 25.034320, 121.565956 🔎 Breeze Nan Shan

09

벨라비타 BELLAVITA ◀») 벨라비타

2009년 오픈한 유럽풍 백화점

이탈리어로 '아름다운 삶'을 뜻하는 벨라비타는 르네상스 스타일에 현대식 건축 방식을 접목한 곳이다. 중앙 홀은 광장 형태로 다양한 전시 이벤트가 열린다. 지하 1층은 명품 필름카메라로 유명한 라이카(Leica) 매장, 1층부터 3층까지는 조르지오 아르마니를 포함한 의류 및 액세서리 명품 숍이 있다.

😊 가까운 MRT역 **시정부역(쓰정푸짠)**

📍 No. 28, Songren Road, Xinyi District 🚶 시정부역(市政府站)
3번 출구에서 도보 4분 🕐 11:00~21:30(금·토 ~22:00) 📞 02-
8729-2771 🏠 bellavita.com.tw 🎯 25.039664, 121.567749
🔎 BELLAVITA

10

대윤발 중륜점 大潤發(中崙店) ◀») 따룬파(중룬디엔)

RT마트라는 이름으로 유명한 대형 마켓

윤태집단(潤泰集團, 1945년 설립)의 주력 사업이었던 방직 산업이 사양길로 접어들자 유통 사업인 대윤발을 론칭하며 현재 타이완 전역에 22개소의 분점을 둔 대형 마켓으로 성장했다. 까르푸에 비해 편의성이 부족하고 세일 품목이 아닌 경우 가격 차이도 없으나 한국인 여행자가 많은 까르푸에 비해 현지 슈퍼마켓을 탐험(?)하는 재미를 느낄 수 있다.

😊 가까운 MRT역 **충효복흥역(쭝샤오푸싱짠)**

📍 No. 306, Section 2, Bade Road, Zhongshan District
🚶 충효복흥역(忠孝復興站) 1번 출구에서 도보 15분
🕐 08:30~22:30 📞 02-2779-0006 🏠 news.rt-mart.com.
tw 🎯 25.046791, 121.542609 🔎 RT-MART Zhonglun Store

푸진제
富錦街

과거 미군이 주둔했던 곳으로, 동서양의 문화가 혼합된 건축물이 많고 아름다운 가로수와 깨끗한 거리 등으로
타이베이의 가로수길이라 할 수 있다. 곳곳에 개성 넘치는 커피숍과 아기자기한 쇼핑을
즐길 수 있는 상점이 많아 가볍게 산책하며 시간을 보낼 수 있다. 다만, 특별한 맛집이 없으므로
거리는 상당히 떨어져 있지만 산책을 마친 후 가볼 만한 음식점으로 상인수산을 추천한다.
또한 푸진제에는 골목길이 많아 찾기가 쉽지 않으니 꼭 구글맵을 참고하도록 하자.

`01`

상인수산 上引水產 ◀) 상인쉐이찬   바다 향을 머금은 신선한 스시 천국

신선한 바다 내음 솔솔 풍기는 현대식
수산시장으로 1992년 설립되었
다. 제7회 일본 전국스시대회에
서 우승한 스시 장인 다케다 마
사히코(長武田正)가 이끄는 곳
으로도 유명하다. 내부에는 훠궈
에서 숯불구이까지 다양한 요리를 선
보이는 음식점이 많은데, 주목해야 할 곳은 중앙의 스시 음식
점이다. 매일 신선한 재료로 만든 최고급 스시10피스 세트 특
선악수사, 스시와 BBQ까지 코스로 제공되는 입서순투찬을
맛보려는 고객으로 문전성시를 이룬다. 대기표를 뽑아 차례
로 입장하는 시스템인데, 사람이 많으므로 시간이 충분할 때
방문하는 것이 좋다. 실속형 여행자라면 상인수산 내 마트에
서 초밥도시락을 사서 야외에서 즐기는 것도 좋은 방법이다.

📍 가까운 MRT역 **행천궁역(씽티엔궁짠)**

🍴 특선악수사(特選握壽司, 터쒸엔워쏘우스) NT$680, 입서순투찬
(立嶼旬套餐, 리위쒼타오찬) NT$980 📍 No. 18, Alley 2, Lane 410,
Minzu East Road, Zhongshan District 🚶 MRT 행천궁역(行天宮站)
3번 출구로 나와 오른쪽으로 직진, 행천궁(行天宮)을 끼고 다시 오른
쪽으로 직진해 횡단보도를 건너 큰 공원(榮星花園)이 나오자마자 다시
왼쪽으로 직진, 공원을 지나 네 번째 오른쪽 골목으로 진입하면 보임
(도보 20분), 중산국중역(中山國中站)에서도 비슷한 거리이며 택시 추
천 🕐 07:30~22:30 📞 02-2508-1268 🏠 addiction.com.tw
🌐 25.066769, 121.536992 📍 상인수산

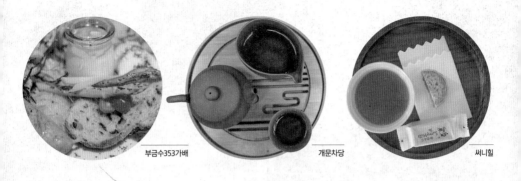

부금수353가배   개문차당   써니힐

✈ 송산공항역

1 상인수산

부금수353가배

프라이탁 4 3

2 벗. 위 러브 버터

아사문창 1

카페모드 목마 4

2 개문차당

3 써니힐

개문차당 開門茶堂 ◀))카이먼차탕

입구를 지키는 고목이 독특한 전통찻집

타이완의 상징 고목인 용수(榕樹)가 엉켜 만들어내는 입구의 독특한 풍경만으로도 가볼 만한 가치가 있는 전통찻집. 용수로 가로수길을 꾸민 푸진제에서도 이곳만큼 신기한 풍경은 보기 힘들다. 대표 메뉴는 타이동(台東)에서 유기농법으로 재배한 오룡차로 만든 단봉오룡(丹鳳烏龍)으로 은은한 꽃향과 부드러운 맛이 일품이다. 함께 즐길 다과로는 바삭한 호두에 향신료 커민이 더해져 깊은 맛을 내는 비제향초칠리호도를 추천한다.

🚇 **가까운 MRT역** 송산공항역(쏭산지창짠)

🍴단봉오룡차(丹鳳烏龍茶, 딴펑우룽차) NT$250, 비제향초칠리호도(秘製香草七裏胡桃, 미쯔씨앙차오치리후타오) NT$60 📍No. 3, Alley 1, Lane 80, Section 4, Minsheng East Road, Songshan District 🚶송산공항역(松山機場站) 3번 출구에서 오른쪽으로 돌아 (공항 반대 방향) 큰 사거리를 직진으로 건넌 후 직진, 두 번째 왼쪽 골목으로 진입 후 다시 두 번째 오른쪽 골목으로 진입, 직진하다 정면 횡단보도를 건넌 후 바로 왼쪽으로 돌아 직진, 첫 번째 오른쪽 골목으로 진입하면 왼쪽으로 보임(도보 20분) 🕐11:00~20:30(토·일 ~18:30, 화 휴무) 📞02-2719-9519 🌐25.057757, 121.553265 🔍3H53+38

부금수353가배 富錦樹353咖啡 Fujin Tree 353 Cafe ◄))) 푸진쑤싼우싼카페이   **따스한 햇살이 가득한 카페**

타이완 패션 피플이 즐겨 찾는 오픈형 주방 카페다. 햇살 가
득할 때엔 그 분위기만으로 발길을 잡는다. 대표 메뉴는 입
술에 묻는 달콤한 거품이 매력적인 밀크티 시소흑탕나철.
살짝 출출하다면 샌드위치나 케이크를 곁들이자. 그림 메
뉴판이 있어 편하게 고를 수 있다. 카페 옆에는 액세서리
와 간단한 선물용품을 판매하는 부금수355선물점(富錦樹
355選物店)이 있어 함께 둘러보면 좋다.

🚇 **가까운 MRT역** 송산공항역(쏭산지창짠)

🍴 시소흑탕나철(柴燒黑糖拿鐵, 차이사오헤이탕나티에) NT
$190 📍 No. 353, Fujin Street, Songshan District 🚶 송산공항
역(松山機場站) 3번 출구로 나와 오른쪽으로 돌아(공항 반대 방향)
큰 사거리를 직진으로 건넌 후 왼쪽으로 다시 돌아 직진, 두 번째 오
른쪽 길로 돌아 직진하다 첫 번째 왼쪽 골목으로 진입하면 왼쪽에
보임(도보 15분) 🕘 09:00~18:00 📞 02-2749-5225
🏠 fujintreegroup.com 🌐 25.060674, 121.557785
🔍 푸진 트리 353 카페

카페모드 목마 Cafe Mode 木馬 ◄))) 카페모드 무마   **햇살 좋은 야외에서 즐기는 특별한 차 한잔**

주택가 사이사이 예쁜 가게들이 보석처럼 박힌 아담한 마
을 푸진제의 느낌을 제대로 보여주는 카페. 특히, 햇살 스
민 앞마당에서 즐기는 차 한잔의 여유는 이곳에서만 누릴
수 있는 작은 여행의 사치다. 대표 메뉴는 라벤더와 레몬을
섞은 훈의초영몽차. 레몬 향과 함께 간간이 씹히는 달콤한
블루베리, 입안에서 톡 터지며 즙이 흘러나오는 타피오카
펄의 독특한 풍미가 오감을 자극한다. 수제 쿠키는 좀 비
싼 편.

🚇 **가까운 MRT역** 송산공항역(쏭산지창짠)

🍴 훈의초영몽차(熏衣草檸檬茶, 쒼이차오닝멍차) NT$200 📍 No.
376, Fujin Street, Songshan District 🚶 송산공항역(松山機場
站) 3번 출구로 나와 오른쪽으로 돌아(공항 반대 방향) 큰 사거리를
직진으로 건넌 후 왼쪽으로 돌아 직진, 두 번째 오른쪽 골목으로 진
입한 후 첫 번째 왼쪽 골목으로 들어가면 오른쪽으로 보임(도보 17
분) 🕘 10:00~22:00(일 ~19:00, 수 휴무) 📞 02-2748-6333
🌐 25.060458, 121.559134 🔍 Cafe Mode

아사문창 我思文創 Words ◀) 워쓰원창(워드즈)

골동품 가득한 보물 창고

1900년대 유럽풍 엽서, 색감을 뽐내는 미국풍 엽서, 타이완에서 유학 생활을 한 독일 학생이 남긴 수채화 같은 엽서, 타이완의 젊은 예술가이자 그림 선생인 곽정굉(郭正宏)의 작품을 담은 것까지 희귀한 엽서로 가득한 상점. 매력적인 빨간 대문 앞에서 벨을 누르고 들어가는 재미있는 시스템인데, 너털웃음으로 손님을 맞이하는 사장님의 친근함에 기분이 좋아지는 곳이다. 가게 한편에는 100년도 넘은 펜촉과 금박으로 된 펜촉 보관함, 전동 연필깎이 등 보물 같은 컬렉션을 갖추고 있어 구경하는 재미가 쏠쏠하다. 엽서 전문점이지만 사무용품도 판매한다.

🚇 가까운 MRT역 **송산공항역(쏭산지창짠)**

🎫 엽서 NT$40~ 📍 2F. No. 376, Fu-Jin St, Songshan District
🚶 송산공항역(松山機場站) 3번 출구로 나와 오른쪽으로 돌아(공항 반대 방향) 큰 사거리를 건넌 후 왼쪽으로 돌아 직진, 두 번째 오른쪽 골목으로 들어선 후 첫 번째 왼쪽 골목으로 들어가면 오른쪽에 보임(도보 17분) 🕐 15:30~20:00(토·일 ~18:30, 화·수 휴무)
📞 02-2528-0003 🏠 words.com.tw
🧭 25.060435, 121.559082 📍 Words

벗. 위 러브 버터 but. we love butter ◀) 벗.위러브버터

이색 공간에서 맛보는 버터향 가득한 쿠키

이곳에 오면 영화 〈킹스맨〉이 자연스레 떠오른다. 중후한 톤의 양복점으로 꾸민 입구를 지나 안으로 들어서면 거울과 격자무늬 바닥, 조명기구 등의 그로테스크한 분위기가 마치 비밀스러운 연회장에 들어온 것처럼 시선을 사로잡는다. 인테리어도 충분한 구경거리지만 시식용 쿠키와 음료(오룡차)까지 제공하니 푸진제를 방문했다면 꼭 가보자. 영국제 버터와 잘 정제된 타이완 소금을 배합하여 만든 수제 쿠키는 고소하면서도 부드러운 맛이 일품. 특이한 매장 분위기만큼이나 포장지도 무척 고급스러워 선물용으로 좋다.

🚇 가까운 MRT역 **송산공항역(쏭산지창짠)**

🎫 6개입 NT$458, 10개입 NT$708 📍 No. 102, Fujin Street, Songshan District 🚶 송산공항역(松山機場站) 3번 출구로 나와 오른쪽으로 돌아(공항 반대 방향) 큰 사거리를 건넌 후 계속 직진, 두 번째 왼쪽 골목으로 진입하여 직진하면 오른쪽에 보임(도보 8분) 🕐 13:00~20:30(토·일 12:30~20:00) 📞 02-2547-1207
🏠 but.com.tw 🧭 25.059771, 121.552034
📍 but. we love butter

써니힐 대북민생공원문시 Sunnyhills(台北民生公園門市) ◀» 써니힐(타이베이민성꽁위엔먼쓰)

써니힐 펑리수 이젠 시식하고 구입하자!

2008년 오픈한 곳으로, 타이완 정중앙에 위치한 남투현
(南投縣)에 본점을 둔 펑리수 전문점이다. 파인애플에 단
맛을 내는 동과(冬瓜)를 배합하는 전통 제조법과 달리
100% 파인애플만으로 만드는 것이 특징. 케이크와 함께
파인애플 소가 자연스레 어우러지는 전통 펑리수와 달리
파인애플 소가 그대로 씹히는 맛이 독특하다. 가게 내부에
서 무료 시식을 할 수 있으므로 맛을 보고 취향대로 구매할
수 있다.

🚇 가까운 MRT역 **송산공항역(쏭산지창짠)**

📍 No. 1, Alley 4, Lane 36, Section 5, Minsheng East Road,
Songshan District 🚶 송산공항역(松山機場站) 3번 출구로 나와
오른쪽으로 돌아(공항 반대 방향) 큰 사거리를 건넌 후 왼쪽으로 다
시 돌아 직진, 두 번째 오른쪽 길로 돌아 직진하다 큰 사거리에서 왼
쪽으로 직진하다 첫 번째 오른쪽 골목으로 진입, 첫 번째 왼쪽 골목
으로 돌면 바로 보임(도보 20분) 🕐 10:00~18:00 📞 02-2760-
0508 🏠 sunnyhills.com.tw 📍 25.057819, 121.557186
🔍 써니힐

프라이탁 타이베이 민성 스토어 Freitag(Taipei Minsheng Store) ◀» 프라이탁(타이베이 민성 스토어)

세상에 단 하나, 나만의 패션 백

산업 폐기물을 업사이클링하여 가방을 만드는 독특한 콘
셉트로 1993년 프라이탁 형제가 론칭한 스위스 기업이다.
유니크한 패턴 주름과 이질감 없는 원색 그대로의 색상이
프라이탁의 가장 큰 매력으로, 디자인뿐만 아니라 기능성
도 뛰어나 이제는 업사이클링 패션 산업의 선구자가 되었
다. 우리나라에도 입점해 있지만, 나라마다 상품이 조금씩
다르니 타이베이 매장도 둘러보자.

🚇 가까운 MRT역 **송산공항역(쏭산지창짠)**

📍 No. 345, Fujin Street, Songshan District 🚶 송산공항역(松山
機場站) 3번 출구로 나와 오른쪽으로 돌아(공항 반대 방향) 큰 사거
리를 건넌 후 왼쪽으로 다시 턴하여 직진, 작은 사거리에서 오른쪽
골목으로 진입하여 첫 번째 왼쪽 골목으로 들어서면 보임(도보 14
분) 🕐 11:00~19:30 📞 02-2765-6280
📍 25.060742, 121.557368
🔍 FREITAG by FUJIN TREE GROUP

라오허제야시장
饒河街夜市

과거 화물 선착장으로 번성했던 곳. 그때에 비할 바는 아니지만 지금도 여전히 주말이 되면 길이 600m에 이르는 이곳이 발 디딜 틈 없이 바쁘게 돌아간다. 야시장은 1753년 세워진 자우궁(慈佑宮) 사원 옆에서부터 시작되는데, 입구에 중국식 건축물인 커다란 패방(牌坊)이 세워져 있어 쉽게 찾을 수 있다. 스린야시장과 함께 타이베이를 대표하는 야시장인 만큼 일정에 여유가 있다면 꼭 찾아가보자.

01

기노사만검 紀老師挽臉 🔊 지라오쓰완리엔　　　　　　　　전통 피부 미용 기술을 만나다

라오허제야시장 중앙에 있는 기노사만검은 20년째 만검(挽臉, 완리엔)으로 유명세를 이어오는 곳이다. 만검은 가느다란 실로 얼굴에 자극을 주며 잔털을 없애주는 전통 피부 미용 기술로, 마치 거문고를 튕기는 듯한 기술사의 경쾌한 손놀림과 함께 금세 얼굴이 뽀송해지는 놀라운 체험을 할 수 있다. 안마는 한국에서도 받을 수 있지만 만검이라면 얘기가 다르다. 오직 타이완에서만 즐길 수 있는 독특한 체험이니 놓치지 말자. 주말에는 대기자가 많으니 현장에 방문해 예약 후 야시장을 돌아보자.

🚇 **가까운 MRT역 송산역(쏭산짠)**

📍 No. 132, Raohe Street, Songshan District　🚶 송산역(松山站) 5번 출구로 나와 자우궁(慈佑宮) 왼쪽 편으로 진입(야시장 입구), 왼쪽에 상가가 있음(도보 7분)　🕐 15:30~01:00　🎫 NT$280(소요시간 약 20분)　📞 0936-796 -718
🌐 25.050321, 121.573865　📍 기노사만검

채홍교 彩虹橋 Rainbow Bridge 🔊차이훙치아오 레인보브리지

기룽강(基隆河)을 가로지르는 레인보 브리지 채홍교는 곡선미가 돋보이는 다리로, 야시장 바로 옆에 있어 함께 둘러보기 좋은 명소다. 특히, 노을이 시작될 때 조명이 은은하게 커지며 낭만적인 풍경이 연출되니 초저녁부터 영업을 시작하는 야시장에서 다양한 먹거리를 사 가지고 가면 즐거운 시간을 보낼 수 있다. 다리 아래 강변 산책로에는 'Love' 조형물과 함께 빼곡히 달린 사랑의 자물쇠가 있어 연인들이 많이 찾아온다.

🚇 **가까운 MRT역** 송산역(쏭산짠)

📍No. 5, Lane 221, Raohe Street, Songshan District
🚶 송산역(松山站) 1번 출구로 나와 뒤쪽 첫 번째 오른쪽 골목으로 진입 후 직진하면 나옴(도보 3분) 🕐 25.051423, 121.576510 🔍 Raohe Evacuation Gate

2 채홍교

1 복주세조호초병

3 금단폭장왕자소 **5** 향총육권

2 금림삼형제약돈배골

1 유진형

1 기노사만검

4 삼고마유계

1

5

송산역 **M**

4

복주세조호초병 福州世祖胡椒餅 Fuzhou Ancestor Pepper Pie ◀ 푸쪼우쓰주후지아오빙　대중적인 길거리 간식, 호초병

라오허제야시장 입구에 사람이 가득하다면 그 이유는 바로 복주세조호초병을 맛보려는 사람들 때문이다. 독특한 풍미와 조리법으로 CNN과 여러 매체에 소개되었고, 2019년에는 미슐랭 빕 구르망에도 올랐다. 호초병은 연탄통 같은 화덕 안쪽 면에 반죽을 붙인 후 소가 잘 익을 때까지 구워내는 간식으로, 후추향 가득한 고기 맛이 일품이다.

ⓜ **가까운 MRT역** 송산역(쏭산짠)

🍴 호초병(胡椒餅, 후지아오빙) 1개 NT$60 📍 No. 249, Raohe Street, Songshan District 🚶 송산역(松山站) 5번 출구로 나와 오른쪽으로 턴, 다시 좌측으로 직진하면 바로 보임(도보 2분)
🕐 16:00~23:00 📞 0958-126-223 🌐 25.050874, 121.577457
📍 Fuzhou Ancestor Pepper Pie

금림삼형제약돈배골 金林三兄第藥燉排骨 ◀ 진린산씨옹디야오둔파이구　야시장에서 갈비(?)를 뜯는 재미

라오허제야시장 맛집을 꼽으라면 1순위로 언급되는 곳으로 뼈가 통째로 나오는 고깃국이 시선을 강탈한다. 대표 메뉴인 약돈배골은 이름처럼 약재로 우려낸 진한 육수가 일품이며 뼈에 붙은 살을 발라먹는 재미도 쏠쏠하다. 양이 많지 않아 간식으로 적합하며 갈비(돼지고기)는 손으로 잡고 뜯는 것이 편하니 물티슈를 준비하자.

ⓜ **가까운 MRT역** 송산역(쏭산짠)

🍴 약돈배골(藥燉排骨) NT$90, 약돈양육(藥燉羊肉) NT$100
📍 No. 173, Raohe Street, Songshan District 🚶 송산역(松山站) 2번 출구 나와 오른쪽으로 보이는 상가 골목 🕐 16:30~24:00(수 휴무)
📞 0989-095-508 🌐 25.050552, 121.575596 📍 3H2G+66

금단폭장왕자소 金蛋爆漿王子燒 ◀ 진딴빠오지앙왕즈샤오　계란말이에 토핑을 얹어 먹는 샤오츠

금단폭장왕자소(金蛋爆漿王子燒)는 촉촉한 계란말이 위에 치즈크러스트와 옥수수콘, 가쓰오부시를 얹어 먹는 독특한 간식이다. 크랩, 명태알, 새우 등 신선한 해산물 토핑까지 취향대로 추가하자. 부드러운 계란말이와 어우러지는 맛이 좋다.

ⓜ **가까운 MRT역** 송산역(쏭산짠)

🍴 금단폭장왕자소(토핑 재료에 따라 다름) NT$70~ 📍 No.153, Raohe Street, Songshan District 🚶 송산역(松山站) 1번 출구로 나와 뒤쪽 첫 번째 오른쪽 골목으로 진입, 작은 사거리까지 직진하면 왼쪽으로 보임(도보 5분) 🕐 18:00~23:00 📞 0985-670-122
🌐 25.050771, 121.576529 📍 3H2G+8J

삼고마유계 三菇麻油雞 🔊산구마요우지

시장에서 맛보는 볶음밥과 볶음면

로컬 분위기가 좋은 곳이다. 추천 메뉴는 기름에 볶아 고소한 볶음면 초면(炒麵)과 계란에 후추, 소금의 짭짤함을 더한 볶음밥 초반(炒飯). 저렴한 가격에 맛까지 훌륭한 완소 메뉴다. 다만, 원래는 이곳이 보양 요리인 마유계(麻油雞, 마요우지) 전문점이라는 사실. 호불호가 갈리지만, 당나라 전통 요리인 만큼 호기심 많은 여행자라면 한번 도전해보자.

🚇 **가까운 MRT역** 송산역(쏭산짠)

✕ 양육초면(羊肉炒麵, 양로우차오미엔) NT$90, 양육초반(羊肉炒飯, 양로우차오판) NT$90 ♥ No. 5, Lane 709, Section 4, Bade Road, Songshan District 🚶 송산역(松山站) 1번 출구에서 도보 1분 🕐 11:00~22:00(수 휴무) 📞 02-8787-5735
🌐 25.050394, 121.576748 🔎 3H2G+5M

향총육권 香蔥肉捲 🔊씨앙총로우쥐엔

큼직한 베이컨쪽파말이

향총육권은 달콤한 소스에 절인 베이컨으로 쪽파를 돌돌 말아 구워낸 것으로, 야시장에서 빼놓지 말고 맛봐야 할 메뉴 중 하나다. 씹을수록 진하게 느껴지는 베이컨의 육즙과 알싸한 대파의 향이 잘 어우러져 누구나 맛있게 먹을 수 있다. 매콤한 맛을 좋아한다면 가게에 비치되어 있는 빨간 가루 양념 칠미분(七味粉, 치웨이펀)을 뿌려 먹으면 된다.

🚇 **가까운 MRT역** 송산역(쏭산짠)

✕ 향총육권(香蔥肉捲, 씨앙총로우쥐엔) 개당 NT$150 ♥ No. 148, Raohe St, Songshan District 🚶 송산역(松山站) 1번 출구에서 도보 6분 🕐 16:30~00:00 🌐 25. 05043, 121. 57555
🔎 3H2G+56

유진형 대북요하점(台北饒河店) 裕珍馨 🔊위쩐신(타이베이라오허디엔)

장인의 집념으로 탄생한 전통 과자

화려한 수상 경력을 자랑하는 전통 과자점으로 1966년부터 대를 이어온 유서 깊은 곳이다. 간판 메뉴는 끊임없는 연구와 시행착오를 거쳐 탄생한 내유소병(奶油酥餅, 나이요우쑤빙). 버터와 엿기름이 함유된 겹겹의 페이스트리 층이 있어 부드러우면서도 쫄깃한 식감이 오묘하다. 그 밖에 내유소병의 전신과도 같은 태양병(太陽餅), 쫀득한 녹두 맛이 인상적인 녹두병(綠豆椪) 등 다양한 전통 과자가 있다.

🚇 **가까운 MRT역** 송산역(쏭산짠)

♥ No. 189, Raohe Street, Songshan District 🚶 송산역(松山站) 1번 출구에서 도보 8분 🕐 15:00~23:00 📞 02-2742-0869
🏠 yjs.com.tw 🌐 25.050598, 121.575965 🔎 3H2G+79

다안취
大安區

#대만대학교 #보장암국제예술촌 #사대야시장

한국의 서울대학교 격인 국립대만대학교가 있는 지역으로, 명소 순례보다는 한적하고 자유로운 분위기에서 가볍게 산책을 즐기는 여행자에게 적합한 여행지다. 공관역에서 내려 타이완 최고의 지성들이 다닌다는 대만 대학교를 둘러보고 레트로 감성을 느낄 수 있는 보장암국제예술촌까지 여유롭게 걸어보자. 예술 감각으로 가득한 다양한 건축물을 만날 수 있는 곳이므로 멋진 인증샷을 남길 수 있다. 산책을 마치면 공관역에서 한 정거장 떨어진 곳에 있는 사대야시장(師大夜市)으로 가서 맛집과 카페 탐방을 즐기면 된다. 사대야시장은 국립대 만사범대학교 앞에 있다고 해서 붙은 이름인데, 학생들을 위한 가성비 좋은 맛집과 카페, 아기자기한 상점들이 많아 길거리 노점이 주를 이루는 다른 야시장과는 사뭇 분위기가 다르다.

ACCESS

• 타이베이역 → 국립대만대학교, 보장암국제예술촌
  타이베이역 ▶ [R]단수이신이선 ▶ 중정기념당(쭝정지니엔탕)역 ▶ [G]쏭산신뎬선 ▶ 공관(꽁관)역 ⏱ 약 13분 ㊍ NT$20

다안취
상세 지도

2정(구팅) M

01

06 04
11
07

05 01

M 대전대루
(타이디엔따로우)

05

08

09

02

02 10
03

M 공관(꽁관)

03

04

01

SEE

01 보장암국제예술촌 02 국립대만대학교 03 자래수원구
04 공관구혜가 05 대북시객가문화주제공원

EAT

01 진강다강 02 간정단단내 03 쉬련주방 04 호호미 05 영풍성
06 사원염소계 07 대대북평가로미 08 야찬카페 09 카마카페
10 금계원 11 우마왕우배

SHOP

01 구향거

N
W E
S

0   100m

보장암국제예술촌 寶藏巖國際藝術村 ◀�)빠오장옌꾸오지이슈춘

감성이 피어나는 언덕 위 판자촌

보장암이라는 사찰 뒤편 언덕길로 조금 오르면 작은 마을이 모습을 드러낸다. 무채색 시멘트 집들이 옹기종기 모여있는 모습이 영락없이 빈민촌이지만 2010년 타이베이 시정부(台北市政府, 타이베이 시청)에서 문화예술 부흥 사업을 시작하며 새로운 변화를 맞이했다. 대표 조형물 포춘쿠키를 필두로 골목골목 예술의 흔적(?)을 만날 수 있으며 기존 주택을 개조한 개성 만점의 커피숍까지 마련되어 있다. 특히 시정부(市政府, 시청)에서 작업실을 무료로 제공하는 덕에 세계 각지의 예술가가 보장암에 모여들어 작품을 전시하고 있으니 방문할 이유가 더해진다.

🚇가까운 MRT역 **공관역(꽁관짠)**

📍 No. 2, Alley 14, Lane 230, Section 3, Tingzhou Rd, Zhongzheng District

🚶 공관역公館站) 1번 출구로 나와 오른쪽으로 직진, 고가대교가 시야에 보일 때 우회전한 후 작은 사거리가 나올 때까지 직진, 언덕으로 올라가는 길이 보이면 길을 따라 계속 직진(도보 15분)

🕐 11:00~22:00(월 휴무) 🎫 무료 📞 02-2364-5313 🏠 artistvillage.org

📷 25.010910, 121.532207 🔍 보장암국제예술촌

·· **TIP** ··

① 시간 여유가 된다면 시원한 강바람과 보장암 전경을 감상할 수 있는 영복공원(永福公園)도 방문해보자. 보장암에서 아래로 향하는 길을 따라 내려가면 된다(도보 10분).

② 한자로 성(姓)이 쓰여 있는 빨간 우편함이 보인다면 주민이 살고 있는 집이니 방해가 되지 않도록 주의하자. 방문 가능한 곳은 상호 또는 open·close 등의 푯말이 걸려 있다.

02

국립대만대학교 國立台灣大學 National Taiwan University ◀) 꾸오리타이완따쉐

타이완의 서울대 캠퍼스의 낭만을 만나다

국립대만대학은 타이완 최고 명문대로 꼽히는 곳으로,
1928년 일제강점기에 제국대학으로 설립된 후 1945
년 국립대만대학으로 개명했다. 정문으로 이어지는 도
로 양옆으로 빼곡이 늘어선 야자수길은 대만대학교 명
소이며 그 길 끝자락으로 슬며시 모습을 드러내는 고풍
스러운 도서관의 위용도 볼거리로 꼽힌다. 일본식 목조
주택이나 로마 양식까지 다양한 건축물을 볼 수 있으며
녹음이 가득한 농업 실업장이나 생태계가 잘 보존된 호
수도 있어 산책하기 좋다. 학생식당에서 저렴한 백반을
먹으며 현지 대학생 기분을 만끽하는 것도 좋다. 캠퍼스가 상당히 넓으니 구석구석
돌아보고 싶다면 공관역 3번 출구에 유바이크 대여소가 있으니 유바이크를 대여하
는 것을 추천한다.

😊 가까운 MRT역 **공관역(꽁관짠)**

📍No. 1, Siyuan St, Zhongzheng District 🏃공관역(公館站) 3번 출구로 나오면 오른쪽에 캠퍼
스로 통하는 샛길이 바로 있음 🕐24시간 🎟무료 📞02-3366-3366 🏠ntu.edu.tw
📍25.017248, 121.539736 🔎타이완 국립대학

자래수원구 自來水園區 Taipei Water Park ◀》 쯔라이쉐이위엔취

유럽풍 박물관, 그리고 수영장

자래수박물관(自來水博物館)은 대북시삼급고적(台北市三級古蹟)으로 등재된 곳으로, 유럽풍 외관으로 결혼사진 촬영장소로 인기가 많은 곳이다. 내부에는 급수를 위한 배관 등 견학 시설이 많다. 또한 자래수원구 곳곳을 둘러볼 수 있는 생태경관보도(生態景觀步道)가 잘 조성되어 산책하기도 좋은 곳이다. 타이베이 워터파크(Taipei Water Park)는 여름(7~8월)에 개장하는데 수영을 목적으로 자래수원구를 방문한다면 인근의 사립 수영장 낙덕성보(洛德城堡)와 혼돈하지 않도록 유의하자.

🚇 가까운 MRT역 **공관역(꽁관짠)**

📍 No. 1, Siyuan St, Zhongzheng District 🚶 공관역(公館站) 4번 출구로 나와 직진하다 두 번째 왼쪽 골목으로 진입하여 직진하면 보임(도보 3분) 🕐 09:00~17:00(7, 8월 ~18:00, 월 휴무) 🎫 NT$50 (7, 8월 NT$80) 📞 02-8369-5104
🏠 waterpark.water.gov.taipei 📷 25. 01329, 121. 53033
🔍 Taipei Water Park

.... **TIP** ....
워터파크(어린이용)에 비하면 낙덕성보가 여러 면에서 좋지만 가격(NT$ 350)은 5배 정도 비싸다.

공관구혜가 公館球鞋街 ◀》 꽁꽌치우씨에지아

대학가 신발 매장이 모여 있는 거리

대만대학교 앞은 먹거리로 유명한 공관 야시장, 대학가 분위기를 느낄 수 있는 커피숍과 서점 등 활기찬 구역이 많다. 그중 정주로삼단(汀州路三段, 팅쪼우루산똰)은 운동화가 유명한 거리로, 상가마다 세일 품목이 매력적이다. 구혜가(球鞋街, 운동화 거리)라는 이름처럼 뉴발란스, 아디다스, 나이키 등 운동화 매장이 밀집되어 있다. 다안구(大安区)를 여행한다면 한 번은 지나게 될 거리로, 무심코 지나친다면 분주한 시장통에 불과하지만 천천히 거닐 듯 관광하는 것도 좋다. 보장암국제예술촌으로 가는 길목에 있어 방문하기 쉽다.

🚇 가까운 MRT역 **공관역(꽁관짠)**

📍 No. 176, Section 3, Tingzhou Ro ad, Zhongzheng District
🚶 공관역(公館站) 1번 출구로 나와 오른쪽으로 돌아 육교가 보이면 바로 오른쪽으로 돈 뒤 사거리까지 직진, 왼쪽으로 돌아 조금 가면 바로 보임(도보 5분) 🕐 12:00~21:00
📷 25.013166, 121.534699 🔍 Section 3, Tingzhou Rd

05 대북시객가문화주제공원 台北市客家文化主題公園 Taipei City Hakka Culture Theme Park
◀)) 타이베이쓰커지아원화쭈티꽁위엔

객가족을 들여다보다

객가족(客家族, 커지아주)은 민남어(閩南語, 중국대륙 복건지방언어)로는 하카(Hakka)족으로 불리며 동방의 유태인이란 수식어가 있는 민족으로 출중한 인물이 많다. 대표적으로 손문, 등소평, 마오쩌둥, 타이완 전 총통 차이잉원, 영화배우로는 주윤발과 주걸륜 등이 객가족으로 알려져 있다. 이곳 문화센터 1층에서는 음식을 주제로 한 생활용품, 2~3층에서는 신앙과 건축물, 맞은편 뮤직센터(Hakka Music center)에서는 전통객가음악에 대한 소개를 볼 수 있다. 앞마당의 조형물들도 볼만하다. 진강다강에서 객가족 전통요리를 소개하고 있으니 참고하자.

🚇 가까운 MRT역 **대전대루역(타이디엔따로우짠)**

📍 No. 2, Section 3, Tingzhou Road, Zhongzheng District
🚶 대전대루역(台電大樓站) 4번 출구로 나와 오른쪽으로 직진하면 왼쪽으로 큰 길 건너 보임(도보 6분) 🕐 09:00~18:00(월 휴무)
🎫 무료 📞 02-2369-1198 🏠 ssl.thcp.org.tw
📍 25.020290, 121.525362 🔎 타이베이시 객가문화주제공원

01 진강다강 晉江茶堂 ◀)) 진지앙차탕　　　100년 가옥에서 맛보는 객가 요리의 향연

100년이 훌쩍 넘은 가옥에서 객가족(客家族) 전통 요리를 선보이는 곳으로, 메인 요리 하나에 여러 가지 요리가 세트로 나오는 가성비 최고의 맛집이다. 달착지근한 양념으로 생선을 살짝 튀긴 당초어류, 멧돼지를 볶은 초산저육, 달달하면서도 깊은 간장 맛이 느껴지는 가지요리 구층탑가자, 연꽃 줄기를 볶은 초수련을 추천한다. 미숫가루와 흡사한 뇌차는 곡물을 곱게 빻은 후 따뜻한 물에 타 먹는 차로, 객가족 전통 음료이니 꼭 함께 맛보자.

🚇 가까운 MRT역 **고정역(구팅짠)**

🍴 당초어류(糖醋魚柳, 탕추위리루) NT$250, 초산저육(炒山豬肉) NT$250, 구층탑가자(九層塔茄子, 지우청탑지에즈) NT$180, 초수련(炒水蓮, 차오쉐이리엔) NT$160 객가뇌차(客家擂茶, 커지아레이차) 1인 NT$70, 2인 NT$140 📍 No. 1, Jinjiang St, Zhongzheng District 🚶 고정역(古亭站) 9번 출구에서 도보 5분
🕐 11:00~14:30, 16:30~21:00 📞 02-8369-1785
📍 25.026354, 121.521132 🔎 Jinjiang Tea House

·········· **TIP** ··········
메인요리(NT$250짜리만 세트메뉴로 제공) 하나를 주문하면 다른 요리 1~3개(인원에 따라 조정)가 추가된 세트로 제공된다.

간정단단내 墾丁蛋蛋力乂ㄋㄞ 🔊 컨딩딴딴나이

조화로움이 절정에 달한 흑당밀크티

2001년 창업하여 현재까지 꾸준히 사랑 받는 버블티 맛집. 단맛으로 미각을 현혹하는 여느 흑당밀크티와는 달리 균형 잡힌 조화로움으로 승부하는 곳이다. 처음 방문하는 여행자라면 흑당밀크티의 매력을 온전히 느껴볼 수 있는 대표 메뉴 초패를 추천한다. 만약 커피 애호가라면 커피를 가미한 단단나철을 경험해보자.

🚇 가까운 MRT역 **공관역(꽁관짠)**

🍴 초패(招牌) NT$50, 단단나철(蛋蛋拿鐵) NT$50 📍 No. 165, Section 3, Tingzhou Rd, Zhongzheng District 🚶 공관역(公館站) 4번 출구에서 도보 3분 🕐 11:30~20:30 📞 02-2368-5550
📷 25.01531, 121.53213 🔍 Kenting Egg milk

쉬련주방 淬煉廚房 Cui Lian Kitchen 🔊 췌이리엔추팡

아담한 골목길, 그리고 예쁜 피자

유명한 피자 장인의 기술을 전수한 셰프가 2010년 오픈한 곳으로, 도자기를 굽는 노하우를 접목해 바삭바삭한 도우를 만드는 것이 특징이다. 접시 위에 올린 피자 한 조각은 예술 작품처럼 보일 정도다. 아담한 골목 정취를 느끼며 잠시의 허기를 달래보자.

🚇 가까운 MRT역 **공관역(꽁관짠)**

🍴 피자 NT$145~ 📍 No. 3, Lane 12, Section 4, Luosifu Road, Zhongzheng District 🚶 공관역(公館站) 4번 출구로 나와 작은 골목 포함 왼쪽 세 번째 골목으로 직진. 왼쪽으로 보이는 피자집(도보 3분)
🕐 11:00~14:00,16:30~21:00(월 휴무) 📞 02-2368-7259
📷 25.015710, 121.532928 🔍 Cui Lian Kitchen

호호미 好好味 🔊 하오하오웨이

사대야시장의 자존심, 소보루빵 명가

아담한 크기의 소보루빵으로 명성을 얻은 사대야시장 명소다. 그저 소보루빵에 불과하지만 맛은 기가 막힌다. 추천메뉴는 따뜻한 빵 속에 차가운 치즈를 넣은 초패빙화파나유로, 버터를 바른 소보루빵이 입안에서 고소하고 부드럽게 부서지며 짭짤한 치즈가 순식간에 녹는다.

🚇 가까운 MRT역 **대전대루역(타이디엔따로우짠)**

🍴 초패빙화파나유(招牌冰火菠蘿油) NT$40 📍 No. 19-1, Longquan Street, Da'an District 🚶 대전대루역(台電大樓站) 3번 출구로 나와 오른쪽으로 돌아 직진, 사거리에서 다시 오른쪽으로 직진하면 사대야시장 골목 안에 있음(도보 10분) 🕐 12:00~21:30(금·토 ~22:00)
📞 02-2368-8898 🏠 hohomei.com.tw
📷 25.024901, 121.529389 🔍 Hohomei

영풍성 永豐盛 🔊 용펑성 중화풍 만두 전문점

좋은 재료가 좋은 맛을 낸다는 철칙을 몸소 실천하는 곳이다. 당일 잡은 신선한 돼지고기, 이란(宜쁘)에서 생산된 파, 고산(高山)에서 재배한 양배추를 으깨어 화학조미료 없이 완자처럼 뭉친 소(粟) 등이 고소한 맛을 내는 선육포가 유명하다. 땅콩으로 맛을 낸 소화생포(素花生包)와 달달한 참깨가 들어간 지마포(芝麻包)도 있다.

🚇 **가까운 MRT역** 대전대루역(타이디엔따로우짠)

🍴 선육포(鮮肉包, 씨엔로우빠오) NT$30 📍 No. 111, Shida Road, Da'an District 🚶 대전대루역(台電大樓站) 3번 출구에서 도보 3분
🕐 05:00~23:00(월 15:00~22:00) 📞 02-2365-8619
📍 25.022380, 121.528500 🔍 Yong Fung Sheng

사원염소계 師園鹽酥雞 SHI YUN Taiwanese Fried Chicken 🔊 쓰위엔옌쑤지 소금으로 간을 한 타이완식 튀김 요리

소금 양념에 절여 튀겨낸 닭을 일컫는 요리인 염소계(鹽酥雞, 옌수지)로 명성이 높은 곳이다. 짭짤하면서도 바삭해서 한국인 입맛에도 잘 맞는다. 닭고기를 필두로 완자, 야채 등 다양한 재료가 준비되어 있어 취향에 따라 추가해도 좋다. 하지만 진열대의 재료를 1개만 집어도 1인분 양을 주니 가급적 메뉴판을 보고 주문하자.

🚇 **가까운 MRT역** 대전대루역(타이디엔따로우짠)

🍴 1인분 평균 NT$40~ 📍 No. 14, Lane 39, Shida Road, Da'an District 🚶 대전대루역(台電大樓站) 3번 출구에서 도보 10분
🕐 12:00~01:00 📞 02-2363-3999 📍 25.024596, 121.528980
🔍 SHI YUN Taiwanese Fried Chicken Main Store

대대북평가로미 大台北平價滷味 Taipei soy sauce braised food 🔊 따타이베이핑지아루웨이

타이완의 국민 간식 루웨이(滷味)의 명가
1988년 개업하여 지금까지 많은 사랑을 받고 있는 루웨이 맛집. 사대야시장의 터줏대감이라 할 만한 곳으로 가판대에서 직접 재료를 고르면 옆에서 바로 요리해 준다. 일명 루웨이의 혼이라 일컫는 면사리는 꼭 주문하는 게 좋고 조리를 마치면 생각보다 양이 좀 늘어나므로 재료는 조금 모자란 듯 담자.

🚇 **가까운 MRT역** 대전대루역(타이디엔따로우짠)

🍴 재료당 NT$15 📍 No. 54, Longquan Street, Da'an District
🚶 대전대루역(台電大樓站) 3번 출구에서 도보 10분
🕐 16:00~01:30 📞 02-3365-1863 📍 25.023868, 121.529334
🔍 Taipei soy sauce braised food

야찬카페 野餐咖啡 picnic café ◀)) 예찬카페이

대학로 느낌이 물씬!

크레파스로 채색하듯 그린 메뉴판, 교실을 연상시키는 조밀한 간격의 목재 테이블, 주방을 중심으로 빙 둘러진 바 테이블의 타일 벽, 통유리 창 옆으로 긴 의자가 배치된 공간까지 대학로의 풋풋한 감성이 느껴지는 곳이다. 학생들이 특히 많이 찾는 곳으로, 수제 프랑스빵 키슈와 영국을 대표하는 빵 스콘으로 유명하다.

🚇 가까운 MRT역 공관역(꽁관짠)

✗ 스콘 NT$65, 키슈 NT$130 📍 No. 75, Wenzhou Street, Da'an District 🚶 공관역(公館站) 3번 출구로 나와 직진, 큰 삼거리(대학교 앞)를 직진으로 건넌 후 첫 번째 오른쪽 골목으로 진입, 갈림길에서 왼쪽길로 계속 직진하면 오른쪽으로 보임(도보 11분) 🕐 12:00~22:30
📞 02-2368-7798 🧭 25.020362, 121.533063 🔎 picnic cafe

카마카페 대북신성남 cama café(台大新生南) ◀)) 카마카페(타이베이신성난)

구수한 커피 향이 좋은 테이크아웃 커피 전문점

매장에서 직접 로스팅하는 구수한 커피 향에 이끌려 저절로 발길을 돌리게 하는 곳이다. 가로수에 둘러싸인 아담한 매장에서 조용히 사색하기 좋으며 귀여운 캐릭터 카마(CAMA)가 그려진 커피 관련 용품을 쇼핑할 수 있다. 몇 손가락 안에 꼽히는 가성비 최고의 커피숍이니 커피 애호가라면 꼭 한번 방문해보자.

🚇 가까운 MRT역 고정역(구팅짠)

✗ 커피류 NT$55~85 📍 No. 1, Lane 76, Section 3, Xinsheng S Rd, Da'an District 🚶 공관역(公館站) 3번 출구로 나와 직진, 큰 삼거리(대학교 앞)를 직진으로 건넌 후 다시 오른쪽으로 직진하면 좌측으로 보임(도보 7분)
🕐 07:30~19:00(토·일 08:00~19:00) 📞 02-2368-3055
🏠 www.camacafe.com 🧭 25.01905, 121.53356
🔎 cama cafe NTU Xinsheng S. Shop

🍴

판디베이버

시면도

중산·쌍련

중산·쌍련

디화제

공관·수미엔

중연·룽산쓰

야시장·스린

다안취

10 금계원 金雞圓 🔊 진지위엔

전통을 이어가는 다양한 중화풍 먹거리를 만나는 곳

소롱포(小籠包), 혼돈(餛飩, 만두류), 병간(餅幹, 중화풍 과자), 전통 음료 등 다양한 중화풍 먹거리를 경험하기 좋은 곳이다. 추천하는 하인혼돈은 육즙을 머금은 얇은 만두피와 통통한 새우의 식감이 좋고, 소롱포는 저렴한 가격이 강점이다. 여러 매체에 소개된 참깨로 만든 과자 빵 지마수병(之麻酥餅, 쯔마수빙)도 괜찮다.

🚇 **가까운 MRT역 공관역(꽁관짠)**

🍴 하인혼돈(蝦仁餛飩, 씨아렌훈툰) NT$100, 소롱포자(小籠包子) NT$80 📍 No.3-1, Alley 8, Lane 316, Section 3, Luosifu Road, Zhongzheng District 🚶 공관역(公館站) 4번 출구로 나와 작은 골목 포함 네 번째 왼쪽 골목으로 직진, 사거리에서 다시 좌회전하면 왼쪽으로 보임(도보 5분) 🕙 10:00~22:00(화 휴무) 📞 02-2368-0698 🧭 25.015772, 121.532571 📍 2G8M+72

11 우마왕우배 牛魔王牛排 🔊 니우모왕니우파이

타이완식 스테이크 전문점

야시장마다 분점이 있는 타이완식 스테이크 전문점이다. 가성비 좋은 고기 크기와 스테이크 소스에 버무려진 파스타가 별미로, 타이완식 스테이크를 경험하려는 여행자에게 추천한다. 다만, 타이완식 스테이크는 어느 맛집을 막론하고 힘줄 부위를 이용하므로 식감이 다소 낯선 편이니 감안하자.

🚇 **가까운 MRT역 대전대루역(타이디엔따로우짠)**

🍴 사랑우배(沙朗牛排) NT$190 📍 No. 8, Lane 49, Shida Road, Da'an District 🚶 대전대루역(台電大樓站) 3번 출구에서 오른쪽으로 직진. 오른쪽 일곱 번째 골목으로 진입 후 직진하면 보임(도보 10분) 🕙 11:30~14:00, 17:00~22:00(월 휴무) 📞 02-3365-2635 🧭 25.024172, 121.529024 📍 牛魔王牛排(우마왕스테이크)

01
구향거 舊香居 🔊 지우씨앙쥐 　　　　　　　　　　　　　　　　타이베이를 대표하는 중고서점

1972년 오휘강(吳辉康)이 오픈한 곳으로, 현재는 파리에서 미술을 전공한 그의 자녀 오아혜(吳雅慧)가 2대째 이어오는 중고 서점이다. 청명조(清明朝)의 고서적과 1960~70년대 서적이 많은 곳으로, 세월의 흔적이 느껴지는 서점 분위기에 마음이 차분해진다. 모든 것이 빠르게 변모하는 요즘 세태를 거스르는 이곳에서 속도와 시간을 잠시 잊어보면 어떨까?

🚇 가까운 MRT역 **대전대루역(타이디엔따로우짠)**

📍 No. 81, Longquan Street, Da'an District 🚶 대전대루역(台電大樓站) 3번 출구로 나와 오른쪽으로 돌아 횡단보도에서 다시 오른쪽으로 돌아 직진하다 두 번째 오른쪽 골목으로 진입, 왼쪽으로 꺾이는 길을 따라 가면 보임(도보 6분) 🕐 13:00~20:00 📞 02-2368-0576 🌐 25.022211, 121.529338 🔍 2GCH+VP

도심 속 강변 유원지 비탄 풍경구

탁 트인 강변 풍경에 기분이 맑아지는 비탄, 폭포수가 떨어지는 암석 사이의 사원이 이색적인 은하동, 도심을 벗어난
힐링 카페 청립방까지. 번화한 시내 가까이 자연의 절경이 숨쉬는 타이베이만의 매력을 느낄 수 있는 곳이다.

비탄 풍경구 碧潭風景區 Bitan Scenic Area ◀» 삐탄펑징취

도심 속 강변 유원지의 낭만

2005년에 방영된 타이완 드라마 〈악작극지문(惡作劇之吻, 장
난스런키스)〉의 촬영지로 유명해진 곳이다. 푸르고 깊은 연못이
라는 벽담(碧潭, 삐탄)의 의미처럼 맑고 수수한 타이완 느낌이
물씬 묻어난다. 넓은 강물 위를 휘젓는 오리 배를 타거나 와이어
로 지탱하는 벽담적교(碧潭吊橋)도 건너보고 푸드 코트에서 강
변을 바라보며 커피나 식사를 즐기기에도 좋다. 도심을 벗어난
듯한 해방감이 느껴지는 곳. 짧은 일정이라면 벽담풍경구까지
방문하는 것이 부담스러울 수 있지만 우라이를 가는 길에 있으
니 코스 관광지로는 괜찮다. 강변에서 오붓한 저녁 만찬을 즐기
고 싶다면 수만찬청을 참고하자.

🚇 가까운 MRT역 **신점역(신디엔짠)**

🎫 무료 📍 Xindian Rd, Xindian District, New Taipei City 🚶 신점역(新店站) 개찰구 통과 후
왼쪽으로 가면 제방이 보이는데, 그 너머가 바로 비탄 풍경구(도보 2분) 🕐 24시간 📞 02-2913-
2579 🏠 taiwan.net.tw 🧭 24.956307, 121.536523 📍비탄 풍경구

수만찬청 워터프런트 水灣餐廳 water front ◀) 쉐이만찬팅

강변에서 즐기는 발리 퓨전 레스토랑

워터프런트는 타이완 요리에 발리 요리를 접목한 음식을 선보이는 퓨전 레스토랑이다. '강이 흐르는 곳에는 워터프런트가 있다'를 모토로 하며 벽담을 포함하여 빠리라오제(본점) 및 단수이 강변에 지점을 두고 있다. 11가지 요리를 가볍게 즐기는 애프터눈 티(BALI轻午茶), 심플한 BBQ 치킨사테, 포만감 가득한 코스 요리 발리케밥까지 어느 것 하나 만족스럽지 않은 것이 없다. 발리케밥은 따로 제공하는 스파이시한 바비큐 양념인 첨장유(甜酱油)와 잘 어울린다. 빵과 수프를 포함한 코스 요리는 다소 양이 많은 편이니 주문 시 참고하자.

🚇 가까운 **MRT역 신점역(신디엔짠)**

🍴 발리 케밥 그릴 치킨(Bali kabob Grilled Chicken) NT$920 📍 碧潭風景區東岸商店街 B09號 🚶 신점역(新店站) 개찰구 통과 후 왼쪽으로 가면 제방이 보이는데, 그 너머가 벽담풍경구이며 벽담풍경구 푸드 코트에 워터프런트가 있다.(도보 6분) 🕐 12:00~21:30(라이브공연 시간 18:00~20:30, 토·일요일 15:00~17:00 추가 공연) 📞 02-2912-5568 🏠 waterfront.com.tw 🧭 24.955215, 121.536746
📍 水灣餐廳Waterfront 碧潭店

등산로를 제외하면 은하동으로 도달할 길이 없는 곳으로, 타이완 항일운동 역사에서 전설적 인물로 평가받는 백마장군(白馬將軍) 진추국(陳秋菊)이 일본군에 대항했던 천연의 요새. 산중턱에서 쏟아지는 폭포의 모습이 은하수와 같아 은하동으로 불리는 곳으로, 무협영화에서나 볼법한 기이한 풍경이 압권이지만 가는 길은 만만치 않다. 청립방에서 도보 30분가량 등산로를 따라 걸어야 하며 신점역에서 택시로 바로 이동해도 등산로를 따라 20분 정도 걸어 올라야 하니 단단히 각오하자.

🚇 **가까운 MRT역 신점역(신디엔짠)**

🚶 신점역(新店站)에서 택시로 이동(NT$150~200) *택시 이용 시 은하동 한자 보여주면 됨 📷 24.958491, 121.583404
📍 은하 동굴

> ⸺⸺⸺⸺ **TIP** ⸺⸺⸺⸺
> **은하동 갈 때는 택시 추천!**
>
> 신점역에서 녹12(線12)번 버스가 운행되지만 배차 간격이 1시간이며, 하차 후에도 도보로 이동하는 거리가 꽤 된다. 약 NT$150~200이면 충분하니 택시를 적극 추천한다.

원산역
圓山站

#시립미술관 #공자묘 #마지스퀘어 #임안태고조

타이베이역에서 북쪽으로 네 정거장만 가면 만날 수 있는 원산역 일대에는 타이완의 옛 모습을 고스란히 간직하고 있는 볼거리가 많다. 청조시대에 건축한 고저택 임안태고조, 공자를 모신 사당 타이베이공자묘, 타이완 최고의 명의 보생대제를 기리기 위해 만든 대룡동보안궁 등 각기 다른 매력을 가지고 있는 다양한 건축물을 볼 수 있다. 각 명소는 모두 도보로 이동할 수 있어 가고 싶은 곳을 잘 이으면 멋진 문화 산책 코스가 완성된다. 미술에 관심이 많다면 타이베이시립미술관을 코스에 넣어도 좋다.

········· ● ── **ACCESS** ── ● ·········

- **타이베이역 → 대북시립미술관, 임안태고조**
  타이베이역 ▶ [R]단수이신이선 ▶ 원산(위엔산)역   ⏱ 약 9분   ⊼ NT$20

원산역 이렇게 여행하자

짧은 여정으로 일대를 둘러보려면 원산역 1번 출구로 나와 화박공원과 임안태고조, 타이베이시립미술관, 타이베이고사관 순으로 코스를 잡으면 된다. 전체 코스가 3km 정도라 가벼운 걷기 여행으로는 딱 좋은 거리다. 여유가 된다면 원산역으로 돌아와 2번 출구 방면에 있는 타이베이공자묘와 대룡동보안궁까지 둘러보면 좋다. 원산역 주변에는 특별히 가봐야할 맛집이 없으니 산책을 마무리하면 타이베이 최고의 야시장이 있는 스린역으로 이동해서 먹방 여행을 즐겨보자.

MUST SEE

임안태고조
타이베이에서
가장 오래된 저택

대룡동보안궁
의신 보생대제를
모시는 궁

타이베이시립미술관
타이완을 대표하는
예술 공간

원산역
상세 지도

대룡동보안궁
05   04 타이베이공자묘

07 타이베이고사관

01 타이베이시립미술관

임안태고조
02

원산(위엔산) M   대북화박농민시집
01   01 호구

06 화박공원

03 마지스퀘어

02 삼척사자영국찬청

N
W E
S
0   100m

타이베이시립미술관 臺北市立美術館 ◀» 타이베이쓰리메이쑤관　타이완을 대표하는 예술 공간

1983년 12월 24일 준공된 곳으로, 사합원(중국전통 건축방식) 스타일에 호방하면서도 세련미 넘치는 현대적 느낌을 더했다. 깨끗한 백색 외벽에 네모난 구조물을 겹겹이 쌓은 독특한 외관은 예술적 향기를 뽐내며 위풍당당한 풍모를 드러낸다. 지하 1층에서 지상 3층까지 빼곡히 타이완 당대 예술품을 전시하고 있으며 몇 개월 단위로 교체하여 매 기간 새 작품에 대한 기대와 설렘을 주는 곳이다. 타이베이를 대표하는 예술 공간으로 손색이 없는 곳이니 일정 중 꼭 한 번은 방문하길 추천한다. 송산공항 인근이라 저공 비행하는 거대한 비행기를 목격(?)할 수 있으며 타이베이 랜드마크 중 하나인 중화풍 호텔 원산대반점(圓山大飯店, 위엔산따판디엔)이 정면으로 보이는 수정청인교(水晶情人橋, 쉐이징칭렌치아오), 원주민 문화를 엿볼 수 있는 원민풍미관(原民風味館, 위엔민펑웨이관) 등도 볼거리로 꼽힌다.

🚇 **가까운 MRT역 원산역(위엔산짠)**

📍 No. 181, Section 3, Zhongshan N Rd, Zhongshan District 🚶 원산역(圓山站) 1번 출구로 나와 왼쪽으로 도로가 나올 때까지 직진, 건너편 대각선 방향으로 보임(도보 5분)
🕐 09:30~17:30(토 ~20:30, 월 휴무) 🎫 NT$30 📞 02-2595-7656 🏠 tfam.museum
📍 25.072491, 121.524813 🔎 타이베이 시립 미술관

임안태고조 林安泰古厝 ◀))린안타이구춰

청조(淸朝) 시기 타이베이 다안구(大安區)로 이민 온 임지능(林志能)이 사합원(四合院) 방식으로 건축 (1822년)한 안태조(安泰厝, 안타이춰)라는 저택이다. 안태조의 '안'은 고향인 복건성(福建城) 안계현(安溪縣)에서 따왔으며, 약 40년에 걸쳐 고향땅에서 직접 건축 재료를 공수하여 지었다 하니 고향을 향한 그의 향수가 가히 짐작된다. 1978년에 이르러 도로 계획에 따라 현재의 위치로 이전되며 최초의 이름이었던 안태조에 성씨 임(林)을 더하고 옛 고(古)자를 더하여 임안태고조로 불린다. 앞마당 돌산에서 바라보는 임안태고조의 풍경은 옛 마을이 머금은 고즈넉함을 엿볼 수 있고, 오밀조밀한 회랑을 지나 아담한 호수를 감싸고 있는 돌길을 걸으면 어느새 평온함이 느껴진다. 타이베이에서 가장 오래된 저택으로, 옛 가옥 그대로의 운치를 간직한 박물관과도 같으니 고전(古典)을 만나고 싶다면 놓치지 말자.

🚇 가까운 MRT역 **원산역(위엔산짠)**

📍No. 5, Binjiang Street, Zhongshan District 🚶원산역(圓山站) 1번 출구에서 직진, 시립미술관을 지나면 나오는 화박공원(花博公園) 정문 맞은편에 있음(도보 15분) 🕐09:00~17:00(월 휴무) 🎟무료 📞02-2599-6026 🏠linantai.taipei 🌐25.071782, 121.530359
🔍린안타이구춰

03
마지스퀘어 MAJI 集食行樂 🔊 마지스퀘어

비 오는 날 특히 좋은 도심 속 이색 쉼터

품질 좋은 농산품으로 유명한 신농시장(神農市場)을 필두로 유럽풍 소녀 감성의 산토로 런던 (Santoro London)과 삽화 디자이너 신지 카토(Shinzi katoho)의 팬시 제품이 있는 메지컬 발 렛스쿨(魔法芭雷學校), 회전목마가 서 있는 작은 놀이공원 둘레로 다양한 수공예 상품을 판매 하는 마지파리옥시집(MAJI玻璃屋市集)까지 가볍게 즐기기 좋다. 한켠에는 휴게소 먹거리 부 스처럼 다닥다닥 푸드 코트가 있어 주전부리하기 좋고 근사한 유럽풍 노천 레스토랑에 앉아 중앙 공터에서 열리는 라이브 공연도 감상할 수 있다. 엑스포 돔(Expo Dome) 외벽을 따라 노

천식 스퀘어로 캐노피가 하늘 위로 아늑하 게 감싸져 더없이 오붓하다. 활기찬 분위기 가 매력적인 곳이므로 사람이 몰리는 오후 와 저녁 시간대 방문을 추천하며 주말 라이 브 공연도 주목하자.

🚇 가까운 MRT역 **원산역(위엔산짠)**

📍 No. 1, Yumen Street, Zhongshan District
🚶 원산역(圓山站) 1번 출구로 나와 왼쪽 광장으 로 가면 바로 보임(도보 2분)
🕐 12:00~21:00 (레스토랑은 자정까지)
📞 02-2597-7112 🌐 25.069778, 121.522371
🔍 마지스퀘어

타이베이공자묘 臺北孔子廟 Taipei Confucius Temple ◀») 타이베이쓰콩미아오

공자를 모시는 유교 사원

타이베이 옛 모습을 고스란히 간직한 대룡동(大龍峒)에 있는 곳으로 대성지성선사(大成至聖先師, 따청쯔셩씨엔쓰)로 추앙받는 공자(孔子)를 모신 사당이다. 1879년에 건립되었으나 전란을 거쳐 1939년에서야 완전한 모습을 갖춘 문묘(文廟)로 자리 잡는다. 소박하지만 단단한 외관이 인상적으로 중국 취푸(曲阜, 공자의 고향) 공자묘를 그대로 모방하여 건축한 곳으로 매년 수많은 관광객이 방문한다. 특히나 입시철이 되면 학업 성취를 위한 기도로 문전성시를 이룬다. 단아한 건축물과 함께 공자의 일화를 담은

디지털 자료도 볼 수 있으니 자녀와 함께 방문하면 더욱 의미 있을 듯하다.

🚇 가까운 MRT역 **원산역(위엔산짠)**

📍 No. 275, Dalong Street, Datong Distric 🚶 원산역(圓山站) 2번 출구로 나와 걷다가, 사거리에서 바로 직진하면 오른쪽으로 공자묘 담장이 보이고 담장을 따라 오른쪽으로 돌면 입구가 보임 (도보 10분) 🕐 08:30~21:00(월 휴무) 🎫 무료 📞 02-2592-3934 🏠 ct.taipei.gov.tw
📷 25.072969, 121.516604 🔍 공자묘

대룡동보안궁 大龍峒保安宮 Dalongdong Baoan Temple ◀») 따롱동빠오안궁

의신 보생대제를 모시는 궁

보생대제(保生大帝)는 북송시대에 활약했던 명의로 본명은 오본(吳本)이다. 그가 남긴 민간 신화로 인해 현재는 의신(醫神)으로 추앙받는다. 그를 기리기 위해 목조 건물(1742)에서 1805년에 재건축을 시작하여 1905년에 이르러 현재의 모습을 완성했다. 근 300년에 달하는 역사가 깃든 곳으로, 2003년 유네스코에서 아시아태평양 문화유산자산보존장(亞太文化資産保存獎)을 수상하며 건축물의 가치를 드높인 곳이다. 건강을 기원하는 신도가 많이 찾으며 특히 탄생일을 기념하여 열리는 타이베이 3대 축제 보생문화제(保生文化祭, 음력 3월 15일)는 성대한 축제로 발 디딜 틈 없이 약 2개월간 진행된다.

🚇 가까운 MRT역 **원산역(위엔산짠)**

📍 No. 61, Hami Street, Datong District
🚶 원산역(圓山站) 2번 출구로 나와 걷다가, 사거리에서 바로 직진하면 오른쪽으로 공묘 담장이 보이고 담장을 따라 오른쪽으로 돈 뒤 다시 왼쪽으로 돌면 입구가 보임(도보 11분)
🕐 06:30~21:00 🎫 무료
📞 02-2595-1676 🏠 baoan.org.tw
📷 25.073212, 121.515534
🔍 Dalongdong Baoan Temple

화박공원 花博公園(新生園區) ◀) 화보꽁위엔

꽃밭과 미로의 숲, 그리고 조형물이 가득

2010년 국제화훼박람회 구역으로 조성된 곳이다. 작은 식물원 천사생활관(天使生活館), 시즌마다 옷을 갈아입는 꽃밭 매괴원(玫瑰園), 미로의 숲으로 조성된 미궁화원(迷宮花園) 등의 볼거리가 있다. 독특한 디자인의 조형물과 송산공항 옆이라 머리 위로 낮게 나는 비행기를 구경하는 것도 볼거리 중 하나로 꼽힌다. 바쁜 여행자에게는 평범한 공원이지만 원산역 인근을 관광하는 여행자라면 시립미술관에서 임안태고조를 이어주는 공원이니 함께 둘러보자. 유바이크 대여소가 미술관 앞 대로변과 임안태고조 앞에 모두 설치되어 있으니 참고하자.

😊 가까운 MRT역 **원산역(위엔산짠)**

📍 No. 181, Section 3, Zhongshan N Rd, Zhongshan District
🚶 원산역(圓山站) 1번 출구에서 직진, 시립미술관을 지나면 화박공원(도보 15분) 🕐 24시간 📞 02-2585-0192
🏠 expopark.taipei 🎯 25.070785, 121.531365
🔍 Xinsheng Park Area of Taipei Expo Park

타이베이고사관 臺北故事館 ◀) 타이베이구쓰관

동화 속에서 만나는 저택

영국 튜더 고딕 양식에 아름다운 색채가 더해져 동화내유옥(童話奶油屋, 동화 속 크림 하우스)이라는 별칭을 가진 곳이다. 대도정(북문역 인근)에서 차방(茶商)을 운영하던 진조준(陳朝駿)의 별장(1914년)이었으나 1923년 별세 후 타이완 입법부 부원장의 사저로 이용하다 이후 군사고문단(Military Assistance Advisory Group, MAAG)과 미국대사관으로도 사용하는 등 긴 역사를 간직한 건물이다. 안에는 볼만한 것이 없지만 2019년부터 타이완 문화부에서 인수하며 무료로 개방하니 부담 없이 방문해 보자.

😊 가까운 MRT역 **원산역(위엔산짠)**

📍 No. 181-1, Section 3, Zhongshan N Rd, Zhongshan District
🚶 원산역(圓山站) 1번 출구로 나와 왼쪽 광장을 지나 횡단보도를 건넌 후 왼쪽으로 돌아 직진, 시립미술관을 지나 바로 보임(도보 8분) 🕐 11:00~17:00(월 휴무) 💰 무료 📞 02-2586-3677
🏠 taipeistoryhouse.org.tw 🎯 25.073127, 121.524596
🔍 Taipei Story House

01

호구 원산점 好丘(圓山店) Good Cho's 🔊 하오치우(위엔산디엔)

타이베이 최고의 베이글 맛집

타이베이에서 베이글로는 둘째 가라면 서러운 맛집이다. 일본에서 수입한 밀가루를 직접 반죽하여 만드는 베이글로, 씹을수록 쫀득해지는 찰진 맛이 좋다. 소화에 좋은 토란으로 만든 우두함단황, 딸기향이 솔솔 풍겨나는 초매첨유락이 특히 유명하다.

🚇 **가까운 MRT역 원산역(위엔산짠)**

🍴 우두함단황(芋頭鹹蛋黃, 위터우씨엔딴황) NT$70, 초매첨유락(草莓甜乳酪, 차오메이티엔루라오) NT$70 📍 No. 1, Yumen Street, Zhongshan District 🚶 원산역(圓山站) 1번 출구에서 도보 2분
🕐 09:00~17:00(토·일 ~18:00) 📞 02-2585-6661
🏠 goodchos.com.tw 🎯 25.070466, 121.521710
🔍 Good Cho's Yuanshan Store

02

삼척사자영국찬청 三隻獅子英國餐廳 The Three Lions Inn 🔊 산쯔쓰즈잉궈찬팅

라이브 뮤직을 즐기는 유럽풍 노천 레스토랑

유럽풍 노천 레스토랑으로 야외석에서 즐기는 라이브 공연이 매력적인 곳이다. 영국의 국민요리 피시앤칩스가 대표 메뉴지만 뛰어난 수준은 아니니 가성비 좋은 어니언링스나 햄버거를 추천한다.

🚇 **가까운 MRT역 원산역(위엔산짠)**

🍴 맥주류 NT$100~, 어니언링스 NT$180, 더 스리 라이온스 빅 비프버거 NT$ 399 📍 No. 1, Yumen Street, Zhongshan District
🚶 원산역(圓山站) 1번 출구에서 도보 3분 🕐 11:30~23:00(수·목·금 16:00 오픈, 금·토 01:00 마감, 월·화 휴무) 📞 02-2597-9716
🏠 thethreelionsinn.com 🎯 25.068966, 121.522338
🔍 The Three Lions Inn

01

대북화박농민시집 臺北花博農民市集 🔊 타이베이화보농민쓰지

타이완 각지의 농산물이 모이는 주말 시장

타이베이 여러 곳에서 열리는 주말 시장 중 가장 큰 규모를 자랑하는 곳으로 현대식 시장 풍경을 제대로 경험할 수 있다. 먹거리가 많고 넓은 광장을 끼고 있어 길거리 공연도 자주 열린다. 주변의 거대한 수목 아래로 둘러앉아 담소를 나누는 현지인들에 섞여 여유로움으로 충만해지는 곳, 한국인보다 현지인이 많은 관광지를 찾는 여행자라면 원산역으로 가자.

🚇 **가까운 MRT역 원산역(위엔산짠)**

📍 No. 1 Yumen Street, Zhongshan District 🚶 원산역(圓山站) 1번 출구에서 도보 1분 🕐 10:00~18:00(토·일요일만 오픈)
🏠 expofarmersmarket.gov.taipei 🎯 25.070673, 121.521264
🔍 Taipei Expo Farmer's Market

스린역

士林站

#국립고궁박물원 #충렬사 #스린야시장 #미라마관람차

볼거리가 많은 곳은 아니지만, 타이베이 필수 여행지 국립고궁박물원과 스린야시장이 있다는 것만으로도 충분히 가볼 만한 가치가 있는 지역이다. 엄밀히 따지자면 국립고궁박물원이 스린역 주변에 있지는 않지만, 두 곳을 함께 묶어서 여행하는 것이 편리하기 때문에 같은 지역으로 구분한다. 스린야시장은 저녁에 가야 제대로 정취를 느낄 수 있으니 국립고궁박물원을 먼저 둘러보고 스린야시장으로 가는 것이 좋다. 만일 국립고궁박물원 관람을 일찍 마쳤다면 스린역 주변에 있는 타이완 초대총통 장제스의 저택 스린관저를 둘러보고 저녁 시간에 맞춰 야시장으로 가자.

ACCESS

- **타이베이역 → 스린역**

  타이베이역 ▶ [R]단수이신이선 ▶ 스린역　🕐 약 13분　Ⓝ NT$25

- **스린역 → 국립고궁박물원**

  스린역 1번 출구 ▶ R30 버스 ▶ 국립고궁박물원　🕐 약 15분　Ⓝ NT$15

스린역
상세지도

M 지산(즈산)

국립고궁박물원 01

04 대북시아동신낙원

초설빙품 01   02 끽다취

M 스린

05 사림관저

M 검담(젠탄)

02 미라마관람차
검담역 1번 출구 앞에서
무료 셔틀버스 탑승

03 충렬사

N
W   E
S

0   200m

국립고궁박물원 國立故宮博物院 National Palace Museum ◀ 꾸오리구꽁보우위엔

중국에도 없는 희귀 보물이 가득, 세계 4대 박물관

국공내전으로 장제스가 마오쩌둥에게 패해 타이완으로 넘어올 때 중국 대륙의 유물들을 모조리 배에 실어 왔다. 이렇게 만들어진 것이 지금의 국립고궁박물원이다. 당시 하구에서 유물을 싣는 배들로 인해 바다가 보이지 않을 정도라 전해지는데, 유물(69만 점)의 수를 볼 때 결코 터무니없는 말은 아닌 듯하다. 유물은 크게 청동과 자기 등의 기물(7만 점), 그림과 서예 등의 서화(1만 점), 그 외 문헌(61만 점)으로 분리한다. 가장 많은 관심을 받는 곳은 역시 기물 분야로, 섬세한 세공 기술과 예술성이 인간이 만든 작품이라 믿기지 않을 만큼 놀랍다. 돋보기로 봐야 겨우 보이는 올리브 씨앗으로 조각한 조감람핵주, 배추와 여치의 절묘한 조화가 만들어낸 취옥백채, 한입 먹고 싶은 충동이 드는 육형석의 오묘함을 어찌 말로 다 전할 수 있겠는가. 야간 개장을 하는 금, 토요일에 방문하면 단체 관광객이 거의 없어 조용히 감상하기 좋다. 한국어 오디오 가이드가 준비되어 있으며 사진촬영(플래시 금지)도 가능하다.

🚇 **가까운 MRT역 스린역(스린짠)**

📍 No. 221, Section 2, Zhishan Rd, Shilin District 🚶 스린역(士林站) 1번 출구에서 紅30, 255, 300, 304, 815, 小18, 小19 버스 탑승 후 국립고궁박물원에서 하차 🕐 09:00~17:00(월 휴무) 🎫 성인 NT$350, 18세 미만 무료 📞 02-2881-2021 🏠 npm.gov.tw 🌐 25.102377, 121.548489
🔍 국립고궁박물원

약 5~6천 년 전에 제작된 것으로 추정하는 옥저룡(玉猪龍)은 그 시대에도 옥을 유려하게 다듬을 수 있었다는 명확한 근거다. 약 2천 년에 제작된 가량(嘉量, 곡물의 양을 재는 용기의 일종)을 보면 그때의 수학이 어느 수준에 이르렀는지 가늠할 수 있다. 이처럼 용도, 재질, 문양, 형태 등에 함축된, 그 시대의 비밀을 알아가는 것은 관람객으로서 즐길 수 있는 최고의 묘미다. 많은 유물을 소개하지 못하는 것이 아쉽지만 꼭 감상해야 할 몇 가지 대표 유물을 소개한다.

옥저룡(玉猪龍)

옥저룡이 발굴된 홍산문화(紅山文化)는 흥륭와(興隆窪)문화, 조보구(趙寶溝)문화 등 요하강(遼河) 인근의 여러 문화권을 묶어 요하문명(遼河文明)이라고 불리기도 한다. 영역이 엄청나게 넓어 발굴 작업도 미처 끝내지 못한 미지의 유적지로, 4대 문명의 기원보다 1~2천 년을 앞서는 만큼 머지않아 기원의 역사를 바꿀 희대의 발견임이 틀림없다. 요하문명에서 출토되는 토기, 옥 귀고리 등은 한반도 신석기 유적지에서 나온 유물과 비슷한 점이 많으니 눈여겨보자. 옥저룡은 돼지와 용의 형상을 한 옥 장신구로, 일각에서는 고조선의 곰 신화와 연결되는 옥웅룡(玉熊龍)이라는 의견도 있으니 돼지인지 곰인지는 직접 감별해보자.

취옥백채(翠玉白菜)

중국 옥기 중에서 으뜸으로 꼽는 취옥백채는 푸르스름한 비취를 배추 형태로 조각한 예술작품이다. 배춧잎에 올라앉은 곤충의 생동감에 놀라고, 사실적인 배추의 질감에 또 한 번 감탄한다. 여담으로, 취옥백채는 청나라 광서제(光緒帝)의 후궁 근비(瑾妃)가 가져온 혼수품이라고 하는데, 배추의 흰색은 순결, 청록색은 청렴, 이파리에 있는 여치와 메뚜기는 다산을 상징한다고 한다.

육형석(肉形石)

육형석이란 이름은 말 그대로 '고기 모양의 돌'이란 뜻이다. 천연 마노석(瑪瑙石)으로 만든 예술품으로, 중화권에서 유명한 요리 동파육을 그대로 재현했다. 간장에 조려진 듯한 갈색의 살코기는 육즙이 느껴질 정도로 탐스럽고, 상층부 돼지껍질의 질감을 보노라면 돌인 걸 알면서도 한입 베어 물고 싶은 충동이 든다.

모공정(毛公鼎)

정(鼎)의 시작은 신석기시대로 추정하는데, 처음에는 고기를 삶는 용도로 시작하여 하나라(약 4천 년 전)에 이르러 도자기에서 청동기로 바뀌며 점점 왕가의 권위를 상징하는 것으로 변모했다는 것이 학계의 정론이다. 그중 주나라 선황(宣王)의 숙부인 모공(毛公)의 공적을 기리는 모공정이 특별하다. 그 이유는 흔하게 동물의 얼굴을 본떠 만든 것이 아니라 동물의 다리와 발굽을 형상화하여 안정감을 높인 최초의 주조 형태이기 때문이다. 또한 정(鼎) 안으로 500자에 달하는 명문을 새겨 두어, 원문 그대로의 역사 기록을 보존하고 있기 때문이다.

조감람핵주(雕橄欖核舟)

1737년 청나라 6대 황제 건륭제(乾隆帝)의 명을 받은 조각공예의 대가 진조장(陳祖章)이 만든 작품이다. 올리브 씨앗의 곡선미를 그대로 살린 배로, 송대의 문학가 소동파(蘇東坡)와 함께 8명의 일행이 타고 있으며 배 밑에는 소동파의 대표작 후적벽부(後赤壁賦) 357자가 새겨져 있다. 손톱만 한 씨앗에 수백 자의 글자를 새기고 여닫이문을 제작한 공예술은 인간 경지를 넘어선 조각 공예의 절정으로 평가받는다.

계산행려도(谿山行旅圖)

북송 초기 범관(範寬)의 작품으로, 선이 굵고 변화무쌍한 필법으로 웅장하고 위엄 있는 산세를 묘사했다. 특히 비가 내리는 듯 가는 점을 이어가는 우점준(雨點皴) 기법으로 질감 표현을 극대화한 걸작이다. 계산행려도라는 이름처럼 그림 오른쪽 하단을 자세히 보면 나귀와 함께 여행하는 나그네도 보인다. 여담으로, 계산행려도는 김용의 무협소설 〈소오강호〉에서 강남사우가 꿈에도 바라던 희대의 보물 중 하나로 등장하는 작품이기도 하다.

---- TIP ----

*오디오가이드(한국어 지원)를 대여(신분증 필수)할 수 있으며 박물관 보관함에 가방을 무료(보증금 NT$10)로 맡길 수 있다.

02

미라마관람차 美麗華摩天輪 Miramar ◀» 메이리화모티엔룬　　　　타이베이 야경을 감미롭게 즐기는 방법

2004년 준공된 미려(美麗)백화점 최상층에 있는 미라마관람차는 일본천양공사(日本泉陽公司)에서 112억 원을 들여 건설한 곳으로, 약 17분간 회전하는 관람차 안에서 타이베이 동서남북 곳곳의 야경을 감상하기 좋다. 중정기념당, 원산대반점, 101타워 등의 랜드마크를 찾는 맛이 쏠쏠하니 시내 여행 후 방문하길 추천한다. 스릴을 원한다면 투명한 바닥 아래로 까마득한 세상을 볼 수 있는 크리스털 관람차를 노려보자(총 48개 관람차 중 크리스털 관람차는 2개라 대기 필수).

◉ 가까운 MRT역 **검남로역(젠난루짠)**

◉ No. 20, Jingye 3rd Road, Zhongshan District ⚐ 검남로역(劍南路站) 3번 출구로 나오면 정면으로 바로 보임(도보 2분)
⏱ 14:00~21:00 🎫 평일 NT$150, 주말 NT$200 📞 0989-456-425 🏠 miramar.com.tw ◎ 25.082890, 121.557593
🔎 미라마 관람차

──────────── **TIP** ────────────
검담역(스린야시장)과 미라마관람차까지 왕복 운영하는 무료 셔틀버스가 있다.
- **탑승위치:** 검담역(劍潭站, 젠탄짠) 1번 출구 오른쪽 정거장
- **운행시간:** 검담역 → 미라마관람차 10:50~21:50, 미라마관람차 → 검담역 11:05~22:30
- **배차간격:** 20~40분

03

충렬사 忠烈祠 ◀» 충리에츠　　　　가장 멋진 위병 교대식을 보고 싶다면

1969년 태화전(太和殿, 북경 자금성)을 모방하여 건설한 곳으로, 나라를 위해 목숨 바친 39만 명의 순국자를 추모하는 곳이다. 매시 정각 경비소에서부터 반듯하게 조성된 광장을 지나 충렬사까지 이어지는 위병 교대식은 큰 볼거리로, 매 발걸음마다 느껴지는 위병의 기개와 한 치의 오차도 허용치 않는 칼군무에 탄성이 터져나온다. 사진 촬영이 자유로워 역동적인 기념사진을 남기기도 좋다. 다만 교대식을 제대로 촬영하려면 진로를 방해하지 않도록 충분한 거리를 확보해야 하고, 카메라 플래시도 켜지 않는 등 기본적인 에티켓을 지켜야 한다.

◉ 가까운 MRT역 **원산역(위엔산짠)**

◉ No. 139, Beian Rd, Zhongshan District
⚐ 원산역(圓山站) 1번 출구로 나와 정면 왼쪽 버스정류장에서 紅2, 287번 버스 탑승
⏱ 09:00~17:00 (부정기 휴무) 🎫 무료
📞 02-2885-4162 🏠 afrc.mnd.gov.tw
◎ 25.07838, 121.53312 🔎 충렬사

04

대북시아동신낙원 臺北市兒童新樂園 🔊 타이베이쓰얼퉁신러위엔　　아이들을 위한 놀이공원

타이베이 교육청에서 주관하는 곳으로, 2014년부터 아이들을 위한 놀이공원으로 운영한다. 규모가 크진 않지만 롤러코스터, 바이킹, 관람차 등 유명한 놀이기구는 다 갖춰져 있으며 깔끔하고 저렴해 만족도가 높다. 바로 옆에는 다양한 3D시설을 이용하여 재밌게 과학을 체험할 수 있는 국립대만과학교육관(國立臺灣科學教育館)과 천문과 우주에 관한 호기심을 해소할 수 있는 대북시립천문과학교육관(臺北市立天文科學教育館)이 있어 교육적 가치도 높은 스폿이다. 아이를 동반한 가족여행자에게 추천하며 세 곳 모두 방문하려면 천문교육관의 휴관일인 월요일을 피하자.

😀 가까운 MRT역 **스린역(스린짠)**

📍 No. 55, Section 5, Chengde Road, Shilin District 🚶 스린역(士林站) 1번 출구 맞은편에서 紅30번으로 타고 아동신낙원(兒童新樂園)에서 하차하면 된다. 🕐 09:00~17:00 (토요일 20:00, 일요일 18:00 마감) 🎟 입장료 성인 NT$30 어린이 NT$15 (놀이기구 당 NT$20~30, 일일이용권 NT$250) 📞 02-2833-3823(#105) 🏠 tcap.taipei 📍 25.097275, 121.514945 📍 타이페이 어린이공원

05

사림관저 士林官邸 🔊 스린관디　　수목원으로 가꾼 타이완 초대 총통의 저택

1950년부터 타이완 초대 총통 장제스와 부인 송미령(宋美齡)의 거처로 사용하던 곳이다. 당시 타이완인들에게는 성스럽고 비밀스러운 공간으로 인식되던 곳이었으나 1996년에 개방되며 현재는 나들이 장소로 각광받는다. 꽃이 가득해 산책하기도 좋지만 중국 근현대사에 한 획을 그은 인물의 흔적이 있는 곳이니만큼 역사 탐방으로도 의미가 있다. 사림관저의 자랑인 장미화원(玫瑰花園)은 송미령이 가장 좋아했던 장소로, 장미가 만개하는 3~5월이 가장 아름답다. 송미령의 부친 송가수(宋嘉樹)는 당시 세계에서 손꼽히던 대부호였고 언니 송경령(宋慶齡)은 국부라 불리는 손문(孫文)의 부인이다.

😀 가까운 MRT역 **스린역(스린짠)**

📍 No. 60, Fulin Road, Shilin District 🚶 스린역(士林站) 2번 출구로 나와 왼쪽 골목길을 따라 가면 큰 사거리가 나오고 횡단보도를 건너 계속 직진하면 오른쪽으로 보임(도보 14분) 🕐 08:00~17:00 (토·일 ~18:00) 🎟 공원 무료(관저 관람 NT$100) 📞 02-2883-6340 🏠 culture.gov.taipei 📍 25.093085, 121.532400 📍 중화민국 스린 총통 관저(장제스 관저)

01

초설빙품 初雪冰品 🔊 추쒸에삥핀   골목길 속 예쁜 빙수점

부드러운 빙수 위에 달콤한 연유와 동그란 수박을 얹은 우내서과설화빙으로 소문난 맛집. 단, 수박이 들어간 제품은 여름에만 판매하므로, 다른 기간에는 바나나 위에 초콜릿을 뿌린 빙수 교극력향초설화빙 혹은 연두부에 땅콩, 토란 등이 올라가는 전통빙수 두화(豆花)를 추천한다.

🚇 가까운 MRT역 **스린역(스린짠)**

✕ 우내서과설화빙(牛奶西瓜雪花冰, 니우나이씨꽈쒸에화삥) NT$180, 교극력향초설화빙(巧克力香蕉雪花冰, 치아오커리씨양지아오쒸에화삥) NT$140 📍 No. 9, Lane 235, Zhongzheng Road, Shilin District 🚶 스린역(士林站) 1번 출구로 나와 직진, 도로가 나오면 오른쪽으로 턴한 뒤 첫번째 오른쪽 골목으로 진입하면 왼편으로 보임(도보 3분) 🕐 13:00~20:00(토·일 12:00~) 📞 02-2882-8809 🌐 25.094876, 121.526125 📍 3GVG+XC

02

끽다취 중산점 喫茶趣(中山店) 🔊 츠차취(쭝산디엔)   차(茶) 전문점에서 운영하는 레스토랑

찻잎을 이용하여 자극적이지 않은 건강한 맛을 추구하는 것이 끽다취의 특징이다. 메인 요리(主菜), 탕(湯), 후식(甛品)이 제공되는 담백한 세트 메뉴도 괜찮지만 녹차로 만들어 더욱 특별한 미인소롱탕포, 용정하인소매 등의 딤섬요리를 즐겨도 좋다.

🚇 가까운 MRT역 **스린역(스린짠)**

✕ 세트 메뉴 NT$439~680, 미인소롱탕포(美人小籠湯包, 메이렌씨아오롱탕파오) NT$135, 용정하인소매(龍井蝦仁燒賣, 롱징씨아렌쌰오마이) NT$200 📍 No. 570, Section 5, Zhongshan North Road, Shilin District 🚶 스린역(士林站) 1번 출구로 나와 직진, 도로가 나오면 오른쪽으로 턴한 뒤 계속 직진, 큰 사거리의 횡단보도를 직진으로 건넌 뒤 바로 오른쪽으로 턴하여 조금 가면 왼편으로 보임(도보 8분) 🕐 11:00~21:30 📞 02-2888-2929 🏠 chafortea.com.tw 🌐 25.095116, 121.528375 📍 3GWH+28

소고행포고 **5**

가상량면 **6**

4 신발정

3 노탄철판소

REAL GUIDE

스린야시장
士林夜市

1909년에 설립한 타이베이에서 가장 규모가 큰 야시장.
먹거리촌, 쇼핑촌, 지하 미식거리로 조성되어 있어
스린야시장만 방문해도 웬만한 건 다 해결할 수 있다.
단, 야시장이 워낙 넓고 관광객도 많기 때문에
코스를 잘 짜야 헤매지 않는다. 검담역(劍潭站) 앞
노점 먹거리 구역에서 출발, 사림자함궁(士林慈誠宮)이 있는
두 번째 먹거리 구역을 지나 의류점과 액세서리점 등
쇼핑 구역을 둘러보는 코스가 베스트. 야시장은 대부분
오후 늦은 시간부터 영업을 시작하니 오후 5시 이후에
방문하는 것이 좋다. 여행 기간 동안 야시장 한 곳만
방문해야 한다면 주저하지 말고 이곳을 선택하면 된다.

2 가향탄고향계배

1 왕자기사마령서

검담역 **M**

왕자기사마령서 王子起士馬鈴薯 🔊 왕쯔치쓰마링쑤

감자와 치즈의 절묘한 만남

우리나라에서는 왕자치즈감자로 알려진 야시장 필수 간식이다. 으깬 감자에 옥수수콘, 베이컨, 브로콜리, 계란, 파인애플 등 갖가지 토핑을 얹고 그 위해 녹인 치즈를 폭포수처럼 뿌려주는데, 부드러운 감자와 짭짤한 치즈의 궁합이 절묘하다. 게다가 아삭한 여러 토핑까지 어우러져 있어 마치 종합 선물 세트를 한방에 먹는 기분이다. 시먼역 무창가 미식가에도 분점이 있다.

🍴 가까운 MRT역 **검담역(젠탄짠)**

✖ 왕자종합기사(王子奶合起士, 왕쯔쫑허치쓰) NT$90
📍 No. 1號, Jihe Rd, Shilin District ✗ 검담역(劍潭站) 1번 출구로 나와 직진 후 왼쪽 횡단보도를 건너면 보임(도보 2분)
🕐 16:00~00:00 📞 0966-945-138
📍 25.086495, 121.52497 📍 왕자치즈감자

가향탄고향계배 家鄕碳烤香雞排 🔊 지아씨양탄카오씨앙지파이

손바닥만 한 순살 닭고기 튀김

지파이(雞排)는 1990년 말 야시장에서 판매되기 시작한 닭튀김으로, 합리적인 가격과 든든한 양으로 폭발적인 인기를 누리는 야시장의 대표 메뉴다. 호대대계배(豪大大雞排)가 가장 유명한데, 스린야시장에서는 가향탄고향계배의 명성도 그에 못지않다. 이곳의 지파이는 닭가슴살과 다리살 등 뼈 없는 살코기 부분만 돈가스처럼 넓적하게 튀겨내어 겉바속촉의 정석을 보여준다. 데리야키소스가 첨가되어 한국인 입맛에도 잘 맞는다.

🍴 가까운 MRT역 **검담역(젠탄짠)**

✖ 가향탄고향계배(家鄕碳烤香雞排) NT$90 📍 No. 1, Jihe Road, Shilin District ✗ 검담역(劍潭站) 1번 출구로 나와 직진 후 왼쪽으로 횡단보도를 건너면 보임(도보 2분)
🕐 16:00~00:00 📞 0933 112 514
📍 25.086384, 121.525044 📍 Hometown BBQ Chicken

노탄철판소 老攤鐵板燒 ◀)) 라오탄티에판싸오

새우구이가 특별한 철판 요리점

스린야시장 지하 미식거리에는 해산물 튀김부터 전통요리인 굴전, 간식인 향장(소시지)까지 다양한 요리를 취급하는 수많은 음식점이 있지만, 그중에서도 노탄철판소는 특별하다. 타이베이 시내 철판 요리 전문점의 절반 가격으로 맛있는 철판 요리를 먹을 수 있기 때문이다. 특히 바삭하면서 짭짤한 새우구이는 비교 대상을 찾기 힘들 만큼 수준이 높다.

◆ 2024년 1월 현재 지하상가 공사로 인해 임시 휴업 중(2024년 여름 영업 재개)

🚇 가까운 MRT역 **검담역(젠탄짠)**

🍴 6번 세트⟨우패(牛排)+하패(蝦排)+채소볶음 2가지+공기밥+탕⟩ NT$250　📍 No. 101, Jihe Road, Shilin District
🚶 검담역(劍潭站) 1번 출구에서 도보 7분　🕐 16:00~23:30
📞 02-2880-2089　🌐 25.088003, 121.524177
📍 3GQF+8P

신발정 빙품명점 辛發亭(冰品名店) ◀)) 싱파팅(빙핀밍디엔)

50년 전통의 빙수 명가

1968년에 개업한 가성비 좋은 빙수 맛집. 대표 메뉴는 타이베이 동북 지방 최초라는 수식어로 유명한 설편(雪片, 쒸에피엔). 빙수를 마치 주름치마처럼 얇은 두께로 쌓아 입안에서 사르르 녹는 식감이 일품이다. 거기에 망고즙 섞인 달콤한 연유가 들어가 있어 녹을수록 달콤한 맛을 더한다.

🚇 가까운 MRT역 **검담역(젠탄짠)**

🍴 신선망과설편(新鮮芒果雪片, 신씨엔망궈쒸에피엔) NT$150, 초매설편(草莓雪片, 차오메이쒸에피엔) NT$80　📍 No. 1, Anping Street, Shilin District　🚶 검담역(劍潭站) 1번 출구에서 도보 7분　🕐 14:00~23:00(토·일 13:00~24:00)　📞 02-2882-0206　🌐 25.088416, 121.525742
📍 신발정

05

소고행포고 燒烤杏鮑姑 🔊 싸오카오씽바오구 　　　　　　　　　　　　새송이버섯의 혁명

스린야시장의 명물 버섯구이 전문점으로, 통째로 구워낸 새송이버섯을 맛볼 수 있는
독특한 곳이다. 주문을 하면 특제 소스를 발라 한 번 더 굽고 먹기 좋은 크기로 잘라 커
다란 용기에 담아주는데, 9가지 맛 哇沙米(와사비), 香辣七味(매운맛), 原味椒鹽(소금,
후추), 檸檬味(레몬), 海苔味(해초), 孜然味(커민), 黑胡椒(흑후추), 咖哩味(카레), 玫瑰
鹽(장미소금) 중에서 취향대로 원하는 향신료를 선택하면 된다.

😀 가까운 MRT역 **검담역(젠탄짠)**
🍴 1인분(一份, 이펀) NT$120 📍 No. 98, Danan Road, Shilin District 🚶 검담역(劍潭站) 1번
출구에서 도보 12분 🕐 17:00~00:00 📞 0979-656-234(사장님 핸드폰 번호)
📍 25.089588, 121.524179 📍 3GQF+RM

06

가상량면 家湘涼麵 🔊 지아샹량미엔 　　　　　　　　취두부와 함께 코끝을 자극하는 마라량면

야시장에서 뭔가 충격(?)적인 냄
새가 난다면 그 주범은 바로
삭힌 두부인 취두부(臭豆
腐)다. 엄청난 냄새 때문에
여행자들의 기피대상 1호지
만, 타이완에서는 워낙 인기 있는
음식이라 야시장 곳곳에서 만나볼 수 있다. 그중에서 가상
량면은 초보자가 경험하기 좋은 맛집이다. 취두부 바닥에
깔린 양배추와 간장, 식초 소스가 입안을 개운하게 해주기
때문. 게다가 의외로 먹을 땐 고약한 냄새가 나지 않는다.
매운 마라 소스 덕분에 먹으면 이마에 땀이 송골송골 맺히
는 마라량면도 이 집 간판 메뉴다.

😀 가까운 MRT역 **검담역(젠탄짠)**
🍴 취두부(臭豆腐, 초우또우푸) 소 NT$55, 마라량면(麻辣涼麵, 마
라량미엔) 소 NT$55 📍 No. 46, Danan Road, Shilin District
🚶 검담역(劍潭站)에서 사림자함궁(士林慈誠宮)으로 이동 후 사림
자함궁 정문을 왼쪽에 두고 직진하면 왼쪽에 보임(도보 13분)
🕐 16:00~24:00(월 휴무) 📞 02-2881-0966
📍 25.089343, 121.525040 📍 家湘 Cold Noodles, Stinky Tofu

베이터우 온천
北投溫泉

#지열곡 #온천박물관 #아름다운시립도서관 #노천온천

일제강점기에 개발된 타이완 최초의 온천 관광지로, 온천수가 흐르는 시냇가 주변으로 온천 호텔과 리조트가 들어서 있어 마치 일본 온천 마을에 온 듯한 느낌도 든다. 베이터우가 타이완 최고의 온천 지역으로 자리 잡은 것은 일본 아키타 현의 다마가와 온천과 함께 전 세계에 딱 두 곳만 있는 라듐 유황 온천이라는 희귀성 때문인데, 온천수에 녹아 있는 북투석(北投石)이 미량의 라듐을 포함하고 있어 몸에 아주 좋다고 알려져 있다. 도심에서 가까워 편하게 올 수 있고, 저렴한 노천 온천에서 가성비 좋은 온천 호텔, 고급 온천 리조트까지 다양한 방식으로 온천을 즐길 수 있어 생긴 지 100년이 지난 지금까지도 많은 사람의 사랑을 받고 있다.

········· **ACCESS** ·········

· 타이베이역 → 베이터우 온천
타이베이역 ▸ [R]단수이신이선 ▸ 북투(베이터우)역에서 환승 ▸ 신북투(신베이터우)역 　 ⏱ 약 30분 💰 NT$35

베이터우 온천 이렇게 여행하자

신베이터우역에서 바로 이어지는 중산로(中山路)를 따라 주요 명소와 온천이 늘어서 있어 산책하듯 가볍게 둘러볼 수 있다. 특히, 온천수를 그대로 볼 수 있는 지열곡이나 온천 유적을 감상할 수 있는 베이터우온천박물관은 놓치지 말아야 할 볼거리. 도중에 온천탕을 즐기더라도 2~3시간이면 충분히 둘러볼 수 있으므로 오전 중에 신베이터우 일정을 마무리하고 오후에는 단수이 또는 스린으로 이동해서 여행하는 코스를 추천한다.

MUST **SEE**

베이터우온천박물관

타이베이 온천 문화를
볼 수 있는 박물관

지열곡

불 위를 걷는 듯한
오묘한 경험

타이베이시립도서관

세계에서 가장 아름다운
도서관

베이터우온천박물관 北投溫泉博物館 Beitou Hot Spring Museum ◄》 베이터우원첸보우관

타이베이 온천 문화를 볼 수 있는 박물관

영국 빅토리아 양식으로 건축된 베이터우온천박물관의 전신은 베이터우 온천(1913년)으로, 낡은 타일 그대로 보존된 욕조(대중탕, 개인탕)와 함께 베이터우를 온천 지역으로 급부상시킨 북투석(北投石, Hokutolite)을 볼 수 있는 곳이다. 북투석은 1905년 일본학자 오카모토(岡本要八郎)가 발견했는데, 일본 아키타 현에 있는 다마가와 온천(玉川溫泉)을 제외하면 세계에서 발견된 유례가 없는 가치 높은 광물이다. 온천박물관 1층에서는 길이 9m, 너비 6m에 달하는 엄청난 규모의 대욕장을 볼 수 있고, 2층에는 일본 료칸 분위기의 다다미방이 있어 일제강점기의 목욕 문화를 엿볼 수 있다.

🚇 가까운 MRT역 **신북투역(신베이터우짠)**

📍 No. 2, Zhongshan Road, Beitou District 🚶 신북투역(新北投站)으로 나와 정면 사거리에서 직진길 두 갈래 중 오른편 길로 직진(中山路)하면 오른쪽으로 보임(도보 8분) 🕘 09:00~18:00(월 휴무) 🎫 무료 📞 02-2893-9981 🏠 beitoumuseum.taipei.gov.tw 📍 25.136587, 121.507159 🔎 베이터우온천박물관

------------------------------ **TIP** ------------------------------

북투석을 근원으로 하는 베이터우 온천의 수질은 원류(源流)인 청황천(青磺泉)에 계곡수가 섞이며 다른 광물이 포함된 백황천(白磺泉), 철황천(鐵磺泉)까지 3가지로 구분하고 있다. 청황천은 녹색을 띠는 반투명한 색이며 유황 냄새가 나는 특징이 있다(3가지 수질의 좋고 나쁨은 없다).

지열곡 地熱穀 Beitou Hot Spring Museum ◀)) 디러구

지열곡은 유황 온천수가 나오는 출구이자 근원지로 섭씨 90도의 온천수에서 뿜어져 나오는 연기로 자욱한 곳이다. 과거에는 '귀호(鬼湖)' 또는 '지옥곡(地獄穀)'이라는 무시무시한 이름으로 불렸는데, 아침 햇살 가득할 때 주변의 연기가 투영되며 호수 빛이 옥색으로 비쳐진다 하여 '옥천곡(玉泉穀)'으로 불리기도 했다. 현실세계에서 보기 어려운 독특한 풍경 속에 다양한 이름만큼이나 여러 이야기가 전해지는 곳이다. 입구에서부터 고약하게 풍겨오는 유황 냄새 덕에 발길을 돌리는 사람도 있지만 피어오르는 연기와 함께 담는 기념사진이 꽤 멋진 곳이다. 유황 냄새와 열기가 만만치 않으니 어린이와 노약자는 주의!

🔘 가까운 MRT역 **신북투역(신베이터우짠)**

📍 No. 2, Zhongshan Rd, Beitou District 🚶 신북투역(新北投站)으로 나와 정면 사거리에서 직진길 두 갈래 중 오른편 길로 직진(中山路), 첫 번째 나오는 작은 양갈래 길에서 오른쪽 길, 두 번째 나오는 갈림길에서 왼쪽으로 진입하면 보임(도보 16분) 🕐 09:00~17:00(월 휴무) 🎫 무료 📞 02-8733-5678 🏠 btdo.gov.taipei 🎯 25.137775, 121.511611 🔎 디러구(지열곡)

타이베이시립도서관 베이터우분관 臺北市立圖書館(北投分館) Beitou Public Library
◀)) 타이베이쓰리투수관(베이터우펀관)

세계에서 가장 아름다운 도서관

본래 양명산관리국도서관(陽明山管理局圖書館)이었으나 2006년 말부터 대북시립도서관(북투분관)으로 사용된 곳이다. 태양광 전력으로 운영되는 타이베이 최고의 친환경적 건축물일 뿐 아니라 2012년에는 플레이버와이어닷컴(Flavorwire.com)에서 세계에서 가장 아름다운 도서관 25에 선정한 곳이다. 외관도 멋지지만 지하1층에서 지상2층까지 작은 유럽식 강의실을 연상케 하는 목재계단구역, 북투공원(北投公園)이 바라다보이는 발코니까지 요소요소에 볼거리가 많다.

🔘 가까운 MRT역 **신북투역(신베이터우짠)**

📍 No. 251, Guangming Rd, Beitou District 🚶 신북투역(新北投站)으로 나와 정면 사거리에서 직진길 두 갈래 중 오른쪽으로 직진(中山路)하면 왼쪽으로 도서관 건물 보임(도보 8분, 온천박물관 옆) 🕐 화~토 08:30~21:00, 일·월 09:00~17:00(첫째 주 목 휴관) 🎫 무료 📞 02-2897-7682 🏠 tpml.edu.tw 🎯 25.136533, 121.506376 🔎 타이베이공립도서관 베이터우점

04

베이터우공원노천온천 北投公園露天溫泉 ◀ᴗ 베이터우공위엔루티엔원취엔　　그윽하고 운치 있는 노천 온천

1999년 12월 오픈하여 새천년을 뜻하는 천희탕(千禧湯, 치엔시탕)이라 불리기도 하는 곳으로, 북투에서 가장 가성비가 좋은 온천이다. 수질은 희귀한 청황천(青磺泉)으로 피부병, 관절염, 근육통, 통풍에 특히 좋으며 4개의 온탕과 2개의 냉탕이 있어 적당한 온도로 즐길 수 있는 장점까지 있다.

☻ 가까운 MRT역 **신북투역(신베이터우짠)**

◉ No. 6, Zhongshan Road, Beitou District ⚡ 신북투역(新北投站)에서 도보 7분 ⏲ 05:30~07:30, 08:00~10:00, 10:30~13:00, 13:30~16:00, 16:30~19:00, 19:30~22:00 ⑦ NT$60
☎ 02-2896-6939 ◉ 25.136882, 121.508376
◉ 친수이공원노천온천

05

롱내탕 瀧乃湯 Longnice Hot Spring ◀ᴗ 롱나이탕　　원시적 온천과의 만남

1905년 북투석이 발견된 장소로, 1907년(일제강점기) 건축해 군인 휴양 시설로 사용한 온천이다. 딱히 시설이라 소개할 만한 것도 없이 몸을 담글 수 있는 탕과 옷가지를 올려둘 선반이 전부인 곳이지만 오히려 이런 원시적인 느낌이 롱내탕의 매력이다. 불혹을 넘긴 여행자라면 어린 시절 목욕탕의 향수를 느낄 수도 있다. 녹색을 띠며 유황 냄새가 나는 청황천(青磺泉)으로, 물온도가 높으니 참고하자.

☻ 가까운 MRT역 **신북투역(신베이터우짠)**

◉ No. 244, Guangming Road, Beitou District
⚡ 신북투역(新北投站)에서 도보 10분 ⏲ 06:30~22:00
⑦ NT$150 ☎ 02-2891-2236 ⌂ longnice.com.tw
◉ 25.136469, 121.507985 ◉ 롱나이탕

06

복흥공원온천포각지 複興公園泡腳池 ◀ᴗ 푸씽공위엔파오지아오츠　　지친 발을 위한 꿀맛 같은 휴식

온천 마을답게 공원 안에 온천 족욕 시설이 설치되어 있다. 여행자보다 동네 어르신들의 집합소와 같은 곳이라 분위기는 사뭇 낯설지만 역에서 걸어갈 수 있을 정도로 가깝고 별다른 준비물 없이도 지친 발의 피로를 풀 수 있는 곳이니 다른 온천 방문 계획이 없는 여행자라면 방문해 보자.

☻ 가까운 MRT역 **신북투역(신베이터우짠)**

◉ No. 59, Zhonghe Street, Beitou District ⚡ 신북투역(新北投站)으로 나와 왼쪽 언덕길을 따라 올라가면 오른쪽으로 보임(도보 8분) ⏲ 09:00~17:00(월 휴무) ⑦ 무료
◉ 25.138771, 121.502235 ◉ 푸씽공원

01
만객옥 滿客屋 ◀)) 만커우

가성비 좋은 타이완 스타일의 라멘

20석 정도의 작은 가게지만 단골과 여행자가 꾸준히 찾는
이름난 맛집이다. 알려진 것처럼 온천수로 만드는 라면은
아니지만(소문은 소문일 뿐) 실망하지 말자. 조미료 없이
좋은 식재료 그대로를 살린 맛이 빼어나기 때문이다. 대표
메뉴인 정유차소라면은 돼지 뼈를 10~15시간 동안 푹 우
려낸 돈코츠식(돼지 뼈 육수) 라면으로 진한 맛이 점점 옅
어지며 사골국 맛으로 마무리되는 깨끗함이 일품이다. 우
리나라 너구리 라면을 연상시키는 통통한 면발도 좋다. 사
이드 메뉴로 돼지갈비튀김(排骨)을 추천하며 배골라면(排
骨拉麵)을 주문하면 정유차소라면과 돼지갈비튀김이 세트
로 나온다.

🚇 **가까운 MRT역 신북투역(신베이터우짠)**

🍴 정유차소라면(正油叉燒拉麵, 쩡요우챠사오라미엔) NT$170,
배골라면(排骨拉麵, 파이구라미엔) NT$220
📍 No. 110, Wenquan Rd, Beitou District 🚶 신북투역(新北投
站)으로 나와 큰 사거리 정면에서 약간 오른쪽 샛길(中正路)로 들어
서 직진해 지열곡을 지나 오른쪽편으로 오르는 작은 언덕 위에 있음
(도보 18분) 🕐 11:00~14:00, 17:00~20:00 📞 02-2893-7958
🌐 25.136256, 121.510921 🔎 Mankewu Taiwanese Style
Ramen

02
호계수교전매점 豪季水餃專賣店 ◀)) 하오지쉐이지아오짠마이디엔

통통하게 씹히는 새우물만두

일가족이 함께 경영하는 곳으로, 동네 맛집으로 소문난 곳이다. 통통하게 씹히
는 새우와 구수한 육즙 덕에 한 접시가 금세 비워지는 하인수교가 특별하며
라면(拉麵)을 사용한 작장면도 추천한다. 타이베이에서 가장 한국스러운
맛을 내는 타이완식 짜장면을 맛볼 수 있다.

🚇 **가까운 MRT역 신북투역(신베이터우짠)**

🍴 하인수교(蝦仁水餃, 씨아렌쉐이지아오) NT$90, 작장면(炸醬麵, 짜지앙미엔) NT$60
📍 No. 33, Zhonghe Street, Beitou District 🚶 신북투역(新北投站)으로 나와 왼쪽 언덕
길을 따라 올라 가면 왼쪽으로 보임(도보 6분) 🕐 10:30~20:20(일 휴무) 📞 02-2892-
7887 🌐 25.137960, 121.502771 🔎 4GQ3+54

REAL GUIDE

사모산 온천구

황지(皇池, 황츠), 천탕(川湯, 촨탕), 산지림(山之
林, 산쯔린) 등 현지인에게 사랑받는 온천이 모여
있는 지역. 양명산 자락에 있어 양명산 온천이라
고도 하고 베이터우 지역에 속해 있어 베이터우
온천으로 분류하기도 하지만, 정식 명칭은 사모
산(紗帽山) 온천구이다. 오로지 온천만 있는 곳이
라 여유롭게 온천을 즐길 수 있으며 수질 또한 뛰
어나 치료 목적으로 들르는 사람도 많다. 게다가
MRT 석패역(石牌站)에서 택시로 20분이면 갈 수
있는 뛰어난 접근성까지, 그야말로 타이베이 최고
의 당일치기 온천지라 할 수 있다.

황지 皇池 🔊 황츠

24시간 운영하는 노천 온천

황계령(磺溪嶺) 둔턱에서 지면을 뚫고 뿜어져 나오는 온천수의 열기가 유황 냄새를 흩뿌리며 방문자를 반긴다. 그 길을 따라 조금 더 가면, 단층의 목조 건물이 오밀조밀 모여 있는 황츠가 모습을 드러내는데, 특이하게도 희귀한 청황천(青磺泉)과 백황천(白磺泉) 두개의 원류가 들어오는 온천으로 탕(대중탕)마다 청황, 백황을 표시해 두고 있다. 지병을 치료하기 위한 현지인이 많이 찾는 곳으로 피부병, 관절염, 통풍, 근육통 등 다방면에 효능을 보인다. 한화 NT$400의 식사를 하면 온천욕은 무료로 이용할 수 있는데, 죽(粥)요리와 육즙이 있는 만두요리 소롱포(小籠包)가 전문점 이상으로 맛있다. 최소비용(NT$400/1인)을 먼저 내고 식권을 받은 후 온천욕을 마친후에 식사도 함께 즐기자. 수건은 지급하지 않으니 가능하면 준비해가자.

🎫 노천식 대중탕(大眾湯) 1인 NT$250, 쌍인탕옥(雙人湯屋, 객실 스타일의 프라이빗 공간) 2인 NT$500(평일 40분/주말 30분), 수건 NT$100~200 📍 No. 42-1, Lane 402, Xingyi Rd, Beitou District 🚶 석패역(石牌站)으로 나와 오른쪽의 횡단보도를 건너 kfc 앞 정류장(MRT Shipai Sta.)에서 508, 536번 버스를 타고 행의로삼(行義三路)에서 하차후 도보 10분(맵참고). 택시 이용 시 석패역에서부터 약 NT$150 📞 02-2862-3688 🏠 www.emperorspa.com.tw 🧭 25.13987, 121.53054 🔍 황츠온천

천탕 川湯 🔊 촨탕

아담한 분위기가 압권인 노천 온천

1998년 오픈한 곳으로 건축물을 포함한 분위기까지 일본 스타일을 추구하는 곳이다. 천탕안으로 들어서면 일본인지 타이완인지 분간이 안갈 정도. 실제로 아담한 노천 온천의 분위기는 사모산 온천구에서도 제일로 꼽는다. 근육과 뼈를 이완시키며 관절염에 우수한 효능을 보이는 청황천(青磺泉), 폐와 기관지에 좋은 효능을 보이는 백황천(白磺泉), 류머티즘 개선에 뛰어난 철황천(鐵磺泉)까지 세 개의 욕탕을 각각 구분해두고 있다. 2023년 03월부터 레스토랑을 운영하지 않고 있지만, 설령 다시 재개하더라도 식사를 함께 하려면 음식 맛이 좋은 황지를 가는 것이 좋고, 온천욕만 즐길 계획이면 천탕을 방문하는 것도 괜찮다. 황지와 마주하고 있지만, 버스에서 내리면 천탕으로 바로 이어지는 샛길(계단)이 가까이 있으니 접근성도 우월하다.

🎫 노천식 대중탕(大眾湯) 1인 NT$250, 쌍인탕옥(雙人湯屋, 객실 스타일의 프라이빗 공간) 2인 NT$500.(평일 40분/주말 30분), 수건 NT$100~200 📍 No. 10, Lane 300, Xingyi Rd, Beitou District 🚶 석패역(石牌站)으로 나와 오른쪽 횡단보도를 건너 kfc 앞 정류장(MRT Shipai Sta.)에서 508, 536번 버스를 타고 행의로삼(行義三路)에서 하차 후 도보 10분. 택시 이용시 석패역에서터 약 NT$150 📞 02-2874-7979 🏠 www.kawayu-spa.com.tw 🧭 25.13917, 121.52998 🔍 천탕

단수이
淡水

#홍마오청 #빠리라오제 #진리대학 #담강중

단수이는 멋진 일몰을 감상할 수 있는 아름다운 항구이자 영화 〈말할 수 없는 비밀〉의 배경으로 우리나라 여행자에게도 친숙한 곳이다. 특히, 2013년 방영된 〈꽃보다 할배〉에서 단수이가 소개된 후 타이베이 필수 여행지로 등극하기도 했다. 일찍이 서구 세력들이 상륙하면서 19세기 말까지 타이완을 대표하는 항구 도시로 이름을 떨친 곳인 만큼 도시 곳곳에 이국적인 풍경을 보여주는 다양한 건축물이 있다. 또한, 단수이 옛 거리에 펼쳐진 다양한 먹거리와 아름다운 일몰까지, 도심에서는 느끼기 힘든 여유와 낭만을 즐길 수 있어 여전히 많은 여행자가 당일치기 코스로 즐겨 찾고 있다.

ACCESS

· **타이베이역 → 단수이**
타이베이역 ▶ [R]단수이신이선 ▶ 단수이역   🕐 약 40분   💰 NT$50

단수이 이렇게 여행하자

단수이의 주요 볼거리는 홍마오청을 중심으로 오밀조밀 모여 있어, 도보로 산책하듯 둘러보면 된다. 먼저 단수이역 1번 출구로 나와 紅26번 버스를 타고 홍마오청에 내려 여행을 시작하자. 홍마오청을 둘러본 후 진리대학, 담강고급중학, 소백궁 순으로 걸으면서 하나씩 관람하면 명소 여행은 끝. 소백궁에서 단수이역까지는 1km 정도인데, 가는 도중에 단수이의 명물 간식들을 맛볼 수 있는 맛집들이 있으니 조금 힘들더라도 걸어가는 것이 좋다. 단수이역에 도착한 후에는 일몰 시간에 맞춰 다시 紅26번 버스를 타고 어인마두로 가서 아름다운 석양을 보며 여행을 마무리하면 된다.

MUST SEE

홍마오청

강변 마을 산자락의
빨간 벽돌 요새

어인마두

일몰이 아름다운
부둣가

담강고급중학

영화 〈말할 수 없는 비밀〉
촬영지

MUST EAT

원미본포현고단고

촉촉하고 부드러운
카스텔라의 제왕

보내내화지소

빠리라오제의 명물,
튀김옷을 입은 오징어 식감이 일품

담수노패아급

단수이의 명물
아게이(阿給) 맛집

MUST BUY

맥각자

토토로 상품이 저렴한
잡화점

아파철단

노가에서 즐기는
전통 간식

단수이
상세 지도

십삼행박물관

0   1km

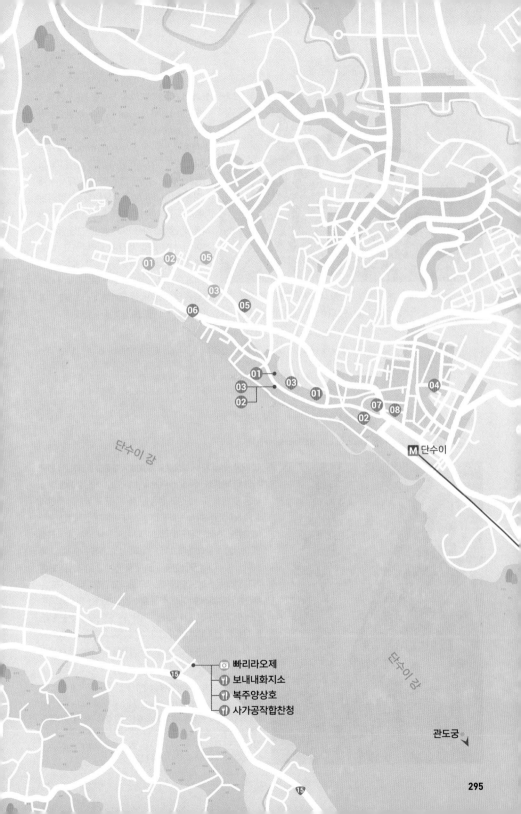

단수이 강

단수이 강

📷 빠리라오제
🍴 보내내화지소
🍴 복주양상호
🍴 사가공작합찬청

M 단수이

관도궁

홍마오청 紅毛城 Fort San Domingo 🔊 홍마오청

강변 마을 산자락의 빨간 벽돌 요새

1628년 스페인이 타이완 북부를 점령했던 당시 산도밍고 요새(Fort San Domingo)를 건설하였으나 1644년 네덜란드가 침공하여 산도밍고를 허물고 안토니오 요새(Fort Antonio)로 재건했다. 그런데 당시 타이완 사람들이 붉은 머리의 네덜란드인을 홍마오(紅毛)라 부른 데서 유래하여 붉은 머리의 성, 홍마오청(紅毛城)이라는 이름으로 정착하게 되었다. 홍마오청은 영국영사관 및 관저로 사용하다 태평양 전쟁 당시 일본이 잠시 점거했다 패전 후 돌려주었고, 1980년에 와서야 타이완 정부의 소유가 된다. 유럽풍 저택과 오래된 거목의 조화가 아름다우며 특히 건물 내부에는 세월의 흔적이 고스란히 남은 당시 집기들을 전시하고 있다. 뒷마당에는 다수의 포대가 해안가를 겨누고 있어 요새로서의 면모도 살펴볼 수 있다.

🚇 **가까운 MRT역 단수이역(단수이짠)**

📍 No.1, Lane 28, ZhongZheng Rd, Tamsui District 🚶 단수이역(淡水站) 1번 출구로 나와 오른쪽 도로 건너 버스정류장에서 紅26번 버스를 타고 홍마오청(紅毛城)에서 하차 🕐 월~금 09:30~17:00, 토·일 09:30~18:00 (첫째 주 월 휴무) 🎟 홍마오청+소백궁 입장권 NT$80 📞 02-2623-1001 🏠 tshs.ntpc.gov.tw 🎯 25.175464, 121.432949 🔎 홍마오청

진리대학 真理大學 Tamsui Customs Officers' Residence 🔊 쩐리따쉐

역사 깊은 교정이 아름다운 대학

1872년 캐나다기독교장로교회(加拿大基督長老教会) 선교사인 마해(馬偕, George Leslie Mackay)가 단수이에 발을 디딘 후 의료, 교육, 선교 활동을 적극적으로 펼치며 주민의 삶을 보다 윤택하게 변화시켰다. 당시 마해가 건축했던 교사(校舍)는 1888년 완공되었으며 타이완 교육 역사에서 최초로 등장한 학원이자 대학이 된다. 마해의 고향인 캐나다의 옥스퍼드 지역에서 모금한 돈으로 건축하여 그 고마움을 표현하기 위해 옥스퍼드 칼리지로 명명했다고 전해진다. 한자로는 우진학당(牛津學堂)이다. 작은 호수 건너 보이는 마해가 거주했던 마해고거, 선교사 숙소로 이용하던 교사회관(教士會館) 등 유럽풍 건축물이 많이 있다. 1999년에 이르러 진리대학으로 허가되어 대만기독장로교회(台湾基督長老教会)에서 운영한다.

🚇 **가까운 MRT역 단수이역(단수이짠)**

📍 No. 32, Zhenli Street, Tamsui District 🚶 단수이역(淡水站) 1번 출구로 나와 오른쪽 도로 건너 버스정류장에서 紅26 버스를 타고 홍마오청(紅毛城)에서 하차 후 언덕길 위로 가면 있는 홍마오청 옆 건물 🕐 09:30~17:00 📞 02-2621-2121 🏠 chweb.culture.ntpc.gov.tw 🎯 25.175484, 121.434128 🔎 진리대학교

소백궁 小白宮 Tamsui Customs Officers' Residence ◀)) 씨아오바이궁

언덕 위 하얀 집, 화이트하우스

청조(淸朝)시대 단수이 일대를 관장하는 세무서관저(稅務司官邸)로 이용했던 곳이다. 1870년 영국풍 스타일로 건축되며 단수이 꼭대기에 있던 곳이라 포정양루(埔頂洋楼)로, 하얀색 외관 덕에 소백궁(小白宮, 화이트하우스)으로 불려지기도 했다. 단수이가 한눈에 들어오는 정원식 테라스와 뒤편 드넓은 잔디 광장까지 유럽식 정원을 거니는 재미가 있다. 단수이역에서 홍(紅)26, 36, 38번 버스를 타고 홍마오청에 도착하기 전 중건가구(重建街口)에서 하차 후 정면으로 보이는 작은 언덕길을 따라 오르면 소백궁, 담강중, 홍마오청까지 차례로 볼 수 있다.

🚇 가까운 MRT역 **단수이역(단수이짠)**

📍 No. 15, Zhenli Street, Tamsui District 🚶 단수이역(淡水站) 1번 출구로 나와 오른쪽 도로 건너 버스정류장에서 紅26번 버스를 타고 소백궁(小白宮), 또는 중건가구(重建街口)에서 하차(단수이역에서 도보 30분, 버스로 약 8분) 🕐 09:30~17:00(토·일 09:30~18:00, 첫째 주 월 휴무) 🎫 홍마오청+소백궁 입장권 NT$80 📞 02-2628-2865 🏠 chweb.culture.ntpc.gov.tw 📷 25.174208, 121.436280 🔍 소백궁

어인마두 漁人碼頭 Fisherman's Wharf ◀)) 위렌마터우

일몰이 아름다운 부둣가

2001년 정식으로 개방한 부두로, 유럽풍의 복용대반점(福容大飯店)과 일렬로 정박한 요트가 만들어내는 풍경은 조용한 강변의 단수이와는 또 다른 감성을 느끼게 한다. 광장에선 거리예술가의 공연이 펼쳐지는데, 레스토랑과 커피숍은 물론 소소한 길거리 간식까지 부족한 것이 없다. 신선한 바다 내음을 맡으며 석양을 바라보는 것도 일품이지만 어인마두에는 또 다른 특별함이 있다. 바다를 가로지르듯 아치형으로 날씬하게 뻗은 대교(大橋)는 2003년 2월 14일 밸런타인데이에 개방하며 연인의 다리(情人橋 , 정인교)로 불린다. 중화권에서는 밸런타인데이를 '정인절(情人節)'이라 부른다. 특별하고 로맨틱한 석양을 만나고 싶은 커플이라면 어인마두로 가자.

🚇 가까운 MRT역 **단수이역(단수이짠)**

📍 No. 199, Guanhai Rd, Tamsui District, New Taipei City 🚶 단수이역(淡水站) 1번 출구로 나와 오른쪽 도로 건너 버스정류장에 紅26번 버스를 타고 어인마두(漁人碼頭)에서 하차(버스로 약 30분), 또는 단수이 선착장에서 페리로 이동 가능 🕐 11:00~21:00(상가 운영 시간) 🎫 무료 📞 02-2626-7613 📷 25. 18330, 121. 41080 🔍 연인의 다리

단수이

담강고급중학 淡江高級中學 ◀⑻ 단지양까오지쭝쉐

영화 〈말할 수 없는 비밀〉 촬영지

주걸륜, 계륜미 주연의 〈말할 수 없는 비밀〉로 유명해진 곳이다. 야자수가 심어진 길을 지나 정면으로 보이는 유럽풍 아름다운 교정은 영화의 감동 그대로다. 아기자기한 농구장, 유럽풍 교회 등 기념사진을 찍을 수 있는 곳이 많은데, 아쉽게도 토요일과 일요일에만 개방(09:00~16:00)한다. 이마저도 학교 측 방침에 따라 수시로 변경되기도 한다. 담강고급중학을 지나 진리대학으로 가는 골목길이 예쁘니 참고하자.

🚇 가까운 MRT역 **단수이역(단수이짠)**

📍 No. 26, Zhenli Street, Tamsui District 🚶 단수이역(淡水站) 1번 출구로 나와 도로 건너 버스정류장에 紅26번 버스를 타고 중건가구(重建街口)에서 하차(단수이역에서 도보 30분, 버스로 약 8분) 🕐 주말 오전에만 개방(경비실 제재에 따라 입장 불가할 수 있음) 📞 02-2620-3850 📍 25.175644, 121.435658 📍 담강고등학교

··········· **TIP** ···········

담강고급중학은 담강중으로 불리지만 한국으로 따지면 고등학교에 속한다. 참고로 타이완은 국소(国小, 초등학교), 국중(国中, 중학교), 고중(高中, 고등학교), 대학(大学, 대학교)으로 학제가 편성되어 있다.

원미본포현고단고 源味本鋪現烤蛋糕 original cake ◀⑻ 위엔웨이뻔푸씨엔카오단까오

촉촉하고 부드러운 카스텔라의 제왕

단수이(淡水)에서 대만 카스텔라의 열풍이 시작되었다. 뽀송뽀송한 촉감에 간간이 느껴지는 짭짤한 맛이 일품, 치즈가 더해진 고소한 풍미는 입을 행복하게 한다. 미각이 최대로 살아나는 공복에 따뜻할 때 먹으면 더욱 맛있다. 서로 원조라는 간판을 걸고 여러 곳에서 영업을 하고 있으니 도통 어느 곳이 원조인지 혼란스럽지만 원미(源味, original)라는 표시만 확인하면 혼동할 이유가 없다. 가격은 조금 더 비싸지만 맛이 크게 차이 나니 꼭 원조를 방문하자.

🚇 가까운 MRT역 **단수이역(단수이짠)**

🍴 치즈카스텔라(黄金起司) NT$160 📍 No. 230-1, Zhongzheng Road, Tamsui District, New Taipei City 🚶 단수이역(淡水站) 1번 출구로 나와 왼쪽으로 돌아 직진하다 횡단보도를 직진으로 건너 계속 직진, 오른쪽으로 보임(도보 16분) 🕐 11:00~19:00(토·일 20:00, 비 오거나 재료 떨어지면 일찍 닫을 수 있음) 📞 02-2620-0856 🏠 originalcake.com.tw 📍 25.170789, 121.439020 📍 Original Cake

02

흑전반점 우안점 黑殿飯店 右岸店 ◀)) 헤이디엔판디엔 요우안디엔

1971년 허문원(許文苑)이 단수이에서 노점을 오픈했을 당시, 곰팡이를 방지하고자 검은색의 콜타르(coal tar)를 칠했는데, 가게 안팎이 시커멓게 보여 흑점(黑店)으로 불리게 되었고 곧 지금의 상표가 되었다. 대표 메뉴는 대골저배판으로, 중화풍의 고슬고슬한 볶음밥과 달달한 소스로 버무린 돼지갈비를 맛볼 수 있는 별미다. 국물이 필요하다면 어묵탕과 맛이 비슷한 돼지고기완자탕 송판저육완탕을 추천한다.

🚇 **가까운 MRT역 단수이역(단수이짠)**

✕ 대골저배판(帶骨豬排飯) 소/대 NT$130/NT$160, 송판저육완탕(松阪豬肉丸湯) NT$70 📍 No. 10, Lane 11, Zhongzheng Rd, Tamsui District 🚶 단수이역 1번 출구로 나와 왼쪽으로 직진, 횡단보도를 건넌 후 직진하면 왼쪽 2층 건물(도보 7분)
🕐 11:00~20:30 📞 02-2626-6363 🌐 25.16946, 121.443222
🔍 흑전반점

03

십팔미 十八味 ◀)) 쓰빠웨이

1936년 핑동(屏東, 타이완 지방도시)에서 중의원(中醫院)을 운영하던 임덕록(林德祿)이 평생을 바쳐 연구한 끝에 만든 차가 바로 십팔미다. 몸에 좋으면서도 한약처럼 쓰지 않고 음료처럼 편하게 마실 수 있는 십팔미는 체력 증진, 미용, 수면, 원기 회복 등 다방면에 효과가 있고 갈증 해소에도 탁월하다고 한다. 특히, 십팔미체험병장(十八味體驗瓶裝)은 냉차로 마실 수 있어 더운 여름에 딱 맞는 음료수다.

🚇 **가까운 MRT역 단수이역(단수이짠)**

✕ 십팔미체험병장(十八味體驗瓶裝) 소 NT$70/대 NT$130, 대만량차합장(台灣涼茶盒裝) 20개 NT$500
📍 No. 192, Zhongzheng Road, Tamsui District, New Taipei City 🚶 단수이역(淡水站) 1번 출구로 나와 왼쪽으로 돌아 직진, 횡단보도를 건넌 후 계속 직진하면 보임(도보 14분)
🕐 12:00~20:00 (토·일 10:00~, 화 휴무) 📞 02-2626-3789
🏠 herb18.com 🌐 25.170080, 121.440077 🔍 18 herb tea

쿡스 KOOKS ◀)) 쿡스

남미 스타일의 이국적인 인테리어가 눈길을 끄는 곳이다. 강렬한 색채로 꾸민 쿡스만의 빈티지함이 의외로 단수이의 촉촉한 감성과도 잘 어울린다. 그래서인지 저녁에는 칵테일을 즐기는 외국인이 많이 찾는다. 소고기패티와 치즈를 베이스로 한 수제버거 쿡버거가 대표 메뉴지만, 민트 향이 매력적인 모히또의 맛도 완벽할 정도로 깔끔하니 단수이의 밤이 아쉬운 여행자는 쿡스를 방문해보자.

🚇 **가까운 MRT역** 단수이역(단수이짠)

✘ 쿡버거(KOOK BURER) NT$320 📍 No. 12, Lane 18, Ren'ai St, Tamsui District, New Taipei City 🚶 단수이역(淡水站) 1번 출구로 나와 정면 큰길 건너의 맥도날드 옆 골목으로 진입하여 직진, 4번째 왼쪽 골목으로 들어서면 왼쪽으로 상가가 보임(도보 11분) ⏰ 11:30~21:00 📞 02-2625-6161 ⌖ 25.170299, 121.446997 🔎 Kooks

담수노패아급 淡水老牌阿给 ◀)) 딴쉐이라오파이아게이

아게이(阿给)는 단수이에서 유래한 먹거리로, 두부에 구멍을 파서 당면을 넣고 삶은 후 첨랄장(甜辣酱)을 뿌려먹는 요리다. 그 느낌이 마치 떡볶이 국물에 당면을 넣어먹는 것과 비슷하다. 어묵탕 맛의 어환탕과 같이 먹으면더 좋다. 도보 5분 거리에 있는 소백궁(小白宮)을 지나담강고급중학, 진리대학, 홍모성을 차례로 둘러볼 수 있으니 도보여행의 시작점으로도 좋다.

🚇 **가까운 MRT역** 단수이역(단수이짠)

✘ 아급(阿给, 아게이) NT$45, 어환탕(鱼丸汤, 위완탕) NT$35 📍 No. 6-1, Zhenli Street, Tamsui District, New Taipei City 🚶 단수이역(淡水站) 1번 출구 앞 큰길 너머 주유소 옆 버스정류장에서 红26 버스를 타고 중건가구(重建街口)에서 하차, 정면 횡단보도를 건넌 후 좁은 언덕길로 오르면 오른쪽으로 보임(버스 하차 후 도보 3분) ⏰ 05:00~14:30(월 휴무) 📞 02-2621-1785 ⌖ 25.173573, 121.437682 🔎 딴수이라오파이아게이(아게이 원조)

06

조일부부 朝日夫婦 🔊 차오르푸푸

알록달록 색감이 예쁜 일본풍 거대 빙수

어촌 마을 분위기를 그대로 담은 야외석도 매력적이지만 무엇보다 색깔이 예쁘고 커다란 빙수가 단번에 시선을 강탈한다. 제철 과일 시럽을 뿌려 완성한 거대한 빙수의 알록달록한 색감은 예술 작품처럼 눈요기만으로도 즐거울 정도다. 여름철에는 줄이 끊이지 않을 만큼 인기 많은 곳으로, 1인당 1개는 꼭 주문해야 테이블 착석이 가능하다.

🚇 가까운 MRT역 **단수이역(단수이짠)**

🍴 과일빙수(종류별) NT$160~220 📍 No. 233-3, Zhongzheng Road, Tamsui District, New Taipei City 🚶 단수이역(淡水站) 1번 출구로 나와 강변길을 따라 직진하면 나옴(도보 20분) 🕐 12:00~20:00 📞 0903-290-575 📍 25.173450, 121.435164 📍 Asahi Huuhu

07

대괴우배 大塊牛排 🔊 따콰이니우파이

타이완식 스테이크를 맛보다

스테이크에 크루아상, 수프, 홍차까지 알찬 구성으로 현지인에게 사랑받는 단수이 맛집이지만, 한국인에겐 육질이 퍽퍽하게 느껴질 수 있으니 타이완식 스테이크를 꼭 경험해 보고 싶은 여행자에게만 추천한다. 소갈비(牛小排), 등심(頂級沙朗牛排), 안심(菲力牛排), 티본(丁骨牛排) 등 등급이 오를수록 육질도 부드러워진다.

🚇 가까운 MRT역 **단수이역(단수이짠)**

🍴 스테이크 종류에 따라 NT$200~380 📍 No. 32, Section 1, Zhongzheng Rd, Tamsui District 🚶 단수이역(淡水站) 1번 출구에서 도보 6분 🕐 11:00~22:30 📞 02-2623-3904 📍 25.169505, 121.444028 📍 따콰이 스테이크

08

두끼 담수점 兩餐(淡水店)

타이완에서 사랑받는 한국 떡볶이 프랜차이즈

철판에 떡볶이 소스(고추장)와 함께 원하는 재료를 넣은 후 조리하는 즉석떡볶이다. 고기류, 라면, 쌀밥, 어묵 등 타이완의 풍부한 식재료까지 있어 뭘 먼저 먹어야 할지 정신이 없을 정도다. 특히 떡볶이 소스에 데쳐 먹는 고기 맛은 상상 이상이다. 재료는 물론 아이스크림과 음료까지 90분간 무한 제공하는 뷔페니 허리띠를 풀고 신나게 먹어보자.

🚇 가까운 MRT역 **단수이역(단수이짠)**

🍴 1인 NT$349(소고기 포함 시 NT$449) 📍 9F No. 8, Zhongshan Road, Tamsui District, New Taipei City 🚶 단수이역(淡水站) 1번 출구로 나와 정면 큰 길 건너 씨티플라자(City Plaza) 9층(도보 3분) 🕐 11:00~22:00(입장 ~20:30) 📞 02-2623-1235 🏠 dookki.com. tw 📍 25.169120, 121.444995 📍 두끼(단수이)

01

맥각자 麥格子 ◀)) 마이거즈

토토로 상품이 저렴한 잡화점

스린 야시장에서 인기몰이 중인 토토로 상품이 지렴해 추천하는 곳으로, 서문역부터 단수이까지 여러 곳에 포진해 있는 잡화 체인점이다. 가격이 싼 만큼 중국에서 생산된 제품이 주를 이루니 꼭 참고하자. 열쇠고리, 마그넷 등 다양한 소재의 잡화 상품도 많으며 관광지에 있어 접근성도 좋다.

🚇 **가까운 MRT역 단수이역(단수이짠)**

🎫 토토로 인형 종류에 따라 NT$150~400
📍 No. 125, Zhongzheng Road, Tamsui District, New Taipei City 🚶 단수이역(淡水站) 1번 출구로 나와 단수이 강변 라오제로 진입(도보 13분) 🕐 11:00~22:00 📞 02-2623-8502
🌐 25.170209, 121.439421 🔎 단수이 마이거즈

02

아파철단 阿婆鐵蛋 ◀)) 아포티에딴

노가(老街)에서 즐기는 전통 간식

계란이나 메추리알로 만든 철단(鐵蛋)은 삶아서 식히고, 향을 첨가하는 과정을 매일 반복하며 약 일주일의 긴 숙성기간을 거쳐 비로소 완성되는 단수이의 명물이자 전통 간식이다. 딱딱한 피와 부드러운 노른자의 조화가 색다른데, 계란류를 좋아한다면 꼭 맛보길 추천한다.

🚇 **가까운 MRT역 단수이역(단수이짠)**

🎫 6개입 NT$ 100 📍 No. 135-1, Zhongzheng Road, Tamsui District, New Taipei City 🚶 단수이역 1번 출구로 나와 왼쪽으로 턴하여 직진, 횡단보도를 건너 계속 직진, 왼쪽으로 상가가 보임(도보 17분) 🕐 09:00~20:30 📞 02-2625-1625
🌐 25.170436, 121.439188 🔎 아포톄단

자전거로 즐기는 단수이 여행

단수이를 제대로 둘러보려면 자전거 여행을 해야 한다. 단수이역에서 관도궁까지 이어지는
환상적인 강변길, 유럽 분위기 물씬 풍기는 빠리라오제. 도보로는 볼 수 없는 멋진 풍경이 기다리고 있다.

관도궁 關渡宮 ◀) 꽌두궁

마조를 모시는 궁

불교와 도교가 융합된 북대만(北台灣)을 통틀어 가장
역사가 오래된 곳이다. 1661년 한 승려가 중국 복건성
에서 마조신을 모셔와 1712년에 현재 관도궁의 토대를
만들었다 전해진다. 천상성모마조(天上聖母媽祖, 티엔
상성무마쭈)를 모시는 3대 사원으로 타이완에서 찾아
보기 어려울 만큼 큰 규모를 자랑한다. 뒤쪽 영산공원
(룡山公圓)에서 바라보는 노을 풍경은 관도궁을 찾는
또 하나의 이유로 꼽힐 정도로 절경을 자랑한다.

🚇 가까운 MRT역 **관도역(관두짠)**

📍 No. 360, Zhixing Road, Beitou District
🚶 관도역(關渡站)에서 302번 버스를 타고 관도궁(關渡宮)에서
하차 🕐 07:00~21:00 📞 02-2858-1281
📍 25.117702, 121.463935 🔎 Guandu Temple

TIP

마조(媽祖)는 당나라 때 태어난 여성으로, 바다의 수호신으로 추앙받
는 인물이다. 천비(天妃), 천후(天后)로도 불리는 여신(女神)인데 천년
넘는 세월을 이어오며 타이완 민간 신앙의 정점에 있다고 해도 과언이
아니다. 음력 3월 23일을 기준하여 47일간 마조 관련 축제가 성대하게
펼쳐진다.

빠리라오제 八里老街 Bali Old Street ◀)) 빠리라오제

빠리라오제는 오밀조밀한 시장통 같은 느낌이 구수한 강변 마을이지만 중심 거리를 벗어나면 유럽풍 카페가 모습을 드러내며 매우 이색적인 느낌을 준다. 걷기에는 좀 넓은 곳이므로 빠리라오제를 제대로 즐기려면 자전거를 추천한다. 강 건너 보이는 단수이를 배경 삼아 유유자적 강변을 누비며 이색적인 건물을 둘러보기 좋다.

😊 가까운 MRT역 **단수이역(단수이짠)**

📍 No. 27, Duchuantou Street, Bali District, New Taipei City(거리 입구 상가 기준)　🏃 빠리 선착장 내리자마자 정면으로 보이는 골목(도보 1분)　📍 25.158819, 121.435184　🔎 Bali Old Street

> ·············· TIP ··············
> **단수이↔빠리 페리 운행시간과 요금**
> · 평일 07:00~19:00
>   토·일 07:00~20:00
>   (비오면 19:00까지), 1인 NT$34
> · 단수이 페리 선착장(淡水渡船碼頭)
>   은 단수이역에서 쭝정로(中正路)를
>   따라 10분 정도 걸어가면 보인다.

십삼행박물관 十三行博物館 ◀)) 쓰산씽보우관

개달격란족(凱達格蘭族)으로 추정하는 유물이 발굴된 현장과 전시품 등 교육적인 테마가 강한 곳이지만 십삼행박물관이 유명한 이유는 기이한 건축물에 있다. 벽으로 사방이 막힌 진입로 계단은 사진명소로 인기다. 특히 〈센과 치히로의 행방불명〉을 본 사람이라면 번뜩 떠오를 벽을 따라 이어지는 특이한 계단 구조물은 상상의 나래를 펼치게 한다.

😊 가까운 MRT역 **단수이역(단수이짠)**

📍 No. 200, Bowuguan Road, Bali District, New Taipei City
🏃 빠리 선착장에서 자전거로 30분
🕐 09:30~17:00(4/1~10/31 기간에는 18:00까지)
🎫 NT$80　📞 02-2619-1313　🏠 sshm.ntpc.gov.tw
📍 25.156879, 121.404854
🔎 Shihsanhang Museum of Archaeology

·············· TIP ··············
십삼행박물관은 팔리노가에서 자전거나 버스로 다녀올 수 있다. 자전거를 이용할 경우 팔리노가에서 30분 정도 소요된다. 버스를 이용할 경우 팔리노가 앞 정류장에서 紅22번(관도궁(關渡宮)에서 출발) 혹은 704번(북문에서 출발)를 이용하면 된다.

보내내화지소 寶奶奶花枝燒 🔊 빠오나이나이화쯔샤오

3대째 이어오는 곳으로, 단수이와 빠리에 화지소를 최초로 선보이며 열풍을 일으킨 원조 맛집이다. 화지소는 두툼한 오징어를 바삭하게 튀겨내 마요네즈, 겨자, 칠미분(七味粉, 치웨이펀) 등의 소스를 얹어 먹는 간식으로, 입안에서 튀김옷이 부서지면서 쫀쫀한 오징어가 씹히는 감칠맛이 일품이다.

😊 가까운 MRT역 **단수이역(단수이짠)**

✕ 화지소(花枝燒, 화쯔샤오) NT$100 📍 No. 26, Duchuantou Street, Bali District, New Taipei City 🏃 빠리 선착장에 내린 후 직진, 빠리라오제로 들어가면 왼쪽으로 보임(도보 2분)
🕘 09:00~18:00 📞 02-2610-4071 🧭 25.158627, 121.434933
🔎 5C5M+CX

복주양상호 福州兩相好 🔊 푸쪼우량쌍하오

빠리 부둣가에서 가장 오래된 상점으로, 복주(중국대륙)에서 익힌 제빵기술로 빵집이 없던 빠리에서 명성을 얻은 곳이다. 대표 메뉴는 꽈배기처럼 서로 엉켜 있는 양상호로, 촉촉하고 짭짤한 맛이 절묘하게 어울린다. 인공색소나 조미료 없이 전통적인 방법으로 만드는 것이 인기 비결이다. 저렴하고 크기가 작아 간식으로 즐기기 좋다.

😊 가까운 MRT역 **단수이역(단수이짠)**

✕ 양상호(兩相好, 량쌍하오) NT$15 📍 No. 30, Duchuantou Street, Bali District, New Taipei City 🏃 빠리 선착장에 내린 후 빠리라오제 골목으로 들어서기 전 왼쪽으로 돌면 바로 보임(도보 1분) 🕘 11:00~18:30 📞 02-2619-4730
🧭 25.158720, 121.435239 🔎 5C5P+F4

사가공작합찬청 余家孔雀蛤餐廳 🔊 쎠지아콩취에하찬팅

1981년 개업 후 지금까지 이어오는 곳으로, 홍합볶음 맛집이다. 대표 요리 초공작합의 고춧가루와 간장, 설탕을 섞은 듯한 매콤달콤한 맛은 한국적인 느낌이다. 가격도 저렴한 편이라 가볍게 시식하는 느낌으로 맛보기 좋다.

😊 가까운 MRT역 **단수이역(단수이짠)**

✕ 초공작합(炒孔雀蛤, 차오콩취에하) NT$250
📍 No. 22, Duchuantou Street, Bali District, New Taipei City
🏃 빠리 선착장에 내린 후 빠리라오제 골목으로 들어서기 전 왼쪽으로 돌면 바로 보임(도보 2분) 🕘 11:00~20:00
📞 02-2610-3103 🧭 25.158673, 121.435278
🔎 She Jia Peacock Clam Restaurant

마오콩

貓空

#타이베이동물원 #마오콩 #철관음 #곤돌라

아름다운 풍경을 즐기며 차 한 잔의 여유로움을 만끽할 수 있는 산간 마을, 마오콩은 중국 10대 명차 중 하나인 철관음(鐵觀音)을 생산하는 곳으로 유명하다. 보통 관광객보다는 현지인들이 많이 가는 지역인데, 아늑하고 조용한 분위기를 좋아하는 여행자라면 한번 가볼 만하다. 차밭 위 레스토랑에서 타이베이 시내를 조망하는 야경 명소로도 유명해서 여유가 된다면 저녁까지 즐기는 코스를 추천한다. 아이와 함께하는 가족여행이라면 타이베이시립동물원을 구경하고 마오콩 곤돌라를 타는 것만으로도 멋진 여행이 될 것이다.

ACCESS

· 타이베이역 → 마오콩
타이베이역 ▶ [BL]반난선 ▶ 충효복흥(쭝샤오푸싱)역 ▶ [BR]원후선 ▶ 동물원(똥우위엔)역   ⏱ 약 30분 ㊈ NT$35
동물원역 ▶ 마오콩 곤돌라 ▶ 마오콩역   ⏱ 약 40분 ㊈ NT$120

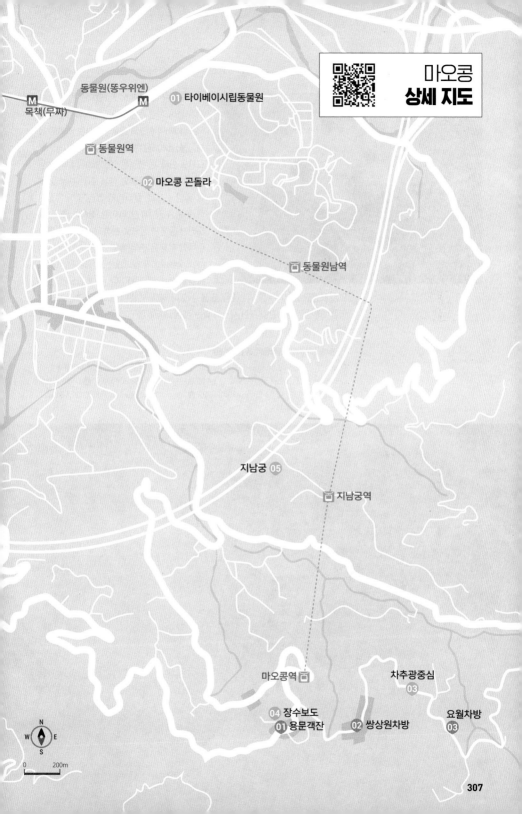

마오콩
상세 지도

동물원(똥우위엔)
목책(무쨔)
01 타이베이시립동물원
동물원역
02 마오콩 곤돌라
동물원남역
지남궁 **05**
지남궁역
마오콩역
차추광중심 **03**
요월차방 **03**
04 장수보도
01 용문객잔
02 쌍상원차방

N
W E
S
0   200m

타이베이시립동물원 臺北市立動物園 TaiPei Zoo ◀) 타이베이쓰리똥우위엔

앙증 맞은 팬더를 만나는 날

1914년 원산(圓山)에 개관했지만 증축할 부지가 없어 지금 위치로 이전했으며 주민들은 무자(木柵)역 인근의 동물원이라는 의미로 목책동물원(木柵動物園, 무자똥우위엔)이라 부르기도 한다. 총 면적은 165만km²다. 다른 동물원에 비해 동물들의 생태 환경에 공을 많이 들인 곳으로, 울타리가 없는 것이 특징이다. 곤충과 양서류관, 타이완, 아시아, 호주, 아프리카 동물관 등으로 분류되어 있으며 특히 주목할 부분은 팬더(熊猫, 학명 Ailuropoda melanoleuca)가 살고 있는 신광특전관(新光特展館, 신꽝터짠꽌)이다. 운이 좋으면 앙증맞은 표정으로 대나무를 먹는 팬더를 볼 수 있다. 매월 첫 번째 월요일은 휴관이며 늘 입장객이 만원이라 관람 제한 시간이 있는 점 참고하자. 입구에서 비교적 가까운 곳에 있어 먼저 관람하기 좋다.

🚇 가까운 MRT역 **동물원역(똥우위엔짠)**

📍 No. 30, Section 2, Xinguang Rd, Wenshan District 🚶 동물원역(動物園站) 1번 출구로 나와 직진하면 오른쪽으로 보임(도보 2분) 🕐 09:00~17:00, 토·일 08:30~17:00 🎫 NT$60, 셔틀버스·트레인 NT$5 📞 02-2938-2300(#630) 🏠 zoo.gov.taipei 🌐 24.998352, 121.581032 🔍 타이베이 시립 동물원

02

마오콩 곤돌라 貓空纜車 MaoKong Gondola ◀ᴗ 마오콩란처

바닥이 투명한 크리스털 캐빈을 타면 발아래 마오콩의 풍경이
그대로 전해진다. 거대한 고양이가 밟고 지나간 듯 움푹 파인 산
세, 나무 숲 사이로 고양이들이 뛰어놀 것 같은 아름다운 풍경
은 마오콩 곤돌라에서만 볼 수 있는 짜릿한 경험이다. 해 질 녘
에는 아름다운 석양을 감상할 수 있어 일몰 명소로도 유명하다.

🚇 가까운 MRT역 **동물원역(똥우위엔짠)**

📍 No. 8, Section 2, Xinguang Road, Wenshan District
🚶 동물원역(動物園站) 2번 출구에서 도보 2분 🕐 09:00~21:00(토·일
~22:00, 월요일, 12월 31일 휴무 🚡 똥우위엔역→마오콩역 평일 기준
NT$120, 이지카드 이용 시 20% 할인 📞 02-2181-2345
🏠 gondola.taipei 🌐 24.996029, 121.576295
🔎 Maokong Gondola Service Center

···················· **TIP** ····················

곤돌라 노선 마오콩 곤돌라는 총 4.03km로, 정상(마오콩)까지 편도
30~40분의 시간이 소요된다.
동물원역(动物园站)→동물원남역(动物园南站)→지남궁역(指南宮
站)→마오콩역(貓空站)

마오콩과 동물원을 오가려면 마오콩↔동물원 운행버스
棕15, 小10 (택시 이동 시 NT$300, 합석 1인당 NT$75)

03

차추광중심 茶推廣中心 Tea Promotion Center ◀ᴗ 차퉤이꽝쭝신

차 제조과정, 다도법 등 차(茶)에 대한 포괄적인 견문을 넓힐 수 있는 곳으로 1974년 개
장했다. 특히 차에 관심이 많은 사람이라면 이곳에서는 목책철관음(木柵鐵觀音)에 대해
주의 깊게 살펴보자. 목책철관음은 1895년 복건성(福建省, 타이완인의 고향) 안계현(安
溪縣)에서 전파된 것으로 목책구(木柵區, 묘공 구역)에서 생산하여 목책철관음이라 한
다. 오룡차(烏龍茶, 우롱차)의 일종인데, 투명한 황금색으로 단맛이 나며 향이 깊고 오래
지속된다. 생산지가 바로 이곳 마오콩이니 인근 찻집에서 목책철관음을 음미해보자.

🚇 가까운 MRT역 **동물원역(똥우위엔짠)**

📍 No. 8-2, Lane 40, Section 3, Zhinan Road,
Wenshan District 🚶 마오콩 정상 정류장에서 棕
15번, 小10번 탑승, 차추광중심 정류장에서 하차 후
도보 1분 🕐 09:00~17:00(월 휴무) 🚡 무료
📞 02-2234-0568 🌐 24.969072, 121.594292
🔎 Taipei Tea Promotion Center

···················· **TIP** ····················

도보 거리인 뒷산 생태공원에서는 계화(桂花, 물푸레
나무), 다화(茶花, 동백), 앵화(櫻花, 벚꽃) 등 다양한
식물도 만나볼 수 있다.

장수보도 樟樹步道 ◀)) 짱쑤부따오

산책길 따라 마오콩의 차밭을 거닐다

교통이 발달하지 않았던 시절 마을길로 이용하다 지금은 석재 발판을 잘 깔아 약 20~30분 내외로 가볍게 산책할 수 있는 등산로로 바뀌었다. 산등성이 너머 보이는 101타워는 물론 계단식으로 된 차밭이나 찻잔 모양으로 만든 헛간, 소달구지 등 농촌 풍경과 작은 호수 위 물레방아 돌아가는 묘고수우공원(貓空水牛公園)까지 볼거리가 많다. 특히 봄철에는 허브과에 속하는 로빙화(魯冰花, Lupinus)가 활짝 펴 화사한 분위기가 고조된다. 장수보도의 입출구(진입로)가 용문객잔과 가까워 서로 연계하기도 좋다.

🚇 가까운 MRT역 **동물원역(똥우위엔짠)**

📍 No. 20, Lane 38, Section 3, Zhinan Road, Wenshan District(다언관사(茶言觀舍) 주소) 🚶 동물원역(動物園站)에서 곤돌라를 타고 정상에서 하차 후 건물 밖으로 나오면 바로 삼거리가 보임, 정면 길을 따라 직진 후 흰색간판(茶言觀舍)이 보이면 바로 오른쪽 골목으로 진입(도보 9분) 📞 02-2759-3001 🌐 24.967538, 121.586696 🔎 Zhangshu Trail

지남궁 指南宮 ◀)) 즈난궁

산중턱에서 빛을 발하는 도교 사원

도교 팔대선인 중 하나이며 삼교합류사상(三教合流思想, 도교 불교 유교 혼합)을 대표하는 신(神) 중 하나인 여동빈을 모시는 곳이다. 1882년 경미가(景美街)에 전염병이 창궐하여 많은 사상자가 발생할 시기 여동빈 분령(分靈)으로 전염병을 잠재웠고 그 은혜에 보답하기 위해 지은 곳이다. 지남궁에는 커플이 함께 오면 여동빈이 질투하여 헤어지게 만든다는 속설이 있는데, 그 근거는 모호하다. 여동빈이 연인을 질투한다는 소문이 왜 시작됐는지 알 수 없지만 지남궁에서는 매년 이 속설을 이겨내기 위한 커플 이벤트를 벌이는데 아이러니한 일이 아닐 수 없다.

🚇 가까운 MRT역 **동물원역(똥우위엔짠)**

📍 No. 115, Wanshou Road, Wenshan District 🚶 동물원역(動物園站)에서 곤돌라를 타고 지남궁역에서 하차 🕐 06:00~20:00 🎫 무료 📞 02-29 39-9922 🏠 chih-nan-temple.org 🌐 24.979826, 121.586626 🔎 즈난궁

01
용문객잔 龍門客棧 Dragon Inn ◀» 롱먼커짠

101타워가 보이는 루프톱에서 즐기는 만찬

단아한 외관과 함께 루프탑 스타일 야외석에서 바라보는 101 타워 전경이 아름다운 곳이다. 찻잎으로 볶아낸 볶음밥 다엽초반, 표고버섯에 바삭한 튀김옷을 입은 작향고, 겉은 튀겨졌지만 속살은 부드러운 황금두부까지 독특한 요리가 많다.

😊 **가까운 MRT역 동물원역(똥우위엔짠)**

✗ 다엽초반(茶葉炒飯, 차예차오판) NT$180, 황금두부(黃金豆腐, 황진또우푸) NT$200, 작향고(作香菇, 자씨양구) 소 NT$220, 대 NT$320 ♥ No. 22-2, Lane 38, Section 3, Zhinan Road, Wenshan District ✗ 동물원역(動物園站)에서 곤돌라를 타고 정상 하차 후도보 10분 🕐 11:00~22:00(화 휴무) 📞 02-2939-8865 🌐 24.967191, 121.586857 🔎 Longmen Restaurant

02
쌍상원차방 雙橡園茶坊 ◀» 쌍씨양위엔차팡

노을에 물든 양떼구름이 지나는 정원

하늘 정원에 놓인 대리석 테이블이 인상적인 곳으로 오붓한 분위기도 좋지만 산중턱에서 캠핑하듯 느끼는 해방감이 그만이다. 찻잎과 함께 볶은 닭 차엽계정, 직접 빚어 만드는 타이완식 찐빵 수작소만두(手作小饅頭), 마늘과 함께 삶은 돼지수육 산니백육(蒜泥白肉)까지 모두 대표 요리로 꼽힌다.

😊 **가까운 MRT역 동물원역(똥우위엔짠)**

✗ 차엽계정((茶葉雞丁, 차예지딩) NT$280, 수작소만두(手作小饅頭, 쏘우줘씨아오만터우) NT$150, 산니백육(蒜泥白肉) NT$280 ♥ No. 33-6, Lane 38, Section 3, Zhinan Road, Wenshan District ✗ 동물원역(動物園站)에서 곤돌라를 타고 정상에서 하차 후 도보 13분 🕐 11:30~23:00(월 휴무) 📞 02-2234-4917 🌐 24.967273, 121.591229 🔎 Shuang Hsiang Tea Garden

03
요월차방 邀月茶坊 ◀» 야오위에차팡

중화풍 멋스러움이 가득한 찻집

산 중턱에 아슬하게 지어진 중화풍 가옥의 찻집, 테이블 간격은 넓고 곳곳에 불 힌 홍등이 아늑한 분위기를 연출해 조용히 담소를 나누기 그만이다. 차 주문 시 찻잎 가격에 차수비(NT$70)가 가산된다. 마오콩의 산세를 둘러볼 수 있는 구조물, 묘공소천공보도(구글 검색어:Maokong Sky Walk)에서 도보 7분 거리니 함께 둘러보자.

😊 **가까운 MRT역 동물원역(똥우위엔짠)**

✗ 철관음(鐵觀音, 티에꽌인) NT$300/40g ♥ No. 6, Lane 40, Section 3, Zhinan Road, Wenshan District ✗ 마오콩 정상 정류장에서 棕15번, 小10번 탑승, 마오콩역(소천공보도) 貓空站(小天空步道) 정류장에서 하차 후 도보 4분 🕐 24시간 📞 02-2939-2025 🏠 yytea.com.tw 🌐 24.967243, 121.596591 🔎 Yao Yue Teahouse

취향저격 타이베이 근교 여행

TAIPEI

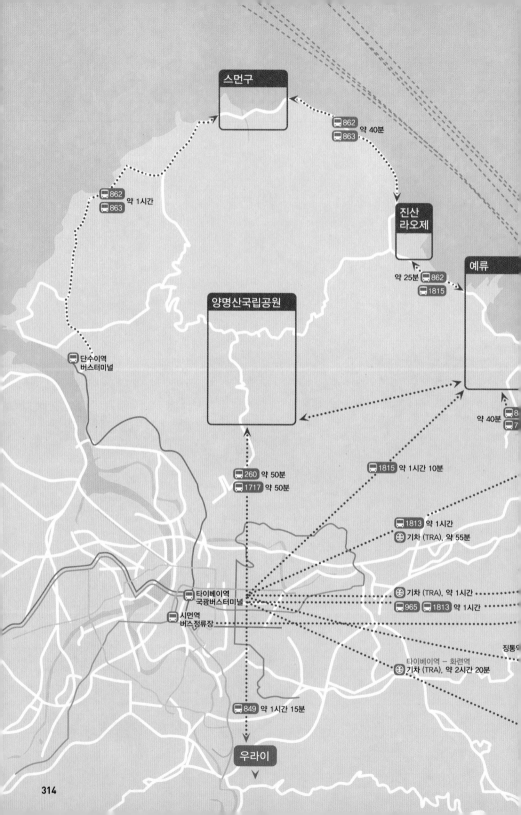

스먼구

🚌 862 약 40분
🚌 863

🚌 862 약 1시간
🚌 863

진산
라오제

약 25분 🚌 862
🚌 1815

예류

🚌 단수이역
버스터미널

양명산국립공원

약 40분 🚌 8
🚌 7

🚌 260 약 50분
🚌 1717 약 50분

🚌 1815 약 1시간 10분

🚌 1813 약 1시간
🚆 기차 (TRA), 약 55분

🚆 기차 (TRA), 약 1시간

🚌 타이베이역
국광버스터미널

🚆 기차 (TRA), 약 1시간
🚌 965 🚌 1813 약 1시간

🚌 시먼역
버스정류장

징통역

타이베이역 – 화련역
🚆 기차 (TRA), 약 2시간 20분

🚌 849 약 1시간 15분

우라이

314

타이베이 근교
한눈에 보기

타이베이 근교에는 아름다운 풍경을 즐길 수 있는 명소가 곳곳에 자리해 있다. 하루에 모든 곳을 둘러보기는 힘들고 취향대로 한두 곳을 선정해 함께 둘러본다면 알찬 근교 여행이 될 것이다.

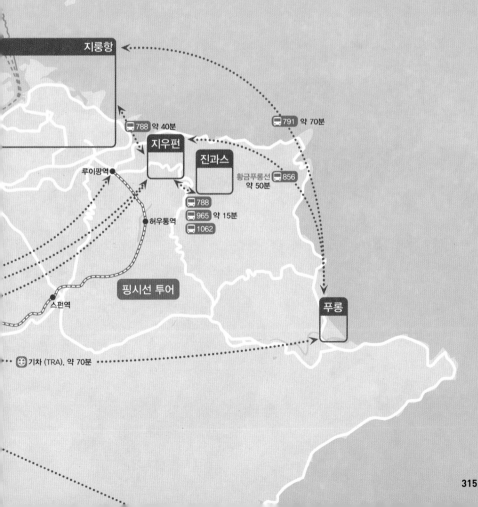

지룽항

🚌 788 약 40분

🚌 791 약 70분

지우펀

진과스

루이팡역

황금푸롱선
약 50분

🚌 856

🚌 788
🚌 965 약 15분
🚌 1062

허우통역

핑시선 투어

스펀역

푸롱

😊 기차 (TRA), 약 70분

315

타이베이 근교 여행의 꽃
예스진지 투어

타이베이 근교에서 가장 인기 높은 관광지 예스진지(예류, 스펀, 진과스, 지우펀)를 택시나 관광버스를 이용하여
알차게 둘러보는 투어. 일정이 빠듯한 여행자라면 대안이 없을 만큼 구성이 좋고 투어 비용도 저렴하므로
첫 번째 여행이라면 1순위로 고려해보자. 다만, 정해진 시간과 코스로 다니기 때문에
자유여행이 제한되며, 무엇보다 지우펀에서 저녁시간을 온전히 즐길 수 없다는 단점이 있다.

버스 투어 VS 택시 투어

버스 투어의 가성비는 택시 투어와 비교할 수 없을 정도 좋다. 낯선 사람들과 함께 여행해야 하는 점은 성향에 따라 장점이기도 단점이기도 하겠지만, 쇼핑 옵션이 포함되는 경우도 있고 주말이나 휴일에는 진과스와 지우펀(관광버스 진입 불가)을 갈 때 일반 버스로 환승해야 하는 불편함이 있다. 반면 택시 투어는 비용이 조금 부담되지만, 관광지별로 체류 시간을 원하는 만큼 배분할 수 있으며, 협의를 통해 맞춤형 코스로 다닐 수도 있어 버스 투어와 달리 어느 정도 자율성은 보장된다. 택시 투어를 이용한다면 꼭 예스진지 투어를 고수할 것이 아니라, 접근성이 좋지 않은 스먼구, 지룽항, 푸룽 등 다른 북부 해안 명소를 둘러보는 코스도 고려해 보자.

버스 투어

버스 투어의 코스는 대동소이하다. 예류와 스펀, 지우펀은 필수로 포함되고, 그 외 진과스, 허우퉁, 스펀폭포 중 한 곳을 추가하는 방식이다. 취향에 따라 선택하자.

📍타이베이역(M3출구)과 시먼역, 두 곳에서 출발, 복귀를 한다. 🕐 일반적으로 오전 10시에 출발해서 저녁 7~8시에 종료된다(투어 시간 약 9시간 30분). 🉐 비용은 예스진지 투어 기준 1인 15,000~35,000원이다. 예약 플랫폼마다 가격차가 있지만, 서비스 품질은 비슷하니 저렴한 상품으로 구매하면 된다. 기본적으로 입장료는 불포함이므로 예류 입장료(120TWD), 스펀 천등(150~350TWD) 이용료는 미리 챙겨가는 것이 좋다.

예약
· 마이리얼트립 www.myrealtrip.com
· 케이케이데이 www.kkday.com/ko
· 클룩 www.klook.com/ko

택시 투어

택시 투어의 강점은 투어 중간에도 일정을 변경할 수 있는 자율성이 있다는 점이다. 이 경우 업체와 빠른 소통이 필요하기 때문에 마이리얼트립이나 클룩 등 예약 플랫폼에서 예약하는 것보다 현지에 있는 택시 투어 업체를 이용하는 것이 좋다. 업체에 따라 한국어가 가능한 기사를 배정받을 수도 있다.

🕐 보통 10시에 출발하여 총 9시간 정도 투어를 진행한다. 코스에 따라 시간은 늘어날 수 있다. 🉐 비용은 4인승, 예스진지 투어 기준 약 14~16만 원 정도다. 가격 변동은 거의 없지만, 타이완 택시이기에 환율에 따라 금액이 달라질 수 있다. 6인승, 9인승 및 한국어가 가능한 기사를 배정받을 경우 금액이 추가된다(예약 사이트 참고).

예약
· 대만놀러왕 taiwancomeon.com
· JJ Travel taiwanjj tour.modoo.at

스먼구
石門區

#라오메이해변 #스먼동 #북해안

인구 1만 2천 명 정도의 소박한 마을 스먼구에는 독특한 풍경을 자랑하는 명소, 라오메이 해변과 스먼동이 있다. 두 곳은 해안도로를 따라 3km 떨어져 있어 도보로 이동하기는 힘들고, 함께 들르고 싶다면 버스를 이용해야 한다. 버스 시간만 잘 맞추면 창밖의 시원한 바닷길 풍경을 즐길 수 있다.

ACCESS

- 타이베이역 ▸ [R]단수이신이선 ▸ 단수이역 　　　🕐 약 40분 🈺 NT$50
- 단수이역 버스터미널 ▸ 862, 863 버스 ▸ 라오메이 버스정류장 　🕐 약 1시간 🈺 NT$45

● 부귀각등대

스먼동 02

01 라오메이 해변

류가십팔왕공육종 01

Danjin Road

2

2

🚌 라오메이 버스정류장

2

N
W E
S

0 _____ 200m

01

라오메이 해변 老梅綠石槽 Laomei green reet coast 🔊 라오메이뤼쓰차오 　　　자연이 빚은 녹색 바위의 예술 공간

라오메이 해변은 구불구불한 암석이 질서 정연하게 자
리한 모양새도 기괴하지만 암석 위로 온통 녹조류가 덮
여 마치 누군가가 예술품을 조각해놓은 듯한 착각을 일
으키는 곳이다. 해안가 한쪽에 있는 빈티지한 커피숍에
서 해변 풍경을 담은 사진집도 볼 수 있고 암석에 부딪히
는 시원한 파도 소리를 들으며 잠시 사색의 시간을 보내
기에도 안성맞춤이다. 3~4월에 방문한다면 최고의 절경
을 볼 수 있다.

📍 No. 25-1, Fenglin Rd, Shimen District 🏃 단수이 버스정류
장에서 862·863번 탑승 후 라오메이(老梅) 버스정류장에서 하
차 🕐 24시간 개방(오전이나 오후에 방문 추천)
📍 25.292096, 121.545460 🔍 라오메이 해변

스먼동 石門洞 Shimen Stone Arch ◀))스먼동　　　　　아치형 동굴을 지나 바다를 만나는 곳

사적 명승 천연기념물 보존법(1993년)으로 관리되는 석문동은 해수의 침식 작용으로 조성된 천연 동굴로 동굴 너머로 보이는 정자와 깨끗한 바다가 인상적인 곳이다. 수평선이 한눈에 들어오는 정자 위에 앉아 바다 내음을 음미하고 아담한 백사장 길을 따라 인공 아치형 다리 석문공교(石門拱橋)에 오르면 바다 한가운데에 서 있는 듯한 시원한 풍광이 그만이다.

📍 Zhongyang Rd, Shimen District, New Taipei City 🏃단수이 버스정류장에서 862·863번 탑승후 석문동(石門洞) 정류장에서 하차(버스로 약 40분), 혹은 류가십팔왕공육종에서 도보 이동(약 8분) 🕐24시간(오전이나 오후에 방문 추천) 📍25.295806, 121.568426 🔎 Shimendong

류가십팔왕공육종 劉家十八王公肉粽 ◀))리우지아쓰빠왕꽁로우쫑　　　중화권의 단오절에 먹는 전통 음식

40년의 전통을 가지고 있는 종자(粽子, 쫑즈) 전문점이다. 찹쌀, 밤, 버섯, 고기 등 뭉쳐진 속 재료를 댓잎 속에 넣어 푹 쪄낸 음식으로 구수한 풍미에 쫀득쫀득한 식감이 기가 막히다. 출출한 배를 잠시 달래기엔 이보다 좋은 음식을 찾기 어렵다.

🍴 소육종(小肉粽, 씨아오로우쫑) NT\$19, 초패종(招牌粽, 자오파이쫑) NT\$85 📍 No. 30, Zhongyang Road, Shimen District, New Taipei City 🏃단수이 버스정류장에서 862·863번 탑승후 석문구공소(石門區公所) 정류장에서 하차(버스로 약 40분) 🕐10:00~19:00(토·일 ~20:00) 📞02-2638-1088 🏠 liujiarice.com.tw 📍25.295806, 121.568426 🔎 7GPJ+WH

진산라오제
金山老街

청나라 때부터 이어져 내려온 유서 깊은 상점가. 지금은 많이 쇠퇴했지만, 옛날 재래시장 분위기를 느낄 수 있어 여전히 많은 관광객이 찾아온다. 다만, 특별한 명소는 없으므로 스먼구나 예류 등 주변 관광지와 함께 묶어서 여행하는 것을 추천한다. 버스를 타고 오면 진산구공소 정류장에 내리면 되는데, 정류장에서 남쪽으로 조금 걷다가 왼편으로 들어서면 진산의 명물 진바오리 거리가 펼쳐진다. 시장에서 다양한 볼거리와 먹거리를 즐기고 도보 20분 거리의 진산해변공원까지 다녀오면 진산 여행의 반은 성공. 주명미술관은 버스를 이용해야 하므로 여유를 두고 일정을 짜도록 하자.

ACCESS

• 타이베이역 국광버스터미널 ▸ 1815번 버스 ▸ 진산구공소(金山區公所) 버스정류장 🕐 약 1시간 50분 ㉠ NT$125
• 단수이역 버스터미널 ▸ 862, 863 버스 ▸ 진산구공소(金山區公所) 버스정류장 🕐 약 1시간 40분 ㉠ NT$75

02 주명미술관

진산라오제
상세 지도

진산해변공원 01

진산구공소 버스정류장 🚌

금산왕육포 02 · 01 금산압육
· 04 당산백고미산매탕
· 03 금산맥등식품점

0   100m

`01`

진산해변공원 金山海濱公園 🔊진산하이빈공위엔   산세에 가려진 비밀의 해안 명소

유명한 사진 촬영 명소 중 한 곳으로 가까이 보이는 촛대바위(燭臺雙嶼, 촉대쌍서)가 특히 유명하며, 발아래로 내려다보는 바다의 풍경은 시원하기 그지없다. 항구 옆 산길 따라 약 20~30분 이동해 산 아래로 펼쳐진 바다의 풍경을 감상하고 해안의 암석길인 신비해안보도(神秘海岸步道)를 따라 돌아오면 된다. 최소 2시간의 여유를 두고 다녀오는 것이 좋으며 행인이 많은 주말을 추천한다.

📍No. 2, Minsheng Road, Jinshan District 🏃진산구공소(金山區公所) 버스정류장에서 도보 20분 📞02-2498-8980 🌐25.228669, 121.652483 🔍Jinshan Seaside Park

주밍미술관 朱銘美術館 🔊쭈밍메이쑤관

타이완뿐 아니라 해외에서도 크게 주목받던 예술 조각가 주밍(朱銘)은 태극, 인간이라는 두 가지 주제를 중심으로 자신만의 작품 세계를 추구해왔다. 1999년는 약 12년에 걸쳐 금산 중턱에 자기의 작품을 전시한 거대한 공원 주밍미술관을 오픈했다. 거대하면서도 묵직한 청동 소재를 직선과 곡선을 조화시켜 부드럽게 녹여낸 조각 기술이 돋보이며 태권 시리즈, 군인 시리즈 등이 특히 유명하다. 잘 짜인 산책로를 따라 경이로운 예술품을 감상해보자.

📍No.2, Xishihu, Jinshan District
🚶진산구공소(金山區公所) 버스정류장에서 미술관 셔틀버스로 25분, 택시 요금 약 NT$250
🕙10:00~17:00(월 휴무) 🎟입장료 NT$350
📞02-2498-9940 🏠 juming.org.tw
🎯25.246446, 121.611212 🔎주밍 미술관

금산압육 金山鴨肉 🔊진산야로우

금산광안궁(金山廣安宮) 앞 요리가 진열된 테이블에서 직접 선택하여 옆에 위치한 식당으로 가져가 먹는 방식으로 노가(老街) 여행 분위기가 확 살아나는 곳이다. 오리고기로 유명하지만 차가운 요리라 훈제식으로 먹는 우리나라 여행자 입맛에는 살짝 맞지 않을 수도 있다. 한가득 담아주는 볶음 요리 초면이 괜찮으며 죽순 요리나 튀김류를 추가하면 푸짐한 한 끼 식사로 부족함이 없다.

🍴초면(炒麵, 차오미엔) NT$40, 오리(鴨肉, 야로우) NT$220~480, 기타 요리 NT$150~200 📍No. 104, Jinbaoli Street, Jinshan District 🚶진산구공소(金山區公所) 버스정류장에서 도보 3분. 금산광안궁 바로 앞 🕙09:30~18:00(토·일 09:00~18:30) 📞02-2498-1656
🎯25.221964, 121.638368 🔎금산압

금산왕육포 金山王肉包 ◀» 진산왕로우포

쉴 새 없이 찜통 연기를 뿜어내는 고기만두의 명가

찜통에서 쉴 새 없이 피어오르는 연기가 라오제를 오가는 여행자를 유혹한다. 총육포가 대표 메뉴로 부드러운 만두 피와 잘 다져진 소(파와 고기)의 조화는 흠잡을 곳 없이 만족스럽다. 늘 대기 줄이 길지만 대부분 포장이라 금방 줄어든다.

✕ 총육포(蔥肉包, 총로우빠오) NT$18
📍 No. 237號, Zhongshan Road, Jinshan District, New Taipei City 🏃 진산구공소(金山區公所) 버스정류장에서 도보 1분
🕐 05:00~15:00(토·일 ~16:00, 수 휴무) 📞 02-2498-5787
🏠 kswang.com.tw 🧭 25.221823, 121.637295 📍 6JCP+PW

금산맥등식품점 金山麥騰食品行 ◀» 진산마이텅스핀항

1등의 명예를 연이어 이뤄내다

독창성으로 경쟁하는 행복점심전국창의경새(幸福點心全國創意競賽)대회에서 2014, 2015년 연속으로 1등상을 받은 제과점이다. 치즈와 토란이 만난 기사우두소, 고구마로 만든 기사지과소가 유명하다.

◆ 2024년 2월 현재 임시 휴업 중

✕ 기사우두소(起司芋頭酥, 치스위터우수) NT$35, 기사지과소(起司地瓜酥, 치스디파수) NT$35 📍 No. 56, Jinbaoli Street, Jinshan District, New Taipei City 🏃 진산구공소(金山區公所) 버스정류장에서 도보 5분. 금산광안궁 앞에서 오른쪽으로 가다 보면 나옴 🕐 10:00~18:00(토·일 10:00~19:00) 📞 02-2498-5078
🧭 25.221315, 121.639134 📍 6JCQ+GP

당산백고미산매탕 唐山伯古味酸梅湯 ◀» 탕산보구웨이산메이탕

진산라오제를 대표하는 산매탕의 진수

진산라오제에서 유명한 산매탕 맛집. 산매탕은 오매, 계화, 얼음, 설탕 등으로 만드는데, 새콤한 매실이 갈증 해소에 탁월해 여름에 더욱 인기 있다. 소화 작용을 원활히 하는 효능이 있어 식후에 마셔도 좋다. 오랜 역사를 이어오는 전통 음료이니 한 번은 꼭 경험해 보자.

✕ 산매탕(酸梅湯, 쏸메이탕) NT$30 📍 No. 80, Jinbaoli Street, Jinshan District, New Taipei City 🏃 진산구공소(金山區公所) 버스정류장에서 도보 3분 🕐 11:00~18:00
🧭 25.221495, 121.638843 📍 당산백고미산매탕

예류

野柳

#예류지질공원 #야류 #여왕머리바위

자연의 신비로움이 만들어낸 땅 예류지질공원 하나로 세계적인 명소가 된 곳이다. 근처의 예류오션월드도 공원과 붙어 있어 예류지질공원 버스정류장에서 내리면 모두 도보로 다닐 수 있다. 단, 버스나 택시로 예스진지 투어(예류, 스펀, 진과스, 지우펀)를 하게 되면 여행 도중에 우리나라 사람만 만나게 되는 진기한 풍경이 벌어질 수도 있으니 나만의 여행을 즐기고 싶다면 대중교통을 이용해 다른 북부 해안 명소와 함께 둘러보자.

ACCESS

• 타이베이역 국광버스터미널 ▸ 1815번 버스 ▸ 예류지질공원 버스정류장 🕐 1시간 40분 💲 NT$98
• 단수이역 버스터미널 ▸ 862, 863 버스 ▸ 예류지질공원 버스정류장 🕐 약 2시간 10분 💲 NT$105

예류
상세 지도

01 예류지질공원

02 예류오션월드

예류지질공원 버스정류장

③ 2

03 야마비행산

② 2

② 2

01 해룡주

0   200m

예류지질공원 野柳地質公園 🔊 예리우디쯔꽁위엔   천만 년의 세월이 조각한 기암괴석의 공원

천만 년 이상 파도의 침식과 풍화작용으로 만들어진 지질공원이다. 예술가가 조각이라도 한 듯 암석 하나하나가 여왕바위, 촛대바위, 버섯바위 등 저마다의 고유한 형태를 갖추고 있다. 자연이 빚었다고 하기엔 너무 예쁜 황토색의 암석 공간, 외계 행성이라도 방문한 듯 공원을 거닐며 암석에 새겨진 화석(조개류)도 보고 닮은꼴 조각품(?)도 찾아보자. 상상만큼이나 기이한 풍경도 충격적이지만 여름철 태양빛이 지면에 그대로 반사되는 열기 또한 상상을 초월하니 선크림은 물론 양산 등의 햇빛 가리개를 준비하자.

📍 No. 167-1, Gangdong Rd, Wanli District 🚶 1815번 버스 탑승 후 예류지질공원(野柳地質公園) 버스정류장에서 하차 🕐 08:00~17:00, 5~8월 08:00~18:00(주말 30분 연장 운영) 🎫 입장료 성인 NT$120, 아동(6~12세) NT$60 📞 02-2492-2016 🏠 ylgeopark.org.tw 🧭 25.206316, 121.690240 🔍 예류지질공원

예류의 재미난 바위들

예류의 또 하나의 재미라면 닮은 꼴 바위를 찾는 일이다. 대표적인 10개의 바위를
소개하니 숨은그림찾기 하듯이 즐겨보자. 만약 시간이 촉박한 여행자라면
여왕머리 바위가 있는 2구역을 집중적으로 돌아보길 추천한다.

1구역

① **잉어석 & 촛대석** Carp Rock & Candle
Rock 거대한 잉어 바위, 그리고 접
시 위에 양초를 올려둔 촛대 바위가
함께 있다.

② **아이스크림 바위** Ice Cream Rock 거
대한 아이스크림(콘)의 모습.

③ **화석** Fossil 바닥 곳곳에서 발견할
수 있는 생물 화석 중 하나(예류가
바닷속에 잠겨 있었음을 알 수 있는
증거)

2구역

① **여왕머리 바위** Queen's Head 이집트 여왕 네페르티티의 옆모습을 닮았다는 여왕머리 바위는 가장 인기가 많다.

② **타이완석** Taiwan Rock 타이완의 지도와 매우 닮았다.

③ **해식구** Sea Groove 오랜 세월의 침식작용으로 인해 생긴 구멍.

④ **파인애플 번** Pineapple Bun 타이완을 포함한 중화권에서 쉽게 만날 수 있는 보로미엔바오(菠蘿麵包, 소보로빵)의 모습.

⑤ **용두석** Dragon's Head Rock 말 그대로 용머리 바위, 바라보는 각도가 중요하다.

⑥ **선녀화** Fairy's Shoe 섬위에 덩그라니 놓여진 모습이 영락없는 샌들이다.

⑦ **스누피와 퍼그** Snoopy & Pug 스누피와 퍼그가 뽀뽀하는 모습. 예류에 마지막 남은 활처럼 곡선을 이룬 아치형 바위(arch rock)로 안쪽에 고인 물의 반영을 활용한 사진 촬영 스폿.

예류오션월드 野柳海洋世界 Yehliu Ocean World ◀)) 예리우하이양쓰지에

돌고래 쇼가 유명한 해양 박물관

1980년 오픈한 예류오션월드는 수중동물을 볼 수 있는 수족관과 함께 돌고래 쇼, 바다사자 쇼 등 현장감 넘치는 이색적인 공연을 볼 수 있는 곳이다(1일 3회 2시간 공연). 야류와 해양세계 관광을 포함하면 반나절 이상 잡아야 하므로 일정에서 빼는 사람이 많지만 가족 단위의 여행객이라면 느긋한 일정으로 함께 둘러봐도 좋다.

📍 No. 167-3, Gangdong Rd, Wanli District 🚶 예류 매표소 맞은편 건물
🕙 10:30 13:30 15:30 🎫 NT$400,우대(학생)NT$330, 6세 미만 무료
📞 02-2492-1111 🌐 oceanworld.com.tw 📍 25.205224, 121.691317
📍 예류 오션 월드

03

야마비행산 野馬飛行傘 Mustang Paragliding Culb
🔊 예마페이씽산

북해안을 비행하는 패러글라이딩 체험

길이 800m 너비 100m의 백사장이 있는 만리해수욕장
(萬里海水浴場)에서 30년 이상의 경력을 가진 전문 코치
가 운영하는 패러글라이딩 체험장. 까마득히 높은 하늘
에서 아래를 내려다보는 체험은 아찔하면서도 재미있다.
조금만 익숙해지면 약 10분 동안 1000m 이상까지 날아
올라 아름다운 해변 풍경을 즐길 수 있다. 모험을 좋아하
는 사람이라면 한 번 도전해 볼만한 액티비티다. 옵션으
로 고프로 촬영 서비스도 제공한다.

📍 No. 17, Feicui Road, Wanli District, New Taipei City
🚶 1815번 버스를 타고 미륜역(美崙站)에서 하차 후 야마비행산
으로 연락하면 차량으로 마중을 온다(도보로 약 15분)
🕐 09:00~17:30 🎫 NT$2,000 📞 0932-926-289
🏠 mustangparagliding.com 🌐 25.186696, 121.686596
🔍 Mustang Paragliding Club

01

해룡주 海龍珠 🔊 하이롱쭈

입안 가득 풍부한 식감이 매력적인 하송(蝦鬆) 맛집

TV 여행 프로그램 〈배틀트립〉에 소개되며 한국인 여
행자에게 많이 알려진 곳이다. 유조(油條, 바삭한 빵),
새우, 양파 등을 함께 볶은 소를 양상추에 싸 먹는 요리
하송으로 유명하며, 잘 튀겨진 대만도미(台灣鯛魚) 뱃
살을 양손으로 쭉 갈라 뼈에 붙은 살을 발라 먹는 어자
배의 고소한 풍미도 그만이다. 볶음밥(炒飯)과 아삭한
채소요리 공심채(空心菜)를 곁들이면 풍성한 한 끼의
식사가 완성된다.

🍴 초반(炒飯, 차오판) NT$100, 하송(蝦鬆, 씨아송) NT$550,
어자배(魚刺排, 위츠파이) NT$300, 공심채(空心菜, 콩신차
이) NT$120 📍 No. 71-7號, Jijin 3rd Road, Anle District,
Keelung City, 204 🚶 1815번 버스를 타고 람천여지사구역(藍
天麗地社區站)에서 하차하면 맞은편 🕐 11:00~21:00
📞 02-2434-0066 🌐 25.154063, 121.696910 🔍 해룡주

지룽항
基隆港

#지룽야시장 #정빈항구 #화평도 #코끼리바위 #레일바이크

제2의 수도라 불리는 가오슝 다음으로 큰 항구 도시가 바로 타이완 최북단에 위치한 지룽(基隆)이다. 재미있는 야시장과 바다와 맞닿은 아름다운 절경을 즐길 수 있는 곳이라 유유자적 탐험하고픈 사람에게 안성맞춤이다. 타이베이에서 들어오는 1813번 버스가 정차하는 국광버스 정류장(國光客運基隆站), 지우펀, 예류 등을 오가는 788, 790번 버스가 정차하는 성황묘 정류장(城隍廟) 그리고 화평도공원 등 시내를 다니는 101, 103번 버스가 정차하는 인이로 정류장(仁二路/二信循環站)까지 세 곳의 위치를 알아두면 주변 명소와 연계해서 편리하게 여행할 수 있다.

ACCESS

- 타이베이역 ▶ 기차[TRA] ▶ 지룽역(基隆車站)   ⏱ 약 50분 元 NT$41
- 타이베이역 국광버스터미널 ▶ 1813번 버스 ▶ 지룽역 국광버스 정류장   ⏱ 약 1시간 元 NT$57

지룽항
상세 지도

01 화평도공원
02 정빈항구채색옥
03 조경공원
심오철도자행차 04
지룽역 국광버스정류장
지룽역
해양광장(마리타임 플라자)
03 이곡병점
01 오가정변좌
02 천성포영양삼명치
비두각보도 05 >

N
W E
S
0 400m

화평도공원 和平島公園 ◀) 허핑따오꽁위엔

바다 수영장에서 보는 노을이 아름다운 천연의 요새

대항해시대부터 시작된 치열했던 전쟁 역사를 고스란히 간직한 화평도는 이제는 이름처럼 평화로움으로 가득한 섬이 되었다. 공원 산책로를 따라 형성된 독특한 해안 풍경은 어디에서도 보기 힘든 특별함이 있다. 물속을 노니는 열대어와 함께 수영을 즐길 수 있는 특별한 바다 수영장 람해수지(藍海水池)도 인기 만점. 오션뷰 풀장 감성을 느낄 수 있는 곳이다. 파도를 막아주는 콘크리트 구조물이 있어 어린이도 안전하게 놀 수 있다. 인공백사장에서 수평선을 바라보며 아늑하게 해수욕을 즐겨보자.

📍 No. 360, Pingyi Road, Zhongzheng District, Keelung City 🚶 101번 버스 탑승 후 화평도공원(和平島公園) 버스정류장에서 하차, 버스 진행 방향으로 직진하다 양갈래 길에서 왼쪽으로 직진(하차 후 도보 15분) 🕐 08:00~18:00 🎫 NT$80(수영장 이용료 포함) 📞 02-2463-5452 🏠 hpipark.org 🌐 25.160658, 121.763834 📍 Heping Island GeoPark

정빈항구채색옥 正濱港口彩色屋 ◀)) 쩡빈깡커우차이써우

베네치아의 풍경이 있는 항구

1939년 조성된 항구였으나 점차 다른 항구가 개방함에 따라 기능을 잃어가던 중 지룽시에서 적극 추진해 이탈리아의 수도 베네치아를 연상케 하는 아름다운 항구도시로 탈바꿈했다. 사진 촬영 명소로서 인기가 높은 곳이지만, 커피점, 식당 등의 정빈항구 건물은 1층(큰길 도로변)과 지하(항구)를 관통하는 건물 내부 구조가 독특하니 시간이 되면 들러보자.

📍 No. 545 Zhongzheng Rd, Zhongzheng District, Keelung City 🚶 101번 버스 탑승 후 화평교두(和平橋頭) 버스정류장에서 하차하면 바로 보임 🕐 24시간
📵 25.15247, 121.76886
🔍 Zhengbin Port Color Houses

조경공원 潮境公園 ◀)) 짜오징꽁위엔

바다를 마주한 독특한 조형물의 위용

북해안 끝자락으로 돌출된 구역에 특색 있는 작은 공원들이 모여 있다. 그중 특별히 소개하고 싶은 곳은 당장이라도 하늘로 날아오를 듯한 마법(?)의 빗자루가 심어진 조경공원(潮境公園)으로 동화 속 상상의 나래가 펼쳐진다. 기념사진 촬영하기에 더없이 좋은 명소로, 바다 한가운데 기륭섬(基隆嶼)의 풍경과 함께 멋진 여행을 기록해보자. 또 하나 산책로를 따라 바다를 조망하는 망유곡(望幽谷)도 볼거리로 꼽히며 취향에 따라 국립해양과기박물관(國立海洋科技博物館/입장료 NT$100)도 방문해 보자.

📍 No. 61號, Lane 369, Beining Road, Zhongzheng District, Keelung City
🚶 103, 791, 1051번 버스 탑승 후 해과관(海科館) 버스정류장에서 하차 후 도보 15분
📞 02-2469-6000
📵 25.144127, 121.803364
🔍 Chaojing Park

심오철도자행차 深澳鐵道自行車 ◀) 선아오티에따오쯔씽처　　바닷가를 달리는 레일바이크

본래 여러 물자를 해양으로 연결하던 노선이었으나 팔두자역(八斗子站)과 심오역(深澳站)을 잇는 레일바이크(레일 위에서 페달을 밟아 움직이는 2인승 자전거)로 개량했다. 총 길이 1.3km로 바다가 한눈에 보이는 시원한 뷰, 주변에 아기자기한 레스토랑과 현지인이 사는 소담한 마을 풍경까지 볼거리로 가득하다. 편도로 이용하면 약 20분 거리를 걸어야 하니 왕복 구매를 해도 좋다. 티켓은 현장에서도 구입(현금) 가능하지만 만석일 경우 탑승이 불가하니 홈페이지 사전 구매를 추천한다. 조경 공원에서 도보 25분가량이니 함께 코스로 잡아도 좋다.

📍 No. 121, Section 2, Jianji Rd, Ruifang District, New Taipei City
🚶 103, 791, 1051번 버스 탑승 후 팔두자기차역(八斗子火車站) 버스정류장에서 하차하면 바로 보임 🕐 09:00~17:00 🎫 편도 NT$150, 왕복 NT$250 📞 02-2406-2200
🏠 railbike.com.tw 🧭 25.13411, 121.80532 📍 Shen'ao Rail Bike(Badouzi Station)

> **⋯⋯⋯⋯⋯ TIP ⋯⋯⋯⋯⋯**
> 심오역 근처에 있는, 일명 코끼리바위로 불리는 심오갑각(深澳岬角)은 제한적 개방으로 변경되어 예전만큼 신비로운 풍경을 보기 어려우니 참고하자.

비두각보도 鼻頭角步道 ◀) 비터우지아오부따오　　푸르름으로 가득한 북해안의 절경

목재 계단으로 정비된 등산길을 오르면 북해안을 한눈에 보이는 절경을 만날 수 있다. 산 위의 작은 초원을 지나면 보이는 에메랄드빛 바다는 현실 세계를 벗어난 듯한 착각을 불러일으킨다. 북동쪽 끝으로 돌출된 지형이 코처럼 생겼다고 해서 붙여진 이름으로 제주도의 섭지코지와 비슷한 풍경을 자랑한다.

📍 No. 99, Bitou Road, Ruifang District, New Taipei City 🚶 791번 버스 탑승 후 비두각(鼻頭角) 버스정류장에서 하차. 정류장 옆 비두로를 따라 올라가면 보이는 초등학교 옆길에서 비두각 보도가 시작된다.
📞 02-2499-1210 🏠 www.ruifang.ntpc.gov.tw 🧭 25.12092, 121.91909 📍 Bitoujiao Trail

오가정변좌 吳家鼎邊趖 🔊 우지아딩비엔숴

1919년부터 3대째 이어오는 정변좌 맛집

중국대륙의 복주(福州)요리 정변좌로 유명한 곳이다. 정변좌는 정(鐺, 큰솥)에서 만든 쌀떡을 넓적하게 썬 후 새우, 돼지고기, 버섯 등 갖가지 재료를 넣어 어묵탕처럼 끓여낸 요리로 다양한 재료에서 느껴지는 식감과 구수한 맛이 뛰어나다. 차진 밥알 위에 돼지고기 조림을 얹은 노육반도 맛있으니 함께 주문하자.

✗ 정변좌(鼎邊趖, 딩비엔숴) NT$60, 노육반(魯肉飯, 루로우판) NT$25 ♥ No. 27-2, Rensan Road, Ren'ai District, Keelung City, 200 🚶 해양광장(海洋廣場)에서 도보 12분. 지룽야시장 안에 있는 전제궁(奠濟宮) 앞에 위치. 상가번호 27-2 📞 02-2694-5750 🌐 25.12830, 121.74311 ♀ Bainian Wujiading Biansuo

---

천성포영양삼명치 天盛舖營養三明治 🔊 티엔성푸잉양싼밍쯔

오감을 자극하는 영양 샌드위치

튀김가루가 입혀져 바삭한 바게트빵 안에 햄, 노단(滷蛋, 조림오리알), 오이, 토마토 등을 꼭꼭 채워 넣은 후 마요네즈소스를 뿌린 샌드위치. 눈에 보이는 단순한 속 재료보다 더 풍부한 맛이 느껴지는 미묘한 조화가 일품이다. 부드러운 식감과 함께 한입 한입 베어 물 때마다 기분 좋게 오감을 자극한다.

✗ 영양삼명치(營養三明治, 잉양싼밍쯔) NT$60 ♥ NO 58, Rensan Road, Ren'ai District, Keelung City, 200 🚶 해양광장(海洋廣場)에서 도보 12분. 지룽야시장 안에 있는 전제궁(奠濟宮) 앞에 위치. 상가번호 58 🕐 11:30~00:00 📞 02-2423-0079 🌐 25.128358, 121.743431 ♀ 4PHV+89

이곡병점 李鵠餅店 🔊 리후빙디엔

137년의 세월이 만들어낸 미식의 향연

대표 메뉴는 녹두를 소로 넣은 녹두사병으로, 보슬보슬하면서도 꾸덕꾸덕한 식감이 절묘하다. 풍부한 카레 향에 간간이 씹히는 고기 맛이 좋은 가리소도 추천메뉴. 일반적으로 한 면을 바싹하게 굽지만 이곡병점은 양쪽 면을 균일하게 구워내 빵 안의 소가 더욱 부드럽다. 상가 내 공장에서 빵을 만들어 매시각 신선한 빵을 만날 수 있다.

✗ 녹두사병(綠豆沙餅, 뤼또우싸빙) NT$30, 가리소(咖哩酥, 까리수) NT$38 ♥ No. 90, Rensan Road, Ren'ai District, Keelung City, 200 🚶 해양광장(海洋廣場)에서 도보 5분 🕐 08:30~20:45 📞 02-2422-3007 🏠 lee-hu.com.tw 🌐 25.129249, 121.741884 ♀ Lee Hu Cake Shop

핑시선 투어
平溪線

#스펀 #천등 #고양이마을 #핑시

1980년대 광업이 쇠퇴하며 석탄을 실어 나르던 열차는 사람을 운반하는 관광 열차로 변모했다. 고양이가 사는 마을 허우통, 소원을 비는 마을 스펀, 시간이 멈춘 마을 핑시, 탄광촌의 흔적이 남아 있는 징통까지. 각 마을의 독특한 개성을 만끽할 수 있는 핑시선 투어는 타이베이 근교 여행의 핵심이다. 핑시선 투어는 타이베이역에서 기차(TRA)를 타고 루이팡역으로 가서 핑시선 열차로 갈아타는 것이 기본 코스지만, 허우통역까지 바로 가는 기차를 타고 허우통에서 여행을 시작해도 된다. 다만, 허우통은 목적지로 표시되지 않으므로, 쑤아오(蘇澳)행 기차인지 확인하고 타야 한다.

ACCESS

• 타이베이역 ▶ 기차[TRA] ▶ 루이팡역(瑞芳車站) ⏱ 약 1시간 ⓝ NT$49

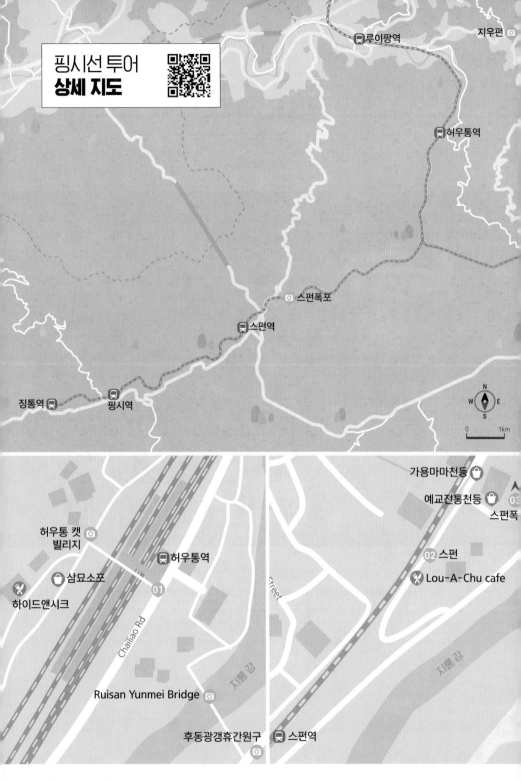

핑시선 투어
상세 지도

루이팡역

지우펀

허우통역

스펀폭포

스펀역

징통역

핑시역

N
W　　E
S

0　　1km

가용마마천등

예교전통천등

스펀폭

허우통 캣
빌리지

허우통역

삼묘소포

02 스펀

하이드앤시크

Lou-A-Chu cafe

01

Chailiao Rd

treet

지룽 강

지룽 강

Ruisan Yunmei Bridge

후동광갱휴간원구

스펀역

핑시선 투어
한눈에 보기

핑시선 투어는 1시간 간격의 기차를 타고 마을을 이동해야 하므로 생각보다 시간이 많이 소요된다. 하루를 투자해서 느긋하게 핑시선 투어에 집중할지, 두 군데 정도만 들르고 저녁에 가면 더 멋진 풍경을 볼 수 있는 마오콩이나 지우펀 여행으로 연계할지 계획을 잘 세워야 한다. 마오콩까지는 핑시선 투어의 종착역인 징통에서 795번을 타면 50분만에 갈 수 있다. 지우펀을 가려면 루이팡역으로 돌아가서 진과스, 지우펀행 788, 965, 1062번 버스를 타면 된다. 소요시간은 약 15분.

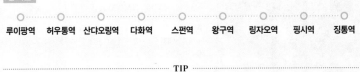

핑시선

○   ○   ○   ○   ○   ○   ○   ○   ○

루이팡역   허우통역   산댜오링역   다화역   스펀역   왕구역   링자오역   핑시역   징통역

------------------------------- **TIP** -------------------------------

핑시선 원데이 패스(타이베이/루이팡 기차역에서 판매 NT$80)를 구입하면 핑시선을 무제한으로 이용할 수 있지만, 여러 마을을 둘러볼 것이 아니라면 이지카드로 구간별 요금(평균 NT$19)을 내는 것이 유리하다.

허우통 猴硐 🔊 허우통

동화 속에서 만나는 고양이 마을

광산산업이 막을 내리면서 거의 폐허가 되다시피한 마을이 하나둘 모여든 고양이 덕에 많은 여행자로 북적이게 됐으니 마치 동화 속 이야기 같다. 저마다 독특한 자세로 구역을 점령한 고양이를 찍기 위해 카메라 셔터를 쉴 새 없이 누르지만 녀석들은 눈 하나 깜빡하지 않는다. 특히 곳곳의 고양이 조형물에 자리 잡고 있는 도도한 모습을 보면 자리를 뜰 수가 없다. 누구나 이곳에 오면 고양이들이 살고 있는 마을 길을 따라 일정을 보낼 것이다. 고양이를 모델로 한 카페와 편집 숍이 모여있으니 모든 관심이 쏠리는 것도 사실. 다만 시간적 여유가 된다면 마을을 마주하고 있는 옛 광산 지역도 둘러보자. 전시관, 박물관, 광부 체험 시설등 즐길거리가 많다. 허우통을 지나는 기찻길을 중심으로 왼편과 오른편으로 나뉘어 모두 다 관람하려면 넉넉히 2시간 정도의 시간이 필요하다. 어디서나 만날 수 있는 귀여운 고양이가 가득하니, 산책길은 심심하지 않을 것이다.

📍 No. 70, Chailiao Rd, Ruifang District, New Taipei City 🚶 루이팡역 (瑞芳車站)에서 핑시선(平溪線) 탑승 후 허우통역(猴硐車站)에서 하차
🌐 25.087212, 121.826807 🔎 Houtong Cat Village

후동광갱휴간원구 猴硐礦坑休閒園區 ◀)허우퉁광컹씨우시엔위엔취 　　　　미니 열차 타고 광산 체험

허우퉁 마을 끝자락에 위치한 곳으로 미니 열차를 타고 광갱 안으로 들어가 광부의 하루를 체험해 볼 수 있는 곳이다. 탄광 안을 누비는 미니 열차 체험은 물론 과거 작업장을 둘러볼 수 있으며 곳곳에 전시된 옛 루이팡구(허우퉁)의 사진들도 볼거리다. 체험은 20~30분 정도 소요되며, 특히 아이가 있는 가족 여행에 더 어울리는 곳이다.

🎫 입장료 NT$150/1인 📍 No. 158, Houdong Rd, Ruifang District, New Taipei City 🚶 허우퉁역(猴硐車站)에서 우측편 마을 길로 진입후 왼쪽 방향으로 얕은 언덕을 오르면 우측편으로 보임 (도보 4분) 🕐 09:00~18:30 📞 02-2496-6575 🏠 www.monkeycave.tw 🌐 25.08553, 121.82817 🔍 Houtong Pit Mining Leisure Park

하이드앤시크 Hide&Seek 　　　　세 마리의 고양이가 반겨주는 카페

젊은 시절 타이베이 시내에서 베이커리 기술을 익힌 뒤, 고향 허우퉁으로 돌아와 카페를 차렸다. 애묘가로 세 마리의 고양이와 함께 살고 있으며, 수공으로 만든 디저트에 고양이 캐릭터를 장식하는 것이 카페의 아이덴티티. 귀여운 고양이를 껴안고 인증샷도 꼭 남겨보자.

🍴 마가빙사(摩卡冰沙, mocca) NT$160 📍 No. 223號, Chailiao Rd, Ruifang District, New Taipei City 🚶 허우퉁역(猴硐車站)에서 우측편 마을 길로 진입 후 왼쪽 방향으로 얕은 언덕길을 오르면 우측편으로 보임(도보 5분) 🕐 10:30~18:30(목요일 휴일) 📞 0922-823-717 🌐 25.08655, 121.82597 🔍 Hide & Seek Café(Hide and Seek)

삼묘소포 三貓小舖(猴硐一店) ◀)산마오씨아오푸 　　　깜찍한 고양이 캐릭터 소품점

타이베이 시내에 본점을 두고 있는 카페이자 소품점. 허우퉁에 2호점을 내며 소품점으로만 운영하고 있다. 고객 응대 및 카피(copy) 상품 의혹 등으로 평점은 안 좋은 편이지만, 그렇다고 모든 제품이 안 좋은 것은 아니다. 고양이 그림엽서는 인터넷에서 구할 수 없는 삼묘소포만의 고유 디자인이니 마음 놓고 구매해도 좋다.

🎫 엽서 NT$40 📍 No. 265, Chailiao Rd, Ruifang District, New Taipei City 🚶 허우퉁역(猴硐車站)에서 좌측편으로 진입 후, 고가다리를 건너면 정면으로 보임(도보 8분) 🕐 10:00~18:30 📞 0986-116-690 🌐 25.08678, 121.82648 🔍 3 Cat Shop(Houtong Shop #1)

스펀 十分 🔊 스펀

주민이 거주하는 주택 사이의 좁은 철길을 아슬아슬 뚫고 지나는 열차의 모습에 스펀의 감성이 찾아오고, 다양한 국적의 글씨가 빼곡하게 적힌 천등이 하늘 위로 솟구치는 풍경에 내 소원이 이뤄진 듯 얼굴 가득 미소가 번진다. 빈티지한 낡은 철길 위를 무작정 걸어보는 혼자만의 산책도, 가족이나 연인과 함께 천등을 날리는 경험도 잊지 못할 추억이 될 것이다. 원소절(매년 음력 1월 15일) 기간에 방문한다면 수백 개의 천등이 일제히 하늘을 물들이는 핑시천등제(平溪天燈節, 핑시티엔떵제)의 장관을 놓치지 말자. 참고로 스펀의 천등은 전통형과 개량형으로 구분할 수 있다. 개량형은 간소화된 4색의 형태지만, 전통형은 4색 천등 최상단에 사각형을 덧대어 5색을 갖추고 있다. 그 모습은 입 구(口) 자의 형태를 하고 있으며, 여성과 출산을 의미한다. 참고로 천등 맨 하단에 있는 철사 걸이는 정(丁)자의 모습을 하고 있는데, 이는 남성과 출생을 의미하는 것이다.

📍 No. 59, Shifen Street, Pingxi District, New Taipei City 🚶 루이팡역(瑞芳車站)에서 핑시선 탑승 후 스펀역(十分車站)에서 하차 📷 25.042675, 121.776680 🔍 스펀역

스펀폭포 十分瀑布 Shifen waterfall ◀) 스펀푸뿌

넓은 면적으로 쏟아져 내리는 폭포수는 작은 나이아가라 폭포를 보는 듯 웅장하다.
폭포 주위로 흩뿌려지며 얼굴로 부딪혀오는 깨알 같은 물방울에 기분이 상쾌해지고,
시원스레 귀를 울리는 폭포 소리에 마음마저 청량해진다. 스펀역에서 가는 길(도보
20~30분)에 흔들거리는 관폭적교(觀瀑吊橋)와 휴게소인 스펀풍경구(十分風景區)
등 볼거리가 많으니 산책하듯 거닐며 추억을 남겨보자.

.... **TIP** ....
허우통에서 스펀으로 가는 핑시선
열차를 탈 때 오른쪽에 앉으면 스펀
폭포로 이어지는 거대한 공중다리를
볼 수 있다.

🚶 스펀역(十分車站)에서 이정표를 따라 도보 20분 🎫 무료 📞 886-2-2495-8409
🌐 25.048700, 121.786683 🔎 스펀폭포

류가소고계시포반 溜哥燒烤雞翅包飯 ◀) 류커사오카오지츠빠오판

스펀에서 꼭 먹어야 할 요리는 일명 닭날개볶음밥이다. 닭날개 안에 볶음밥을 넣어
구워낸 요리로 매콤한 향과 함께 볶음밥과 섞이는 닭고기의 조화가 훌륭하다. 스펀역
가까이에 있는 노점인데 늘 사람이 붐벼 쉽게 찾을 수 있다.

🍴 닭날개볶음밥 1개 NT$75 📍 No. 52, Shifen Street, Pingxi District, New Taipei City
🚶 스펀역(十分車站)에서 도보 1분 🕐 10:30~18:00 📞 886-921-684-058
🌐 25.041202, 121.775210 🔎 닭날개볶음밥

Lou-A-Chu cafe 樓仔厝咖啡 🔊 러우아추카페

스펀을 얘기할 때 천등을 떼어놓기 어렵다. 러우아추카페 역시 천등과 큰 연관이 있는
데, 젊은 여사장님의 선친이 바로 현재의 4색(개량형) 천등을 개발한 장본인이다. 그
이유로 카페 내 넓은 공터에서 천등을 판매하고 날리기도 한다. 카페 건물은 1922년
건축된 목조 가옥으로 옛 스펀의 모습을 감상할 수 있는 사진도 잘 전시해 두었으니
흥미로운 시간을 보낼 수 있다. 직접 우려낸 핸드메이드 커피류가 맛있다.

✗ 카푸치노(卡 布奇諾, cappuccino) NT$130 ♥ No. 74, Shifen St, Pingxi District, New
Taipei City 🚶 스펀역(十分車站)에서 상점이 몰려 있는 방향으로 조금 간 뒤, 우측편 큰 교각(정안
교)으로 가는 샛길 방향으로 철길을 건너 바로 보이는 골목으로 진입(도보 3분) 🕐 10:30~18:00
📞 0966-502-503 🏠 louachu.okgo.tw 📍 25.04204, 121.77646 🔎 2QRG+RH

예교전통천등 藝巧傳統天燈 🔊 이치아오촫통티엔떵

전통 방식을 이어오는 천등의 명인 임국화(林國和,린구오
화)의 상점이다. 4색 천등이 주류를 이루는 스펀에서 여전
히 전통적 5색 천등을 수공으로 제작하고 있다는 점에서
눈여겨 볼만하다. 스펀에서 가격도 가장 저렴한 데다, 장인
이 손수 천등을 잘 날리도록 도와주니 이보다 수지맞을 수
없다. 타이완 국내뿐 아니라 해외 여러 매체에서 소개된 명
인이니, 소원 성취에 진심인 여행자에겐 좀 더 특별한 추억
이 될 것이다.

🏮 오채색(五彩色) NT$200, 영속천등(永續天燈) NT$450, 단
색(單色) NT$150 ♥ No. 129, Shifen St, Pingxi District, New
Taipei City 🚶 스펀역(十分車站)에서 상점이 몰려 있는 방향으로
철길을 따라 직진, 상점가가 끝나는 부분에서 우측 언덕으로 오르
는 샛길로 올라가면 바로 우측에 보임(도보 6분) 🕐 08:00~18:00
📞 02-2495-8829 📍 25.04330, 121.77724 🔎 2QVG+8V

········· **TIP** ·········
보통 천등은 철근으로 엮어 놓았기 때문에 하늘로 오른 뒤 얼마 지
나지 않아 땅으로 떨어지게 마련이다. 하지만 예교전통천등에는 공
중에서 완전히 연소되는 영속천등(永續天燈)도 있으니 천등을 고
를 때 참고하자.

가용마마천등 佳蓉媽媽天燈 🔊 지아롱마마

소원을 말해봐~ ♪

천등은 어느 상점이나 가격과 물건이 같으니 친절함과 서비스가 좋으면 최고! 스펀에는 말이 통하고 즉석사진도 찍어주는 가용마마가 있으니 고민할 필요가 없다. 천등에 불을 붙인 후부터는 사진 촬영 시간이 많지 않으니 천등을 띄울 장소와 각자 서 있을 위치를 정해두면 좀 더 여유 있게 기념사진을 남길 수 있다.

📍 No. 118, Shifen Street, Pingxi District, New Taipei City
🚶 스펀역(十分車站)에서 도보 6분 🕙 10:00~19:00
🎟 단색 NT$200, 4색 NT$250 📞 886-932-231-160
📍 25.042950, 121.777063 🔍 가용엄마천등

천등 天燈

〈삼국지〉의 지략가였던 촉나라 제갈공명(제갈량)이 위나라 사마의와의 전투에서 위급한 형세에 몰리자 등롱(燈籠)에 원군을 요청하는 종이를 묶어 하늘로 띄워 보내며 위기를 모면했다는 기록이 있는데, 후대에 이것을 공명등(孔明燈)이라 부르게 된다(타이완에서는 천등, 중국대륙에서는 공명등이라 한다). 처음에는 공명등을 놓고 소원을 빌었으나 점차 하늘로 띄워 올리며 신께 기원하는 형태로 바뀌었다.

천등의 9가지 컬러

· 붉은색 : 건강 · 노란색 : 금전 · 파란색 : 직업
· 보라색 : 학업 · 흰 색 : 장래 · 주황색 : 사랑
· 초록색 : 번창 · 자주색 : 연애 · 분홍색 : 행복

핑시 平溪 Pingxi ◄》 핑시

타이완 영화 〈그 시절 우리가 좋아했던 소녀〉, 〈타이베이에 눈이 온다면〉의 촬영지로, 천등을 유행시킨 원조 마을이다. 화려했던 과거의 영광은 스펀에 넘기고 이제는 소박한 마을로 변모했지만 덕분에 여유로움이 가득한 일정을 보낼 수 있다. 시간이 멈춘 듯 조용한 마을에서 날리는 천등은 스펀과는 또 다른 감성이 전해지니 느긋하게 천등을 날리고 싶은 여행자는 핑시를 주목하자.

♀ No. 12, Zhonghua Street, Pingxi District, New Taipei City ⊀ 루이팡역(瑞芳車站)에서 핑시선 탑승 후 핑시역(平溪車站)에서 하차 ◎ 25.025587, 121.740001 ♀ Pingxi District

철도열장 鐵道熱腸 ◄》 티에따오러창

핑시라오제의 유명한 맛집으로 대표 메뉴는 향장이다. 불에 잘 구운 소시지에 칼집을 내고 벌어진 틈으로 갖가지 재료를 넣어주는데, 오이, 마늘, 고추에 후추와 머스터드 소스까지 야시장에서는 보지 못한 창의적인 조합의 소시지가 많다. 그중 딱 하나만 꼽자면 마늘(蒜味) 소시지를 추천한다. 바삭한 닭고기 구이 지파이(雞排)도 유명하므로 함께 맛보면 좋다.

⊀ 향장(香腸) NT$45 , 향계배(香雞排, 씨앙지파이) NT$80 ♀ No. 18, Pingxi Street, Pingxi District, New Taipei City ⊀ 핑시역(平溪車站)에서 도보 7분 ⊙ 11:00~18:30 ☏ 02-2495-2032 ◎ 25.02521, 121.73888 ♀ 철도열장

.... TIP ....
징통과 함께 여행할 계획이라면 기차를 기다리는 것보다 핑시에서 걸어가는 것이 빠를 수 있다(도보 15~20분). 이곳에서 잠시 허기진 배를 달래고 길을 떠나보자.

징통 菁桐 jing tong ◀))징통

기찻길 옆 거목(巨木)에 주렁주렁 달린 대나무통이 눈길을 끄는 곳으로, 본래 징통은 천등보다는 소원을 적는 대나무통으로 유명한 곳이다. 오래된 건물들이 그대로 남아 있는 징통 라오제(菁桐老街), 계곡을 가로지르는 연인의 다리 정인교(淸人橋), 타이완에 단 4개만 남아 있는 목조 역사인 징통역(菁桐车站, 1929년 건축)도 볼거리로 꼽힌다. 징통 버스정류장에서 큰 교량 쪽 오른쪽 샛길을 따라가면 일본식 목조건물 평계초대소(平溪招待所)를 포함한 대양광업주식회사(台陽礦業株式會社)의 부속시설들이 보인다. 작은 하천을 따라 조성된 산책로에서 매년 4월 15일에서 5월 10일경에는 반딧불이를 만날 수 있으니 기간이 맞으면 들러보자. 저녁에 볼 수 있으므로 플래시를 준비하는 것이 좋다.

📍No. 52, Jingtong Street, Pingxi District, New Taipei City
🚶루이팡역(瑞芳车站)에서 핑시선 탑승 후 징통역(菁桐车站)에서 하차 ◎25.023916, 121.723916 🔎징통 역

탄장가배 碳場咖啡 ◀))탄창카페이

커피를 마시며 징통을 느끼다.

대양광업주식회사(台陽礦業株式會社)에서 운영하던 부속 시설로 석탄 세척장으로 쓰였던 곳이다. 광산업이 저물며 빈터로 버려졌으나 관광업이 다시 부흥하며 커피숍으로 새롭게 개장하게 된다. 건물을 떠받친 기둥만 눈에 띄는 유별난 외관이지만 한적한 징통의 분위기와 섞이며 묘한 분위기를 자아낸다. 바다 소금과 조화를 이룬 라테 해염나철, 단맛을 좋아하면 초콜릿 밀크티 교극력내차를 추천한다.

🍴해염나철(海鹽拿鐵, 하이옌나티에) NT$160 교극력내차(巧克力奶茶, 치아오커리나이차) NT$140 📍No. 50, Jingtong Street, Pingxi District, New Taipei City 🚶징통역(菁桐车站)에서 도보 10분 🕐08:00~17:00(토·일 ~19:00, 화 휴무) 📞02-2495-2513
◎25.024223, 121.723064 🔎탄장가배

진과스
金瓜石

#황금박물관 #광부도시락 #색다른 풍경

지우펀과 함께 타이완 골드러시의 붐을 일으켰던 곳이다. 1890년 진과스 주변에서 철교를 건설하던 인부가 강가에서 사금을 발견한 것이 계기가 되어 일확천금을 노리는 사람들로 붐비기 시작했고, 대형 금맥이 발견되면서 20세기 후반까지 황금의 도시로 이름을 떨쳤다. 이후 황금이 고갈되면서 쇠락의 길을 걷게 되었지만, 1990년대 타이완 정부가 관광특구로 지정하면서 화려했던 예전의 모습을 되찾기 시작했다. 지금은 골목마다 추억 가득한 옛 도시 풍경과 멋진 자연을 함께 즐길 수 있는 타이베이 근교 여행의 백미로 거듭나고 있다.

ACCESS

- 타이베이역 ▶ 기차[TRA] ▶ 루이팡역　　　　　　　　🕐 약 1시간　🉐 NT$49
- 루이팡역 버스정류장 ▶ 788, 965번 버스 ▶ 진과스 버스정류장　　🕐 약 25분　🉐 NT$15
- 지우펀 버스정류장 ▶ 788, 965번 버스 ▶ 진과스 버스정류장　　🕐 약 15분　🉐 NT$15
- 시먼역 버스정류장 ▶ 965번 버스 ▶ 진과스 버스정류장　　　🕐 약 1시간 35분　🉐 NT$90

진과스
상세 지도

03 권제당

Wuhao Rd

Xinshan Rd

🚌 진과스 버스정류장

Qitang Rd

01 광공식당

Ruijin Rd

02 본산오갱
01 황금박물관

진과스에 일대 경관을 감상하는
버스가 있다고?

891번은 광산의 폭포수가 흐르는 황금폭포 (黃金瀑布), 13층 유적지의 언덕인 장인사구(長仁社區), 음양해(陰陽海)를 볼 수 있는 수남동 정거장(水湳洞停車場)을 돌아보는 버스로 진과스 일대의 경치를 즐기기엔 그만이다. 특히 창밖을 스쳐 지나가는 경치를 즐기는 여행자에겐 적극 추천한다. 코스가 무척 험한 편이라 차멀미를 할 수도 있으니 미리 약을 준비해 두는 것이 좋다.

운행버스 891번

🚶 진과스 정류장에서 탑승하여 다시 진과스 정류장에서 하차하면 된다. 기본적으로는 버스에서 내릴 수 없으나 수남동 정류장에서 5분간 휴식(하차 가능) 시간을 주니 참고하자. 🕐 10:00~17:00(매시 정각에 한 대, 단 12:00는 배차 없음), 소요시간 약 45분 🚌 NT$15

황금박물관 黃金博物館 Gold Museum ◀) 황진보우관

1987년 채광의 역사는 끝나고 2002년 타이완 정부는 금광 채굴의 역사를 보존하기 위하여 '대만금속광업고분유한공사'의 옛 사무실을 개조, 2004년 11월 황금박물관을 정식 개관했다. 황금박물관에는 채광에 관련한 여러 귀한 전시물이 있지만 역시 가장 큰 볼거리는 220kg에 달하는 금괴다. 2층에 전시된 대형 금괴는 양쪽의 구멍을 통해 손으로 직접 만져볼 수 있도록 되어 있으며 황금을 만진 후 호주머니에 손을 넣으면 부를 얻을 수 있다는 이야기가 전해지니 일확천금(?)을 기대한다면 꼭 방문해보자.

📍 No. 8, jinguang Rd, Ruifang District, New Taipei City 🚶 진과스 버스정류장에서 도보 9분 🕐 09:30~17:00(토·일 ~18:00, 첫째 주 월 휴무) 🎫 NT$80 📞 02-2496 2800 🏠 gep.ntpc.gov.tw
📍 25.107537, 121.857897 🔍 황금박물관

TIP
한국어 오디오가이드

진과스 초입에 있는 여행안내소에서 진과스 시설물에 대한 설명을 들을 수 있는 오디오가이드(한국어)를 무료로 대여할 수 있다.

본산오갱 本山五坑 ◀) 뻔산우컹

금광 채굴장의 흔적이 한눈에

총 길이 180m에 달하는 갱도(坑道)를 걸으며 전시된 밀랍인형을 통해 채굴 작업에 대한 이해를 넓힐 수 있는 곳이다. 굴폭파 직전의 상황이나 채굴 작업 종료 후 숨겨 가는 금이 없는지 몸을 수색하는 등 당시 상황이 잘 묘사되어 있어 생생한 현장감이 전해진다. 안전모를 써야 하며, 체험 시간은 15분 정도. 박물관 입장료와 별도로 추가 비용이 든다.

📍 No. 8, jinguang Rd, Ruifang District, New Taipei City
🚶 진과스 버스정류장에서 도보 7분 🕐 09:30~16:30(토·일 ~17:30)
🎫 NT$50 📞 02-2496-2800 📍 25.106520, 121.859164
🔍 본산오갱

권제당 勸濟堂 ◀》 취엔지탕

거대한 관우 좌상이 있는 사원

권제당은 〈삼국지〉에 나오는 관우를 모시는 사당으로 무게 25t, 높이 12m에 달하는 거대한 크기의 관우상을 만날 수 있다. 산 아래를 내려다보는 듯한 위엄 있는 모습은 현지인들이 생각하는 관우의 존재감을 증명하기도 한다. 우리나라에서 관우는 〈삼국지〉에 등장하는 무장이자 유비의 의형제 정도로 여길 뿐이지만, 중화권에서는 관우상에서 사진을 찍는 것도 불허할 만큼 민간 신앙의 중심에 있는 신으로 모시고 있다.

📍 No. 53, Qitang Rd, Ruifang District, New Taipei City 🚶 진과스 버스정류장에서 도보 13분
🕐 24시간 ㊞ 무료 📞 02-2496-1273 🏠 goldguangong.org 🌐 25.110152, 121.859736
🔍 관제당

광공식당 礦工食堂 ◀》 광꽁쓰탕

부드러운 닭갈비에 반하다

여행자들이 흔히 광부 도시락이라 부르는 광공편당은 3가지 채소와 튀긴 닭갈비를 밥 위에 올려내는 도시락으로 과거 진과스 광부들이 즐겨 먹던 요리다. 채소에는 살짝 향이 배어 있지만 부드러우면서도 쫀득한 맛의 닭갈비는 별미 중에 별미. 시내에서도 쉽게 맛볼 수 있는 음식이긴 하지만 진과스에서 직접 그들의 노고를 체험한 후 먹는 광공편당은 또 다른 여운을 준다. 주변에 다른 식당도 있지만 원조는 이곳 광공식당이다.

🍴 광공편당(礦工便當, 꽝꽁비엔땅) NT180 (목재식기 NT$200, 기념품 철제식기NT$290) 📍 No. 8-1, jinguang Rd, Ruifang District, New Taipei City 🚶 진과스 버스정류장에서 도보 3분
🕐 10:30~18:30 📞 02-2496-1820 🏠 www.funfarm.com.tw 🌐 25.108067, 121.858039 🔍 광공식당

지우펀
九份

#아매다루 #수치루 #홍등 #센과치히로의행방불명

골목골목 비탈진 계단길을 따라 들어선 상점가, 붉게 물든 홍등이 아름다운 마을 지우펀은 애니메이션에서
나 볼 수 있을 법한 감성을 느낄 수 있는 곳이다. 지우펀 버스정류장에서 내리면 곧바로 여행을 시작할 수 있
는데, 단체 관광객이 몰리는 시간(오후 5시~7시)을 피하면 한적하고 고즈넉한 진짜 지우펀이 드러난다. 바쁘
고 분주한 관광객 틈을 벗어나 그렇게 온전히 지우펀의 시간을 마주한다면, 평생 잊지 못할 아름다운 추억을
남길 수 있을 것이다.

ACCESS

- 타이베이역 ▶ 기차[TRA] ▶ 루이팡역 　　　　　　　 ⏱ 약 1시간 ㊌ NT$49
- 루이팡역 버스정류장 ▶ 788, 965번 버스 ▶ 지우펀 버스정류장 　⏱ 약 15분 ㊌ NT$15
- 시먼역 버스정류장 ▶ 965번 버스 ▶ 지우펀 버스정류장 　　 ⏱ 약 1시간 20분 ㊌ NT$90

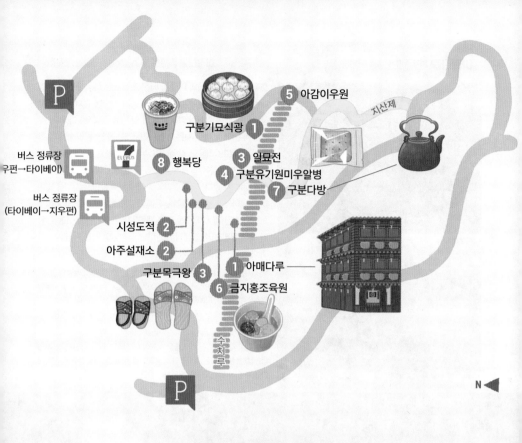

버스 정류장
(우펀→타이베이)

버스 정류장
(타이베이→지우펀)

P

7-ELEVEN

⑧ 행복당

구분기묘식광 ①

⑤ 아감이우원

지산제

③ 일묘전
④ 구분유기원미우알병

⑦ 구분다방

시성도적 ②
아주설재소 ②

구분목극왕 ③

① 아매다루

⑥ 금지홍조육원

수차루

P

N ◀

알아두면 쓸모 있는
지우펀 여행정보

- **지우펀(九份)의 유래**

  지우펀은 산자락에 아홉 가구가 살던 곳으로 교통편이 좋지 않던 시기 대표가 장을 보러 가며 항상 9등분하여 물품을 구입한 것에서 유래했다고 전해진다.

- **지우펀까지는 어떻게 가면 좋을까?**

  타이베이 시내에서 지우펀까지는 직행버스로 가는 것이 편하다. 기차처럼 승강장 이동이나 환승할 필요가 없으니 체력적으로도 시간적으로도 유리하기 때문이다. 다만, 기차 여행의 낭만을 즐기고 싶거나 핑시선 투어와 연계해서 여행 계획을 잡는다면 기차를 이용하는 것이 좋다.

- **당일치기 여행 시 지우펀에서 몇 시까지 있을 수 있을까?**

  타이베이까지 가는 버스는 오후 9시 30분이 막차, 기차는 루이팡역에서 오후 11시 39분에 마지막으로 출발한다. 단, 역까지 가는 시간이 있으므로 기차를 타려면 지우펀에서 늦어도 10시 30분에는 떠나야 한다. 시간 생각하지 않고 여유롭게 지우펀 여행을 즐기려면 택시를 이용하자. 요금은 대략 NT$1,000~1,500이다.

아매다루 阿妹茶樓 🔊 아메이차러우

아름다운 홍등이 불을 밝히는 고품스런 찻집

셋째 딸 아매(阿妹)의 이름을 따온 찻집으로 아늑한 운치를 뽐내는 창문 사이로 주렁주렁 달린 홍등과 계단에 걸쳐 지어진 고품스러운 건물은 현실 감각을 잃게 할 만큼 매력적이다. 비가 잦은 지우펀에 목재로 지은 건물이라서 3년에 한 번씩 새로이 보수하는 수고스러움도 감내하며 수치루(豎崎路, 아매다루가 있는 홍등 계단 골목)의 특색을 만들고 있으니 지우펀의 상징이라 해도 과하지 않다. 인파에 떠밀려 다니는 복잡한 수치루를 벗어나 아늑하게 차 향을 즐기는 운치야말로 진짜 지우펀의 감성을 느끼는 시간이다. 미용에 좋은 계화밀(桂花蜜), 연화차(蓮花茶)가 특히 유명하며 술 생각이 난다면 사장님이 직접 담근 계화향이 매혹적인 계화다주(桂花茶酒)를 추천한다.

🍴 차세트 1인 NT$320~, 계화다주(桂花茶酒, 꿰이화차지우) NT$250
📍 No. 20, Shuqi Road, Ruifang District, New Taipei City 🚶 지우펀 버스정류장에서 도보 7분 🕐 10:00~21:30 📞 02-2496- 0833
🏠 ameiteahouse.com 🧭 25.108626, 121.843606 🔍 아메이차루

······························ **TIP** ······························
수치루를 기준으로 분위기 좋은 찻집이 여럿 있다. 특히, 해열루경관차방(海悅樓景觀茶坊)은 수치루의 상징과도 같은 아매다루의 멋진 전경을 바라볼 수 있는 야외 좌석이 유명하니 참고하자.

아주설재소 阿珠雪在燒 🔊 아쭈씨에짜이싸오

땅콩 아이스크림 전병

가루처럼 보슬보슬하게 갈아낸 땅콩엿을 전병(煎餅) 위에 올리고 아이스크림 한 덩어리를 얹은 후 둘둘 말아주는데 길쭉한 모양이 무척 먹음직스럽다. 샌드위치처럼 한입씩 편하게 먹을 수 있어 골목길 산책을 할 때 주전부리로 딱이다. 시원하면서도 달콤한 맛도 일품. 일반적으로 고수를 넣을지 말지 물어보거나 외국인처럼 보이면 미리 빼주기도 하지만, 직접 빼달라고 얘기해봐도 좋다. "뿌야오 샹차이(不要香菜)."

🍴 화생빙기림(花生冰淇淋, 화성삥치린) NT$50 📍 No. 20, Jishan Street, Ruifang District, New Taipei City 🏃 지우펀 버스정류장에서 도보 3분 🕐 12:00~18:00 📞 02-2497-5258
🌐 25.108896, 121.845408 📍 아주땅콩아이스크림

일묘전 一畝田 🔊 이무티엔

둘째가라면 서러운 지우펀 소롱탕포 맛집

일묘전은 상가가 빼곡하게 들어선 기산가(基山街)와 홍등이 커지는 수치루(豎崎路)가 만나는 길목에 있어 접근성이 좋다. 입구에 주렁주렁 매달린 닭요리 방산토계(放山土雞, 팡산투지)가 메인 요리긴 하지만 차갑고 물컹한 식감으로 우리나라 여행자에게는 호불호가 갈릴 수 있다. 그보다는 장조림덥밮인 노육반(魯肉飯)과 함께 구수한 육수가 있는 만두 소롱탕포(小龍湯包)를 추천한다. 노육반도 괜찮지만 특히 소롱탕포는 지우펀 최고의 맛이다.

🍴 노육반(魯肉飯, 루로우판) NT$50, 소롱탕포(小龍湯包, 씨아롱탕빠오) NT$120 📍 No. 155, Jishan Street, Ruifang District, New Taipei City 🏃 지우펀 버스정류장에서 도보 7분 🕐 10:00~20:00
📞 02-2496-5299 🌐 25.108070, 121.843728 📍 4R5V+7G

구분유기원미우알병 九份游記原味牛軋餅 🔊 지우펀요우지위엔웨이니우야삥

지우펀에 자리 잡은 누가크래커 맛집

긴 상호 덕분에 주소지인 지우펀 55호로 더 많이 알려진 곳으로 특히 한국인에게 인기가 많은 누가크래커 맛집이다. 단짠의 궁합이 절묘한데, 다른 곳에 비해 단맛도 짠맛도 강한 편이라 취향에 따라 만족도는 달라질 수 있다.

🍴 1박스(15개) NT$180 📍 No. 55, Jishan Street, Ruifang District, New Taipei City 🏃 지우펀 버스정류장에서 도보 5분
🕐 09:00~19:30 📞 0931-394-553 🌐 25.108581, 121.845200
📍 지우펀55호

아감이우원 阿柑姨芋圓 🔊 아간이위위엔　　　　　지우펀 전경을 보며 즐기는 타로볼 맛집

1960년 오픈한 곳으로 타로볼의 원조 맛집이라 불린다. 다양한 곡물을 먹을 수 있는 건강식이자 고소하며 쫄깃한 식감도 그만이다. 타로볼 아래 시원한 얼음이 자박한 우원빙이 대표 메뉴지만 토란, 고구마, 팥, 녹두 등 다양한 재료가 혼합된 따듯한 우원종합탕도 괜찮다. NT\$10을 내면 우유를 추가할 수 있으니 참고하자. 구입한 타로볼을 들고 아감이우원 안쪽에 있는 복도를 따라가면 통창 너머로 지우펀의 창밖 풍경을 감상할 수 있는 넓은 홀이 나온다. 창가 자리에 앉아 느긋하게 타로볼을 즐겨보자.

🍴 우원빙(芋圓氷, 위위엔삥) NT\$55, 우원종합탕(芋圓綜合湯, 위위엔쫑허탕) NT\$55
📍 No. 5, Shuqi Rd, Ruifang District, New Taipei City 🚶 지우펀 버스정류장에서 지우펀라오제(九份老街)에 들어와 길을 따라 쭉 직진하다 작은 사거리에서 왼편의 계단(竪崎路, 수치루)따라 올라가면 계단 끝에 우측편으로 보임(도보 11분) 🕐 09:00~20:30(토·일 ~21:00) 📞 02-2497-6505
🎯 25.10775, 121.84365 🔍 아간이 타로볼

금지홍조육원 총점 金枝紅糟肉圓(總店) 🔊 진쯔홍자오로우위엔(쫑디엔)　　　지우펀 최고의 완자 맛집

가오나시(센과 치히로의 행방불명 중)에게 진상하던 빨간 떡과 흡사한 모양의 홍조육원으로 명성이 높다. 감자, 고구마, 쌀 전분을 배합해 만든 겉피에 고기와 죽순이 어우러진 소를 넣고 살짝 튀겨 내어주는데, 겉피의 쫄깃함과 소의 아삭함이 잘 어울린다. 또한 탱글한 완자의 풍미가 기막힌 곳이니 역시 놓치면 아쉽다. 어묵탕과 비슷한 국물 안에 돼지고기, 생선(대구), 구운 햄, 김치, 문어 맛까지 총 5개의 완자가 들어 있는 오미종합환탕을 주문해보자. 하나같이 오감이 만족스럽다.

🍴 오미종합환탕(五味綜合丸湯, 우웨이쫑허완탕) NT\$70, 금지홍조육원(金枝紅糟肉圓, 진쯔홍자오로우위엔) NT\$60 📍 No. 112, Jishan St, Ruifang District, New Taipei City
🚶 지우펀 버스정류장에서 도보 7분 🕐 10:00~19:00 📞 02-2496-0240
🎯 25.10885, 121.84392 🔍 4R5V+CH

07

구분다방 九份茶坊 Jioufen Teahouse ◀)) 지우펀차팡

백년가옥에서 즐기는 지우펀의 정취

광산부자 옹산영(翁山英)이 살던 백년 가옥을 찻집으로 개조한 곳이다. 내부는 차(茶) 박물관이라 해도 손색없을 만큼 다양한 다구(茶具)가 진열되어 있으며, 널찍하게 조성된 야외 테이블에서 모락모락 피어오르는 차향을 즐기며 지우펀의 온화한 풍경을 감상하는 맛도 그만이다. 포장된 찻잎을 구매하여 제공되는 다구에 직접 우려 마시는 방식이며 남은 찻잎은 포장된 상태로 가져갈 수 있어 가격은 조금 비싼 편이지만 값어치는 충분하다. 찻잎 구매 전 시음이 가능하니 기호에 따라 골라보자.

✖ 찻잎 NT$600~1,200(다구 비용 별도) ♥ No. 142, Jishan Street, Ruifang District, New Taipei City ☆ 지우펀 버스정류장에서 도보 7분 ⏰ 12:00~19:00(토 ~20:00) ☎ 02-2496-9056 ⊘ 25.108193, 121.843538 ♀ 지우펀차팡

> **———— TIP ————**
> **타이완에서 차를 마시는 방법**
>
> 타이완의 다관(茶館)에서는 대부분 뜨거운 물을 부어 찻잎을 우려내는 방식인 포다법(泡茶法)으로 차를 제공한다. 일반적으로 첫 번째는 찻잎을 20초가량 우려낸 후 마시고, 두 번째는 30초, 매 10초씩 늘려가며 최대 6회까지 우려내어 마신다. 첫 번째로 우려낸 차는 먼저 찻잔을 살짝 헹군 후 나머지를 마시는데, 차를 마시기 전에 찻잔을 들어 올려 차향을 먼저 음미하는 것이 좋다.

행복당 구도구점 幸福堂(舊道口店) ◀)) 씽푸탕(지우따오커우디엔)

시먼딩에 대표점을 둔 버블티 맛집

몇 년 새 여러 이유로 타이완의 흑당 버블티 전문점이 속속 문을 닫았지만, 2017년 타이완의 신주시(新竹市)에서 시작된 행복당은 타이완을 넘어 전 세계로 뻗어 나가는 기염을 토했다. 먹음직스러운 타피오카 펄의 제조 과정을 보여주는 퍼포먼스가 그 성공의 주역으로 꼽힌다. 사탕수수에서 뽑아낸 흑당으로 졸인 타피오카 펄의 부드러움과 신선한 우유의 조화를 느껴보자. 시먼딩에 있는 대표점(구글맵 검색어 : Xing Fu Tang Flagship)을 방문해도 좋다.

✕ 흑당버블티(Signature Brown Sugar Boba Milk) NT$100
📍 No. 5, Jishan St, Ruifang District, New Taipei City 🏃 지우펀 버스정류장에서 도보 2분 🕐 10:00~20:00 📞 02-2496-5161
🏠 www.xingfutang.com.tw 🎯 25.10935,121.84557
🔎 4R5W+P6 / 혹은 xing fu tang으로 검색

구분기묘식광 九份奇喵食光 ◀)) 지우펀치미야오쓰꽝

지우펀 고양이의 소품점 & 커피숍

지우펀을 뛰노는 고양이가 그려진 예쁜 소품들이 눈길을 사로잡는다. 퍼즐, 타올, 티 코스터, 엽서 등 다양한 소품 위에 우아한 색채로 그려진 도안은 고양이를 사랑하는 화가 임종범(林宗範)의 예술 작품이니 그 가치도 높다. 인터넷에서 구할 수 없는 상품이라 기념품이나 선물용으로 손색이 없다. 같은 사장님이 운영하는 2층 커피숍에는 고양이가 타이베이 곳곳을 여행하는 예쁜 벽화가 그려져 있으며, 상점 우측 골목(2층 커피숍으로 가는 길목)에 진과스에서 금을 캐는 고양이 벽화가 그려져 있으니 참고하자.

💰 엽서 NT$40, 코스터 NT$200 📍 NO.5, Zhongshan Lane Ruifang District, New Taipei City 🏃 지우펀 버스정류장에서 도보 10분 🕐 10:00~19:00 📞 02-2406-1288 🎯 25.10805, 121.84374 🔎 4R5V+6F

시성도적 是誠陶笛 Taiwan Ocarina 🔊스청타오디

도자기에서 울려 퍼지는 청량한 음색

고양이, 부엉이, 바이올린 등 다양한 디자인으로 구워진 도
자기에 화려한 색상을 입힌 예쁜 오카리나가 가득한 곳. 도
자기 장인인 큰형 진금속(陳金續, 천진쒸)을 필두로 4형제
가 함께 운영하는 곳이다. 아이러니하게도 음악에는 모두
문외한이었으나 현재는 오카리나 악보를 창조해낼 정도의
마스터로 성장했기에 "30초면 배울 수 있고, 2일이면 달인
이 된다."는 그의 말이 더욱 실감 난다. 6개의 구멍으로 15
개의 음색을 표현할 수 있는 오카리나의 청량한 음색도 직
접 느껴보자.

🚌 오카리나 NT$200~ 📍 No. 8, Jishan Street, Ruifang District,
New Taipei City 🚶 지우펀 버스정류장에서 도보 3분
🕙 10:00~18:00 📞 02-2406-1721
📍 25.109054, 121.845477 🔎 스청타오디

구분목극왕 九份木屐王 🔊지우펀무지왕

실용적인 나막신에 패션을 입히다

가전 비법으로 제작한 수공예 나막신 전문점. 광택 소재의
장신구를 박아 형형색색의 화려함을 입힌 세련미가 덧보인
다. 견고하고 굴곡의 변화가 아름다워 패션 소품으로도 손
색이 없으며, 특히 앙증맞은 사이즈로 제작한 유아용 나막
신은 충동구매를 불러일으키니 유의하자.

🚌 샌들 NT$400~ 📍 No. 22, Jishan Street, Ruifang District,
New Taipei City 🚶 지우펀 버스정류장에서 도보 5분
🕙 10:30~18:30 📞 02-2496-9814 📍 25.108721, 121.845293
🔎 구분목극왕

REAL GUIDE

아름다운 바닷가 마을 여행
푸롱

타이베이역에서 기차를 타고 약 1시간 30분을 달리면 천혜 절경의 해안도로를 자전거로 즐길 수 있는 푸롱이 나온다. 쉴 새 없이 뺨을 스치는 시원한 바닷바람과 함께 정겨운 어촌 풍경을 보면서 자유여행을 즐길 수 있다. 푸롱역에서 내리자마자 바로 자전거나 전동 자전거를 빌려 여행을 시작해보자.

타이베이역 ○————— 기차[TRA] ⏱ 약 1시간 🚄 NT$49 —————○ 푸롱역(福隆車站)

여행 준비

자전거 대여하기

복룽파사만각답차전업출조 福隆波斯灣脚踏車專業出租
푸롱역에서 가까워 여행 출발지로서 최적의 장소. 또한 다른 대여소와 다르게 시간 제한이 없어 한가롭게 다니기 좋다. 비용은 일반 자전거가 NT$100~200, 전동 자전거는 NT$300이고, 운영 시간은 08:00~18:00이다. 푸롱역에서 나와 정면 끝 삼거리에 있어 쉽게 찾을 수 있다.

도시락 사기

항야편당 鄕野便當 Rustic lunch
절인 고기와 소시지, 계란을 포함한 여러 가지 야채볶음이 들어 있는 타이완식 도시락 항야편당(鄕野便當, NT$70)을 판매하는 곳으로, 자전거 여행을 떠나기 전에 들르면 좋다. 푸롱역 바로 앞에 있으며, 영업 시간은 09:00~17:00이다.

푸롱해수욕장 福隆海水浴場 Fulong Beach ◀» 푸롱하이쉐이위창   모래로 만든 예술품을 감상하다

해수욕은 물론 카약, 수상스키, 요트 등 해양 레포츠를 즐길
수 있는 해변이다. 조각에 적합한 모래로 공인받은 보슬보슬
한 금색 모래가 매력적인 곳으로, 매년 4~8월에 개최하는 복
륭국제사조예술계(福隆國際沙雕藝術季, 푸롱궈지싸디아오
이쑤지)에 참석한다면 모래로 만들 수 있는 최고의 예술 조각
품을 만나볼 수 있다. 기간이 맞으면 바이크 여행과 함께 신나
는 푸롱을 여행해 보자.

📍 No. 42, Fulong Street, Gongliao District 🏃 푸롱역(福隆車站)에
서 도보 8분 🕐 모래축제 기간 08:00~17:30(토·일 ~20:30) 🎫 모래
축제 기간 NT$100 📞 02-2499-1188 📍 25.022047, 121.943173
🔎 Fulong Beach

구초령수도 舊草嶺隧道 Old Caoling Tunnel ◀» 지우차오링수이따오   진짜 바이크 여행이 시작되는 곳

일제강점기에 개통한 2.2km 철도 터널이 2008년부터 자전거
전용 터널로 전환되었다. 긴 터널을 통과하는 것도 흥미롭지
만, 터널을 빠져나온 후부터 자전거 도로와 어촌 마을을 넘나
드는 진짜 모험이 시작된다. 돌고래 투어로 유명한 구이산(龜
山島)이 한눈에 보이는 사각굴관경대(四角窟觀景台), 돌벽이
인상적인 묘오석두고조(卯澳石頭古厝), 그리스 산토리니가
연상되는 삼초각조보(三貂角碉堡) 등 볼거리가 가득하다.

📍 No. 16-2, Wailonglin Street, Gongliao District 🏃 푸롱역(福隆
車站)에서 자전거 8분 🕐 08:30~17:00(터널 이용 시간 유의)
📍 25.003979, 121.958341 🔎 Old Caoling Tunnel

삼초각등탑 三貂角燈塔 ◀» 푸롱하이쉐이위창   유럽풍으로 조성된 동쪽 끝자락의 등대

1929년 두 척의 함선이 난파되며 건축된 등대(1935년)로 제
2차 세계대전 때 폭격으로 일부가 함몰되기도 했던 여러 역
사적 사건을 품고 있는 곳이다. 유럽풍으로 조성된 건물은 웨
딩 사진 촬영 장소로 인기가 높으며 산 정상에서 내려다보이
는 어촌의 풍경도 일품이다. 언덕 경사가 심해 자전거로는 오
르기 힘들지만, 대로 옆 주차장에 자전거를 세우고 사잇길(목
재 계단)로 20분 정도 오르면 정상에 닿는다. 넉넉한 일정으
로 왔다면 한번 올라가 보자.

📍 No. 38, Magang Street, Gongliao District 🏃 푸롱역(福隆車站)
에서 자전거 45분 📞 02-2499-1300 📍 25.007556, 122.001892
🔎 Sandiaojiao Lighthouse

양명산국립공원
陽明山國家公園

#꽃축제 #화산체험 #절경 #대초원 #온천

양명산은 봄에는 다양한 꽃 축제, 여름에는 나비 축제가 열리고, 가을에는 억새풀로 가득해지고 겨울에는 타이완에서 보기 힘든 눈까지 내리는 자연의 보고와도 같은 곳이다. 타이베이 최고봉으로 해발 1,200m 높이의 고산이지만, 순환 버스로 원하는 스폿까지 갈 수 있으니 체력적 부담도 크게 없고 조금 과장하자면 슬리퍼를 신고 다녀도 될 정도로 편하게 걸어 다닐 수 있다. 타이베이의 매력은 도심과 자연의 조화로움에 있으니 일정 중 하루는 자연의 아름다움을 만끽해 보길 추천한다.

ACCESS

- 타이베이역 ▶ 260번 버스 ▶ 양명산 버스정류장(陽明山總站)   ⏱ 약 50분   💰 NT$30
- 타이베이역 ▶ 1717번 버스 ▶ 양명산 버스정류장(陽明山總站)   ⏱ 약 50분   💰 NT$58

*버스 회사가 달라 버스정류장 위치와 요금도 다르다.

02 이자평

티엔라이 리조트 & 스파 📷

📷 죽자호(정호) / 대상원

03 소유갱

01 죽자호

📷 죽자호(하호) / 대제전생태농원

경천강 05

🚌 죽자호파출소 정류장

04 냉수갱

🚌 양명산 버스정류장

초산야미면 02

01 옥정상

Xingyi Rd

108번 버스를 타고 즐기는 양명산 여행

양명산 여행을 할 때 가장 중요한 버스다. 양명산 버스정류장에서 출발해서 죽자호, 소유갱, 냉수갱, 경천강을 지나 다시 양명산 버스정류장으로 돌아오므로, 이 버스만 잘 활용하면 하루 동안 양명산의 주요 명소는 모두 둘러볼 수 있다. 양명산에 도착하면 곧바로 108번을 타고 투어를 시작하자.

🕐 배차 간격은 평일 30~40분, 주말은 20~30분이다.
🚏 NT$15

0   500m

Ⓜ 명덕(밍더)

Dexing East Rd

양명산국립공원
상세 지도

Ⓜ 지산(즈산)

📷 국립고궁박물원

죽자호 竹子湖 🔊쭈즈후

01

높은 산맥에 겹겹이 둘러싸인 분지 형태의 죽자호는 꽃의 낙원으로 불리는 곳이다. 그래서 봄부터 여름까지 다양한 꽃 축제가 열리기도 한다. 특히 유명한 것은 3~4월에 열리는 칼라 축제와 5~6월의 수국 축제. 이 기간에 방문하면 저마다의 색상으로 만개한 아름다운 꽃들의 향연을 만끽할 수 있다. 버스정류장에서 내려 죽자호를 향해 천천히 산책하면서 주변 꽃들을 구경해도 되지만, 이왕이면 제대로 꽃을 가꾼 농원에 입장해서 보는 것이 좋다. 죽자호는 크게 두 개의 구역으로 나눌 수 있는데, 대상원이

있는 곳은 정호(頂湖), 대제전생태공원이 있는 곳은 하호(下湖)라고 한다. 정호와 하호를 모두 둘러보려면 시간이 너무 많이 걸리기 때문에 방문 시기에 따라 선택적으로 둘러보는 것이 좋다. 수국이 만개하는 5월~7월에 방문하는 여행자는 하호로 가자. 계단식으로 조성된 꽃밭이 독특한 대제전생태농원에서 저마다의 색상으로 활짝 핀 수국의 향연을 만끽할 수 있을 것이다.

칼라가 피는 2월~4월에 방문한다면 정호를 추천한다. 높은 산들에 겹겹이 둘러싸인 분지 형태

의 정호는 칼라가 만발하는 시기에 어디에서도 볼 수 없는 장관을 연출한다. 경관이 멋진 정호의 경우 칼라의 개화 시기가 아니더라도 자연의 아름다움을 즐기기에 충분한 곳인 만큼 양명산 여행을 계획했다면 꼭 일정에 넣어두자. 참고로, 어느 농원이든 약 NT$100의 비용을 내면 음료 한 잔 또는 꽃을 받을 수 있다.

죽자호 정호(竹子湖頂湖) / 대상원(大賞園)
📍 No.67-7, Yangming Creek Walkway, Beitou District
🚶 108번 순환버스 탑승. 죽자호파출소(竹子湖出所)에서 하차 후 도보 20분 🕐 07:30~18:00 📞 0914-060-199
🌐 25.17887, 121.53882 📍 5GHQ+FG

죽자호 하호(竹子湖下湖) / 대제전생태농원(大梯田生態農園)
📍 No.33-7號, Yangming Creek Walkway, Beitou District
🚶 양명산 버스정류장 또는 죽자호파출소에서 小8, 小9, 129번 버스 탑승. 죽자호(竹子湖)에서 하차 후 도보 10분
🕐 07:30~18:00 📞 0917-639-439 🌐 25.17162, 121.53074
📍 Datitian

------------------------------- **TIP** -------------------------------
죽자호 하호에서 정호까지는 도보로 30분 정도 걸리는데, 가는 길에 음식점이 밀집되어 있으니 출출한 여행자는 참고하자.

이자평 二子坪 🔊 얼즈핑   산자락 사이에 터를 잡은 푸르른 초원

이자평은 화산 활동에 의해 만들어진 평지로 초원 생태계의 중심으로 꼽힌다. 울창한 산림에 둘러싸여 있고 맑은 공기와 깨끗한 햇살까지 공급받고 있으니 공기마저 투명하게 느껴진다. 목재 데크가 깔린 숲속 길을 산책하고 나면 몸도 마음도 개운해지는 느낌을 경험할 수 있다. 다만 버스에서 내린 후 도보로 30분가량 이동해야 하는 곳이니 일정이 넉넉한 여행자만 고려하자.

📍 No.1-20, zhuzihu RaRd, Beitou District 🚶 108번 순환버스 탑승 후 이자평(二子坪)에서 하차 🎫 무료 📞 02-2862-6246
🌐 25.186098, 121.525240
📍 Erziping Trail

소유갱 小油坑 🔊 씨아오요우컹

양명산에서 즐기는 화산 체험

칠성산 내부에 남아 있던 화산 잔재가 단면층을 뚫고 나오며 생긴 곳으로 금방이라도 폭발할 것처럼 산중턱에서 가득한 연기를 뿜어내는 곳이다. 유황 냄새가 조금 강하긴 하지만, 수증기 열기가 전해질 만큼 가까이에서 화산 활동을 보는 특별한 경험을 할

수 있다. 전망대 주위 곳곳에서 뜨거운 연기들이 새어나오니 아이와 함께 방문한다면 화상에 각별히 주의하는 것이 좋다.

📍 No. 69 Zhizihu Rd, Beitou District 🏃 108번 순환버스 탑승 후 소유갱(小油坑)에서 하차
🕐 09:00~16:30
📞 02-2862-6246
📷 25.176896, 121.547543
🔍 Xiaoyoukeng Recreation Area

냉수갱 冷水坑 🔊 렁쉐이컹

족욕으로 피로를 풀어보자

섭씨 40도 수온의 온천으로 다른 온천에 비해서 낮은 온도가 특징이다. 공공시설이라 무료로 이용할 수 있으며 족욕탕과 온천탕으로 구분되어 있다. 온천탕은 실내로 여행자들이 이용하기가 쉽지 않지만 족욕탕은 야외에 있어 편하게 이용할 수 있으니 꼭 체험해보자. 여유가 된다면 냉수갱 관광안내소 옆 산길을 따라 도보 7분 정도 거리에 있는 우내호(牛奶湖)까지 산책을 해보자. 화산활동이 끝난 후 자연적으로 만들어진 호수로 특이한 우윳빛 색상이 시선을 끄는 매력적인 곳이다.

📍 No. 170, Lane 101, Jingshan Rd, Shilin District 🏃 108번 순환버스 탑승 후 냉수갱(冷水坑)에서 하차 🕐 08:45~12:00, 13:20~16:35(월 휴무) 🎫 무료 📞 02-2862-6246
📷 25.167959, 121.562647 🔍 Lengshuikeng

경천강 擎天崗 ◀)) 칭티엔강

화산 활동으로 만들어진 해발 770m의 분지로, 1934년에 목장으로 개간된 곳이다. 머리 위로 쏜살같이 지나가는 선명한 구름, 산봉우리가 끝도 없이 포개진 그림 같은 풍경을 즐길 수 있어 목재와 자갈로 잘 정돈된 보도를 걷는 것만으로도 기분이 좋아진다. 방목된 소가 자유로이 풀을 뜯는 모습도 매력적이고(겨울 제외), 가을철 억새풀 가득한 산세의 절경도 그만이다. 주말이면 연인, 가족, 친구끼리 삼삼오오 소풍을 즐기는 현지인으로 가득해지니 가급적 한가로운 평일에 방문하는 것을 추천한다. 날씨 변화가 심하니 우산이나 일회용 우비를 준비하는 것이 좋다.

📍 No. 246, Lane 101, Jingshan Rd, Shilin District
🚶 108번 순환버스 탑승 후 경천강(擎天崗)에서 하차 🕐 24시간
🎫 무료 📞 02-2861-3601 📍 25.167239, 121.574214
🔍 칭티엔강 대초원

──────── TIP ────────
마치 소풍이라도 온 것처럼 간식을 즐기기 좋은 곳이다. 다행히 경천강 관광안내소 옆 작은 매점에서 종자(粽子, 쭝즈)를 비롯해 다양한 먹거리를 판매하고 있으니 참고하자.

옥정상 屋頂上 The Top 🔊 우딩상

산자락의 대저택에서 즐기는 펍

외관은 그저 조용한 레스토랑으로 보이지만 안으로 들어서면 입이 다물어지지 않을 만큼 멋진 풍경이 펼쳐진다. 계단식으로 지어진 건물은 위에서부터 약 7층의 단계로 구성되며 그 너머로 타이베이의 전경이 시원하게 시야에 들어온다. 야외 좌석은 위치에 따라 숯불구이 BBQ와 타이완 요리로 구분이 되는데, 이왕이면 타이완 요리를 주문할 수 있는 좌석을 선택하자. 다만, 특별히 맛을 기대하고 가는 곳은 아니니 칵테일이나 맥주 등 펍 느낌으로 즐기는 것도 좋다(1인 최소 비용 NT$350).

🍴 옥정제일특조(屋頂第一特调, 우딩디이터티아오, 칵테일) NT$285, 마고설어(蘑菇鳕鱼, 모구씨에위, 대구살을 버섯과 함께 튀긴 요리) NT$370 📍 No. 33, Alley 4, Lane 61, Kaixuan Road, Shilin District 🚶 260번 버스를 타고 문화대학(文化大學) 버스정류장에서 하차 후 문화대학교 후문으로 이동하면 산비탈 아래로 보임(도보 35분) ＊택시 추천 ⏱ 17:00~03:00 📞 02-2862-2255 🏠 compei.com 📍 25.133596, 121.539411 📍 The Top

초산야미면 草山夜未眠 🔊 차오산

공중 정원에서 즐기는 나이트 파티

1996년 커피와 간식을 판매하던 포장마차에서 돈키호테에 버금갈 엉뚱한 상상력으로 지금의 초산야미면을 만들어냈다. 이곳의 마스코트인 180년 된 나무를 중심으로 마련된 야외석은 마치 허공에 떠서 또 다른 세계에 발을 디딘 것처럼 비현실적이다. 게다가 타이베이 시내가 한눈에 내려다보이는 아름다운 야경은 옥정상보다 한 수 위에 있다. 옥정상과 마찬가지로 유일한 단점이라면 오로지 불편한 교통뿐이다(1인 최소 비용 NT$150).

🍴 장도빙차(長島冰茶,창따오삥차, 롱아일랜드아이스티) NT$310, 궁보계정(宮保雞丁, 꿍빠오지딩, 매운 닭요리) NT$300

📍 No. 99, Alley 81, Lane 25, Dongshan Rd, Shilin District, Taipei City, 111 🚶 260번 버스를 타고 문화대학(文化大學) 버스정류장에서 하차 후 문화대학교 후문으로 이동하면 산비탈 아래로 보임(도보 35분, 택시 추천) ⏱ 16:00~03:00(토·일 15:00~) 📞 02-2862-3751 🏠 chousan.com.tw 📍 25.134109, 121.535461 📍 4GMP+J5

신선들이 즐기는 노천 온천
티엔라이 리조트 & 스파
Tien Lai Resort & Spa

베이터우, 우라이와 함께 타이베이 3대 온천으로 손꼽히는 양명산 온천. 그중에서 티엔라이 리조트는 pH 5~6의 약산성 온천수로 타이베이에서 가장 거대한 온천리조트이자 자연 그대로의 조화가 너무도 아름다운 곳이다. 타이베이역 기준 1시간 30분 정도 소요되므로 당일치기 온천 여행지로도 손색이 없다. 목욕탕처럼 즐기는 실내 사우나와 타이완 최대 규모의 노천탕, 온천수로 지압을 받을 수 있는 스파수세계(SPA水世界)까지 다양한 온천 시설을 갖추고 있는데, 수풀 우거진 아름다운 산속에 자리 잡고 있어 그야말로 천상의 낙원을 떠오르게 한다. 자연 풍경을 즐기며 따뜻한 온천수에 몸을 녹이는 작은 사치를 누릴 수 있으니 커플 여행이나 가족 여행이라면 하루 정도 시간을 내서 방문할 가치가 있다.

📍 No. 1-7, Mingliu Road, Jinshan District 🚶 타이베이역 버스정류장에서 1717버스 이용. 천회도가주점(天籟渡假酒店) 정류장에서 하차
🕐 08:00~22:00 🎫 노천탕+스파수세계 NT$1,500 / 사우나 NT$600
📞 02-2408-0400 🏠 www.tienlai.com.tw 🧭 25.201942, 121.595417 📍 Yangmingshan Tien-Lai Resort & Spa

우라이
烏來

#온천마을 #원주민마을 #볼란도 #타이야족 #케이블카 #운선낙원

타이완 원주민 타이야족(泰雅族)의 고장. 원주민 말로 뜨거운 물이라는 뜻의 '우라이'에 한자 발음을 차용하여 우라이(烏來)라는 이름을 붙인 곳으로 지명 유래에서도 알 수 있듯이 예로부터 온천수가 풍부했던 마을이다. 우라이 온천 마을은 강을 따라 형성되어 있는데, 에메랄드빛 강물도 아름답지만 강 곳곳에서 천연 온천수가 솟아 그 자체로 노천 온천이 되는 모습도 신비롭다. 복잡한 도심을 벗어나 조용히 휴식을 취하고 싶다면 숲과 강으로 둘러싸인 소박한 온천 마을 우라이는 최고의 여행지가 될 것이다.

ACCESS

• 타이베이역 ▶ 849번 버스 ▶ 우라이 버스정류장(烏來總站) ⏱ 1시간 40분 💰 NT$45

🚌 옌티 버스정류장

05 볼란도 우라이 스프링 스파 & 리조트

우라이
상세 지도

Huanshan Rd

🚌 우라이 버스정류장

우라이태아민족박물관 02   📷 우라이라오제

01 여방특산점

01 아춘미식

우라이 교통 정보

우라이를 가려면 849번 버스를 이용하는 게 가장 빠르고 편하다. 다양한 맛집과 상점이 모여 있는 우라이의 관문 우라이라오제(烏來老街)를 가는 여행자는 종점인 우라이 버스정류장(烏來總站)에서 내리면 되고, 우라이를 대표하는 볼란도 우라이 스프링 스파& 리조트를 곧바로 간다면 종점에서 두 정류장 전인 옌티 버스정류장(堰堤)에서 하차하면 된다. 볼란도에서 우라이라오제까지는 도보로 15분 정도 소요된다.

03 우라이 노천온천

📷 우라이 폭포

우라이태차 01   04 운선낙원

0   50m

우라이태차 烏來台車 <small>🔊 우라이타이처</small>

1928년 자재 운송을 위해 만든 철로는 현재 관광객을 싣고 우라이역에서 폭포역까지 1.5km 거리를 달리는 관광열차로 운행되고 있다. 우라이 폭포와 운선낙원(케이블카) 등 다른 명소까지 편하게 이동할 수 있고, 덜커덩 소리를 내며 철길 위를 달리는 아담한 열차에서 마을 풍경을 바라보는 재미도 쏠쏠하므로 처음 와보는 거라면 타볼 만하다. 폭포역에서 우라이라오제로 돌아올 때는 내리막길이라 천천히 걸어와도 좋다.

📍No. 57, Wenquan Street, Wulai District 🚶우라이 버스정류장에서 도보 15분. 우라이라오제에서 남승대교(攬勝大橋)를 건너 직진하면 정면으로 작은 목재 계단길이 보인다. 그 계단을 따라 올라가면 우라이태차역이 나온다. ⏰09:00~17:00 🎫편도 NT$50 📞02-2661-7826 🏠recreation.forest.gov.tw/Forestry 📍24.861312, 121.551093 🔎우라이 관광 열차

우라이태아민족박물관 烏來泰雅民族博物館 <small>🔊 우라이타이야민주보우관</small>

타이완 원주민 타이야족(泰雅族)의 생활 습관과 풍습을 엿볼 수 있는 박물관. 다양한 전시 모형이 있어 이해하기 쉬우며 시청각 자료도 있어 아이와 함께하는 여행이라면 한번 가볼 만하다. 더위를 잠시 피하기에도 좋은 곳이며 박물관 안쪽에는 원주민 기념품점도 있으니 함께 둘러보자. 참고로, 우라이라오제를 잇는 다리에 빼곡히 그려진 빨간색의 마름모꼴 도형이 바로 타이야족을 상징하는 문양이다.

📍No. 12, Wulai Street, Wulai District 🚶우라이 버스정류장에서 도보 6분. 우라이라오제에 있다. ⏰09:30~17:00(토·일~18:00) 📞02-2661-8162 📍24.864104, 121.551511 🔎우라이 타이야 민족 박물관

우라이 노천온천 烏來露天溫泉 ◄») 우라이루티엔원취엔   에메랄드빛 강물에서 즐기는 노천 온천

태풍 사우델로르의 피해로 출입이 통제되었다가 4년간의 준설 작업을 거쳐 2019년 7월에 복구되었지만 아직 개방을 하지 않고 있어 아쉬움이 크다. 자갈을 들추면 뜨거운 온천수가 올라오는 신비한 강에서 즐기는 온천욕의 묘미는 그 무엇과도 비교할 수 없는 보물 같은 명소였기 때문이다. 다만, 강을 따라 걷다 보면 직접 자갈을 쌓아 자그마한 천연 욕탕을 만들어 온천욕을 즐기는 현지인들을 볼 수 있는데, 여행자 입장에서 제대로 온천을 즐기기에는 힘든 상황이다. 뜨거운 온천수가 흐르는 신기한 강물을 체험하는 정도로 만족하자.

♥ No. 35, Wenquan Street, Wulai District ⟨ 우라이 버스정류장에서 도보 15분. 우라이라오제에서 남승대교(攬勝大橋)를 건너 우측 길로 올라가다 보면 강 쪽으로 연결되는 좁은 샛길이 있다. ♥ Wulai Hot Springs

운선낙원 雲仙樂園 ◄») 윈시엔러위엔   산 정상에 자리 잡은 지상 낙원

자연 그대로의 모습을 보존한 곳으로 산과 계곡의 풍경을 즐기는 힐링 공간이다. 운선낙원 리조트에서 직접 운영하는 케이블카를 경험하는 것만으로도 방문할 가치가 충분하며 호수에서 즐기는 나룻배 화선호(划船湖)도 이곳에서만 할 수 있는 특별한 체험거리다. 케이블카를 타러 가는 길과 케이블카 하차 후 운선낙원으로 진입하는 길에 계단이 많아 체력적인 소모가 큰 편이지만 운선낙원에 도착하면 거의 평지라 편하게 걸어 다닐 수 있다.

♥ No. 1-1, Pubu Road, Wulai District, New Taipei City
⟨ 우라이태차 폭포역에서 운선낙원 케이블카 탑승
ⓘ 09:30~17:00(케이블카 운영시간) ⓟ 케이블카 이용료 왕복 NT$220, 화선호 NT$120(20분) ☏ 02-2661-6510
⌂ yun-hsien.com.tw ◉ 24.845248, 121.553902
♥ Yun Hsien Resort

볼란도 우라이 스프링 스파 & 리조트 Volandourai Spring Spa&Resort · 전망 좋은 미인탕에서 피부 힐링

예술가의 작품이 가득한 실내 유리창 너머로 에메랄드빛 강물이 흐르는 온천. 대욕장에서도 아름다운 자연을 감상할 수 있는 노천 온천이 구비되어 있는 우라이 최고의 온천 리조트다. 볼란도가 위치한 우라이의 온천수는 중성탄산수소나트륨으로 피부를 매끄럽게 하는 효능이 뛰어나 미인탕(美人湯)이라는 이름으로 불리기도 한다. 온천을 마친 후에도 한동안 피부가 미끈거리기 때문에 왠지 샤워를 덜 끝낸 듯한 기분이 들기도 하지만 음용이 가능할 정도로 청결하니 보습 효과라 생각하고 그 상태를 즐기면 된다. 리조트에서 제공하는 음식도 평이 좋으니 여유가 된다면 온천과 함께 식사를 즐겨도 좋다.

📍 No. 176, Section 5, Xinwu Road, Wulai District, New Taipei City 🚶 타이베이역에서 849번 버스를 타고 옌티 버스정류장(堰堤) 하차 후 도보 3분. 신점(新店, 신디엔)역에서 볼란도 셔틀버스 탑승(NT$50, 운행시간 홈페이지 참고) 🕐 08:00~23:00(목 12:00~)
🎫 프라이비트 온천탕(景觀湯屋) 1인 기준 4~9월 평일 NT$1,440, 주말 NT$1,600 / 10~3월 평일 NT$1,120, 주말 NT$1,280(입장 후 4시간 이용 가능) *볼란도 홈페이지는 한글이 지원되니 직접 예약하자.
📞 02-2661-6555 🏠 volandospringpark.com
📷 24.869411, 121.547672 🔎 볼란도 우라이 스프링 스파 & 리조트

아춘미식 啊春美食 🔊 아춘메이쓰

우라이 온천 마을의 특산품 중 하나인 마고(馬告, 마까오, 후추류의 향신료)가 가미되어 독특한 풍미를 뿜어내는 빙어튀김 작계어(炸溪魚, 짜씨위)와 민물새우 작계하(炸溪蝦, 짜씨샤)는 쫀득하고 고소한 죽통밥과 잘 어울리는 아춘미식의 대표 메뉴. 소금 간 베이스로 표고버섯과 함께 볶은 초산주총(炒山珠蔥)은 짭짤한 맛과 쪽파 특유의 아삭한 식감이 기가 막히는 요리로 타이베이 시내에서는 접하기 어려우니 꼭 맛을 봐야 한다. 다만, 멧돼지 볶음 초산저육(炒山豬肉)은 식감이 조금 질긴 편이니 참고하자.

✕ 초산주총(炒山珠蔥, 차오쭈총) NT$150, 황금작두부(黃金炸豆腐) NT$120, 정종죽통반(正宗竹筒飯) NT$80
📍 No. 109, Wulai Street, Wulai District 🚶 우라이 버스정류장에서 도보 4분 🕐 11:00~20:00(목 휴무) 📞 02-2661-7718
🏠 zh-tw.facebook.com 🌐 24.863525, 121.551458
🔍 아춘미식

여방특산점 麗芳特產品 🔊 리팡터찬핀

좁쌀(小米)을 원료로 한 소미주(小米酒)는 달콤하면서도 쌉싸름한 끝맛이 마치 막걸리와 비슷한 원주민의 전통주. 골목 양옆으로 빼곡한 상점마다 각기 다른 맛을 내는데, 그중 가장 부드럽고 깔끔한 여방특산점의 소미주를 추천한다. 또한 도수가 다른 두 종류의 소미주를 구비하고 있어 취향 따라 구입하기도 좋다. 각 상점마다 대부분 시음이 가능하니 직접 맛을 보고 선택해도 좋다.

🎫 소미주(小米酒) NT$150~ 📍 No. 93, Wulai Street, Wulai District 🚶 우라이 버스정류장에서 도보 5분 🕐 08:30~ 20:00 📞 02-2661-6583 🌐 24.863891, 121.551521 🔍 여방특산점

우라이라오제 음식 열전

우라이라오제의 좁은 길 양쪽에는 사람들의 발길을 이끄는 맛집이 많다. 꼬치나 소시지처럼
전형적인 길거리 음식이나 달달한 간식도 있지만, 우라이에서만 맛볼 수 있는 독특한 명물 요리도
곳곳에 자리하고 있다. 발길 닿는 대로 걷다가 마음에 드는 음식을 찾아 도전해보자.

향장 香肠 ◀)) 씨양창

멧돼지로 유명한 우라이 마을에서 꼭 먹어야 할
것은 바로 향장. 훈제 향과 함께 느껴지는 달달한
풍미, 쫀득하게 씹히는 식감이 그만이다.

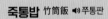

죽통밥 竹筒飯 ◀)) 쭈통판

길쭉한 대나무 통에 담아 쪄낸 우라이 명물
밥으로, 떡에 가까울 만큼 끈끈한 식감이 독특하
다. 잡곡이 섞여 있어 다양한 맛이 난다.

초산저육 炒山猪肉 ◀)) 산쭈로우

향신료와 함께 볶은 멧돼지 요리,
어느 식당을 막론하고 판매하는 요리로
우라이를 대표하는 요리 중 하나다.

초산주총 炒山珠蔥 ◀)) 차오쭈총

쪽파를 옅게 양념해서 기름에 살살 볶아낸 요리.
아삭한 식감과 단맛이 기가 막힌다.
타이베이 시내에서는 판매하는 곳이
별로 없으니 우라이에서 꼭 즐겨보자.

밀지과 蜜地瓜 🔊미디꽈

당 충전이 필요할 때 먹어야 하는 고구마맛탕.
우리나라의 맛탕과는 달리 쫀득쫀득하면서도
촉촉하다.

민물빙어 작계어 炸溪魚 🔊짜씨위
& 민물새우 작계하 炸溪蝦 🔊짜시샤

바삭한 튀김옷을 입은 새우와 빙어,
짭짤하면서도 고소한 맛으로 맥주와 잘 어울린다.
보통 한 접시에 새우와 빙어를 함께 담아 내온다.

산분원 山粉圓 🔊산펀위엔

열매 씨앗의 표피가 물에서 팽창하며
마치 분원(粉圓, 개구리알 모양의 진주)처럼 보인다 하여
산분원이라 일컫는다. 달콤하고 청량하며 특히 깨알 같은 씨앗의
부드러운 표피가 주는 식감이 독특하니 놓치지 말고 꼭 경험해 보자.

온천차엽단 溫泉茶葉蛋 🔊원쳰차예딴

찻잎, 간장 등을 혼합한 양념장에 숙성시킨
계란으로 고소하고 부드러운 풍미가 일품이다.
양념장에 밴 향이 연해 누구나 즐길 수 있는,
삶은 계란의 업그레이드 버전이라 보면 된다.

온천피단 溫泉皮蛋 🔊원쳰피딴

진흙과 쌀겨를 계란이나 오리알 표면에 단단하게
바른 후 3개월 이상 숙성시킨 것으로 독특한 향이
코끝을 찌른다. 서양에서는 지옥란(地獄卵)이라고
불릴 만큼 생김새와 맛이 특별하다.

천상

구곡동

연자

REAL GUIDE

웅장한 자연이 주는 감동
화련 타이루거 협곡

태로각국립공원
太魯閣国家公園, 타이루거 협곡

#타이루거 협곡 #화련 #대리석협곡
#타이루거버스투어
#청수단애 #연자구 #칠성담

화련현(花蓮縣), 남투현(南投縣), 타이중시(臺中市)까지 여러 지역에 걸쳐 있는 엄청난 규모의 국립공원이다. 태로각 협곡이 속한 이곳은 16세기경 남투현에서 이주해온 원주민(새덕극족)이 이곳에서 살던 원주민과 교류하며 스스로를 트루쿠(Truku)족이라 부르게 됐고, 그들의 부족 이름을 한자음으로 차용하여 태로각(太魯閣)으로 불리기 시작했다. 태로각(太魯閣)을 타이완어(표준 중국어)로 발음하면 타이루거가 되며, 국립공원에 속해 있는 협곡을 지칭하여 타이루거 협곡으로 부른다. 영어명으로는 타루코 고지(Taroko Gorge)라 불리는 점도 알아두자.

● 사카당

● 장춘사

타이루거 방문자 센터 ●

칠성담 ●

· **화련현 花蓮縣** 화련현은 타이완의 동쪽 해안에 위치한 곳으로, 화련시 외 12개의 소단위 구역을 포함하고 있다. 1850년대 한족 타이완인이 이곳에 정착할 당시, 화련강이 동쪽 바다로 합류하며 소용돌이를 일으키는 모습을 보고 회란(回蘭)이라 불렀으나 현재에 와서는 발음만 차용하여 음과 뜻이 더 좋은 화련(花蓮)이 되었다. 타이완에서 가장 큰 면적을 가진 행정구역이지만, 대부분 산이며 평야는 전체 면적의 10%에 불과하며 위치 및 지형적으로 한국의 강원도에 해당한다 할 수 있다. 면적 대비 인구 비율(총 34만명)이 가장 낮은 지역이지만, 아미족(阿美族, 아메이주), 태로각족(太魯閣族, 타이루거주) 등 9만 명 이상의 원주민이 살고 있어(전체 원주민의 약 26%) 원주민 분포도가 가장 높은 구역으로 꼽힌다. 태로각국립공원을 관광하는 여행자는 화련시에 있는 화련역(花蓮車站)을 이용하게 되니 참고하자.

화련 버스터미널

일반 투어(자유여행/버스 투어/택시 투어)의 경우 어느 방법으로 여행하든 1인당 7~10만 원 정도의 비용이 소요된다. 버스 투어는 간단한 식사까지 제공되는 경우가 많으니 참고하자.

타이완하오싱에서 운영하는 자유 버스(310번) 투어라면 세 군데 정도를 보는 것이 한계. 가장 빠르고 효율적인 택시투어나 소그룹 벤 투어를 통해도 4~5곳의 여행지를 보는 것이 최선이다. 게다가 낙석 등으로 인해 협곡 내 교통이 정체되는 경우도 빈번하니, 어디를 어떻게 관람할지 사전에 결정해 두는 것이 중요하다. 이해를 돕기 위해 굳이 분류하자면 두 개의 협곡(연자구와 구곡동), 두 개의 바다(청수단애와 칠성담), 두 개의 산책길(사카당과 포락만조교), 한 곳의 사당(장춘사)과 사원(천상)이 있다. 이 중에서 세네곳의 우선순위를 정해두자. 이해를 돕기 위한 예시일 뿐이며 각각 완전히 다른 경관이니, 분류별 한 군데씩 선택할 필요는 전혀 없다. 한가지 더 참고해야 할 것은 청수단애의 경우 대중교통편(하오싱 버스)으로는 갈 수 없고, 별도의 투어 택시 혹은 버스로만 볼 수 있다. 또한 타이루거 협곡 투어시 오른편 창가에 앉는다면 지나는 길에 칠성담을 볼 수 있으며, 전반적으로 오른쪽 풍경이 더 좋은 편이니 참고하자.

🏠 www.taroko.gov.tw

택시 투어

택시 투어 업체P.317에 예약 후 타이베이에서 출발하여 관광하거나, 혹은 화련역까지 기차로 이동 후 화련역에서 택시를 잡아 일일 투어를 해도 된다. 다만, 중국어를 못한다면 편하게 전자의 방법으로 여행하길 추천한다. 4인승 기준 약 NT$6,500.

단체 버스 투어(가이드)

타이베이역에서 모여 타이루거 협곡을 관광하고 다시 타이베이역으로 복귀하는 버스 투어. 함께 다니는 여행객이 많아 소란스러울 수 있다. 물론 성향에 따라 단점도, 장점도 될 수 있을 듯하다. 1인당 약 NT$ 1,800

소그룹 벤 투어(가이드)

화련역 집결지(검은 오리조형물 앞)에 모여 타이루거 협곡 관광 후 다시 화련역에서 해산하는 투어. 약 6~7인 정도의 정예 여행객으로 출발하니 보다 온화하며 조용한 장점이 있다. 단점이라면 여행이라기보다는 견학하는 느낌도 든다. 역시 취향에 따라 다르게 느낄 수 있을 듯하다. 1인당 NT$700~1,000

차량 렌트 여행

여권 및 국제 운전면허증이 필요하다. 차량을 렌트하면 렌트사에서 제공하는 기본 보험이 적용되지만, 렌트를 계획한다면 한국에서 출발하기 전에 안전한 보험을 들어놓는 것을 추천한다.

🎫 10시간 NT$ 999 / 24시간 NT$1,625(주말 및 차종에 따라 다름)
🏠 중조조차 中租車 Chailease www.rentalcar.com.tw

오토바이 렌트 여행

역시 여권 및 국제 운전면허증이 필요하다. 다만, 오토바이 렌트의 경우 반드시 2종 소형 면허가 필요하다(국제운전면허증 A칸에 도장 필). 마찬가지로 렌트 시 기본적인 보험이 포함되나, 렌트를 계획한다면 한국에서 미리 보험을 들어두길 추천한다. 화련역 앞 오토바이를 상가 앞에 세워두고 영업하는 렌털 업체가 많으니 참고.

🎫 NT$300~800(8시간 기준) / 평일과 주말, 차종에 따라 다름

자유여행(기차)

타이베이역에서 기차를 탑승하여 화련역에 도착 후, 정면으로 보이는 화련버스터미널(Hualien Bus Station)에서 타이완하오싱(台灣好行) 310번 버스를 타고 여행을 시작하면 된다. 다만, 협곡을 다니는 버스 배차량이 적어 자유여행으로는 3군데 관광지 이상 둘러보기가 힘들다. 당일치기 여행자라면 단체 버스 투어, 소규모 벤 투어, 택시 투어 상품을 이용하길 추천한다.

TRA 열차 이용

타이베이역 ▶ 화련역

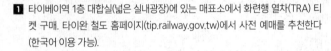

1 타이베이역 1층 대합실(넓은 실내광장)에 있는 매표소에서 화련행 열차(TRA) 티켓 구매. 타이완 철도 홈페이지(tip.railway.gov.tw)에서 사전 예매를 추천한다(한국어 이용 가능).

- 화련행 열차(TRA)중 한국의 새마을호에 해당하는 자강호(自強號) 등급의 열차를 탑승해야 고속으로 이동할 수 있다. 자강호는 보유마(普悠瑪), 태로각(太魯閣), 자강(3000)自強(3000)가 있으며 자강(3000)이 가장 많이 운행된다. 금액은 동일하게 NT$440이며, 06:13 첫차를 시작으로 22:00까지 시간당 2~3대 다닌다. 소요시간 약 2시간 20분.

- 인터넷 예매 시 역명이 많아 출발역과 도착역 검색이 어려울 수 있다. 아래 숫자 코드를 기입하면 자동으로 해당 역이 선택되니 참고하자. 타이베이역은 1000, 화련역은 7000이다.

2 타이베이역 지하 1층에 있는 '8-15' 개찰구로 들어가 4A 플랫폼에서 탑승. 플랫폼이 변경될 수도 있으니 전광판으로 해당 열차의 탑승 플랫폼을 확인하고, 개찰구에 있는 직원에게 티켓을 보여주며 플랫폼을 재확인하면 좋다.

3 화련역에 도착한 뒤 투어로 돌아보려면 취향에 따라 버스, 승합차, 택시 투어를 시작하면 된다. 자유여행을 원하는 여행자는 화련역에 도착한 뒤 정면으로 보이는 화련버스터미널(花蓮轉運站 / Hualien Bus Station)로 이동하여 310번 버스 탑승 후 타이루거 관광을 시작하면 된다.

- 타이루거 관광 시 버스 종점인 천상부터 관람하고 구곡동, 연자구 순으로 관광하는 것이 좀 더 편하지만, 아이러니하게도 천상은 식당 및 휴게 시설이 있는 곳이라 마지막으로 관람하는 것이 더 좋은 곳이다. 여행자의 취향에 따라 여행 방법을 정해보자.

타이완하오싱
(台灣好行, 대만호행)

310번 버스 이용
화련버스터미널 ▶ 타이루거 협곡

···········TIP···········
낙석으로 인한 버스 운행 제한

310번 버스는 타이루거 협곡에 낙석이 발생하면 구간 운행을 중지하고, 타이루거 초입에 있는 타이루거 방문자 센터(Taroko Visitor Center)까지만 제한 운행하는 경우가 있다. 이 경우 먼저 화련버스터미널에서 310번 버스를 타고 타이루거 방문자 센터까지 간 뒤 거기서 다시 302번 등의 버스로 갈아타 타이루거 협곡을 돌아보면 된다. 돌아갈 때도 마찬가지로 먼저 302번 버스를 타고 타이루거 방문자 센터까지 간 다음 310번 버스로 갈아타고 화련버스터미널로 이동하면 된다.

1 티켓과 버스 요금

1일 종일권(NT$250), 2일 종일권(NT$400)의 패키지가 있으나, 2025년까지 승차 요금을 반값 할인하고 있으므로, 개별적으로 내는 것이 훨씬 저렴하다. 종일 버스를 탑승해도 NT$200을 넘기지 않는다. 이지카드 사용이 가능하며, 상하차 시 카드를 찍어야 한다.

2 배차 시간

평일 6회, 주말 10회 운영하며, 시간당 1번꼴로 운행한다. 화련버스터미널에서 타이루거 협곡 방면은 06:30~13:40(휴일 16:10) 사이 운행하며 타이루거 협곡에서 화련버스터미널 방면은 08:40~16:30(휴일 08:10~17:50)에 운행한다.

3 구간별 이동 소요 시간

화련버스터미널 ▶ 약 15분 ▶ 칠성담 ▶ 약 45분 ▶ 타이루거 방문자 센터(타이루거 협곡 시작점) ▶ 약 30분 ▶ 천상(종점)

4 타이루거 협곡 내 구간별 버스 탑승 팁

310번 외 302, 1126번, 1133번, 1141번 등 타이루거 협곡을 지나는 시외버스를 통해 협곡 간 이동할 수 있으니 참고하여 여행하자. 단, 화련역으로 복귀 시 주의할 점은 화련역이 아닌 신청(新城)역으로 향하는 버스도 많으니 화련역(화련버스터미널)으로 가는 버스인지 꼭 확인하고 탑승할 것.

5 타이루거 협곡 추천 관광 순서

① 칠성담 ▶ 천상 ▶ 구곡동 ▶ 연자구 ▶ 장춘사
② 칠성담 ▶ 사카당 ▶ 연자구 ▶ 구곡동 ▶ 천상 ▶ (시간이 된다면) 장춘사
③ 칠성담 ▶ 포락만조교 ▶ (도보) ▶ 연자구 ▶ 구곡동 ▶ 천상 ▶ 장춘사
버스의 배차 간격이 길어 모두 볼 수 없다. 세 군데 정도 우선순위를 정하여 관광하자. 또한 위의 코스는 310번의 운행 방향을 기준으로 한 것으로, 버스나 택시 투어의 경우 관람 순서는 전혀 달라지니 참고하자.

화련역의 먹거리

타로각국립공원 여행자는 화련역으로 모이게 되는데, 홍콩 요리 및 도시락을 판매하는 호정반(好正飯, 하오쩡판), 닭튀김이 맛있는 타이완 프랜차이즈 정고고(頂呱呱, 딩꽈꽈), 회전 초밥집 체인점 스시익스프레스(爭鮮/Sushi Express)의 스시 도시락, 타이완식 도시락을 판매하는 대철몽공장(臺鐵夢工場) 등 역 건물 내 많은 유명 맛집이 있어 굳이 화련 시내까지 나갈 필요가 없다. 먹거리를 구매해 역 앞 광장 벤치에서 즐겨도 되고 혹은 관광을 마친 뒤 타이베이로 복귀하는 기차 안에서 먹을 수도 있으니 참고하자.

대철몽공장 화련점 臺鐵夢工場(花蓮店) ◀) 타이티에멍꽁창(화리엔디엔)   깔끔한 맛의 밸런스 만점 철도역 도시락

타이베이역 대표점을 필두로 기차가 지나는 역에는 대부분 입점한 체인점이다. 철도와 관련 기념품을 판매하는 선물 상점이지만, 깔끔한 맛의 도시락이 일품이다. 닭갈비도시락(排骨便當)이 가장 유명하지만, 화련에서 먹는다면 이곳에서만 판매하는 화동특소(花東特蔬)를 추천한다. 쌀밥 위에 훈제 돼지고기, 생선구이, 완자, 고구마를 비롯한 각종 야채, 그리고 한 잎의 낙신화(洛神花,루오선화)가 밸런스를 완성한다. 미끈한 식감은 낯설지만 신맛과 단맛의 조화가 상상 이상으로 훌륭하다.

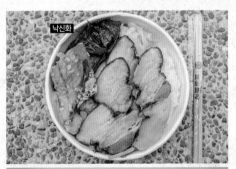

낙신화

🍴 화동특소(花東特蔬, 화동터쑤) NT$100
📍 No. 100號, Guolian 1st Rd, Hualien City 🚶 화련역 광장에서 좌측에 있는 에스컬레이터를 타고 2층으로 가면 왼편에 있음
🕐 09:00~19:00 📞 03-833-3971 🏠 www.railway.gov.tw
📍 23.99320, 121.60152 📍 TRA DreamWorks Hualien Store

······················· **TIP** ·······················
타이베이역에서 화련역으로 이동할 때는 대철몽공장 타이베이역점에서 구입하여 즐기면 된다. 타이베이역 서(西)3문으로 들어가면 우측 편에 있다.

청수단애 清水斷崖 🔊 칭쉐이뚜안야

타이완 10경으로 꼽히는 절경

구름도 머무는 2,048m 높이의 청수산 봉우리가 광활한 하늘을 향해 쭉쭉 솟아 있다. 그중 800m 봉우리의 해안절벽이 90도에 근접하는 각도로 떨어져 내려 태평양 바다와 맞닿는데 이곳이 바로 대만 10경이라 꼽히는 청수단애의 절경이다. 드넓은 창공 아래 밟을 수 없는 소담한 해변으로 부딪히는 에메랄드의 빛의 바다를 보노라면 대자연에 대한 경외심이 절로 느껴진다. 한 폭의 그림과도 같은 청수단애의 절경은 여행자의 가슴을 시원하게 트여줄 것이 분명하다.

📍 Suhua Hwy, Xiulin Township
📞 03-862-1100 ⓖ 24.20500, 121.67094
🔎 Qingshui Cliff

TIP
동서횡관공로 東西橫貫公路

1960년 개통된 동서횡단고속도로(East-WestTransverse Highway)로서 동쪽 화련에서 서쪽 타이중까지 산맥을 가로지르는 최초 고속도로 건설(1960년)을 기념하는 곳이다. 장춘사에서 모시는 위패도 해당 공사에서 순직한 이들을 기리기 위함이며, 타이루거 협곡도 이 길을 통해 관광이 시작되는 점 참고하자.

칠성담 七星潭 🔊 치싱탄

청량한 푸르름을 한가득 앉은 바다

칠성담은 본래 북두칠성의 모습을 닮은 호수였지만, 일제강점기 때 공항 건설(현 화련공항)로 인해 메워지고 그곳에 살던 주민들이 이주해 오며 이곳이 칠성담이란 이름으로 불리게 되었다. 비현실적으로 푸르른 바다는 황금색의 햇빛마저 밀어낼 만큼 청량함으로 가득하다. 파도가 거세 수영마저 금지된 바다니 그 수심이 얼마나 깊을지 알 수 없고, 해초가 자라지 못해 바다 냄새도 나지 않는다. '별 볼 것 없지만 유독 기억에 남는다'라는 한결같은 여행자들의 평까지 기묘함투성이다. 어느 바다에서도 느껴본 적 없는 끝 모를 청량함 때문이 아닐까.

📍 No. 5, Lane 79, Qixing St, Xincheng Township
🚶 310번 버스 탑승 후 칠성담 七星潭 Qixingtan 하차
📞 03-822-1592 ⓖ 24.04304, 121.62248 🔎 Qixingtan Beach

사카당보도 砂卡礑步道 🔊 싸카당부따오

1940년 일제강점기에 수력 댐을 건설하기 위해 만든 인공 보도로서, 이곳에 살던 타이루 거 부족의 이름을 차용하여 사카당(Skadang) 보도로 부르고 있다. 산책길을 따라 협곡 사이로 흐르는 옥빛의 사카당 강을 보며 한적한 자연의 운치를 즐길 수 있는 곳이다. 약 1.6km(40~50분 소요)를 걸으면 원주민이 소시지 등의 간식거리를 판매하는 오간옥(五間屋, 다섯 채의 집)이란 휴게 지점에 도착할 수 있다. 다만, 이곳에서 되돌아간다면 왕복 2시간 정도는 예상해야 하니 일정을 계획할 때 참고하자. 일반적 여행자들은 편도 15~20 분 정도의 시간을 산책한 뒤 되돌아오는 편이다(왕복 30~40분 소요).

🚶 310번 버스 탑승 후 사카당 砂卡礑 Shakadang Trail 하차 📞 03-862-1100
🌐 24.16233, 121.61337 📍 Shakadang Trail

장춘사 長春祠 🔊 창춘츠

일 년 내내 마르지 않는 장춘폭포가 흐르는 사당

타이완의 동서를 연결하는 도로공사(동서횡관공로)에 서 순직한 225명의 위패를 모셔놓은 곳이다. 또한 당나 라 고전 건축 양식으로 지어진 사원이라 그 가치도 높다. 특히 일 년 내내 마르지 않는 장춘 폭포가 유명하며, 장 춘교(장춘사로 건너가는 철교) 아래 끊어진 교각을 촬영 하면 마치 드론 사진처럼 보여 인기가 높은 사진 명소로 부각되고 있다. 또한 장춘사 뒤편으로 천제(天梯)라 불 리는 계단이 이어지는데, 끝도 없이 오르는 모습에 천당 보도(天堂步道)라 불리며 차례로 관음동, 태로각루, 종 루, 선광사까지 약 90분 이상 소요되는 색다른 트레일 코스를 즐길 수 있다. 일반적으로는 장춘사만 관람하니 참고하자. 30~40분 정도의 시간이면 넉넉하다.

📍 NO 283-3, Xiulin Township
🚶 310번 버스 탑승 후 장춘사 長春祠 Changchun Shrine 하차
🕐 08:30~17:00 📞 03-862-1100
🌐 24.16048, 121.60369 📍 장춘사

연자구 燕子口 ◄)) 옌즈커우

타이루거 협곡에서 가장 유명한 관광지로는 단연 연자구가 으뜸으로 꼽힌다. 연자구는 제비굴(집)이라는 의미로, 침식과 풍화작용으로 생긴 암석 구멍에 제비들이 서식하여 만들어진 이름이다. 번식기인 봄 여름에 많은 수의 제비를 볼 수 있다지만, 현재는 소음 등으로 인해 제비의 수가 많이 줄어든 것이 사실. 그렇다고 아쉬워할 필요는 없다. 어디서도 만날 수 없는 장엄한 대리석 벽의 풍경을 마주하면 더 이상 제비가 떠오르지 않을 테니 말이다. 매끈한 대리석의 절벽은 장엄하기 이를 데 없고, 그 협곡

을 따라 걷는 길 역시 인간이 손수 삽과 곡괭이로 뚫어낸 길이라니 그저 감탄스럽다. 협곡을 따라 약 20분 정도 걸으면 근형공원(靳珩公園)에 도착하는데, 전망대 멀리 보이는 추장 모습을 한 바위가 유명하니 꼭 찾아보자. 낙석으로 인해 타이루거에서 유일하게 안전모를 쓰고 관람하는 곳이지만 필수는 아니다. 단체투어의 경우 안전모를 챙겨주지만, 개인 여행자의 경우엔 안전모를 구할 수 없으니 더욱 주의하여 관람하자.

🚶 310번 버스 탑승 후 연자구 燕子口 yanzikou 하차
📞 03-861-2528 🎯 24.17357, 121.56365
📍 Yanzikou Trail

구곡동 九曲洞 ◄)) 지우취동

구불구불한 협곡을 따라 리우강(立霧溪)이 변화무쌍하게 흐른다 하여 구(九)라는 숫자를 붙여 구곡동이라 불린다. 대리석 암벽의 단층이나 절리(갈라진 틈)가 잘 관찰되어 야외지질교실(戶外地質教室)이라는 별칭으로도 불리기도 하는데, 특히나 어약용문(魚躍龍門)이라는 구간이 그 정점이다. 물줄기(커란강, 科蘭溪)가 산중턱의 대리석 절벽 면을 뚫으며, 작은 타이루거 협곡을 만들고 있으니 새삼 자연의 유구함을 느끼게 한다. 금세라도 신화 속 영물이 튀어나올 것 같은 장엄한 협곡의 절경도 경이롭다. 약 700m의 산책길로 왕복 30~40분 정도가 소요된다. 구곡동은 본래 도로를 개간하여 신설된 곳으로 최신 설비가 잘 되어 있는데, 그중 하나가 깨끗한 공중화장실이고 두 번째가 낙석으로부터 안전을 지켜주는 'ㄷ'자형의 터널이다.

🚶 310번 버스 탑승 후 구곡동 九曲洞 Tunnerl of Nine Turns 하차 📞 03-861-2528 🎯 24.17172, 121.52919 📍 주취동

포락만조교 布洛灣吊橋 🔊 뿌로완디아오치아오

1914년 일제강점기에 지어졌던 산월조교(山月吊橋)는 사람 발 하나가 들어가면 꽉 차는 좁은 폭으로 인해, 사직교(辭職橋, 일을 그만둔다는 뜻)라 불리기도 했다. 좁은 폭을 의지해 아찔한 높이를 걸어야 했으니 지날 때마다 얼마나 무서웠을지 공감된다. 2020년까지 4차례 정비하여 폭 넓고 흔들림 없는 단단한 철교를 완성하고, 타이루거족의 전통지명을 차용해 뿌로완(Buluowan)으로 개명했다. 실제 뿌로완은 메아리라는 뜻이며, 철교 아래로 소리를 지르면 리우강 계곡에서 메아리친다고 하니 그 작명이 절묘하다. 사방으로 둘러싸인 타이루거 협곡과 까마득히 아래로 내려다보이는 연자구의 풍경이 장관이다. 약 30~40분 정도면 충분히 둘러볼 수 있다.

🚶 310번 버스 탑승 후 브로완 布洛灣 Buluowan 하차　🕐 08:30~16:00
📞 03-861-2528　📍 24.17302, 121.56997　🔎 Buluowan Terrace

--------- **TIP** ---------

포락만조교를 관람한 뒤, 진입로 우측에 있는 목재데크(이달사보도/Idas Trail)를 따라 산 아래로 내려가면 왼편으로 포락만수도(布洛灣隧道)라는 터널이 보이고, 터널을 걸어 지나면 연자구로 갈 수 있어 차량 이동 없이 두군데를 관람할 수 있다. 다만, 도보로 약 25분 이상 소요되며, 이달사보도는 급경사 내리막 계단이니 참고하자. 포락만조교에서 이달사보도까지는 도보 약 12분, 포락만터널까지는 약 10분 소요되며 그 다음으로 연자구를 이어서 둘러보면 된다.

천상 天祥 🔊 티엔샹

5대 타이완 총독(일제강점기) 사쿠마 사마타(Sakuma samata)를 기리기 위해 천상에 사쿠마신사를 건축하였으나, 1976년 국민당 정부(장개석)가 들어서며 신사를 허문 뒤 남송(南宋, 1127~1279) 시대의 정치가이자 시인인 문천상(文天祥) 공원으로 재조성했다. '천상'은 그의 이름을 따 개명한 것이다. 이곳에는 타이루거에서 유일한 5성급 호텔이 있으며 식당 등의 편의시설이 밀집해 있고, 또한 세계에서 가장 큰 지장보살상을 모시는 상덕사가 있다. 절에서 직접 운영하는 매점에서 식사와 음료(매실주)를 파는데 주변(주차장 인근) 식당에 비해 경치가 좋은 편이니 참고하자.

📍 Xiulin Township, Hualien County　🚶 310번 버스 탑승 후 천상 天祥 Tianxiang 하차
🕐 08:30~16:00　📞 03-869-1466　🏠 www.taroko.gov.tw　📍 24.18225, 121.49441
🔎 Tianxiang Recreation Area

--------- **TIP** ---------

타이루거 협곡에는 많은 야생 원숭이가 살고 있지만, 여행 중에 만나보기는 어렵다. 다만 천상 주차장 옆 세븐일레븐에서 자주 출몰하고 있는데 그 빈번함에 주민들은 아예 무관심할 정도다. 원숭이가 보고 싶은 여행자는 천상을 방문해 보자.

여행 준비
캘린더

두근거리는 설렘을 안고 여행을 떠나기 전에 차
근차근 해야 할 일들을 정리해 보자. 꼼꼼하게 준
비할수록 여행이 편안해진다.

여행 스타일 정하기

1 여행 시기 정하기

아열대 기후인 타이베이는 기본적으로 따뜻한 나라다. 연중 비가 많이 내리고 덥고 습한 날도 많지만 겨울에도 기온이 영하로 떨어지지 않기 때문에 모든 계절이 여행하기에 좋다고 할 수 있다.

봄(3월~5월) 우리나라보다 따뜻하고 습도가 낮아 여행하기에는 편하다. 게다가 상대적으로 관광객이 적은 계절이라 항공권이나 호텔 비용을 절감할 수 있는 시기이기도 하다.

여름(5월~9월) 걷기만 해도 비 오듯 땀이 날 정도로 무더운 날씨가 지속되며 태풍도 자주 발생한다. 덥고 습한 날씨를 개의치 않는다면 여름은 다양한 축제와 이벤트를 즐길 수 있는 계절이다.

가을(9월~11월) 9월까지는 태풍이 오지만, 10월부터는 맑은 하늘과 화창한 날씨가 이어진다. 비도 별로 오지 않아 타이베이를 여행하기에는 최고의 계절이다.

겨울(11월~3월) 기온이 영하로 떨어지지는 않지만, 다습한 공기가 냉기를 머금어 상당히 추운 편이다. 하지만 다양한 신년 행사와 홍등 축제가 펼쳐지는 만큼 낭만 가득한 여행을 즐길 수 있다.

2 자유여행 VS 패키지여행?

패키지여행을 떠나면 짧은 시간에 여러 명소를 둘러볼 수 있지만, 진짜 타이베이를 즐기기에는 무리가 있다. 타이베이는 입이 떡 벌어지는 풍경을 보는 것보다 노을이 물들어가듯 사색하고 음미하는 여행이 어울리는 도시이기 때문이다. 자유여행을 단 한 번도 떠나본 적 없는 독자는 특히 주목하자. 타이베이만큼 첫 자유여행지로 어울리는 곳도 없으니 말이다. 안전한 도시, 편리하고 저렴한 교통편, 친절한 시민들까지. 자유여행의 성지라 해도 손색없는 곳이 바로 타이베이이다.

3 여행 기간 정하기

타이베이가 처음이라면 이틀은 도시, 하루는 근교를 여행하는 3박 4일 코스가 일반적이지만, 사실 타이베이를 제대로 여행하기에는 조금 아쉬운 일정이다. 특히 타이베이 시내만 해도 볼거리와 먹거리가 너무나 많기 때문에 이틀 일정으로 둘러보기에는 충분하지 않다. 시간이 허락된다면 보다 넉넉한 기간을 잡길 추천한다.

> **TIP**
> ### 참고하면 좋은 타이완 여행 카페
>
> **즐거운 대만여행**
> 타이완에 대한 가장 많은 여행 정보가 있는 커뮤니티. 글을 올리는 이들이 대부분 단기 여행자라 정보보다는 여행 후기가 많은 편이다. 그때그때 필요한 이슈만 참고하자.
>
> 🏠 cafe.naver.com/taiwantour
>
> **리얼 타이베이**
> 저자가 운영하는 곳. 타이베이 여행을 계획할 때 도움이 필요하다면 Q&A 코너를 이용해보자.
>
> 🏠 cafe.naver.com/ailoveap

여권 만들기

1 여권 종류 및 유효기간

여권은 단수(1회만 이용 가능)와 복수여권이 있다. 하지만 특수한 상황을 제외하고 단수여권을 선택하는 경우는 거의 없으므로 복수여권을 선택하면 된다. 유효기간을 설정할 수 있으며 보통 5년이나 10년을 선택한다. 발급수수료는 여권 종류와  유효기간에 따라 2~5만 원으로 금액에 차등이 있다.

2 여권 발급

주거지와 무관하게 모든 시군구청 여권발급부서에서 발급 가능하며, 외교부 여권 안내 홈페이지(www.passport.go.kr)에서 온라인 신청도 가능하다(외교부 → 영사/국가 → 여권 메뉴 클릭). 발급은 일주일에서 열흘 정도 시간이 소요되니 미리 준비하는 것이 좋다. 일정상 단시간에 여권을 만들어야 한다면 긴급여권 제도를 이용하자. 긴급여권 신청 사유서를 추가로 첨부해 신청하면 된다. 긴급여권은 유효기간이 1년 이내인 것에 비해 수수료가 비싸다는 것을 염두에 두자.

필요 서류

신규 발급 시	재발급 시
여권 발급 신청서	신규 발급 시와 동일하며, 추가로 기존 여권을 지참해야 한다.
여권용 사진 1매(6개월 이내에 촬영한 사진)	
신분증	
병역 관련 서류(해당자)	

* 세부 사항은 외교부 여권 안내 홈페이지를 방문해 확인하자.
♠ www.passport.go.kr

유의사항

① 여권은 6개월 이상 유효기간이 남아 있어야 한다. 유효 기간이 하루라도 모자란다면 한국에서 출국 자체가 불가능하니 반드시 유효기간을 체크해보자.

② 여권은 범죄 등에 악용되기도 한다. 그런 이유로 분실로 인한 재발급에는 상당히 엄격한 규제가 적용되니 보관에 각별히 유의해야 한다. 여행 중 항시 소지하는 게 바람직하지만, 자주 꺼내야 하는 것은 아니다. 최대한 가방 깊숙한 곳에 보관하자.

③ 한국과 타이완은 비자면제협정이 체결되어 비자 없이 최대 90일 체류가 가능하다.

D-50
항공권 구입하기

❶ 항공편 정보

인천공항 ↔ 타이베이(타오위안 공항)

항공사	항공사(영문)	항공 코드	국적
아시아나항공	ASIANA AIRLINES	OZ	한국
대한항공	KOREAN AIR	KE	한국
에바항공	EVA AIR	BR	대만
중화항공	CHINA AIRLINES	CI	중국
이스타항공	Eastar Jet	ZE	한국
진에어	JIN AIR	LJ	한국
제주항공	JEJU AIR	7C	한국
스쿠트항공	SCOOT	TR	싱가포르

* 22년 12월 기준 대표 항공사 목록. 변동이 많으니 여행 계획에 맞춰 다시 확인해야 한다.

김포공항 ↔ 타이베이(쑹산 공항)

항공사	항공사(영문)	항공 코드	국적
에바항공	EVA AIR	BR	대만
중화항공	CHINA AIRLINES	CI	중국
티웨이	TWAY AIR	TW	한국

❷ 항공권 구입 시기와 비용

2024년 2월 타이베이 왕복 기준 대형 항공사 항공권의 가격은 40~50만 원, 소형 항공사 항공권은 20~30만 원대를 형성하고 있다. 국내 저가 항공사가 운항을 속속 재개하며, 가격이 점점 팬데믹 이전의 가격으로 안정화되어가는 시기라 할 수 있다. 여행 일정이 정해졌다면 항공권 구입은 여러모로 서두르는 편이 좋지만 너무 급할 필요는 없다. 가장 저렴한 티켓을 예매하기 위해 며칠간 시간을 두고 검색해 보자. 항공권 비교 검색 사이트가 간편하지만, 직접 해당 항공의 홈페이지를 조회해 보는 것도 추천한다. 저렴한 얼리버드 항공권이나 특가 항공권을 빠르게 만날 수도 있기 때문이다. 항공권 이외에도 숙소 및 현지 투어 상품 등 준비(예약)할 것이 많으니 늦어도 2개월 전부터는 찾아보길 추천한다.

항공권 검색 사이트
· 스카이스캐너 ♠ www.skyscanner.co.kr
· 익스피디아 ♠ www.expedia.co.kr
· 카약 ♠ www.kayak.co.kr

❸ 항공권 구입 시 주의사항

티켓 정보 확인 티켓 정보 입력 시 여권 정보(여권 번호 및 이름 등)와 다르게 기재한다면 입출국 자체가 불가능하니 반드시 유의하고, 수정이 가능한 1~2주 전에 기재 오류는 없는지 점검해보길 권한다.

무료 수하물 무게 확인 수하물은 기내로 가져갈 수 있는 휴대수하물과 화물칸에 보관하는 위탁수하물로 나뉜다. 대한항공, 아시아나 등 대형 항공사는 일반적으로 휴대수하물 10~12kg, 위탁수하물 20~25kg이 무료로 제공되지만, 소형(저가) 항공사의 경우 무료로 제공되는 수하물 무게가 0kg~15kg로 작은 편이다. 이 경우 초과되는 수하물의 무게만큼 현장에서 추가 비용을 지불해야 하니 배보다 배꼽이 더 큰 경우도 간혹 발생된다. 구매 전 반드시 무료로 제공되는 수하물 무게가 본인 캐리어의 무게를 수용하는지 체크해 보자. 일반적인 3박 4일 코스의 수하물 무게는 8~12kg 정도이다.

D-40
숙소 예약하기

타이베이에서 숙소를 정할 때 가장 먼저 신경 써야 할 부분은 바로 위치다. 도시 여행을 제대로 하려면 교통이 좋은 곳에 숙소를 잡는 것이 정석. 도시 내에서의 이동뿐만 아니라 근교 여행지로 편하게 갈 수 있는지도 체크해봐야 한다. 타이베이를 처음 가는 여행자라면 교통의 중심지인 타이베이역 또는 시먼역 주변의 숙소를 알아보는 것이 좋다.

예약 시기도 중요하다. 일반적으로 일정과 가까워질수록 가격이 오르니 숙소 예약은 일찍 하는 것이 유리하다. 단, 여행을 계획하다 보면 일정이 변경될 수 있으니 조금 가격이 있더라도 무료로 변경이 가능한 숙소를 우선적으로 찾아보자. 참고로, 타이베이의 호텔에는 대부분 난방 장치가 없다. 겨울 여행을 준비하는데 추위를 많이 탄다면 예약 전에 난방이 되는 곳인지 미리 체크하자.

숙소 예약 사이트
· 아고다 🏠 www.agoda.com
· 호텔스닷컴 🏠 hotels.com
· 에어비앤비 🏠 www.airbnb.co.kr

D-30
여행 일정&예산 짜기

1 타이베이 여행의 기본 일정은 3박 4일

일반적으로 타이베이 여행은 시내 2일, 근교 1일로 잡는다. 시내는 지하철이 연결되어 있어 큰 어려움이 없지만, 근교 지역은 평균 30분~1시간 단위로 운행하는 버스를 타야 하므로 짧은 시간에 많은 곳을 돌아보기가 어렵다. 만약 기한 내에 더 많은 장소를 방문하고 싶거나 일행 중 고령자가 있다면 택시 투어를 고려해보자. 편하게 더 많은 관광지를 둘러볼 수 있다.

2 3박 4일 일정에 맞춘 예산 짜기

경비는 항공권 및 숙박료를 제외하고 하루에 1인당 5만 원(NT$1200) 정도로 생각하면 적당하다. 교통비, 입장료, 식비 등 기본적인 비용을 모두 해결할 수 있는 금액이다. 근사한 레스토랑이나, 온천(고급), 마사지, 택시 투어 등 특별한 일정만 추가 경비를 고려하면 된다.

TIP
일정, 예산 계획 추천 사이트 어스토리

주요 관광지를 나만의 여행 일정표에 편하게 넣을 수 있고, 메모 및 공유도 가능해 일정 짜기 좋다. 다른 여행객들의 일정도 살펴볼 수 있으며, 엑셀이나 PDF로 출력이 가능하며, 모바일로 편하게 볼 수 있다. 구글이나 페이스북 아이디로 쉽게 로그인이 가능하다.

🏠 www.earthtory.com

D-20
여행자 보험 가입하기

1 여행자 보험, 꼭 가입해야 할까?

천재지변, 급성 질병, 도난, 상해 등 예기치 못한 사고에 대비하는 것이 중요하다. 단기 여행자 보험은 금액 부담이 크지 않으니 가급적 가입하고 여행을 떠나길 추천한다. 3박 4일 기준 8천 원~2만 원 사이.

2 여행자 보험, 어떻게 가입할까?

여행자 보험은 단기(1~89일)와 장기(90일 이상)로 나뉜다. 일반 여행자의 경우엔 단기 여행자 보험이 적용된다. 해외에서는 가입이 불가하니 반드시 출국 전에 가입해 두자. 국내공항 내 보험사 부스에서 출발 2시간 전까지 가입할 수 있다.

여행자 보험 비교 사이트
· 투어모즈 🏠 www.tourmoz.com
· 토글(하루보험) 🏠 toggle.ly

3 여행자 보험, 이것만은 신경 쓰세요!

가입 시

보장 내용 중 상해, 질병 보장 관련 항목을 가장 눈여겨봐야 한다. 해외에서 발생한 상해, 질병 등에 대해 귀국 후에도 의료비를 지원해주는 것이 보험을 가입하는 가장 큰 이유이기 때문이다. 다행히 타이완 의료비는 건강보험이 적용되지 않은 한국 의료비와 비슷한 수준이지만, 보험 보장을 받는 것과 그렇지 않은 데에는 큰 차이가 있으니 꼼꼼히 확인하는 것이 좋다. 그 외 보험 비용에 가장 큰 영향을 주는 휴대품에 관한 보상이나 비행기 지연, 연착 등으로 인한 손해보상 등을 추가로 살펴보자.

해외에서 사고 발생 시

외국에서 발생하는 사건, 사고에 관한 보험인 만큼 보험사에서 인정할 만한 증빙 자료가 필요하다. 경찰서, 병원 등 공인된 기관에서 처리될 경우 추후 절차대로 이행해도 큰 문제가 없지만, 그렇지 않은 가벼운 사건, 사고 발생 시 즉시 보험사와 소통하여 처리하는 것이 중요하다. 여행자 보험은 대부분 24시간 상담 창구가 운영된다(수신자 부담).

D-10
알뜰하게 환전하기

1 환전은 어디에서 하는 것이 좋을까

환전은 기본적으로 주거래 은행에서 우대(50~100%)를 받아 진행하는 것이 좋지만, 간혹 이벤트를 통해 환전 우대율을 높여 환전해 주는 경우가 있으니 여러 은행의 환전 조건을 살펴보는 것이 좋다. 환전 우대율은 환전 수수료에 대한 우대로 비율이 높으면 높을수록 유리하다.

2 어떻게 환전할까

원화를 달러로 환전 후 타오위안 공항에서 다시 타이완달러로 환전하는 이중 환전이 금액적인 면에서 가장 유리하다. 타오위안 공항의 경우 24시간 운영하는 환전소가 있지만, 만일의 경우를 대비해 비상금 1,000타이완달러 정도는 소지하자.

3 현지에서 달러가 부족할 경우

달러를 소지한 경우라면, 은행 혹은 대형 백화점(신광삼월 백화점 등)에서 타이완 달러로 교환이 가능하다. 만약 달러가 없다면 해외에서 사용이 가능한 신용·체크카드(master, visa 외)로 출금하는 방법이 있다.

또, 타이베이 지하철 곳곳에 설치된 국태세화은행(國泰世華銀行) 현금지급기를 이용하면 추가 수수료 없이 환전이 가능하다. 앞서 소개한 이중 환전한 금액과 큰 차이가 없으니 안심하고 이용해도 좋다.

자유여행객 타이완 방문 여행 지원금 추첨

대만 교통부 관광국 주관으로 국외 여행객 유치를 위해 시행된 제도로, 1인 여행객의 경우 NT$5,000의 지원금을 받을 수 있는 기회이니 꼭 신청한 뒤 여행을 떠나자. 지원금을 받은 여행자를 심심찮게 볼 수 있으니 확률은 꽤 높은 편으로 보인다.

시행 기간
2023.05.01~2025.06.30

지원 한도
2023년 25만 명, 2024년 15만 명, 2025년 10만 명(소진 시 지급 중단)

지원 금액
자유여행자 1인당 NT$5,000(한화 약 20만 원)

신청 대상
타이완에서 3~90일간 여행하는 자유여행자

신청 및 당첨 확인
웹 페이지(5000.taiwan.net.tw)에 로그인해 관련 정보를 등록하면 추첨 QR코드를 이메일로 발송해 준다. 타이완 도착 후, 공항 입국 홀 이벤트 데스크에서 QR코드를 스캔해 당첨을 확인한다.

신청 기간
타이완 도착 1~7일 전(도착 당일 불가)

수령 방법
타이완의 교통카드 이지카드나 아이패스, 숙박 할인권 등으로 수령할 수 있다. 이지카드나 아이패스는 우리나라의 티머니처럼 타이완 현지 제휴처에서 결제할 때 사용할 수 있는데, 제휴처가 더 많은 이지카드를 추천한다(웹사이트에서 신청 시 선택하며 당첨 후 변경 불가). 수령한 당첨금은 수령일부터 90일 이내에 사용해야 한다. 숙박 할인권은 타이완 전역 약 650개 호텔에서 사용할 수 있다.

- **이지카드 사용처**: 타이완 MRT·타이완 철도·택시·유바이크 등 대중교통, 패밀리마트·세븐일레븐 등 편의점, 까르푸 등 슈퍼마켓, 코스메드·왓슨스 등 드럭스토어, 우스란·85도씨·커부커·스타벅스 등 카페, KFC·피자헛 등 패스트푸드점, 예류지질공원·국립대만박물관 등 관광지 등

꼭 필요한 여행 준비물

기본 준비물
여권, 신분증(주민등록증 혹은 운전면허증 중 하나), 항공권, 숙소 바우처, 여행 경비 및 신용 카드 등

의류
'계절별 옷차림' 참고 P.021

신발
많이 걸어야 하기 때문에 편안한 신발을 준비하길 권한다. 스콜이나 폭우에 젖을 경우를 대비해 예비 신발을 준비하는 것도 좋다. 타이베이는 신발 가공업으로 유명하니 현지에서 구매하는 것도 좋은 선택이다.

액세서리 & 가방
태양이 강렬하기 때문에 모자나 선글라스는 어느 계절이든 준비하는 것이 좋다. 또한 가볍게 메고 다닐 가방을 하나 챙기도록 하자. 소매치기 등 여러 범죄 위험은 매우 낮은 국가지만, 야시장 같이 북적이는 곳에 방문할 때는 몸 앞쪽으로 멜 수 있는 가방이 유용하다.

화장품 & 의약품
강렬한 태양에 대비한 선크림, 타이거밤(일명 호랑이연고) 등을 포함한 파스류는 타이완 현지에서 구매하는 것도 좋다.

전자기기
한국은 220v, 타이완은 110v로 전압과 플러그 모양이 달라 반드시 변환 플러그를 준비해야 한다. 타이완 현지에서는 구하기 어려우니 꼭 국내에서 준비해두자. 인터넷뿐 아니라 다이소, 올리브영 등 주변 매장에서 쉽게 구매할 수 있다.

기타
비가 자주 많이 오는 지역이니 우산이나 우비 등을 준비하자. 참고로 바람이 강하게 불고, 비도 금방 그칠 때가 많아 우산보다는 바로 입고 벗을 수 있는 1회용 우비가 유용한 때도 많다.

D-DAY
안전하게 출국하기

STEP 1 인천공항 출국 터미널 확인하기

- 인천공항은 1청사, 2청사로 총 2군데의 터미널이 있다. 티켓에는 출국 청사가 표시되지 않는 경우가 있는데, 이 경우 공항버스 터미널이나 공항철도에서 출국 청사를 확인할 수 있다. 단, 항공 코드를 기준으로 안내하니 자신의 항공 코드는 숙지하고 있는 것이 좋다.

- 혹시나 다른 청사에서 내렸다 해도 당황하지 말고 셔틀트레인을 이용해 이동하자. 단, 탑승장 이동시간, 대기시간 등을 고려하면 20분 정도 시간이 필요하니 여유 있게 움직이는 것이 좋다.

STEP 2 탑승 수속 및 수하물 부치기

- 공항 출발층(3층)에서 각 항공편의 정보를 실시간으로 보여주는 운항 정보 안내 모니터(FIDS)를 통해 수속 시간 및 체크인 카운터의 위치를 확인한다.

- 체크인 카운터에서 여권을 제시하고 수하물을 맡긴 후 탑승권과 수하물 보관증을 받는다.

TIP
셀프 체크인 & 백드롭

① 공항 출발층(3층)에 비치된 키오스크의 화면을 보며 체크인을 진행하자(각 항공사에 따라 셀프 체크인이 불가할 수 있다).
② 지정된 셀프 백드롭 창구로 이동해 위탁수하물을 보내자.
* 인천공항 기준 셀프 백드롭 창구는 C/L/G 구역이지만, 변경될 수 있으니 사전에 인천공항(https://www.airport.kr/) 홈페이지 출국 절차 항목을 확인하자.

STEP 3 보안 검색

출국장으로 가려면 보안 검색 구역을 지나야 한다. 먼저 신분증과 탑승권을 검사하고 다음으로 휴대수하물을 검사하는데, 주의해야 할 점은 액체류 100ml 이상이 넘으면 기내반입이 불가하다는 점이다. 이 경우 버리는 것밖에 방법이 없으니 반드시 사전에 체크하자(100ml가 넘는 액체류는 위탁수하물로 보내자).

STEP 4 출국 심사

자동 출입국 심사대 통과 혹은 출입국 심사대에서 심사원에게 신분, 여권, 탑승권 확인을 받는다.

TIP
자동 출입국 심사

자동 출입국 심사는 심사원을 통하지 않고 자동 출입국 심사대를 통해 심사 후 통과할 수 있는 절차를 말한다. 만 19세 이상이라면 별다른 신청 없이 자동 출입국 심사대를 이용할 수 있고 만 7세 이상, 18세 이하는 사전 등록 후 사용 가능하다. 만 7세 이상 14세 미만의 경우에는 법정 대리인의 동의까지 필요하니 알아두도록 하자. 자세한 사항은 인천공항 홈페이지에서 출국절차, 출국 심사 항목을 참고하자.

STEP 5 비행기를 타고 타이베이로!

출입국 심사대를 나서면 출국장 면세점이 길게 늘어서 있다. 필요한 품목 구입 후 탑승권에 기재된 탑승게이트로 이동하자. 출발 15~20분 전에 탑승이 마감되니 미리 도착하도록 하자. 이제 비행기를 타고 타이베이로 떠날 시간이다.

D-DAY
안전하게 입국하기

STEP 1 입국 신고서 작성

기내에서 나눠주는 입국 신고서를 받아 빈칸을 기입하자. 여권번호 그리고 타이베이 숙소와 주소를 영문으로 알아 두면 편하게 작성할 수 있다. 비행기 탑승 전 볼펜을 미리 준비하는 것이 좋다.

STEP 2 입국 심사대로 이동

공항 도착 후 안내판을 따라 입국 심사장(Immigra tion)으로 이동한다. 입국 심사장에 도착하면 비시민권자(non-citizens)로 표시된 라인에서 여권과 입국 신고서를 제출하면 된다. E-GATE 등록자라면 E-GATE 라인에서 대기하면 된다. 시민권자(타이완인)도 함께 이용하는 곳이지만 무인 심사라 빠르게 통과할 수 있다. 인천공항 심사대에서 얼굴 인식 및 지문을 찍고 나가는 자동 출입국 심사와 동일하다.

> ....
> TIP
> **자동 출입국 심사 E-GATE**
>
> 2018년 6월 27일부터 '한국-대만 자동 출입국 심사대 상호이용 양해 각서'가 체결됨에 따라 한국인들은 타이완 입국 시 자동 출입국 심사를 이용할 수 있게 되었다. 한 번만 등록하면 영구적으로 무인 심사대를 통해 입국할 수 있어 간편하고 시간도 많이 절약된다. 꼭 가입하길 추천한다.
>
> **E-GATE 등록 방법**
> 공항에 도착하면 입국 심사대를 빠져나가기 전에 E-GATE 안내판을 따라가자. 그곳에서 여권을 제시한 후 안내에 따라 얼굴인식 및 지문을 등록하면 된다. 대기 시간을 빼면 1~3분 정도 소요된다. E-GATE를 이용한다면 기내에서 입국 신고서를 작성할 필요 없이, 온라인 입국 신고서를 작성하면 된다.
>
> 온라인 입국 신고서 작성하는 곳(영문)
> 🏠 niaspeedy.immigration.gov.tw/webacard
>
> **E-GATE 운영 시간**
> E-GATE 사무소의 운영 시간은 08:00~23:00이지만, 공항, 청사, 요일에 따라 바뀔 수 있으므로 애매한 시간대에 도착한다면 미리 관련 부서에 연락을 해보는 것이 좋다. 만약 입국할 때 E-GATE를 신청하지 못했다면, 다음 타이완 여행을 위해 귀국하는 길에 신청하면 된다.
>
> 중화민국내정부이민서(中華民國內政部移民署)
> 📞 +886 2 2388 9393

STEP 3 수하물 찾기

전광판에서 항공편 확인 후 해당 번호의 컨베이어에서 수하물을 찾는다. 비슷한 캐리어가 있을 수 있으니 반드시 꼼꼼히 확인하자. 휴대 신고할 물품이 없다면 초록색(Nothing to Declare) 라인을 통해 세관을 빠져나가면 된다.

STEP 4 유심, 환전, 이지카드

심사장 밖으로 빠져나와 공항버스나 고속철도를 타러 가는 길에 각각 작은 부스가 배치되어 있다. 자세한 내용은 슬기로운 타이베이 여행을 위해 꼭 필요한 정보P.402를 참고하자.

STEP 5 숙소로 이동하기

타오위안 공항에서 시내까지는 대중교통으로 편하게 갈 수 있다. 타이베이 시내 주요 지역에 숙소를 잡았다면 공항버스든 공항철도든 편하게 선택해서 가면 된다. 입국장 안내판에서 'Bus to City' 또는 'To High Speed Rail'만 찾으면 쉽게 찾아갈 수 있다. 숙소가 교통이 불편한 지역이라면 한국에서 미리 픽업 서비스를 신청하거나 택시를 타면 된다. 택시 요금은 지역에 따라 다르지만 시내 중심가까지 NT$1,000~1,200 정도다.

GUIDE

02

숙소

도시 여행에서 숙소는 여행의 성공 여부를 결정하는 가장 중요한 요인이다. 숙소를 결정했다면 여행 준비의 절반이 완성되는 것. 위치와 요금을 고려한 최상의 숙소 결정 방법부터 호텔 기본 이용법까지 모두 공개한다. 한번 알아두면 어디서든 유용한 정보인 만큼 꼼꼼히 체크해 두자.

숙소를 결정할 때 알아두어야 할 것

❶ 첫 번째 기준은 위치 도시 여행지는 자신의 여행 패턴에 따라 숙소의 위치를 정하면 된다. 교통편을 가장 중요하게 생각한다면 시내 여행은 물론 근교 여행지까지 편하게 이동할 수 있는 타이베이역 주변이 좋고, 수많은 맛집과 화려한 쇼핑 거리를 도보로 이용하고 싶다면 시먼역 근처 또는 융캉제가 딱이다. 타이베이는 교통이 편리한 편이라 시내 중심가에서 벗어난 숙소를 선택해도 큰 부담은 없지만, 적어도 지하철역에서 도보로 갈 수 있는 곳으로 정하는 것이 좋다. 가고 싶은 스폿을 메모해 두고 지하철 라인을 고려해 숙소를 잡아보자.

❷ 숙박비 모든 숙박비에는 입지에 대한 비용이 포함되어 있다. 교통과 관광에 유리한 시내 중심에 있으면, 시설이 조금 낙후되더라도 비싸고 예약도 힘들기 마련이다. 다만, 예약을 서두른다면 좋은 위치의 좋은 호텔을 특가로 예약할 수도 있으니, 여행 일정이 정해졌다면 곧바로 숙소 검색을 시작해보자. 숙박비는 타이베이 시내 중심가 기준으로 게스트하우스는 5만 원 내외, 비즈니스호텔은 10만 원 내외, 5성급 이상의 특급호텔은 20~30만 원 정도 생각하면 된다.

❸ 함께 갈 사람을 고려하자 유유자적 휴식을 원하는 커플이라면 숙소에 수영장이나 바 등 서비스 시설이 다양하게 있는 것이 좋겠지만, 도시여행을 본격적으로 즐기고 싶은 친구와 함께 간다면 관광지까지 편하게 이동할 수 있는지 주변에 맛집이 많은지 따져보는 것도 중요하다. 또한, 타이베이는 난방이 안 되는 숙소가 많기 때문에 겨울에 부모님을 모시고 간다면 룸 컨디션을 먼저 확인해야 한다. 이렇듯 동반자에 따라 고려해야 할 사항들이 조금씩 다르기 때문에 요금과 위치는 물론, 서비스 시설, 주변 관광지, 맛집 등 부가적인 요소도 파악해 두는 것이 좋다.

❹ 숙소 예약 방법 여행사 및 호텔 예약 사이트나 호텔 공식 홈페이지를 통해 숙소를 예약할 수 있다. 회사마다 경쟁도 심하고 프로모션도 다양해 같은 호텔이라 해도 요금이 다를 수 있다. 또한 룸의 종류와 조식 추가 여부 등에 따라서도 요금이 달라지니 꼼꼼히 비교해 보자. 어느 정도 정리가 되었다면 마지막으로 다른 여행자들의 이용 후기를 살펴보면서 특별한 문제가 있지 않은지 확인하고 결정한다.

호텔 예약 사이트
· 아고다 www.agoda.com　　　　· 호텔스닷컴 kr.hotels.com
· 익스피디아 www.expedia.co.kr　· 에어비앤비 www.airbnb.co.kr

❺ 단골이 되어 혜택을 받자 아고다, 호텔스닷컴, 익스피디아 등 호텔 예약 앱은 한 곳을 꾸준히 이용하는 것이 좋다. 예약한 숙박일수가 쌓일수록 마일리지, 등급 등을 올려주는 보상이 있기 때문이다. 해당 등급에서만 이용할 수 있는 특가 호텔이 노출되거나, 10박을 이용하면 1박을 무료로 지원해주는 등 금전적인 혜택을 볼 수 있다.

나에게 맞는 숙소 선택하기

위치와 교통 편의성을 생각한다면 타이베이역과 시먼역 주변이 가장 좋지만
타이베이는 대중교통이 워낙 편리해서 다른 지역이라 하더라도 큰 불편은 없다.
단, 어떤 지역에 숙소를 예약하든 지하철역에서 가까운 곳을 추천한다.

타이베이의 밤을 즐기고 싶다면 **시먼역**

에너지 넘치는 거리를 원하는 여행자에게 어울리는
구역은 시먼역 주변이다. 늦은 시간까지 활력 넘치는
거리를 돌아볼 수 있다.

가성비 좋은 숙소를 찾는다면 **민생서로역**

시설 좋고 저렴한 가격의 숙소를 얻기 좋은 곳이다.
특히 가성비 좋은 게스트하우스가 많아 나홀로여행
자에게는 딱인 곳.

아늑한 곳을 선호한다면 **동문역**

미식 거리로 유명한 융캉제를 중심으로 골목마다 트
렌디한 상점들이 들어서 있는 곳. 아담한 술집도 많
아 소소한 밤을 보내기에도 좋다.

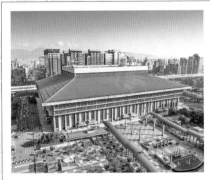

교통의 중심지 **타이베이역**

이곳저곳 부지런하게 돌아다니고 싶은 여행자에게
는 타이베이역 주변을 추천한다. 지하철, 버스 등 많
은 교통편이 타이베이역을 중심으로 구성되어 있어
시내 여행, 근교 여행 모두 손쉽게 접근하기에 최적의
위치다. 아울러 타이베이역에서 도보 10~15분 거리
에 있는 중산역도 교통의 중심지이니 참고하자.

가장 세련된 타이베이 **신의취**

번화한 곳을 원하는 여행자는 신의취를 추천한다. 타
이베이에서 가장 세련된 곳이자 깨끗한 구역이라 할
수 있다.

슬기로운 타이베이 여행을 위해
꼭 필요한 정보

이지카드

타이베이 여행에서 꼭 구입해야 할 한 가지를 꼽으라면 이지카드(悠遊卡, Easy Card)를 추천한다.

대중교통은 기본, 택시(일부), 백화점 푸드코트, 편의점 등 다양한 시설에서 사용할 수 있는 매우 편리한 카드다. 최초 구매 시 NT$100(약 4,100원)의 비용을 지불해야 하지만, 기본 교통비 할인(지하철 20%, 버스 15%)과 지하철(버스)에서 버스(지하철)로 환승 시 50% 추가 할인도 받을 수 있으니, 대중교통을 많이 이용할 계획이라면 카드 비용의 상당 부분을 회수할 수 있다.

구입

공항에서는 여행자서비스센터(Tourist Service Centre) 및 통신사 부스에서 구입할 수 있다. 그 밖에 지하철역, 편의점 등 '悠遊卡, Easy Card' 문구가 보이는 곳이라면 어디서든 쉽게 구입할 수 있으니 공항에서 구입하지 못했다 하더라도 염려할 필요는 없다.

충전

이지카드 충전 금액은 최소 NT$100이다. 편의점이나 지하철역의 이지카드 충전기 등에서 손쉽게 충전이 가능하니 소액을 자주 충전하는 편이 좋다. 3박 4일 기준 첫 충전 금액은 NT$300~400 정도면 괜찮다.

환불

공항 여행자 서비스 센터(旅客服務中心/Tourist Service Centre) 및 각 지하철역의 인포메이션 창구에서 환불받을 수 있다. 단, NT$20를 공제한 후 환불한다. 여행이 끝난 후 이지카드에 남은 잔액은 환불받을 수 있지만, 환불받은 이지카드는 더 이상 사용하지 못하므로, 가급적이면 잔액이 남지 않도록 알맞게 충전하는 것이 좋다.

유심칩vs포켓와이파이vs로밍서비스 비교

타이베이에서는 무료 와이파이존을 찾기 어렵고, 특히나 시내 중심지를 벗어나면 사실상 없는 것이나 마찬가지다. 그러니 요금 폭탄을 맞고 싶지 않다면 유심칩, 포켓와이파이, 로밍서비스 세 가지 방법 중 하나는 꼭 이용해야 한다. 그중 가장 추천하는 것은 유심칩이다.

유심칩(USIM)

무제한으로 이용할 수 있는 유심칩은 포켓와이파이보다 편리하고, 로밍 서비스

보다 훨씬 저렴하다. 기종이 허락된다면 ESIM을 고려해도 좋다. 물리적으로 유심을 끼울 필요 없이 QR 코드 한 번으로 간단히 유심이 변경되어 편리하다. 유심칩은 타오위안 공항에 있는 통신사 부스에서 구입할 수 있다. 통신사 부스는 입국장에서 버스정류장 방향(客運巴士/Bus to city)으로 가다 보면 쉽게 찾을 수 있다. 중화전신(中華電信), 원전전신(遠傳電信), 대만대가대(台湾大哥大) 모두 괜찮지만, 중화전신이 업계 1위를 고수하고 있는 점을 참고하자. 3일 무제한 요금이 NT$300(약 12,000원)이다. 2023년 1월 기준 타오위안 공항 내 유심칩 판매처는 20시에 문을 닫으니, 타이베이 도착 시간이 그 이후라면 국내 쇼핑몰이나 여행 사이트를 통해 미리 구매해서 가자. 타오위안 공항에 24시간 수령할 수 있는 창구가 있다.

포켓 와이파이

포켓 와이파이는 3~4인 정도의 인원이 공용으로 사용할 때는 경비를 절감할 수 있는 데다 가격이 저렴하다는 장점이 있지만, 휴대, 수령, 반납 등 개별적이고 편리한 사용이 어려운 단점이 있다. 국내 쇼핑몰 및 여행 사이트에서 구매한 후 인천 공항에서 수령하면 현지에 도착해서 바로 사용할 수 있다.

로밍 서비스

로밍 서비스는 국외에서 국내 데이터를 제공받을 수 있는 서비스다. 전화 한 통화로 즉시 이용할 수 있어 편리하지만, 상대적으로 가격이 조금 비싸기 때문에 추천하지는 않는다. 다만, 경유 및 출장 등의 이유로 짧게 체류하거나, 상시 한국과 유선으로 통화해야 하는 여행자의 경우 로밍 서비스만큼 편리한 것이 없다.

타이베이를 여행할 때 있으면 유용한 앱

Bus Tracker TaiPei

버스, 지하철, 유바이크, 철도 노선까지 확인할 수 있는 전천후 교통 앱이다. 직관적으로 볼 수 있는 아이콘이 그려져 있어 이용은 어렵지 않다.

① **지하철** MRT라고 적힌 아이콘을 누르면, 지하철 노선도가 열린다. 지하철역마다 각각의 숫자가 표기되어 있는데, 이는 타이베이역 기준으로 해당 역까지 갈 때 드는 금액(NT$)을 나타낸다. 또한 지하철 노선도 하단에 보면 역명(Taipei main station처럼)이 적혀 있고, 바로 우측에 느낌표가 있는데, 그것을 누르면 해당 역의 주소, 엘리베이터 위치, 화장실, 코인로커 유무 등 상세한 정보를 볼 수 있다.

② **버스** 'Airport Bus'라고 적힌 아이콘을 누르면, 기본적으로 공항으로 가는 버스 정보를 볼 수 있다. 또한 앱 하단에 돋보기(Routes Search)를 누르고 버스 번호를 입력하면 해당 버스가 언제, 어느 정류장에 도착하는지 실시간으로 볼 수 있다. 버스를 타거나 기다릴 때 유용하게 쓸 수 있는 기능이다. 타이베이는 한자로 된 버스가 있는데, 小5는 S5, 紅5는 R5, 綠5는 BR5로 입력하면 된다.

③ **유바이크** Bicycle 아이콘을 누르면, 모든 유바이크(U-BIKE) 정거장의 위치를 볼 수 있으며, 하단에는 각 정거장마다 대여 가능한 유바이크의 개수까지 표시된다. 꼭 필요한 기능이 들어 있어 유용하게 이용할 수 있다.

windy.com

날씨 정보로는 톱으로 꼽는 앱이다. 반응이 빠르고 직관적이라 편리하게 이용할 수 있다. Windy가 아니라 windy.com을 받아야 무료인 점을 꼭 알아두자. 더 성능 좋은 앱을 사용하고 싶다면 Windy, AccuWeather 앱을 다운 받으면 된다. 7일 정도 무료 체험 기간이 있으니 여행 기간에 잠깐 이용하는 것도 좋은 방법이다.

Easy Wallet

이지카드로 사용한 금액 및 잔액을 쉽게 확인할 수 있는 앱이다. 앱을 실행한 후 하단에 '悠遊卡'라는 항목을 누른다. 다시 상단에 '點擊新增悠遊卡(여기를 눌러 이지카드를 등록하세요)' 항목을 누르면, '新增悠遊卡'라는 화면이 뜨고 아래로 두 개의 빈칸이 보인다. 첫 번째 빈칸에는 카드 이름(마음대로 기재)을 적고, 두 번째 빈칸에는 소지한 이지카드 뒷면에 있는 숫자를 차례로 입력하면 등록이 완료된다.

구글 렌즈

핸드폰에서 구글앱을 다운받은 후 앱을 실행하면 카메라처럼 보이는 아이콘이 보일 것이다. 그것을 실행하면 구글 렌즈가 작동되는데, 핸드폰 화면으로 보이는 것을 번역해준다. 타이베이 여행자에게는 특히 중국어로 된 메뉴판을 해석할 때 유용하다.

여행자가 주의해야 할 벌금

금연 구역

공공장소, 건물 실내, 편의점이나 커피숍 앞 등 사람이 자주 오가는 길은 대부분 금연 구역이다. 또한, 바닥에 '此區域禁止吸菸 / no smoking this area'라고 쓰여 있는 글자가 보인다면 그곳 역시 금연 구역이다. 흡연 시 최대 **10,000타이완달러(한화 약 41만 원)**의 벌금이 부과된다.

대중교통 이용 시 실내 취식 금지

물, 음료는 물론 껌을 씹는 것조차 안 되니 주의하자. 최대 **15,000타이완달러(한화 약 62만 원)**의 벌금이 부과된다. 가방 등에 소지하고 탑승하는 것은 괜찮다.

입출국 시 주의해야 할 반입 금지 품목

일반 여행자의 입장에서 특별히 주의해야 할 것은 농축산물 및 육가공품이다. 대표적인 몇 가지를 나열해보자면 생과일, 생고기, 육포, 소시지, 육류가 포함된 라면스프, 소고기 고추장 등 육류가 조금이라도 포함된 가공품은 모두 포함된다. 특히, 육류의 경우 진공 포장된 경우도 예외 없다. 이를 위반하면 최대 **1,000만 원의 벌금**이 부과되니, 입출국 시 반드시 확인하자.

INDEX

방문할 계획이거나 들렀던 여행 스폿에 ☑표시해보세요.

INDEX

방문할 계획이거나 들렀던 여행 스폿에 ☑표시해보세요.

INDEX

방문할 계획이거나 들렀던 여행 스폿에 ☑ 표시해보세요.

INDEX

방문할 계획이거나 들렀던 여행 스폿에 ☑표시해보세요.

방문할 계획이거나 들렀던 여행 스폿에 ☑표시해보세요.